智能推荐
算法与系统构建实践

Intelligent Recommendation
Algorithm and System Building Practices

陈实如 ——— 编著

人民邮电出版社
北京

图书在版编目（CIP）数据

智能推荐算法与系统构建实践 / 陈实如编著. —— 北京：人民邮电出版社，2024.1
ISBN 978-7-115-61487-2

Ⅰ. ①智… Ⅱ. ①陈… Ⅲ. ①聚类分析－分析方法 Ⅳ. ①O212.4

中国国家版本馆CIP数据核字(2023)第119521号

内 容 提 要

本书从系统视角出发，阐述如何利用技术手段搭建企业级推荐系统，内容包括认知篇、数据篇、召回篇、排序篇、系统篇5个部分，覆盖企业级推荐系统建设的核心要点。本书知识体系清晰，从基础知识切入，逐步深入，先后涉及推荐系统的经典技术、主流技术和前沿技术。本书通过"理论+案例+代码示例+心得体会"的方式阐述、归纳和总结推荐系统的知识，帮助读者理解推荐系统，掌握技能，建立系统思维。

本书适合对推荐系统感兴趣的初学者，从事数据挖掘/信息推荐相关工作的研发工程师、产品经理、架构师，以及相关专业学生和教师阅读。

◆ 编　著　陈实如
　　责任编辑　邓昱洲
　　责任印制　李　东　焦志炜

◆ 人民邮电出版社出版发行　　北京市丰台区成寿寺路 11 号
　　邮编　100164　电子邮件　315@ptpress.com.cn
　　网址　https://www.ptpress.com.cn
　　三河市中晟雅豪印务有限公司印刷

◆ 开本：700×1000　1/16
　　印张：28.5　　　　　　　　　　2024 年 1 月第 1 版
　　字数：495 千字　　　　　　　　2024 年 1 月河北第 1 次印刷

定价：129.80 元

读者服务热线：(010)81055552　印装质量热线：(010)81055316
反盗版热线：(010)81055315
广告经营许可证：京东市监广登字 20170147 号

信息个性化推荐系统是一种挖掘用户兴趣偏好的计算机信息系统，它的作用是找到与用户兴趣偏好匹配的商品，将其呈现到用户眼前，帮用户完成购买。推荐系统以数据和算法为驱动力，以推荐服务为产品，目的是帮助用户快速过滤商品，帮助企业提升商业价值。近年来，推荐系统基本成为互联网商业平台的标配，越来越多的人接触这个领域并从事相关工作。

建设推荐系统需要从数据、算法和系统入手。数据支持算法工作，算法挖掘用户个性化特征，系统保障算法有序可靠运行。当我们在讨论推荐系统的时候，通常第一反应是协同过滤、逻辑回归、深度学习等算法模型，但实际上单独的算法模型不能称为真正意义上的推荐系统。搭建企业级推荐系统，在数据、算法的基础上，还要进行整合以构建完整的系统。本书从系统视角出发，带领读者学习、理解推荐算法和企业级推荐系统的搭建。

企业级推荐系统首先需要满足安全接入、可运营、可管理的条件，其次需要满足定义的业务逻辑、功能和性能指标。系统层面的设计和思维方式看不见、摸不着，在公开发表的论文上也很少讨论，但它们确实存在，支撑着整个系统的运行，保证系统可用、可靠。推荐系统上线后的一段时间内，使用的数据集和算法模型可以下线或变更，但支撑系统运行的体系架构不能变。

设计系统需要系统思维，系统思维是一种解决问题的方法，该方法在确保完成整体目标的前提下分解任务，实现任务管理的规范化、模块化、层次化和系统化。系统思维强调全局性和平衡性。从推荐算法的选择到系统工程的实现，存在很多权衡和技巧，要求设计人员具有系统思维。同样是协同过滤算法，离线计算场景、近线计算场景和在线计算场景下的应用是存在差异的。性能优异的算法模型如果无法匹配当前计算能力，就需要舍弃。构建个性化特征标签需要结合业务场景和系统建设目标，并非构建个性化标签越多越好。系统架构设计与技术选型需要考虑当前的建设成本和业务发展趋势。这些问题在推荐系统搭建过程中都会出现，是数据工程师、算法工程师和系统架构师一定会面对的问题。针对这些问题，有没有参考方法和解决思路呢？回答是肯定的。尽管技术发展很快，解决问题的方案差异较大，但底层逻辑是相通的。我们并非"摸着石头过河"的先锋队，同行和前辈们在这条路上探索了很久，沉淀下来的经验可供我们学习和参考。

2015 年，我开始接触大数据和人工智能算法，最近几年一直在从事相关领域的工作。从初学者一路摸索，到成为设计者、项目的主导者，我深深体会到站在前辈肩膀上不断学习、反复实践的重要性。知识需要梳理、沉淀，经验需要传承。通过这本书，我把自己团队建设推荐系统的实践经历和经验梳理成通用的、系统的知识分享给读者，希望对读者的学习有所帮助。在整理经验教训和业务逻辑基本原则时，我把自己在学习过程中获得的实践技巧、基本原则和避免踩"坑"的思路一并梳理出来。

在推荐系统建设过程中，我和团队阅读了大量相关的图书。市面上关于推荐系统的图书大致分为两类：一类是关于推荐算法的，面向初学者和有一定经验的从业者；另一类是关于企业级推荐系统建设的，面向具备一定技能的架构师。结合我的学习经历，我认为具备系统思维，带着问题去思考、去学习，提升效果明显。本书基于这一思想，帮助读者掌握建立推荐系统的系统思维，建立全局意识。只有具备系统思维和全局意识，读者在学习中才能清楚各个知识点在系统中的应用，明白如何从系统视角调用和联动各种功能，避免孤立地看待数据、算法和架构。

搭建企业级推荐系统需要把系统思维贯穿到系统实现的每一个环节，切实做到全局最优和局部最优。为了体现系统思维在推荐系统建设中是如何落地的，本书在内容编排上没有专门阐述案例实践，而是将案例内容直接分拆到各个章节，让读者学习理论知识时，直接对照知识点在案例中的应用。本书提供的代码示例来自新闻推荐系统，这些示例不是孤立的代码模块单元，而是前后联动的。为了降低代码阅读门槛，书中代码示例基于 Python 环境开发，只要读者熟悉 Python 环境及其工具库的调用，就可以看懂代码。我希望通过本书的理论、案例和代码示例，帮助读者理解推荐系统本质，掌握建设推荐系统的技术路线和实践方法，尽快融入公司推荐系统的项目建设。

面向的读者

本书从系统视角出发，介绍推荐算法的选择和推荐系统的搭建，内容涉及推荐系统的数据、算法、产品和工程，适合初学者和准备提升技能的从业者阅读。读者对象如下：

- 对推荐系统感兴趣的读者；
- 从事推荐系统相关工作的数据工程师、算法工程师、产品经理、架构师；
- 相关专业的本科生、研究生；
- 讲授数据分析与挖掘、机器学习、推荐系统课程的教师。

本书内容编排

本书内容涉及推荐系统的特征工程、推荐算法、推荐服务、效能评价、系统架构、服务调度和业务监控等，按照从数据、算法到系统的维度分为 5 个部分。

认知篇：第 1 章和第 2 章。这一篇总体介绍推荐系统的应用场景、特点与优势、业务流程、业务逻辑功能，帮助读者了解推荐系统，理解推荐的本质和推荐系统总体概貌，为后续章节的学习打下基础。

数据篇：第 3 章～第 5 章。这一篇介绍推荐系统的数据处理，属于特征工程建设。本部分重点介绍数据采集原则，包括不同类型数据的处理方法和编码方法、构建个性化特征标签和特征组合与选择等。

召回篇：第 6 章～第 13 章。这一篇介绍推荐召回，即从多个维度挖掘用户可能喜欢的商品生成候选集，包括机器学习模型和不同的推荐召回策略。推荐召回策略相对灵活，在系统设计层面需要支持召回算法模型的增、删、改、查操作。

排序篇：第 14 章～第 16 章。这一篇介绍主流的排序算法，利用机器学习模型预测用户对候选集中商品的点击率，生成推荐列表。推荐排序工作最能体现个性化推荐的效果。

系统篇：第 17 章～第 19 章。这一篇介绍支撑推荐系统可用、可靠的系统设计，重点阐述推荐服务生成与管理、推荐系统效能评价和架构设计。

对于推荐系统的初学者，建议先阅读每个部分的前两章，熟悉推荐系统知识和结构后，再从头按顺序阅读。有一定经验的读者可以根据自己的兴趣直接阅读相应的章节。

撰写一本与推荐系统有关的图书，我筹划了很长时间，当真正提笔撰写时，发现难度不小：为了确保知识的正确性，需要翻阅相关图书求证；为了确保技术不落后，需要与同行交流沟通并进行梳理、整理。推荐系统涉及的知识和方法较多，我努力将其阐述清楚、明白，但考虑到我的认知和能力有限，如果书中内容存在描述不清楚、不妥或者疏漏的地方，敬请广大读者批评指正，如果能反馈改进意见和建议，请发送至 csr407@163.com，我将不胜感激。

Contents | 目录

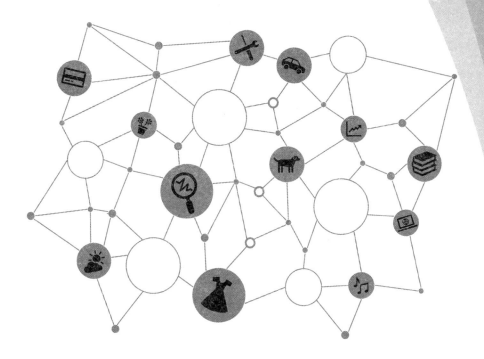

第1部分　认知篇

理解推荐系统的本质、商业价值、应用场景、业务流程和业务逻辑，是建立对推荐系统总体认知的关键。

本篇介绍搭建企业级推荐系统涉及的工作内容和采取的技术路线，涵盖系统总体概念，为后续章节的学习打下基础。

## 第1章

认识推荐系统

本章从"啤酒与尿不湿"的故事出发，介绍生活中的推荐系统及推荐系统的定义、应用场景、特点与价值，帮助读者在脑海里生成一张推荐系统应用的"感性照片"，理解推荐功能与业务场景是如何结合的。

1.1 推荐与推荐系统

推荐，顾名思义就是向用户介绍商品，希望用户接受。20 世纪 90 年代，美国沃尔玛超市的"啤酒与尿不湿"的故事就是典型的关联规则推荐的应用。年轻的爸爸在为孩子购买尿不湿的同时，往往喜欢为自己购买啤酒，这样，尿不湿和啤酒这两件原本不相干的商品就会出现在同一个购物清单里面。沃尔玛超市发现了这个规律后，将畅销啤酒摆放在尿不湿货架旁边，并推出促销方案，结果实现啤酒销量的倍增。我们暂且不细究"啤酒与尿不湿"故事的真实性，这个故事至少给我们揭示了一个现象——商品之间存在关联性。分析、利用这种关联性就可以增加盈利。今天，超市里的咖啡与方糖、牛奶与面包、鞋子与袜子也是在利用商品的关联性进行促销。

除了零售业，推荐在其他行业也存在类似的应用。

当我们需要找一个人、找一个组织、制订一项计划时，我们如何实现呢？需求明确时，我们可以自己完成。需求不太明确时，我们可以找人咨询或在网上搜索得到相近的答案。如果需求模糊不清，尤其当选择较多，可能呈现出几万、几百万、几千万，甚至几亿个选择时，我们如何得到答案呢？俗话说，"条条大路通罗马"，但有没有哪条路更便捷呢？

在进入主题之前，先定义几个概念。

- **商品**：泛指消息、文件、物品、资料等。推荐系统应用的场景不同，商品的定义也就存在差异。例如电商推荐系统对应的商品是销售的产品；新闻推荐系统对应的商品是新闻文章；视频推荐系统对应的商品是视频文件；广告推荐系统对应的商品是图片或视频文件。
- **用户**：关注和购买商品的人。
- **场景**：用户与商品发生关联行为时的环境和上下文信息，例如手机型号、用户情绪、月份、季节、位置、是否节假日、当前社会大事件等。
- **商家**：负责运营推荐系统的组织。在互联网时代，商家提供平台，卖家到平台销售商品。商家提供的平台支持推荐功能，能帮助卖家销售更多的商品，提升销售业绩。
- **UI 系统**：商家为用户提供的进行商品交易的用户界面（User Interface，UI）系统。这里定义的 UI 系统泛指媒体网站、广告播放系统、电商平台、手机 App、视频播放软件、社交网站、小程序等不同业务场景下的 UI 系统。

推荐解决的就是用户与商品之间的屏障问题，在用户需求不太明确时，将未知商品推荐给用户，建立商品与用户的联系，帮助用户决策。一般把推荐给用户的商品分成 3 类：特别喜欢、一般喜欢和不喜欢。用户立即购买特别喜欢商品的概率相对较大，用户购买一般喜欢商品的概率相对较小，几乎不会购买不喜欢的商品。站在商家角度，我们应该向用户推荐他特别喜欢的商品，这样才能提升商业价值。问题来了，商家如何知道用户喜欢什么？

商品琳琅满目、种类繁多，用户需求千差万别。商家如何解决两者的匹配问题，找到用户喜欢的商品呢？解决方式有以下几种。

① 针对所有用户推荐畅销商品。

② 通过人与人沟通的方式，初步了解用户的需求，然后推荐商品。

③ 通过信息系统与人的沟通，了解用户需求，然后推荐商品。

④ 根据用户历史行为记录，通过机器学习算法挖掘用户兴趣偏好，预测用户需求，然后推荐商品。

大卖场选择推荐畅销商品居多（方式①）；美容院选择人与人沟通推荐居多（方式②）；电商平台选择利用信息系统和机器学习算法推荐居多（方式③和方式④）。

人工完成的推荐主体是人，推荐过程基于人的经验和知识推理完成。例如超市导购员推荐畅销商品、朋友推荐一部电影、美容中心服务员向顾客推荐办会员卡等。机器推荐的主体是机器，是信息化系统，推荐过程基于数据挖掘和知识演绎推理完成。例如今日头条的新闻个性化推荐、新浪门户网站的热点推荐、携程旅行 App 的周边服务推荐、喜马拉雅 App 的相关推荐、爱奇艺网站的猜你喜欢和热播榜单推荐等。

个性化推荐就是依据用户兴趣偏好推荐内容。推荐系统根据用户历史行为记录，构建用户兴趣偏好标签特征，将符合这些标签特征的内容推荐给用户。如果用户最近关注粤菜美食，推荐系统就会推荐排名靠前的粤菜饭店、畅销菜品、烹饪方法；如果用户最近关注国外旅游，推荐系统就会推荐著名的景点、风土人情、历史故事。

热点推荐就是推荐当前最热门的内容。推荐系统会计算每件商品的热度值。如果用点击量来衡量热度，系统会将点击量排名靠前的商品推荐给用户。

位置推荐（周边服务推荐）把与这个位置相关的商品推荐给用户。业务场景不同，位置推荐的内容存在差异。例如，对于新闻 App，位置推荐的内容是与用户位置有关的新闻文章；对于社交 App，位置推荐的内容是与用户位置有关的周边用户。

相关推荐根据用户历史行为记录的内容特征，把与商品类别和内容相似或功能相关联的商品推荐给用户。在携程旅行 App 预订一张机票时，系统会给用户推荐 VIP 候机服务、接机服务、目的地酒店、目的地美食、目的地景区等。

"猜你喜欢"推荐与个性化推荐相似，热播榜单推荐与热点推荐相似。

无论哪种推荐活动，推荐过程基本上都是被动的，发生在用户需求不太明确的前提下，以帮助用户过滤掉无用的商品，找到满意的商品。这种帮助用户明确需求、帮助商家完成推荐活动的信息系统就是推荐系统。

推荐系统在维基百科上的定义是推荐系统是一种信息过滤系统，用于预测用户对物品的"评分"或"偏好"。推荐系统在百度百科上的定义是推荐系统是利用电子商务网站向客户提供商品信息和建议，帮助客户决定应该购买什么产品，模拟销售人员帮助客户完成购买过程的系统。

这两种定义的本质是一样的，就是从商家大量的商品中过滤、筛选以找到用户可能满意的商品，预测用户的满意度，将满意度较高的商品推荐给用户。推荐的商品最终达成的交易量越大，说明推荐系统准确度越高，商业价值越高。根据互联网数据，Netflix 约 60% 的用户通过推荐系统找到自己感兴趣的电影和视频，推荐系统每年能为 Netflix 产生超 10 亿美元的商业价值。亚马逊约 40%的收入来自个性化推荐系统。YouTube 的实验证明个性化推荐视频的点击率是热门推荐视频点击率的两倍。

相比人工推荐，推荐系统的主要优势体现在覆盖的商品多、类别多、用户量大、需求差异化大、个性化匹配度高，更容易实现精准匹配、千人千面的推荐。其不足之处在于推荐过程缺乏感情交流，商业目的太直接，存在"杀熟"的风险。

1.2　生活中的推荐系统

在互联网时代，推荐就像空气一样，时刻伴随着我们，无论你留意不留意，关心不关心，它都存在。哪里有商业活动，哪里就有推荐，也就有推荐系统。推荐系统已经与电商平台、新闻资讯平台、视频网站平台、生活服务平台、社交网络、网络音乐电台等领域的业务平台融为一体。我们在访问 Web 页面和App 时，经常见到的"推荐""热门""相关推荐""周边附近""猜你喜欢""排行榜""看了还看""发现"等栏目都是 UI 系统与推荐功能融合的杰作。

（1）推荐在电商平台的应用

推荐已经成为电商平台不可缺少的功能。推荐由最初的规则匹配推荐发展到今天的个性化推荐，由最初的商品推荐发展到今天的商品、分类、活动、文章、优惠券、店铺等多品类推荐，完全实现了推荐的个性化和智能化，"千人千面"名副其实。

举例来说，某年"双 11"活动期间，用户 A 和用户 B 同时登录电商 App，从 App 首页来看，用户 A 和用户 B 登录的 App 首页风格一致、布局一致，但是展示内容却是不同的。在分类栏目上，用户 A 看见的是男装、食品、内衣配饰和生鲜；用户 B 看见的是美妆、礼品、食品、生鲜和个护。推荐系统实现了频道分类的个性化推荐。从页面展示的商品内容来看，系统给用户 A 推荐的是空调和手机，给用户 B 推荐的是锅和手抓饼。这说明用户 A 关注家电商品和电子商品偏多；用户 B 关注食品和生活用品偏多。推荐系统实现了商品内容与用户历史行为记录的匹配。秒杀推荐的是参与秒杀活动的商品，系统给用户 A 和用户 B 推荐的产品也是不同的。点击平台上任何一款商品，页面下面会关联显示这款商品的最佳搭配商品和相似商品。

（2）推荐在新闻资讯平台的应用

2012 年今日头条上线，开启了推荐功能在新闻资讯领域的应用，并在随后 10 年将推荐的商业作用发挥到极致。在泛资讯时代，新闻资讯平台如何留住用户，如何得到用户的认可？今天回头看，大家可能都会想到今日头条的个性化推荐。

当前，推荐功能基本成了新闻资讯平台的标配。无论是大众媒体网站，还是行业资讯网站，或者学习网站，我们都可以从网站的页面展示内容上发现推荐系统的影子。基于用户兴趣偏好的个性化推荐建立了新闻内容与用户的精准连接，使内容迎合了用户的喜好，得到了用户的认可。

新闻资讯 App 页面有 5 个地方体现了推荐，分别是检索栏、关注栏、推荐栏、热榜栏和位置栏。举例来说，对于近期的社会热点事件，页面在检索栏推荐的是新冠疫情确诊消息。即使推荐当前的热点事件新闻，检索栏推荐内容也关联了用户的当前活动区域，推荐的新闻为用户近期活动区域的新闻。关注栏显示的新闻内容来源于用户感兴趣的新闻渠道。如果用户对"人民日报"频道和"央视财经"频道的新闻感兴趣，那么在关注栏就会显示这两个频道的热点新闻或高评分新闻供用户浏览。推荐栏以数据流方式持续推荐新闻内容，包含国家大事、社会热点、最新消息等。对于短视频爱好者，推荐系统会挖掘用户历史行为记录，了解用户对短视频题材的偏好。如果用户喜欢新农村、书法、健身、影视等题材，推荐系统会将属于这些题材的视频内容展示在视频栏目里面。热榜栏显示的是最近一段时间的热度值高的新闻。点击任何一篇新闻，在新闻详情页面下方会同时出现搜索栏和相关推荐栏。搜索栏显示的关键词与当前浏览的新闻主题存在较大的关联性；相关推荐栏显示新闻的内容与当前浏览新闻的内容存在相似性或相关性。

用户使用新闻资讯 App 的时间越久，活跃度越高，系统挖掘用户在每个页面、每个频道上的兴趣偏好越准确，推荐内容更加匹配用户喜好。用户点击转化率越高，平台商业价值就越大。系统越懂用户，推荐内容越精准。

（3）推荐在视频网站平台的应用

视频网站平台的商品内容为电影、电视剧、短视频、综艺等视频。用户开通会员能享受丰富的视频内容服务。用户观看的视频越多，贡献的商业价值就越大。所以，视频网站的首要功能是从海量视频资源中找到与用户兴趣偏好匹配的视频内容，并把视频内容第一时间展示在用户面前。

App 先识别用户，初始页面给新用户和老用户展示的内容略微存在差别。对于新用户，App 会邀请用户加入会员，并提供会员优惠；对于老用户，App 不会展示会员优惠信息内容。在内容的展示上，App 给新用户和老用户呈现的内容是不同的：向老用户呈现的内容融合了用户过去的兴趣偏好，向新用户呈现的内容是基于系统配置的冷启动策略展示的。有关推荐系统的冷启动策略将在本书后续章节介绍。

App 页面频道栏设计了 5 个操作入口，其中 3 个与推荐功能有关，分别是"推荐""随刻热点""发现"。用户进入 App 时先看见推荐页面，系统会第一时间将与用户兴趣偏好匹配的视频内容展示在用户眼前。随刻热点页面展示的是最近一段时间播放量高的视频内容。发现页面展示的是最近上线的视频内容和能给用户带来新鲜感的视频内容。用户通过 App 页面很容易发现自己喜欢的视频，并点击播放。点击一部视频，在视频播放页面，会提供猜你喜欢和热播视频内容链接，以辅助用户快速找到其他视频内容。猜你喜欢页面展示的内容是用户以前播放过但还没有观看完的视频，以及与过去播放的视频内容题材相似或主要演员相同的视频。热播页面展示的内容是当前播放热度值较高的视频，属于热门推荐。

商品热度的定义在不同系统中存在差异，业务场景不同，对热度的定义不同。计算视频资源的热度值可以考虑两个维度的数据：第一个是用户的观看行为，包含播放时长、播放的进度；第二个是用户的互动行为，如用户在播放视频过程中给予评分、评论、点赞、转发、分享等。基于以上因素利用数学模型计算视频的热度值，按热度值排序，可提取当前最热门的视频内容。当然这个热度值是基于一定的时间周期计算的。为了避免推荐内容同质化，推荐系统需要根据一定规则重排页面内容或增加其他题材内容，以体现推荐结果的多样性和新颖性。对于新注册用户，系统会推荐会员赠送的服务，拉动用户消费。

（4）推荐在生活服务平台的应用

生活服务平台可为用户提供以位置为核心的推荐服务，涉及餐饮、酒店、出行、旅游、娱乐等。基于用户的目标位置，生活服务平台推荐与这个位置有关的生活服务。用户到达某个城市，尤其是不熟悉的城市时，可以在平台上点击操作，解决必要的生活服务问题。基于位置的推荐功能与生活服务平台融合，能给商家带来不可忽视的商业价值。

下面以用户到外地出差为例阐述推荐功能如何与生活服务平台融合，并创造商业价值。

在 App 中酒店预定入口填写时间、地点和关键词，例如将上海外滩作为关键词，搜索系统返回结果页面。在这个页面上，用户可以选取多种类型条件进行筛选，最后找到自己喜欢的酒店。这个页面里的重要信息值得我们注意：由于检索录入的关键词是上海外滩，系统推荐的内容先是距离外滩最近的一家酒店，这是典型的基于目标位置推荐。选中一家酒店，在酒店详情页面上，会看到"酒店周边"和"附近同类型酒店"。"酒店周边"可提供酒店附近的景区、美食中心和购物中心信息。系统事先获取附近商家的位置坐标，所以推荐系统很容易基于位置推荐周边服务。"附近同类型酒店"强调的是附近，说明这也是基于位置的推荐。系统生成推荐列表后，按一定规则排序，例如酒店的星级、评分、价格、便捷性等，生成最后的输出列表展示给用户。进一步操作酒店周边的景点，系统生成了 10 km 范围内的景点列表，用户通过点击操作可以直接预定门票。预定景点门票后，系统会推荐特色餐厅列表，用户可通过点击操作预约。

在这个场景下，用户直接从酒店预定，连续完成了景点预定和餐厅预定，整个操作过程便捷、简单。设想一下，如果没有推荐功能辅助，用户如何完成这 3 项任务。出差的外地人通常不熟悉当地的酒店、餐厅、景点、娱乐设施等，通过模糊检索的方式要找到满意的答案是不容易的。基于目标位置的业务推荐能帮我们一气呵成地完成上述任务。

1.3　推荐系统的特点与价值

推荐系统解决的是商品与用户的匹配问题，在挖掘海量数据的基础上，向用户提供信息和服务，并促使用户完成消费和决策。推荐系统具备以下特点：海量化、场景化、个性化、时效性。

推荐系统的海量化特点强调的是商品数量和用户数量。如果销售单一品种的商品，我们是不需要建设推荐系统的，因为就一个品种的商品，对所有用户来说没有选择的空间。当商品品种繁多，用户存在选择空间时，推荐系统就有用武之地。反过来，如果我们的用户数量有限或用户需求单一，也没有必要建设推荐系统。推荐系统应用的业务场景对应海量用户和海量商品。由于商品数量巨大，用户不可能了解全部商品的特点，在几个 App 页面或 Web 页面上也不可能查看所有的商品，面临不知道如何选择的问题。用户数量巨大，每个人的兴趣偏好不同，不同应用场景下同一用户的兴趣偏好又存在差异。这时，我们需要搭建推荐系统，挖掘用户个性化需求，根据用户的需求匹配商品，帮助用户从海量商品中过滤出可能感兴趣的商品。

场景化是推荐系统的显著特点，用户所处场景不同，系统推荐内容不同，使用的推荐方法也不一定相同。用户在电影院观影，系统推荐美容产品、健身产品、美食产品，能产生好的推荐效果吗？用户出门旅游，会特别关心学习产品、办公产品和家居产品吗？在餐厅就餐，用户关心的应该是美食，而不是流行音乐排行榜、美国 NBA 赛事。所以，推荐系统一定要识别用户的使用场景，推荐与场景相关的商品内容。推荐系统是"万能胶"，但并不能"粘贴"在每一个地方。企业在规划定义推荐系统时，一定要深入分析商业应用场景，研讨属于自己商业活动的推荐方法。设想一下，把今日头条个性化推荐应用在房产销售场景下，把新浪门户网站的热点推荐应用在超市商品销售场景下，不会产生好的效果。

无论是人工推荐还是机器推荐，通常需要了解用户的初步需求，然后推荐满足用户个人需求的商品。这种匹配用户需求的推荐就是个性化推荐。相反，非个性化推荐就是不匹配用户需求的推荐，类似于超市大卖场的促销推荐，对于所有用户推荐方法一样。个性化推荐要匹配个体用户的兴趣偏好，例如前面提到的猜你喜欢推荐；非个性化推荐不考虑用户的兴趣偏好，例如前面提到的热点推荐。个性化推荐是推荐系统的主流发展方向，也是推荐系统迭代优化的核心。推荐系统的终极目标是实现推荐结果的"千人千面"。具备个性化推荐的推荐系统才能吸引用户，才能快速帮助用户确定目标，用户体验才能提升，用户留存概率才能明显提高，商家才能持续盈利。为了赢取最大商业机会，个性化推荐和非个性化推荐在电商、视频、社交、新闻、直播等领域的应用基本上是同时出现的。

用户的兴趣偏好随时间变化，因此推荐系统应该具备时效性。用户上周关注的商品，本周不一定关注；昨天没有关注的商品，今天有可能关注。推荐系统必须第一时间识别并满足用户需求。用户当前喜欢什么就应该给用户推荐符合相关条件的商品。用户在浏览户外运动品牌产品时，系统应该及时推荐户外运动高评分、高价值的产品，而不是推荐室内健身器械产品。用户在关注军事新闻时，系统不应该推荐娱乐综艺节目。识别用户当前的兴趣偏好，匹配符合用户当前兴趣偏好的商品，是推荐系统发挥商业价值的关键。退一步讲，如果识别用户当前兴趣偏好有困难，则推荐系统可以根据几小时前或几天前的用户兴趣偏好推荐商品。当然，为了使推荐结果具有多样性，可以扩大范围挖掘用户的兴趣偏好。推荐系统在运营阶段会有目的地强制推荐一些不在用户兴趣范围内的商品，以吸引用户。推荐系统推荐的商品除了要满足用户当前的兴趣偏好，系统推荐的商品本身也要强调时效性。新闻推荐系统不能将过时的新闻推荐给用户，电商推荐系统不能将过时的产品推荐给用户。推荐系统需要维护好商品的有效期信息，确保推荐商品在有效期范围内。为了满足时效性推荐要求，推荐系统数据更新速度要快，数据分析和数据挖掘算法计算速度要快，务必做到在第一时间识别用户当前兴趣偏好，推荐综合评估性能指标高的商品给用户。

推荐系统将商品推荐给用户，提升商品销售收入，实现商业价值。对推荐系统商业价值的理解可以从用户、商品、商品销售企业和商品销售平台运营企业几个维度展开。工程实践上，销售的商品由商家发布在商品销售平台上，商品销售平台由平台运营企业负责。以京东为例，京东商城属于商品销售平台，京东运营这个平台，属于平台运营企业，商品销售企业在京东商城上开店，审批合格后，发布自己的商品到京东商城。京东商城提供的推荐功能可帮助商品销售企业快速实现商品销售，获得商品销售收入。京东商城只要能够准确挖掘用户兴趣偏好，及时、准确地生成推荐结果，用户大概率会认可推荐结果，点击购买商品，实现商品销售，实现京东商城的推荐价值。

只有准确挖掘用户兴趣偏好，推荐的商品及时匹配用户兴趣偏好，推荐系统的价值才能体现出来。

推荐系统带给用户如下价值。

- 帮助用户梳理需求。
- 给需求不清楚的用户提供参考意见。
- 帮助用户购买到称心如意的商品。
- 节约商品购买时间。
- 额外带来惊喜。

推荐系统带给商品如下价值。

- 快速匹配用户需求。
- 提高商品销售概率，获得收益。
- 降低商品库存、周转时间。

推荐系统带给商家（商品销售平台运营企业+商品销售企业）如下价值。

- 提升用户体验。
- 增强用户黏性，提高用户活跃度和留存率。
- 增加系统流量，实现流量变现。
- 减少商品库存，降低运营成本，提高运营收入。

1.4 推荐服务

推荐系统将用户可能感兴趣的商品推荐给用户，帮助用户尽快找到满意的商品，帮助提升商家的收益。如果把推荐系统比喻成大桥，那么大桥的两端就是商品和用户，推荐系统把商品从大桥的一端运送到大桥的另一端。商品从大桥的一端运送到另一端后，马上面临一个问题——如何把商品分发给用户，分发的基本原则是什么？1.2 节在阐述生活中的推荐系统时，提到了不同业务场景下的推荐应用，有个性化推荐、热榜推荐、位置推荐和相关推荐。商品推荐的业务场景对应的就是推荐系统对外输出的推荐服务，也称为产品。搭建一个推荐系统务必定义清楚推荐服务，推荐系统提供哪些推荐服务满足业务应用下的哪个场景。例如，个性化推荐就是推荐系统对外提供的推荐服务，满足用户的个性化推荐应用场景，这个推荐服务通过请求的方式获得，本书第 17 章会专门阐述如何构建和请求推荐服务。以新闻 App 为例，个性化推荐结果可以展示在综合推荐页面，也可以展示在不同频道页面。从系统产品角度看，个性化推荐服务就是个性化推荐产品，热榜推荐服务就是热榜推荐产品、位置推荐服务就是位置推荐产品、相关推荐服务就是相关推荐产品。推荐系统对外定义和输出哪些服务需要结合业务场景来设计和定义，并非固定模式。

即使业务场景不同，定义和输出的推荐服务不同，在设计推荐服务时也是有规律可循的。这里我们从商品与用户的匹配范围出发，将推荐应用模式分成如下 3 个类别，每个类别可以包含多种推荐服务。

1. 千人一面

推荐系统把商品从大桥的一端运送到另一端，统一展现、分发给所有用户，大家看见的推荐结果是一样的。这种推荐服务不考虑用户个性化兴趣偏好，属于非个性化推荐，例如热榜推荐、新品推荐、优惠促销置顶。热榜推荐可以单独作为一个页面展示，也可以集成到其他页面，作为页面的额外选项展示。用户可通过热榜推荐快速了解当前的热门商品，对热榜商品感兴趣的用户可直接访问热榜推荐页面浏览查看。用户可通过新品推荐快速了解刚上线的商品，对新品感兴趣的用户可直接访问新品推荐页面浏览查看。

2. 千人百面

这种推荐服务是对千人一面推荐服务的改进，引入了个性化推荐概念。推荐系统把商品从大桥的一端运送到另一端，按事先分配的用户组分发、展示推荐结果。用户分组的依据可以是性别、年龄段、职业、兴趣爱好等。这种情况下，同组用户看见的推荐结果相同，不同组的用户看见的推荐结果不同。例如位置推荐服务，处于相同位置区域的用户看见的推荐结果是一样的。利用携程旅行 App 查看酒店附近的景点，只要用户所处的酒店位置相同或相近，在推荐规则不变的前提下，那么周边景点的推荐列表结果基本上是一样的。

3. 千人千面

这种推荐服务最先进，能真正体现出个性化推荐。推荐系统把商品从大桥的一端运送到另一端，分配给指定的用户。用户喜欢哪个类别的商品，关注哪个频道的内容，系统就把属于这个类别和这个频道的商品推荐给用户，如"猜你喜欢"推荐服务。系统收集用户喜欢的商品类别或根据用户历史行为记录挖掘用户兴趣偏好，将用户可能喜欢的商品推荐给用户。由于不同用户的兴趣偏好存在差异，推荐结果大概率是不同的，概率的大小取决于用户相互间兴趣偏好的差别程度。实现商品的个性化推荐存在一个前提，就是用户兴趣偏好特征和商品属性特点可以被描述和表征，即可以通过数据、文本、图片等方式来描述用户、描述商品。用户喜欢观看军事题材的短视频，关键词"军事"就是对这类商品题材的描述，有时也称为标签。正是这种标签把用户和商品关联起来，满足了推荐要求。

从推荐系统的未来发展趋势来看，大家都在追求千人千面的推荐效果，不断地细化用户兴趣偏好，不断地丰富数据字段，不断地推出新的算法模型，不断地改进和优化千人千面推荐服务的效果。但是实现千人千面的推荐效果对推荐系统的技术挑战是巨大的，尤其是对用户行为数据的更新速度、算法模型的计算速度、推荐服务的请求响应速度要求极高。从推荐服务实现的难易程度来看，千人一面相对简单，千人百面居中，千人千面最复杂。

以上 3 种推荐服务从用户角度出发，还有一种推荐服务从商品角度出发，这就是相关推荐。推荐系统根据商品内容或特征的相似性，把相似的商品或相关的商品作为该商品的相关推荐结果。这里商品内容的相似指的是类别、功能、标签、来源、题材等维度中的一个或者多个相似。以短视频为例，我们在看某一段短视频时，系统会把与这一段视频相关的视频推荐出来，这样我们在刷视频时，可以连续看好几个同一题材、同一主人公的短视频，甚至将其编排成一个专栏。快手 App 将同一作者发布的短视频编辑成系列，用户在刷快手短视频时，如果对某一作者感兴趣，可以通过相应链接查看该作者最近一段时间发布的全部作品，从而达到提升用户体验的目的。

　　具体实现上，推荐系统提供的服务不是孤立的，而是相辅相成融合在 UI 系统中，以支持 UI 系统业务的运营。我们在 App 上浏览新闻时，App 首页展示的个性化推荐结果是推荐系统根据我们个人的兴趣偏好生成的，当我们点击浏览某一篇新闻文章后，系统会提供与这篇新闻文章存在相似性或相关的其他新闻文章链接，我们可以快速点击查看。如果我们是新注册用户，系统暂时没有用户历史行为数据，无法挖掘并生成用户的兴趣偏好，这时页面上的个性化推荐内容调用的是非个性化推荐结果，如热榜推荐或新品推荐。

1.5　个性化推荐策略

　　千人百面和千人千面推荐服务属于个性化推荐范畴，尤其是千人千面推荐服务。工程上到底如何给用户推荐商品，如何生成符合用户个性化特征的推荐商品呢？这里介绍 4 种推荐策略供读者参考，如图 1.1 所示，图中以用户 A 作为推荐目标用户。希望读者通过这 4 种推荐策略，理解和掌握个性化推荐的策略构建。实现推荐策略需要采用算法模型，有关推荐算法模型的内容在本书第 3 部分会重点介绍。

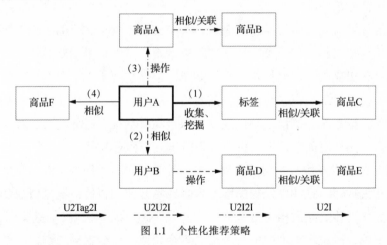

图 1.1　个性化推荐策略

1.5.1　U2Tag2I 策略

　　这种推荐策略用标签作为"桥梁"。用户喜欢或关注过哪个标签，推荐系统就把与这个标签关联和存在相似性的商品推荐给用户。这种推荐策略被定义为用户-标签-商品（User-to-Tag-to-Item，U2Tag2I）模式。推荐系统维护标签与商品的倒排索引表，根据用户关注或感兴趣的标签，快速查询、检索出对应的商品。

U2Tag2I 策略约定的标签存在推荐系统事先梳理好的关键词和推荐系统利用用户行为数据挖掘出来的兴趣偏好关键词两种形式。

推荐系统事先梳理好的关键词指的是互联网 App 提供一个页面供用户选择感兴趣的标签，例如视频内容、类型、风格、导演、主演。这类关键词标签属于千人一面风格，所有用户看见的都一样，用户根据自己喜好进行选择。

推荐系统利用用户行为数据挖掘出来的兴趣偏好关键词标签属于千人千面风格，每个用户享有自己的兴趣偏好标签。

U2Tag2I 策略下，推荐系统执行用户 A 的推荐列表时，从用户 A 的兴趣偏好标签列表中随机选择一个或几个标签作为推荐依据，通过标签与商品的倒排索引表检索出与这几个标签存在关联的商品 C，将商品 C 作为给用户 A 的推荐结果。

1.5.2　U2U2I 策略

这种策略以用户（用户 A 的相似用户）作为"桥梁"。用户 A 和用户 B 相似，那么就把用户 B 感兴趣的商品及其相似商品推荐给用户 A。这种推荐策略被定义为用户-用户-商品（User-to-User-to-Item，U2U2I）模式。推荐系统记录每一个用户的行为数据，通过检索用户 B 的行为数据，得到用户 B 最近关注的商品清单，将这些商品及与其内容相似的商品作为给用户 A 的推荐结果。

寻找与用户 A 相似的用户，一方面从用户 A 的基本属性数据出发，例如性别、年龄段、职业、社交群、居住地、收入等；另一方面从用户 A 的行为数据记录出发，例如点击行为、评分行为等。如果用户 A 点击过商品 D，用户 B 也点击过商品 D，说明用户 A 和用户 B 对商品 D 都感兴趣，点击行为相似。

1.5.3　U2I2I 策略

这种策略以商品（用户 A 操作过的商品 A）作为"桥梁"。推荐系统根据用户 A 的行为记录数据，检索出用户 A 最近一段时间点击的商品明细，把与用户 A 点击的商品相似或关联的商品 B 推荐给用户 A。这种推荐策略被定义为用户-商品-商品（User-to-Item-to-Item，U2I2I）模式。

商品 A 和商品 B 的相似性或关联性体现在内容属性上或销售属性上。商品内容属性相似或关联指的是商品的类型、功能、特点、价格等相似或关联，例如商品 A 和商品 B 属于同一个类型。商品的销售属性相似或关联指的是商品 A

和商品 B 的销售行为相似或关联，例如购买商品 A 的同时购买商品 B。

1.5.4 U2I 策略

这种策略基于用户属性特征和商品属性特征直接计算相似度，对相似度从大到小排序，将排在前面的 Top N 商品推荐给用户。这种推荐策略不涉及中间桥梁，定义为用户-商品（User-to-Item，U2I）模式。实现 U2I 策略推荐要注意用户属性特征和商品属性特征需要映射到同一个向量空间。

1.6 本章小结

本章从 5 个方面对推荐系统展开分析和讨论：系统定义、生活中的推荐系统、推荐系统特点与价值、推荐服务和个性化推荐策略。

本章的目的是帮助读者了解推荐系统，理解推荐的本质，以及推荐系统的业务场景和商业价值。推荐系统解决的是海量商品和海量用户个性化需求匹配的问题，目的是帮助用户快速找到自己感兴趣的商品，达成交易，在提升用户体验和增强用户黏性的同时，提高 UI 系统的商业价值。推荐系统几乎成了互联网 UI 系统的标配产品，无论是平台还是商家都在使用推荐功能提高商品销售收入，以提升业务增长率。

在业务场景下，推荐是通过推荐服务落实的，推荐服务内嵌在 UI 系统页面，当用户访问 UI 系统页面时，自动触发系统推荐功能，完成商品的推荐和展示。当用户在页面上操作，发生点击、浏览等动作后，推荐系统会及时采集用户当前的行为数据，更新用户当前的兴趣偏好，找到与用户当前兴趣偏好匹配的商品，并将其推荐给用户，这个流程周而复始，构成一个闭环。正是这个闭环流程的驱动，使推荐系统不断地迭代和进化，对用户兴趣偏好的挖掘越来越准确，商品推荐结果与用户兴趣偏好匹配度越来越高，系统商业价值越来越高。

常见的推荐服务有"猜你喜欢"、个性化推荐、热榜推荐、位置推荐、相关推荐等。推荐服务需要结合业务场景灵活进行定义与设计，禁止照抄照搬。

## 第2章

推荐系统技术实现

本章从系统设计角度阐述推荐系统技术实现，辅助读者从整体上理解推荐系统的开发需求和功能实现，掌握推荐系统的工作原理、业务流程、功能模块和开发框架。推荐系统本质上是一个信息系统，用于支撑用户特征与商品特征的相关性计算、排序和结果展示，确保系统业务流程和功能模块自动、实时、健壮地运行。数据、算法和系统构成推荐系统的核心三要素。

2.1 工作原理

从数学角度看，信息推荐就是计算用户兴趣偏好和商品特征的相关性，这里有一个前提条件：需要明确业务场景，即推荐活动发生在哪种业务场景下。

融合业务场景的推荐过程的数学表达式为

$$P\left(\text{item} / \text{user}, c_j\right) = \sum_{k=1}^{N} P\left(\text{item} / \text{interest}_k\right) \cdot P\left(\text{interest}_k / c_j\right) \cdot P\left(c_j / \text{user}\right)$$

式中，$P\left(\text{item} / \text{user}, c_j\right)$ 表示在场景 c_j 下，用户对推荐商品感兴趣的概率；$P\left(\text{item} / \text{interest}_k\right)$ 表示商品满足用户的第 k 个兴趣偏好特征的概率；$P\left(\text{interest}_k / c_j\right)$ 表示用户在场景 c_j 下具备第 k 个兴趣偏好特征的概率；N 表示用户在场景 c_j 下具有的兴趣偏好特征数量；$P\left(c_j / \text{user}\right)$ 表示用户当前属于场景 c_j 的概率。

场景指的是用户当前所处的环境，有时也称为上下文，具体来讲，就是用户在何时何地用何种设备，在何种心情下做何事。想把 $P\left(\text{item} / \text{user}, c_j\right)$ 计算出来，就需要知道 $P\left(c_j / \text{user}\right)$、$P\left(\text{interest}_k / c_j\right)$ 和 $P\left(\text{item} / \text{interest}_k\right)$。这 3 个值分别与场景特征、用户特征和商品特征有关。

用户特征用于描述用户个性化特点，实现对用户兴趣偏好特征的表述，利用用户特征完成对用户的识别和分类管理。商品特征用于描述商品特点的属性，构成商品的独特档案。系统可以利用商品特征完成商品识别和分类管理。场景特征用于描述场景特点，是对用户场景的表述。系统可以利用场景特征实现对场景的识别和分类管理。

场景不同，用户对商品的需求存在差异。以时间为例，上班期间，上网的目的主要是查询、检索与工作有关的知识和文章；下班后，上网的目的主要是休闲娱乐。不同的人，其兴趣偏好通常也是存在差异的。大家都在使用抖音，有人喜欢娱乐类视频，有人喜欢美食类视频，有人喜欢体育类视频。不同类别的商品，其特征属性不同。同样是新闻文章，其类别、来源、题材等存在差异。由于存在特征属性不同的商品，系统需要管理千万级甚至上亿级数量的商品。

推荐系统首先需要识别用户的场景，挖掘出用户的兴趣偏好，然后调用上述数学模型，计算用户在这个场景下对某个商品感兴趣的概率。这个概率反映的是用户兴趣偏好与商品属性的匹配度，有时也称为相关计算程度。

及时更新和维护用户特征、商品特征和场景特征标签对推荐系统输出列表的准确度非常重要。只有更新及时特征标签，算法模型精确，系统才能准确挖掘用户当前兴趣偏好。基于当前兴趣偏好生成的推荐商品列表，更容易被用户接受。

传统推荐系统领域通常没有考虑场景特征对用户兴趣偏好的影响，因此，推荐过程的数学表达式可写成

$$P(\text{item} / \text{user}) = \sum_{k=1}^{N} P(\text{item} / \text{interest}_k) \cdot P(\text{interest}_k / \text{user})$$

式中，$P(\text{interest}_k / \text{user})$ 表示用户的第 k 个兴趣偏好特征。系统根据用户近期的行为记录，提取用户 N 个兴趣偏好特征。

2.2 业务流程

推荐系统工作原理看起来简单，只需要计算几个概率值，做好匹配计算就行，但在工程实践中，搭建一个推荐系统是一件很困难、很复杂的事，涉及的许多工作需要设计和落实。工程上搭建的推荐系统不仅要求能跑通，不出 bug，而且要求可靠、可用、安全、易扩展，性能指标要满足设计要求。一定要注意，推荐系统面临的是海量商品和海量用户的个性化需求。这里的海量不只是成千

上万, 大多数情况下是成千万上亿。

根据推荐系统工作原理设计的推荐系统业务流程如图 2.1 所示。从用户登录 UI 系统到页面内容展示, 整个业务流程大致分为 10 个步骤。

① 用户登录 UI 系统或刷新 UI 页面。

② UI 系统根据页面展示内容的要求, 向推荐系统的服务接口发起 HTTP 请求, 请求内容携带参数。

③ 推荐服务接口启动召回算法, 执行推荐召回工作。在 UI 系统中, 每个用户都有自己的编号 UserID。UserID 在系统中具备唯一性。

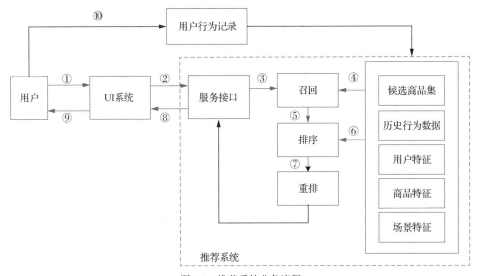

图 2.1 推荐系统业务流程

④ 召回算法根据 UserID 调用用户特征数据和场景特征数据, 从成百万、上千万的候选商品集中筛选出几千个与 UserID 对应的用户特征匹配的商品, 形成初步推荐列表, 推送给排序环节。推荐系统中, 每一件商品有唯一的编号 ItemID; 每一个场景有唯一的编号 ContextID。

⑤ 排序算法基于召回算法输出的列表, 调用复杂的机器学习模型, 预测用户对商品的点击率。将点击率估计值从大到小排序, 将排在前面的 Top N 商品作为精排推荐列表输出。排序环节输出的推荐列表通常包含几百个商品。

⑥ 提高推荐系统的准确度。排序环节使用的机器学习模型将用户特征、商品特征和场景特征作为模型的输入参数参与计算。同一个用户, 输入模型的用户特征标签值和场景特征标签值是不变的, 但商品特征标签值是变化的, 因为

不同的商品，其编号、类别、功能、特点、风格等属性不同。这样即使用户特征和场景特征数据不变，只要参与计算的商品特征数据变化，排序算法模型的输出结果也是变化的。这就给排序提供了数据依据。

⑦ 重排环节根据运营需要对排序环节的输出结果调整排列顺序。过滤用户已经点击过的商品，过滤黑名单用户，控制同类别或同题材商品的一次性输出数量，根据策略调整商品排序输出顺序。重排环节后，推荐列表中的商品数量通常有几十个或上百个。

⑧ 服务接口得到用户的推荐列表，将其以 HTTP 响应的方式反馈给 UI 系统。

⑨ UI 系统调用商品资料并将其展示在页面上。用户根据页面展示内容操作页面，选择自己喜欢的商品。

⑩ 推荐系统自动采集用户操作页面的行为数据和场景数据，更新用户当前的兴趣偏好特征和场景特征，为下一次推荐提供数据支撑。用户刷新页面，反馈进入步骤①循环。

用户特征反映的是用户基本信息和兴趣偏好，不同用户的特征数据存在差异。推荐系统召回算法和排序算法使用用户特征作为输入参数，体现了推荐过程的个性化。

上述流程中步骤④、⑤、⑥、⑦执行召回、排序和重排工作，这几部分工作是推荐系统独有的核心内容，用于解决用户与商品和场景的相关匹配问题，也就是相关性计算问题。

推荐系统业务流程中还有一项工作需要介绍，那就是候选商品集、历史行为数据、用户特征、商品特征、场景特征的生成与管理。在推荐算法的执行过程中，这部分数据作为已知数据保存在文件系统或者数据库中，推荐算法直接调用即可。实际上，这部分数据需要系统来维护和管理，属于推荐系统特征工程建设的内容。推荐系统特征工程采集用户的属性数据、用户的行为数据、商品属性数据和场景属性数据，利用大数据分析挖掘工具，生成用户特征、用户行为特征、商品特征和场景特征，并实时维护、管理数据。

设计推荐系统时，需要单独设计微服务或者进程，用于处理商品特征的构建与更新、用户特征的构建与更新、场景特征的构建与更新、用户行为数据的采集与挖掘。更新、管理特征标签值要考虑标签的时变特征，对于静态特征标签、慢变化特征标签和快变化特征标签，其标签值的更新频率不同。

2.3　业务功能模块

从业务流程角度定义的推荐系统业务功能模块如图 2.2 所示，主要包括数据采集、特征工程、推荐算法、推荐服务、效能评价等功能模块。通过信息化技术手段把这些功能模块串接起来，构建推荐系统，确保系统按流程、按规范、可靠运行。

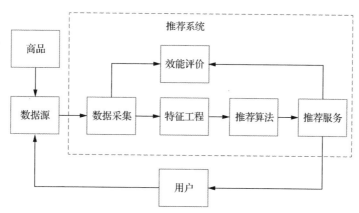

图 2.2　推荐系统业务功能模块

数据是推荐系统正常工作的基础，能反映推荐系统的业务场景。推荐系统从数据源采集用户、商品、场景等属性数据。数据源有多种，只要是对推荐存在促进作用的数据，都可以被采集到推荐系统。数据采集模块将所有的数据采集、汇聚到推荐系统形成原始数据。特征工程对原始数据进行处理，完成对用户特征、商品特征和场景特征的提取与构建。特征工程生成的特征标签数据是推荐算法的输入数据。推荐算法利用已知的特征标签数据训练算法模型。训练好的算法模型在预测阶段根据输入的用户特征、商品特征和场景特征，预测用户喜欢商品的概率，基于这个概率的大小生成推荐列表。推荐服务提取推荐列表生成 Web 服务供用户访问。推荐系统运行阶段，效能评价算法需要实时关注系统的工作性能，评估推荐系统的可靠性、可用性。

如果将推荐系统比喻为一棵树，那么数据就是这棵树的树根，特征工程就是这棵树的树干，推荐算法就是这棵树的树枝，推荐服务就是这棵树的树叶。由此可见，数据和算法是推荐系统的重要内容，没有质量过硬的数据支持和算法支撑，推荐系统这棵树长出来的树叶一定营养不良。

推荐系统以用户为中心，形成闭环流程。所谓闭环，指的是推荐系统的输入数据为用户行为记录，输出数据为反馈给用户的推荐列表。用户对推荐系统的结果进行操作，生成新一轮的行为数据（例如浏览、点击、分享、购买等），数据再次进入推荐系统，迭代更新用户的兴趣偏好特征，系统输出更新后的推荐列表，将推荐结果展示给用户。流程不断循环，直到用户下线。推荐系统的这个循环流程支持实时更新，也支持非实时的定期更新。工业推荐系统大都采取实时更新方式。具体采取哪种方式，需要根据推荐系统应用场景来确定。实时更新和定期更新的成本是不同的。

在搭建和开发一个企业级推荐系统时，要解决的核心问题有以下 4 个。

① 如何挖掘用户兴趣偏好特征（属于数据采集和特征工程的工作）？

② 如何找到与用户兴趣偏好特征相匹配的商品（属于推荐算法的工作）？

③ 如何管理用户数据、商品数据、场景数据和推荐服务数据的更新（属于系统架构和运营策略的工作）？

④ 如何验证和保证搭建的推荐系统可靠、可用、可信（属于系统评估方法、系统监控方法和系统架构的工作）？

2.3.1 数据采集

推荐系统从 UI 系统采集数据，包括用户数据、商品数据、场景数据和用户行为数据。用户数据反映的是用户自身的属性特点，如性别、年龄、职业、社交圈子等。商品数据反映的是商品自身的属性特点，如类别、功能、特点、品牌、渠道、价格等。场景数据反映的是用户与商品发生行为操作的环境属性特点，如时间、位置、商品路径、心情、社会背景等。用户行为数据记录的是用户对商品进行的操作动作，如浏览、点击、播放、购买、点赞、转发等。用户购买一件商品，说明用户需要这件商品，反映了用户当前的兴趣偏好。挖掘用户行为数据可以获得用户的兴趣偏好，为商品推荐提供数据支持。

用户数据和商品数据从 UI 数据库提取，场景数据从用户终端提取，用户行为数据通过 UI 系统的行为日志提取。不同应用场景下的推荐系统采集的数据不一定相同，这主要看推荐系统的应用场景。

1. 数据同步

推荐系统采集的数据是为推荐服务的，主要目的是建立用户画像、商品画像和场景画像，所以系统采集的数据一定要能够反映用户商品和场景在业务应用环境下的特点。只要数据能体现业务应用环境个性化特征，都应该被采集、同步到推荐系统。推荐系统的运行工作主要依赖以下 4 种数据：用户数据、商品数据、场景数据、用户行为数据。

　　不同的数据存放在不同地方，需要通过数据采集同步工具，实现数据的同步。表 2-1 列出了用户数据、商品数据和场景数据的采集字段参考示例。用户数据的采集可以从人口属性数据、行为数据、社交数据和偏好数据等维度出发。商品数据的采集从基本属性数据、营销数据和销售数据等维度出发。场景数据的采集从时间、空间和环境等维度出发。

表 2-1　数据采集维度

数据类别	数据维度	典型字段
用户数据	人口属性数据	性别、年龄、职业、居住地、收入、婚姻情况、学历
	行为数据	注册时长、浏览行为、点击行为、购买、点赞、踩、转发、评分、评价
	社交数据	职业、家庭成员、朋友、社交圈子
	偏好数据	喜好标签、关注频道、关注专题
商品数据	基本属性数据	新闻：标题、类别、来源、发布时间、摘要、正文 商品：类别、功能、材质、规格、标签 视频：类别、年代、语言、国别、时长、出品人、主演、导演、标签、题材
	营销数据	优惠、套餐、会员
	销售数据	新闻：栏目、有效时长、点击量、转发量 商品：店铺、价格、库存、评价、销量 视频：播放量、评价、评分
场景数据	时间	时刻、日期、季节
	空间	位置、区域
	环境	设备型号、气候、社会大事件、文件路径

　　用户数据通常属于静态数据，当用户注册后，数据自动生成，如性别。其中，有些数据属于缓慢变化数据，如年龄、职业、居住地。有些数据属于动态数据，如行为数据，即用户在浏览、点击商品时，生成的点击行为、点赞、踩、评分、评价、购买等数据。用户行为数据相当重要，个性化推荐主要依赖用户行为数据，通过挖掘用户行为数据，获取用户在某个场景下的兴趣偏好。UI 系统为了更好地给用户推荐商品，有时提供自定义的功能，以新闻 App 为例，其提供栏目、专题、频道、来源等订阅信息，供用户选择。用户社交数据反映的是用户的社会群体特征，如用户参与的群体、承担的会员属性、交往的朋友。通过这些群体特征，推荐系统挖掘群体特征属性，利用千人百面的推荐模式，给用户推荐商品。

　　电商推荐系统、新闻推荐系统和视频推荐系统销售的商品的形态是不同的，采集的商品数据也是存在差异的。商品数据分为实时数据和非实时数据。以新闻数据为例，新闻的标题、来源和类别属于静态数据（非实时数据），是否置顶属于动态数据，但实时性不太强。因为一篇新闻不可能长期占据页面置顶位置。新闻点击量和转发量属于实时性较强的数据，每小时可能都不一样。

用户与商品发生关联关系，与用户当时所处的环境氛围有关，如时刻、季节、位置、设备型号、用户情绪、周边环境、社会大事件背景等。采集用户场景数据有助于更精确、更场景化地满足用户个性化需求。在利用美团 App 挑选美食时，推荐系统基于用户的位置信息，优先推荐用户当前位置附近的餐厅。京东"618"促销期间的商品推荐，推荐系统使用了活动时间信息，优先推荐那些参与"618"活动的店铺和商品。

推荐系统采集的数据，从数据类型上分为数值型、文本型、时间型、位置型、图片型、音频型、视频型等。

数值型：用数字表述，如用户年龄、商品数量、商品价格、商品销量、评分等。

文本型：用文本表述，如用户性别、用户兴趣偏好、商品类别、新闻标题、地理位置等。

时间型：用时间戳或年-月-日-时-分-秒表述。

位置型：用经纬度表述，如 GPS 位置等。

图片型：用图片格式表述，如图片、海报、人像等。

音频型：用音频格式表述，如音频文件等。

视频型：用视频格式表述，如视频文件等。

推荐系统基于采集的这些数据，在特征工程环节创建商品特征、用户特征和场景特征。推荐系统采集的数据颗粒度越小，能提取特征的可能性就越大，当然计算的复杂度就越高，需要的存储空间就越大，因此一定要结合特征工程需求，合理规划采集数据的维度。

> **注意** 推荐系统特征工程使用的数据不同于大数据特征工程使用的数据。推荐系统特征工程使用数据的目标是提升推荐准确度；大数据特征工程使用数据的目标是构建数据服务。推荐服务是大数据特征工程数据服务的一种。大数据特征工程使用的数据要广、要细、要多，推荐系统特征工程使用的数据要专、要精、要准。

2. 数据存储

计算机系统将数据分为结构化数据、半结构化数据和非结构化数据；将数据库分为关系数据库（SQL）和非关系数据库（NoSQL）。通常，结构化数据存储在关系数据库中，非结构化数据和半结构化数据存储在非关系数据库中。关系数据库采用类似二维表单的方式保存数据，表 2-2 所示的用户基本信息数据，每一行对应一个员工的基本信息，每一列对应员工基本信息的一个属性字段。常见的 SQL Server、SQLite、Oracle 和 MySQL 属于关系数据库，关系数据的检索使用 SQL 语言。

表 2-2　用户基本信息数据（MySQL 数据库）

ID	姓名	性别	年龄	学历	毕业院校	入职时间	部门	岗位
U100	张三	男	35	博士研究生	清华大学	2019.3.1	研发部	开发
U101	李四	男	28	硕士研究生	北京航空航天大学	2019.10.20	研发部	算法
U102	王五	女	26	本科	北京工业大学	2020.1.15	产品部	产品
......								

非关系数据库采用键值映射方式保存数据，一个键值映射一条记录，记录内容可以是字符串、集合、链表、文档，表 2-3 所示的用户兴趣偏好数据，一个键值对应一个映射值。JSON 文件、XML 文件、图片文件、音频格式文件、视频格式文件等都可以保存在非关系数据库中。常见的 Redis、MongoDB、HBase 和 Neo4j 属于非关系数据库。数据检索直接访问键值，通过键值获取映射的内容。

表 2-3　用户兴趣偏好数据（Redis 数据库）

键	值
U100_perfer	{专业:{ Java,C,Spring,Spring Boot,Redis,MongoDB,Cloud}, 兴趣:{健身,阅读,旅游,美食,…}, 消费:10000, 性格:外向 }
U101_perfer	{专业:{Python,Django,Hadoop,Spark,DNN,CNN,AI,Kafka,FastDFS,…}, 兴趣:{滑雪,社交,阅读}, 消费:5000, 性格:外向 }
U102_perfer	{专业:{Python,MySQL,Vue,MQTT}, 兴趣:{社交,健身,旅游,演讲,购物}, 消费:12000, 性格:内向 }
......	{专业:{…}, 兴趣:{…}, 消费:xxx, 性格:xxx }

2.3.2　特征工程

推荐系统特征工程的工作就是构建能表征用户、商品、场景的个性化特征属性的标签，并将其转化为数学向量，以供机器学习模型调用。其主要工作分为以下3阶段。

数据预处理：提取、转换、装载数据，解决数据的标准化和规范性问题。

特征标签构建：基于标准化后的数据，利用统计和机器学习模型分析、挖掘特征标签，生成用户画像、商品画像和场景画像。

特征标签向量化处理：将用户画像、商品画像和场景画像生成数学向量。

刚接触推荐系统时，读者对商品特征标签和用户特征标签的理解可能比较模糊，不太清楚到底是什么意思。下面以一个实例进行说明。生活中，我们了解一个人，通常从他的性别、身高、学历、职业、兴趣、长相和性格等角度去描述。这里所说的每一个角度就是一个特征标签。性别标签的值是男或女，用枚举法表示为性别={男,女}。同理，学历={高中,大学本科,硕士研究生,博士研究生}；职业={公务员,医生,军人,教师,学生,…}；兴趣={阅读,旅游,健身,运动,编程,…}；长相={眼睛大,鼻梁高,头发长,身材高大,…}。基于这样的标签数据，对张三的描述表示成如下格式的文件。

```
张三 = {
    性别:男,
    年龄:32,
    身高:185 cm,
    学历:大学本科,
    职业:教师,
    兴趣:{阅读,旅游,编程},
    长相:{鼻梁高,身材高大,帅气英俊},
    性格:外向
}
```

这个文件记录了张三的特征标签。利用这个文件可以初步了解张三这个人，知道他的年龄、性格、职业、长相等。想要进一步了解张三，只需要丰富和细化这个文件的特征标签维度即可。采用第 3 章的编码技术对描述张三的特征标签进行编码，将每一个特征标签的编码结果按照规律串联起来，构建成张三的特征向量：

```
张三 = [10010100001010010101110010011001…10011]
```

这个特征向量从数学角度反映了张三的特征。基于这个特征向量，就可以使用数学工具处理张三的数据。推荐系统特征工程就是对商品、用户和场景构建类似于描述张三的特征标签文件和特征向量。

　　机器学习算法在商品特征和用户特征基础上训练并建立一种预测模型,利用这个预测模型去解决实际问题。由此可见特征工程建设在推荐系统中的重要性。在机器学习领域流传着这样一句话:"数据和特征决定了机器学习算法的上界,算法和模型只是不断逼近这个上界而已。"合适、准确的特征工程可以使机器学习算法简单、容易、高效;相反,不合适的特征工程会使机器学习算法复杂、耗时甚至失效。

　　如何为商品和用户构建合适、准确的特征呢?

　　理想情况下,我们获得原始数据,对数据进行特征化处理。实际情况下,数据来源于多个渠道(多个数据源),数据类型多样,数据规格不一,有些是真实数据,有些是异常数据。为了解决这些问题,在规划、设计推荐系统特征时,需要结合推荐系统应用场景并咨询业务专家充分了解业务应用场景,而且收集的数据要全,提取的特征要尽可能包含商品、用户、商品与用户的关系、商品与用户发生关系时的场景等信息,同时要剔除冗余数据、异常数据,填补缺失数据。

　　商品特征构建就是对采集的商品数据按特点或特征赋予标签,标签体现的是商品的特点、功能、价位、口味、流行程度等情况。例如,健胃消食、青春偶像、经典怀旧、香饽饽、畅销大爆款等。商品特征建立在一定的数据规则基础上,可以给单个数据属性赋予一个标签,也可以给多个数据融合赋予一个标签。表 2-4 列出了一种商品特征标签构建方法,从商品的基本特征、目标特征、类别特征、营销特征和销售特征等维度入手。

表 2-4　商品特征标签构建

特征标签	特征标签描述
基本特征	外观、材质、颜色、功能、品牌、渠道、店铺等
目标特征	儿童、学生、年轻人、中年人、上班族、票友等
类别特征	食品、药品、理财产品、新闻、图片、视频等
营销特征	价格、优惠、促销、套餐等
销售特征	曝光次数、销售量、关注量、评分、评价、流行度、热度、利润率等

　　用户特征标签构建是对采集的用户数据按特点或特征赋予标签,标签体现的是用户的特点和特征,可以分为基本特征、兴趣特征、社交特征、消费特征、行为特征。表 2-5 列出了用户特征标签的构建方法。

表 2-5 用户特征标签构建

特征标签	特征标签描述
基本特征	性别、年龄、居住地等
兴趣特征	品牌、类别、专题、标签、关键词、时间、地点等
社交特征	家庭、职业、学历、同事、朋友等
消费特征	消费能力、购买水平、最近消费记录、消费综合特征等
行为特征	新老用户、设备类型、购买频率、成交金额、价值度、活跃度、忠诚度、流失度等

生活中，常见的大学生、程序员、票友、足球爱好者、同窗、金领、有房族、活跃分子等都是从不同角度给用户赋予的特征标签。同一个用户从不同角度获得标签可能不同。不同人从同一角度赋予该用户的标签也可能不同。单独探讨特征标签赋值的准确性意义不大，应主要考虑标签的应用场景是否满足业务运营的需要。

在商品特征标签、用户特征标签和场景特征标签中，有些特征标签具有层次结构特点，即特征标签存在子目录和父目录，如商品的类别特征标签。

新闻资讯网站中，新闻类别层次结构通常按如下方式设计。一级目录={新闻,NBA,体育,娱乐,财经,科技,…}，新闻二级目录={首页,图片,国内,国际,军事,航空,政务,…}。

电商网站中，商品类别层次结构可以按如下方式设计。一级目录={家电,手机,计算机,男装,女装,房产,食品,…}。计算机二级目录={整机,外设,网络产品,办公设备,计算机配件,服务产品}。办公设备三级目录={打印机,扫描仪,投影仪,电子白板,文房四宝,耗材}。耗材四级目录={硒鼓,光盘,色带,墨盒}。

场景特征中的位置特征，可根据中国地理区域和行政区划设计如下的层次结构。一级位置目录={华北,东北,华东,华中,华南,西北,西南}，东北二级目录={黑龙江,吉林,辽宁}，黑龙江三级目录={哈尔滨,齐齐哈尔,牡丹江,佳木斯,…}，哈尔滨四级目录={南岗区,道里区,道外区,香坊区,松北区,…}，南岗区五级目录定义到街道，街道六级目录定义到社区。有了位置特征的层次结构，手机 GPS 输出经纬度信息就很容易映射到街道和社区。这样的话，可以通过分析用户位置场景特征数据，挖掘用户的活动区域和活动路线。

由于商品特征标签和场景特征标签存在层次结构，用户特征标签也具有层次结构特点。机器学习模型通过挖掘用户兴趣偏好层次结构，可以实现基于兴趣偏好层次结果的召回推荐，以丰富推荐列表的多样性。

2.3.3　推荐算法

推荐算法模块是推荐系统的核心组成部分，算法模型从商品候选集中找到与用户兴趣偏好匹配的商品，以推荐列表方式输出。由于推荐候选集数量为百万级甚至千万级，为了提高算法的计算速度，可将推荐算法工作分为召回和排序两阶段。在召回阶段，推荐系统利用规则、策略等召回模型从万级或百万级的商品中筛选出基本符合条件的商品，生成初选商品候选集。在排序阶段，推荐系统利用机器学习等排序模型预测用户对初选商品候选集的喜欢度，对喜欢度从大到小排序，将排名靠前的百余个商品输出推荐列表。推荐算法实现流程如图 2.3 所示。

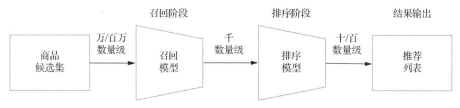

图 2.3　推荐算法实现流程

推荐系统召回阶段生成的候选集会影响最终推荐列表的准确度。推荐结果是否真正获得用户喜欢与召回阶段的规则、策略存在必然关系。推荐召回模型直接决定了推荐系统的性能和价值。召回模型越适合应用场景，效果会越好。

推荐系统召回阶段使用的规则和策略不是随意配置的，而是建立在用户历史行为记录、场景特征、用户特征和商品特征的数据基础之上。在完成推荐之前，系统必须事先获得用户特征、商品特征，感知用户当前场景和掌握用户的兴趣偏好。这里介绍几种常见的推荐召回方法。

1. 基于内容的推荐召回

现实生活中，我们完全了解一个人或一件商品不太现实，但可以通过其特征标签对其进行刻画。这样，通过标签就可以大致了解这个人或这件商品。描述一个人的所有标签构成的标签体系即用户画像。描述一件商品的所有标签构成的标签体系即商品画像。

基于内容的推荐召回方法就是基于商品画像或用户画像来推荐。建立商品画像或用户画像需要充分考虑业务应用场景，从多个维度来描述，设计好颗粒度和层次关系。

商品画像从不同角度描述商品属性。对于影视类商品，从题材角度可将其分为动作片、喜剧片、恐怖片、爱情片、警匪片、科幻片、纪录片等，从发行时间角度可将其分为 20 世纪 70 年代、20 世纪 80 年代、20 世纪 90 年代、21 世纪 00 年代、21 世纪 10 年代等，从语言角度可将其分为英语、汉语、法语、意大利语等，还可以进一步从导演角度、主演角度、影片时长角度等进行划分。对于汽车类商品，可以从车型、价格、品牌、座位数、油耗、颜色等角度划分。对于文本类商品，可以从类别、主题、关键词、命名实体（如人、组织机构、地点、事件）等角度划分。对于电商类商品，可以从目标群体、功能、外观、使用场景、价位、流行度等角度划分。

用户特征反映的是用户的个性化特点属性，可以从性别、年龄、身高、居住地、工作地、工作单位、职业性质、兴趣偏好等维度构建。兴趣偏好又可划分为内容偏好、行为偏好、消费偏好、环境偏好等。内容偏好可以通过提取过去一段时间与用户关联的商品属性获取，也可以通过调研方式获取。行为偏好指的是用户购买商品的操作过程中表现出的行为特征，是直奔主题快速成交，还是反复对比后成交。消费偏好指的是用户对商品价位、品牌、流行度、风格等特征的偏好程度。环境偏好指的是用户购买商品的环境因素，在何种环境（例如心情、季节、设备型号、社会大事件等）下更容易购买商品。可设计机器学习算法来挖掘用户的兴趣偏好特征，将与兴趣偏好特征相似的商品推荐给用户。用户喜欢军事新闻、喜欢体育明星、喜欢高档化妆品、喜欢户外装备等都是用户内容偏好的具体体现。

有了商品画像，可将属性特征相似的商品划归为一个组，成为邻居。有了用户画像，可将属性特征相似的用户划归为一个组，成为邻居。

系统推荐时采用的方法如下。

方法 1：基于商品内容相似度开展推荐工作，属于 U2I2I 策略。基于目标用户以前关注和购买的商品，根据商品画像，找到商品的相似商品集合，从集合中筛选出相似度最高的商品推荐给目标用户。商品相似性包含类别、来源、功能、内容、风格、特征、流行度等维度中的一个或多个。

方法 2：基于用户内容相似度开展推荐工作，属于 U2U2I 策略。根据目标用户画像，找到用户的相似用户集合，将相似用户关注和购买的商品推荐给目标用户。用户的相似性包含性别、年龄、组织、社交群体、兴趣偏好等维度中的一个或多个。

基于内容的推荐召回本质是基于内容相似度的推荐，推荐系统的准确度与商品画像、用户画像和相似度算法密切相关。如何建构精确的商品画像和用户画像是推荐系统的核心工作之一。值得注意的是，商品画像和用户画像不是一成不变的，需要设计更新机制来更新商品画像和用户画像，确保推荐系统调用的商品画像和用户画像特征是最新的。

2．基于行为的推荐召回

基于行为的推荐召回方法建立在用户与商品之间的行为模型的基础上，通过获取大量用户行为数据，找到内在规律，利用规律实现推荐。用户行为包含查询、浏览、点击、驻留时长、转发、评分、收藏、购买等操作。每种操作都隐含用户对商品的感兴趣程度。基于行为的推荐召回不涉及商品画像和用户画像。

用户行为一般以日志方式保存在信息系统中，通过分析系统日志，可以获得用户行为数据。如果用户购买商品用 1 表示，没有购买商品用 0 表示，则系统为可以生成某段时间内 N 个用户对 M 款商品的购买行为记录，用矩阵表示，简称为用户购买行为矩阵。矩阵第 i 行表示用户 U_i 对所有商品的购买行为记录，矩阵第 k 列表示商品 I_k 的购买或非购买行为记录，矩阵元素 R_{ik} 表示用户 U_i 对商品 I_k 的购买或非购买行为记录。$R_{ik}=1$ 表示用户 U_i 购买商品 I_k，$R_{ik}=0$ 表示用户 U_i 没有购买商品 I_k。读者熟悉的协同过滤（Collaborative Filtering，CF）就是一种基于行为的推荐召回算法。

$$\boldsymbol{R}(\text{item}\,|\,\text{user}) = \begin{pmatrix} 1 & 0 & 1 & \cdots & 0 & 0 & 0 \\ 0 & 0 & 1 & \cdots & 1 & 0 & 1 \\ 0 & 1 & 1 & \cdots & 1 & 1 & 1 \\ \vdots & \vdots & \vdots & & \vdots & \vdots & \vdots \\ 0 & 0 & 0 & \cdots & 1 & 0 & 0 \\ 1 & 0 & 1 & \cdots & 0 & 0 & 1 \\ 1 & 1 & 1 & \cdots & 0 & 1 & 1 \end{pmatrix}_{N \times M}$$

系统推荐时采用的方法如下。

方法 1：基于用户行为相似度开展推荐工作，属于 U2U2I 策略。对用户购买行为矩阵按行处理，生成与目标用户行为相似的用户集合。将行为相似用户购买的商品作为推荐候选集推荐给目标用户。这种以相似用户为核心进行处理的算法就是用户协同过滤（User Collaborative Filtering，UserCF）算法。

方法 2：基于商品行为相似度开展推荐工作，属于 U2I2I 策略。对用户购买行为矩阵按列处理，生成与商品购买行为相似的商品集合。根据目标用户历史购买的商品，找到该商品的相似商品集合，将相似商品集合中的商品作为推荐候选集推荐给目标用户。这种以相似商品为核心进行处理的算法就是商品协同过滤（Item Collaborative Filtering，ItemCF）算法。

用户的行为一般分为显性行为和隐性行为。显性行为能明显反映用户对商品的喜欢度，例如点击、购买、评价、转发。显性行为表明用户发出的行为动作结果非常明确。隐性行为不能明确反映用户对商品的喜好程度，例如检索、浏览和收藏。隐性行为表明用户发出的行为动作结果不明确，很难确定用户对商品到底是喜欢还是不喜欢。业务场景不同，用户行为存在差异。在构建用户行为矩阵时，一定要深入分析用户行为的应用场景，分析并量化最能反映用户对商品的兴趣的行为作为推荐依据。

基于行为的推荐召回本质是基于行为相似度的推荐，即通过找到行为相似的用户群和商品群，来完成推荐活动。基于行为的推荐算法应用得最早、最成功，也很成熟，最大优势就是不需要处理商品的众多属性，不需要创建商品画像，直接使用用户对商品的关联行为数据，数据相对简单。伴随着用户数量增加、商品数量增加，行为矩阵的维度随之增加，矩阵元素更加稀疏，占用的计算资源和存储资源剧增，所以在算法实现过程中，要想办法优化。

矩阵分解模型算法和隐特征模型算法是基于行为数据实现推荐的优化改进算法，这两种算法通过重构用户行为矩阵，缓解了矩阵数据元素的稀疏性问题。

3. 基于模型的推荐召回

这里的模型指的是机器学习模型，可以简单理解为函数。针对过去一段时间用户对商品产生的行为记录，我们将用户特征作为一组变量，将商品特征作为一组变量，将用户对商品发生的行为动作（此处假设为点击）作为结果，通过机器学习模型训练得到用户特征、商品特征和行为动作的函数关系，这个函数就是模型。该模型反映了用户对商品的喜欢度，属于 U2I 策略。基于这个模型，我们就可以预测用户对未知商品的点击概率。

利用模型实现推荐召回需要经历模型训练和模型使用两个阶段。模型训练就是利用训练数据训练模型，调整模型的参数，训练的目标是保证定义的损失函数取最小值。以新闻推荐系统为例，在训练样本时，假定 y 表示用户的真实行为动作，$y=1$ 表示用户真实点击了这篇新闻，$y=0$ 表示用户没有点击这篇新闻，$\hat{y}$ 表示模型预估的用户行为动作，$\hat{y}=1$ 表示模型预测用户会点击这篇新闻，$\hat{y}=0$ 表示模型预测用户不会点击这篇新闻。定义如下函数作为模型训练的损失函数：

$$\text{Loss} = \sum_{i=1}^{N} \left(y_i - \hat{y}_i \right)^2$$

式中，Loss 表示机器学习模型的损失函数，N 表示训练样本的数量。

模型训练就是不断地调整模型参数，最终使得均方误差 Loss 达到最小值。Loss 达到最小值意味着模型的预测结果与真实结果误差最小。

常见的线性回归模型、逻辑回归模型、奇异值分解（Singular Value Decomposition，SVD）模型、变量模型、隐变量模型（Latent Factor Model，LFM）、梯度提升决策树（Gradient Boosting Decision Tree，GBDT）模型、深度神经网络（Deep Neural Network，DNN）模型、Wide&Deep 深度学习神经网络模型等都属于模型推荐算法。伴随着机器学习研究的不断深入，深度学习模型越来越多地应用到推荐系统召回阶段，也成为推荐算法的热门研究方向之一。

4．基于标签的推荐召回

这里的标签以关键词的形式存在，系统事先梳理出来提供给用户，属于用户兴趣偏好参考值，用户选择某个标签，说明用户对这个标签对应的内容感兴趣。基于标签的推荐召回属于 U2Tag2I 策略。通常，互联网 App 为用户提供一个推荐关注的页面，尤其是新注册用户，用户在这个页面可以选择自己感兴趣的内容，这里的内容以频道、专题、题材、来源、标签等方式存在。用户关注的标签推荐内容最终以个性化推荐方式展现在页面上。

这种推荐方法不涉及复杂的算法模型，推荐系统维护好标签与商品的倒排索引表即可，用户关注哪个标签，就把与这个标签相关的商品推荐给用户。

5．基于关联规则的推荐召回

"啤酒与尿不湿"的故事就是关联规则推荐的案例，属于 U2I2I 策略。关联规则推荐就是从大量购物车历史数据中找出商品之间的关系，例如商品 A 和商品 B 同时出现在一个购物车中的概率。这个概率反映的就是同时购买商品 A 和商品 B 的可能性。据统计，60%的用户购买面包时会购买牛奶；10%的用户购买鞋子时会购买袜子。对每个商品按关联概率大小生成关联商品集合，根据用户历史记录，将其关联商品集合中的商品推荐给目标用户。

如何高效、快速找到商品之间的关联概率是关联规则推荐算法的核心工作，目前业界常用算法有 Apriori 算法、FP-Growth 树和 Eclat 算法。

6．基于知识的推荐召回

前几种推荐方法基本上建立在用户历史数据的基础上，根据用户历史记录推荐相关商品。现实生活中存在无法获得历史数据的问题，例如购买一辆车、一套房、一个理财产品。这种商品交易发生的频次较低，用户需求模糊，常规的推荐方法容易失效，解决办法就是通过与用户交流来收集、梳理用户需求，提取知识和特征规则。基于知识的推荐召回属于 U2Tag2I 策略。例如，买房时，业务人员或 AI 机器人需要询问用户购买房产所处的小区、户型、朝向、交通、商圈等信息，推荐系统根据用户提供的信息匹配商品特征，输出推荐商品。

7. 基于多种策略的推荐召回

工业环境中，推荐商品数量可达百万级、千万级，推荐算法从商品候选集中召回用户可能感兴趣的商品需要时间。召回算法中涉及的策略越多，召回计算时间开销越大。为了平衡时间开销，保证推荐系统在很短时间内生成推荐列表，工程上偏向于采取多个召回策略并行的工作模式。当然，并非所有的推荐系统都需要设计多路召回策略。例如，我们采用协同过滤算法完成推荐召回，那么一个召回支路就能满足要求，如果我们打算同时支持基于内容的推荐召回、基于行为的推荐召回、基于模型的推荐召回、基于关联规则的推荐召回等，那么为了平衡召回速度指标要求，应该采取并行的工作模式，而不是串行的工作模式。

图 2.4 所示为基于多种策略的推荐召回流程，每一个召回支路实施一个召回策略（召回算法），系统实现时将其支路设计成微服务或独立进程工作。这种情况下，每个召回支路独立工作，相互不影响。虽然每个通道的召回策略较简单，但多通道融合召回策略就变复杂了，所有召回支路的输出结果在粗排环节进行融合处理。

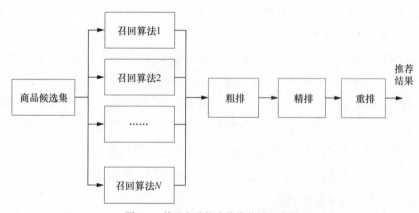

图 2.4　基于多种策略的推荐召回流程

召回支路使用简单模型快速找出用户可能感兴趣的商品，主要目的是降低候选商品数量级。通过召回算法将候选商品数量级从百万级降到万级、千级、百级，从海量的商品中找出一部分用户可能感兴趣的商品。降低候选商品数量级能大大提升推荐系统的响应速度。用户刷新页面时，推荐请求是实时的，如果推荐系统不能在短时间内做出响应，将结果展示在页面上，用户通常是没有心情在线等待的。

粗排完成对召回结果的整理工作。由于召回算法并行运行，每个支路使用的召回策略不同，准确度不同，粗排环节对召回结果按设计的策略进行融合处理，提取出用户最有可能感兴趣的商品，送给精排环节。召回环节强调广和快。广指的是召回策略多，增、删、改很方便，每个支路召回策略不同；快指的是召回的速度快，召回输出列表的计算时间短。召回环节通过多支路并行方式来满足召回策略多的应用需求，每个支路使用相对简单的召回策略来满足计算速度快的应用需求，例如基于热度召回、基于类别召回。基于热度召回就是把当前最热门的商品推荐给用户。基于类别召回就是提取用户当前发生关联的商品类别，把同类别其他商品推荐给用户。粗排环节并非推荐系统的必备环节。对于商品数量不多、召回算法不多的业务场景，可以不设计粗排环节。

精排使用复杂机器学习模型对粗排结果一一进行核实，通过算法模型预测用户对粗排输出列表中每一件商品的喜欢度，预测用户是否会点击这件商品。精排环节强调的是精而准。这里的精指的是输出的推荐列表中商品数量较少，这里的准指的是输出的推荐列表准确度高。推荐列表准确度高，说明用户对推荐列表的认可度高，喜欢点击查看推荐列表输出的商品明细。推荐精排环节就像老师批改试卷一样，逐条核实学生的答题结果，最终给出一个评分。精排环节根据模型输出的喜欢度预测值排序，将排在前面的 Top N 商品作为推荐结果输出。

重排环节根据运营规则重新调整推荐结果输出顺序。如果用户对某类别商品特别感兴趣，精排后，在推荐列表中，属于这种类别的商品通常排在前面。如果不加二次处理，直接将精排结果展示给 UI 系统，页面上会连续出现多个同类型、内容相似度极高的商品，这会给用户带来视觉疲劳，使用户更容易离开页面，违背增强用户黏性的宗旨。所以，重排环节需要打乱精排输出顺序，按照推荐的多样性和新颖性指标重新排序。以新闻推荐为例，优先输出与用户当前点击新闻专题相似的新闻，其次输出与用户长期兴趣偏好匹配的新闻，再次输出热点新闻和新上线新闻。每种类别的输出内容不超过两项，循环变化模式。

8. 基于运营策略的推荐召回

商家在运营推荐系统时需要建立运营策略，并干预推荐过程，以提升用户体验和提高订单转化率，例如曝光控制策略、优先级控制策略、冷启动兜底策略、安全过滤策略、优化和重排等。基于运营策略的推荐召回实际上是推荐系统执行运营规则。推荐过程不需要历史记录，不需要与用户交互。

曝光控制策略：对推荐结果进行过滤，过滤那些已曝光但用户不感兴趣的商品，过滤与用户历史记录太相似的商品，过滤推荐候选集中太相似的商品。可调整商品曝光时间和曝光位置，与重大节日相关的商品需要优先在节日期间曝光。

优先级控制策略：对调整的推荐结果二次排序，将新商品、重点推荐商品、重点推荐类别优先输出。推荐系统可单独设立新商品推荐模块，专门处理新商品的推荐。

冷启动兜底策略：保障推荐系统在没有任何先验知识的前提下（例如推荐系统刚上线、新用户登录、长期不活跃用户登录时）正常工作。冷启动兜底策略可以根据运营需要进行配置，例如根据优先热门商品、促销商品、新上线商品等进行配置。

安全过滤策略：保障推荐结果中不出现违规、违纪、违法的内容，保证黑名单用户不能获得推荐结果。

优化和重排：推荐系统的本质是给用户推荐其感兴趣的商品，伴随着时间推移，系统挖掘的用户兴趣偏好会越来越集中，这不是我们希望看到的。为了避免这个问题，推荐系统在最终反馈输出推荐结果之前需要重新调整推荐列表中的商品顺序，打乱原来的排序，甚至强制插入一些用户以前没有看见的商品。推荐系统执行推荐结果优化和重排的目的是满足推荐结果的多样性和新颖性。设想一下，如果系统一直给我们推荐同一类别的商品，我们肯定会出现视觉疲劳，发现不了惊喜。

推荐系统运营期间，运营策略是非常重要的。进一步落实运营策略对推荐结果的优化、调节和引导，提升用户体验，提高商家盈利，同时符合国家监管制度具有重要的作用。

2.3.4 推荐服务

推荐系统以 Web 服务方式向外提供推荐服务，Web 服务部署在 Web 服务器上，用于响应用户 HTTP 推荐请求，并将推荐结果反馈给 UI 系统。推荐服务支持高并发、高可靠访问，HTTP 推荐请求响应时长会直接影响用户体验。为了不影响用户体验，通常要求 HTTP 推荐请求响应时延小于 200 ms，甚至有时要求小于 100 ms。

推荐服务的定义要结合业务应用场景。1.4 节提到的推荐服务就需要在这个环节生成。常见的推荐服务包含热门推荐、相关推荐、场景推荐、猜你喜欢和个性化推荐等。有关这几个服务的详细生成过程，将在本书第 17 章阐述。

图 2.5 展示了推荐服务与推荐算法的交互方式。Web 服务接口以 RESTful API 方式存在。收到 UI 系统发来的 HTTP 推荐请求后，推荐服务业务处理模块访问推荐算法的输出结果，获取用户推荐列表，以 HTTP 响应方式反馈给用户。推荐服务业务处理与推荐算法的数据交互可以设计为 3 种方式：离线、在线、离线+在线。

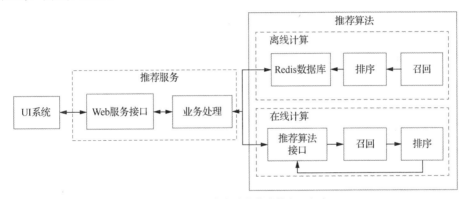

图 2.5　推荐服务与推荐算法的交互方式

离线：系统调用推荐算法，事先将用户的推荐列表计算出来，缓存在指定位置，如 Redis 数据库。当需要执行推荐时，Web 业务处理单元直接访问 Redis 数据库，按用户编号提取自己的推荐结果。

对于离线方式，获取推荐列表只需要查表，所以 Web 服务的响应速度极快，属于纳秒级或毫秒级响应，用户体验极好。这种方式的缺点也是明显的，不管用户是否在线，都需要事先把推荐列表计算出来，缓存在 Redis 数据库。离线计算方式不强调实时性，所以推荐召回算法和排序算法可以在满足准确度的前提下使用复杂的机器学习模型，数据更新频率为每天或每小时。

在线：Web 业务处理单元实时调用推荐算法接口，根据用户编号和识别的用户场景特征，临时计算并生成推荐列表结果。对于在线计算方式，其推荐结果与用户当前的兴趣偏好和场景特征匹配度高，推荐结果的用户接受度高。

这种实现方式不需要事先计算大量活跃用户的推荐结果，哪个用户有需求就满足那个用户的需求。在线计算方式的 HTTP 响应时间通常为秒级，明显大于离线计算方式的响应时间。对于比较复杂的推荐算法，模型执行时间较长，在线计算方式不方便采用。

离线+在线：针对离线计算方式和在线计算方式的优缺点，工程上一般采用离线+在线融合计算方式生成推荐结果。离线计算单元根据用户的长期/短期兴趣偏好执行召回排序工作，按天更新数据；在线计算单元根据用户当期兴趣偏好和场景特征执行召回排序工作，实时调用接口计算。离线+在线数据交互方式可满足请求纳秒级+毫秒级+秒级的响应。

长期兴趣偏好指的是用户很长一段时间内的兴趣偏好，如一个月、一个季度、半年等；短期兴趣偏好指的是用户在最近一段时间内的兴趣偏好，如 3 天、1 周、半个月等。当期兴趣偏好指的是用户在刷新页面之前所关注的内容。推荐系统特征工程基于用户的历史行为记录分析和挖掘用户的长期、短期和当期兴趣偏好，更新推荐召回算法。

2.3.5 效能评价

推荐系统的目的是提升商业销售额，要在真实业务场景中磨练。在真实业务场景下，推荐功能到底能不能起作用，推荐结果是否获得用户认可、能否提升商业价值，需要设计验证策略以评价推荐系统的工作性能和效能。

推荐系统效能评价包含离线评价和在线评价两种方式。无论采取哪种评价方式，都离不开评价方法和评价指标，只有大家对评价方法和评价指标达成共识才能客观体现系统效能。

离线评价主要依赖训练样本数据，用于系统未上线之前。常见的评价指标为准确度、精确度、召回率、曲线下面积（Area Under the Curve，AUC）、F1值、均方误差（Mean Square Error，MSE）等。

在线评价用于系统上线后，根据用户真实反映来进行评价。常见的评价指标为点击率、转化率、成交量、多样性、新颖性、惊喜度等。

从信息系统视角来看，评价指标还有实时性、稳定性和健壮性。这 3 个指标能直接反映推荐系统的计算处理能力、请求响应能力和应对高并发访问能力。

推荐系统效能评价是一个持续性过程，需要不断优化、改进，不断地提升算法处理精度、提高机器的处理能力、提升架构的稳定性等。刚上线的推荐系统性能指标与预期设想存在差别是正常现象。

2.4　推荐系统开发

2.3 节从推荐系统业务逻辑角度对系统各个模块进行了阐述，讲清楚了系统各业务模块需要执行的任务，以及业务模块之间的数据流程，本节从信息系统设计角度阐述推荐系统功能模块，以及模块之间的相互关系。一个优秀的推荐系统在系统结构设计上应该具备通用性、模块化、组件化、层次化、易扩展、易维护等特点，满足平台上线后的高可靠性、高可用性需求。

推荐系统开发通常需要明确以下几件事。

① 设计系统架构（业务流程和数据流程、功能模块、接口、数据格式）。

② 设计技术实现路线（数据处理、特征标签构建、推荐算法、数据保存、数据展示等）。

③ 确定系统评估方式（评估方法、评估指标）。

④ 确定推荐系统的运营和运维方式（运营界面、服务调度、部署方式、日志采集、业务监控、系统监控等）。

依据信息系统软件模块化、层次化设计思路，图 2.6 所示为推荐系统功能模块结构，垂直层面主要包含以下几个层级模块：基础数据、特征工程、推荐算法、推荐服务、效能评价、管理界面、服务调度、日志采集、系统监控。

其中基础数据、特征工程、推荐算法、推荐服务和效能评价属于推荐系统的独特核心功能。管理界面、服务调度、日志采集和系统监控是信息系统建设的要求。由此可见，搭建和开发一个企业级推荐系统并非只搞定推荐算法就行，这是一项系统工程，内容涉及数据、算法、产品、工程、运营、运维等，参与的人员有数据工程师、算法工程师、产品经理、架构师、研发工程师、运营经理等。即使你搞定了推荐算法，你还有大量的信息化开发工作需要落实，例如技术路线、系统架构、数据库、中间件等选型和参数调优。

基础数据：包含用户数据、商品数据、场景数据和用户行为数据。数据是推荐系统的基础，尤其是用户个性化数据。没有用户个性化数据，想要实现个性化推荐是无从下手的。推荐系统使用的基础数据需要维护和更新，尤其是用户行为数据。用户行为数据支撑着用户兴趣偏好特征挖掘和推荐算法模型训练与优化。

特征工程：特征工程模块基于收集的用户数据、商品数据、场景数据、用户行为数据等，调用算法模型分析和挖掘数据，构建用户特征向量、场景特征向量和商品特征标签，将处理结果存放到指定位置。

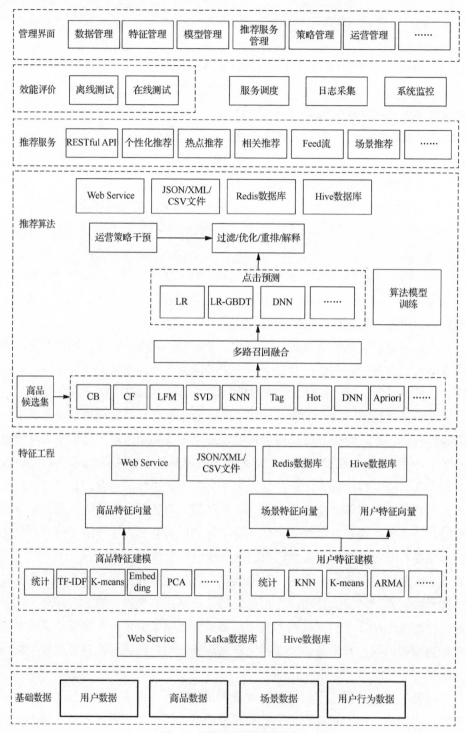

图 2.6　推荐系统功能模块结构

特征工程是推荐系统建设的重要工作之一。设计推荐系统时，可把特征工程设计成独立系统、微服务架构，负责对外提供标准的服务接口，满足服务与服务之间的相互调度。特征工程对外提供的服务接口方式不限于 Web Service、JSON/XML/CSV、Redis 和 Hive 等。在服务调度指挥下，特征工程定期或不定期更新特征数据。在系统设计阶段，需要结合数据属性特征分类考虑哪些数据处理一次，哪些数据按周期处理，哪些数据实时处理，并设计数据处理服务运行的触发机制。特征工程建设需要使用统计工具、算法、机器学习模型去处理数据、挖掘规律、构建标签和实现特征标签值的向量化。

推荐算法： 用于完成推荐系统的召回、粗排、精排和重排等任务。推荐算法基于商品候选集，通过召回算法从不同维度匹配用户兴趣偏好，生成召回列表。其调用排序模型完成用户对商品喜欢度的预测，根据喜欢度预测值从大到小排序，将排在前面的 Top N 商品作为推荐列表输出。值得注意的是，推荐系统属于运营级系统，需要根据运营规则调整输出顺序。例如禁止向黑名单用户推荐商品、优先推荐置顶的商品、优先推荐参加营销活动的商品、按推荐列表类别多样性指标重排推荐列表等。

推荐系统需要在训练平台上训练好算法模型，在离线环境下达到精度要求后，将其发布到线上系统。工程实践中，通常把算法模型的训练平台和算法模型的使用平台分开建设。算法模型的训练平台称为线下平台，用于算法模型的训练和模型参数的调优。算法模型的使用平台称为线上平台，用于线上环境的推荐列表的生成。推荐算法模型的输入为商品特征向量、用户特征向量、场景特征向量和用户行为数据，输出为推荐列表。推荐算法模块对外提供 Web Service 调用接口，满足管理界面和结果展示的调用需求。推荐系统通过这些服务接口管理和使用推荐算法，监控算法运行状态、查看算法计算结果等。推荐系统算法模型支持界面统一管理功能，支持上线操作、下线操作、状态跟踪。每一个算法模型独立工作，使用共享数据源，输出结果缓存在 Redis 或 Hive 数据库。

推荐服务： 以 RESTful API 展示，部署在 Web 服务器上，满足用户推荐请求和数据上报的需求。通常，推荐服务支持个性化推荐、热门推荐、相关推荐、Feed 流和场景推荐等。具体的推荐服务需要与 UI 系统的页面功能设计综合考虑。推荐服务离不开推荐算法的支撑。推荐服务与推荐算法的交互支持离线和在线方式。离线方式直接访问 Redis 数据库读取用户推荐结果，在线方式调用推荐算法 Web Service 接口实时计算。

效能评价：根据用户反馈的行为数据评价推荐系统效能，包含算法模型性能、推荐输出点击效果和系统本身的健壮性。推荐系统属于反复迭代升级的系统，效能评价指标为系统迭代升级提供数据支持。HTTP 请求响应时间指标反映的是系统的综合处理能力。当指标数据较大时，需要分析是何种原因导致的。如果是服务计算负载较大，则需要优化系统，增加负载均衡设备，必要时将其拆分为微服务。如果是点击率和转化率指标不高，需要重新评价算法效能，调整算法参数，必要时更换性能更加优越的新算法模型。为了评价新算法模型的线上表现，可设计、开发 AB 测试管理平台，对用户进行分流评价，生成 AB 方案下的评价效能。

管理界面：界面系统为推荐系统后台管理提供可视化管理界面，满足运营需求。界面上通常定义有数据管理、特征管理、模型管理、推荐服务管理、策略管理、运营管理等模型管理菜单。运营人员操作模型管理菜单，查看推荐系统当前使用的算法模型、算法模型性能参数、算法模型上下线操作，训练算法模型。管理界面通过 Web Service 接口读取推荐算法、特征工程和效能评价等模块内部数据。

服务调度：推荐系统业务模块采用微服务架构开发，独立部署和运行，将这些模块串联起来协同工作，就是服务调度要完成的任务。服务调度简单理解就是管理服务，按指定的时间周期启动代码程序。推荐系统大部分以微服务方式开发，服务与服务之间通过数据交换完成任务协同，服务调度需要确定先启动的服务、后启动的服务，是启动 1 次的服务还是周期启动的服务。这个模块用于完成服务任务的工作编排，设置服务参数依赖，启动服务执行。业务模块设计服务调度策略，保证推荐系统各项任务按照图 2.1 所示的业务流程运行。对于特征工程中的服务任务，需要根据特征标签的时变属性配置调度策略，判断哪些特征标签只计算 1 次，哪些特征标签以天为周期更新，哪些特征标签支持以小时为周期更新，哪些特征标签支持实时更新。服务调度可以选用行业主流组件来完成，例如 Linux 系统自带的 crontab、Apache 基金会的 Airflow、LinkedIn 公司的 Azkaban 等。

日志采集：系统日志反映的是系统业务流程的运行状态。可设计、开发日志采集系统，统一收集推荐系统各个业务功能模块中的日志，为后续系统优化和故障排查提供数据支撑。

系统监控：关注推荐系统运行状态，确保系统响应及时，工作顺畅，不宕机。系统监控分为系统层面监控和业务层面监控。

　　系统层面监控主要是对系统的硬件、数据库、中间件、网络等资源进行监控，如 CPU 负荷、内存负荷、磁盘负荷、网络端口和日志等，确保系统基础资源运行正常。通常要求推荐系统提供毫秒级响应，并反馈推荐列表，即使在大并发环境下，这个指标也需要得到保证。不妨设想，由于网络攻击、高并发接入或数据库堵塞，推荐系统出现了大量请求排队的现象，处理每个请求需要数秒或数分钟才能反馈推荐列表，用户长时间刷新页面得不到反馈输出，这种情况下，用户会做何种响应呢？相信大部分用户会弃系统而去。所以系统监控非常重要。通过系统监控指标，运维人员可掌握推荐系统资源层面的稳定性、可用性和可靠性。系统层面监控可以采用开源 Zabbix、自主研发 IT 运维系统、采购商用软件等。

　　业务层面监控主要是对系统的组件、模块、流程和数据进行监控，如组件的工作状态、负载情况、数据是否异常、流程是否通畅，确保推荐系统业务运行顺利：收集数据正常、特征工程标签更新实时、机器学习模型训练精度达标、推荐系统计算速度达标、数据前后一致、业务流程前后通畅等。业务层面监控涉及的组件、数据、模块和流程差异较大，导致监控指标不一样，监控复杂度较大，需要结合实际应用，设计合适、合理的业务层面监控指标。

2.5　本章小结

　　构建企业级推荐系统，总体设计包含功能设计、流程设计、算法设计、架构设计、评价设计、界面设计、部署设计和运维管理设计等内容。本章针对前 5 项内容进行概要性阐述，帮助读者从系统视角理解和消化推荐系统的设计要素：工作原理、业务流程、业务功能模块和系统框架。

　　推荐系统建设的三要素为数据、算法和系统。数据是一切机器学习的基础，应用到推荐系统的数据一定要多、要丰富，多维度、多层次反映业务场景下的用户特点、商品特点和场景特点。只有高质量的数据，才能输出高质量的推荐算法模型。大多数情况下，推荐系统使用的数据包含用户数据、商品数据、场景数据和用户行为数据。用户数据和商品数据是静态的或缓慢变化的，划归为非实时数据；场景数据和用户行为数据是动态的和快速变化的，划归为实时数据。推荐系统需要具备对实时数据和非实时数据进行处理的能力。在推荐系统建设阶段，数据工程师需要深入学习和理解业务，构建具备个性化特征的标签。为了提升推荐算法模型的精确度，人工参与特征标签构建的工作是不可避免的。

即使在深度学习神经网络时代，我们也鼓励人工参与特征标签的构建工作，因为人工参与构建的特征标签目的明确，可更好地发挥深度学习的价值，在一定程度上降低深度学习神经网络的复杂度。

推荐系统使用的算法模型建立在高质量的数据基础上，没有数据支撑，再先进的算法模型也是空中楼阁。算法模型的工作分为训练和预测两个阶段。训练阶段利用已知训练样本数据训练算法模型，优化参数。预测阶段根据输入模型的用户特征向量、场景特征向量和商品特征向量，计算用户对商品的匹配度，即喜欢度。根据预测的匹配度生成用户可能感兴趣的商品推荐列表，基于 Web推荐服务反馈给用户。

在上线运行阶段，需要对推荐系统工作情况进行评价和追踪。可通过定义评价指标，实时关注推荐系统的运行效能，确保系统工作的性能指标在设计和运营可控范围内。当系统工作性能下降时，需要对推荐系统进行迭代优化。推荐系统是一个反复迭代优化的闭环系统。可通过不断地迭代优化，保障推荐系统可用、可靠，使性能指标符合要求。

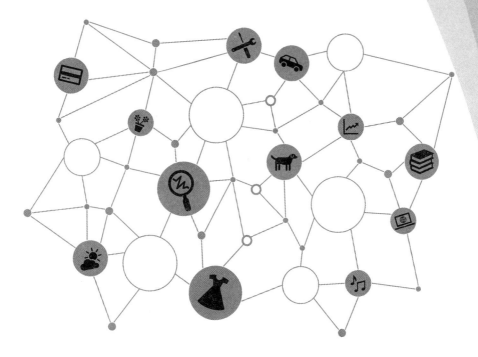

第2部分 数据篇

特征工程建设是推荐系统建设的基础工作，此时系统自动采集与推荐有关的属性数据，调用数学工具和算法模型，对数据进行标准化处理和编码，将其转化为数学向量，满足机器学习模型的需要。特征标签体系的覆盖面和质量决定了推荐系统的最终效果。

常用的数据类型包括数值型、文本型、时间型、位置型、图片型、音频型和视频型等。推荐系统特征工程建设采取不同的技术对数据进行处理和编码，推荐系统数据工程师需要理解推荐系统中数据提取、数据处理、特征建模和特征选择的重要意义，掌握特征构建的策略、途径和算法，做到应用自如。

本篇介绍的知识，在大多数推荐算法图书中都没有详细介绍，但这部分内容对建设推荐系统的实操工作特别重要。工程上建设企业级推荐系统，通常会设立专门团队管理和维护推荐系统的特征工程。本篇对这部分内容进行详细阐述，帮助读者学习和理解建设企业级推荐系统特征工程用到的知识和技巧。

## 第3章

数据提取与特征向量

特征工程对提取的业务场景属性数据进行分析、预处理，生成具备属性个性特点的特征标签，并对特征标签值进行编码，生成机器学习模型能调用的特征向量。本章介绍特征标签的构建流程和构建方法、数据提取与同步方法、数据处理方法和特征向量生成方法。

本章介绍的数据处理知识属于大数据工程的提取、转换、装载（Extract, Transformation, Load，ETL）内容。推荐系统首先实现多数据源数据的 ETL 处理，然后调用数据编码技术实现数据向量化。推荐系统建立在大数据基础之上，工程实践中需要搭建大数据平台，部署相应的算法工具，实现数据采集、同步、预处理、存储、展示等功能。

3.1 特征标签构建流程

图 3.1 所示为推荐系统特征标签构建流程，包含 5 项工作：数据理解、数据处理、特征构建、特征选择和特征评估。推荐系统特征标签构建流程就是特征工程建设流程，输入为业务元数据，输出为特征标签和特征向量。只要元数据发生变化，就需要激活对应的特征标签构建流程，执行特征标签更新任务。特征标签构建流程以流水线方式串行工作：处理业务元数据，构建特征标签，经降维处理后转化为机器学习模型能够识别的数学表达式。

推荐系统构建的特征标签数量很多，特征标签构建使用的数据可能存在交叉，也可能不存在交叉。在系统设计上，可以对不使用交叉数据的特征标签构建流程进行微服务独立化处理或分布式计算处理，以提升特征标签更新的处理速度。

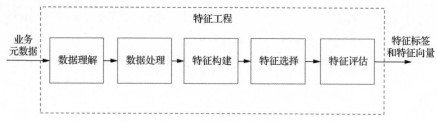

图 3.1　特征标签构建流程

数据理解：本质是熟悉业务场景和理解业务数据字段的属性含义。推荐系统使用的特征标签一定要明确反映业务属性，覆盖更多维度、体现个性化特点。特征标签是对业务一个属性或者多个属性精确、全面的描述，能反映业务运行的方方面面。数据理解就是指推荐系统数据工程师与业务专家沟通，从数据角度理解业务场景，基于业务属性设计特征标签。推荐系统特征工程的输出结果是商品特征标签、用户特征标签和场景特征标签。

数据处理：对原始数据进行标准化、归一化、离散化处理，剔除异常值，弥补空缺值，过滤无用值、野值和重复值。由于数据量纲、数据范围、数据物理含义不同，在进行数据建模之前需要统一处理数据，保证用于特征标签构建的数据在统一规则下产生。

特征构建：基于采集的元数据生成用户特征标签、商品特征标签和场景特征标签。推荐活动建立在用户特征与商品特征匹配的基础上。想要推荐的商品列表得到用户认可，就必须挖掘用户感兴趣的商品特征。推荐系统构建的特征标签不是一个标签，而是一系列标签，称为标签体系。标签体系中每一个特征标签都有自己明确的业务属性（一些特征标签反映具体的业务属性，一些特征标签反映潜在关联的业务属性），特征标签数量越多说明解析业务场景的角度就越多，认知就越全面，反映的业务特点就越多。通常，人工设计的特征标签业务属性的可解释性较强，交叉组合和深度学习神经网络新构建的特征标签业务属性可解释性不强，反映的是业务属性之间潜在的关联关系。

特征选择：送入机器学习模型的特征标签并非构建的全部特征标签，需要从中选择有代表性、个性特点突出、标签数据统计特性明显的特征标签作为最终输出。从业务角度梳理特征标签，有些特征标签是冗余的，有些特征标签是与分类无关的，有些特征标签是相关的。所以需要使用算法和策略，从庞大的特征体系中找到有价值的特征。

特征评估：对特征选择结果的整体表现效果和性能的评估。特征工程构建特征向量的最终目的是将其提供给机器学习模型使用。模型性能表现好，说明输入模型的特征性能不错；如果模型性能表现不好，可能是机器学习模型的参数有问题或输入模型的特征本身有缺陷。通常采用对比方法来评估特征的表现性能。在数据基础和机器学习模型确定的前提下，改进特征和特征编码，将其输入机器学习模型，记录模型的表现性能，选择模型性能最佳时对应的特征和特征编码作为机器学习模型的输入。特征改进从特征的提取方式和编码方式入手：提取的特征标签是否覆盖了必要的属性特点，是否具备个性化特点，是否存在客观的解释性；特征编码技术是否合理地反映了业务场景下的属性特征，有没有固有缺陷或偏向。

推荐系统特征工程不同于大数据特征工程，推荐系统特征工程服务于推荐服务，与推荐工作无关的特征标签没必要引入推荐系统。推荐系统特征标签构建除了需要关注业务应用场景，还需要关注机器学习模型。特征标签是机器学习模型的输入，必须清楚模型算法对输入参数的要求。贝叶斯模型和逻辑回归（Logistic Regression，LR）模型要求输入的特征标签相互独立，需要我们解决输入特征标签的正交性问题。变量模型和神经网络模型可自动解决特征组合的问题，直接输入原始特征标签即可。协同过滤算法模型输入数据为用户行为数据，不需要用户特征标签和商品特征标签数据。

3.2　特征标签构建方法

特征标签体系中每一个特征标签都是对业务某些属性的全面描述和部分描述，通过相应特征标签可以反向了解业务对应的属性特点。那么我们把业务场景中所有属性数据提取出来是否就构建了系统需要的特征标签呢？答案是否定的。因为在构建特征标签过程中，有些特征标签是由单个属性字段生成的，有些特征标签是由多个属性字段生成的，有些特征标签是由数据挖掘工具计算出来的。例如，特征标签入网时长依赖于用户注册时间属性字段，用当前时间与用户注册时间计算差值就能提取入网时长特征标签。特征标签用户忠诚度与用户上网次数和平均上网时长有关。构建数学模型建立特征标签用户忠诚度与用户上网次数和平均上网时长的函数关系。用户登录一次系统，记为一次上网行为；对用户离网时间与登录时间求差，得到每一次用户使用网络的时长。按周统计用户上网次数和计算平均上网时长，更新用户忠诚度特征标签的值。

业务属性数据与特征标签的关系是必要非充分。特征标签全部来自业务属性数据，从业务属性数据中提取、构建和转换而来，但不是所有的业务属性数据都需要转成特征标签，与推荐服务无关的属性数据、冗余的属性数据、无用的属性数据、统计特性不明显的属性数据等是没必要变换成特征标签的。

理解以上内容后，我们把推荐系统特征工程构建思路总结为以下3步：①从推荐视角出发；②看业务场景属性，兼顾机器学习模型；③尽可能保留业务场景中有用的属性数据，尽量放弃冗余的、无用的属性数据。

下面以新闻推荐为例，看看如何从业务场景中提取属性数据构建新闻推荐系统特征标签。

新闻推荐系统的商品是新闻文章，用户点击、浏览这篇新闻，这篇新闻才有价值。新闻推荐系统的建设目的就是给用户推荐他喜欢的新闻文章。那么，问题来了：系统如何知道用户喜欢哪篇新闻文章，用户为什么愿意点击、浏览这篇新闻文章，用户点击行为可能受哪些因素影响呢？参考王喆编著的《深度学习推荐系统》提出的思路，笔者从以下几个维度进行思考。

① 对新闻类别感兴趣，如综合、娱乐、财经、军事、科技。

② 新闻内容属于其关注偏好的内容，如事件、题材、渠道、专栏、人物。

③ 新闻报道重大事件。

④ 当前热门新闻。

⑤ 新闻标题、标签、图片吸引人，如新鲜、跟帖多、娱乐搞笑、大家都在看。

⑥ 自己身边事。

⑦ 刚发布的新闻。

⑧ 每天浏览新闻成为日常习惯。

⑨ 是否已经点击阅读。

⑩ 临时打发时间。

结合这10个影响因素，表3-1列出了影响新闻点击的因素、关联业务特征和元数据的对应关系。根据关联业务特征倒推采集业务属性数据，数据要全面、准确和实时。

表3-1　影响新闻点击的因素、关联业务特征和元数据的对应关系

序号	影响新闻点击的因素	关联业务特征	元数据
1	对新闻类别感兴趣	兴趣偏好	用户历史行为记录
2	新闻内容属于关注偏好	兴趣偏好	定制清单、调研记录
3	新闻报道重大事件	事件特征	标签、关键词、题材、专栏

序号	影响新闻点击的因素	关联业务特征	元数据
4	当前热门新闻	热度特征	新闻的点击量、转发量
5	新闻标题、标签、图片吸引人	内容特征	标题、摘要、图片、正文、标签
6	自己身边事	位置特征	位置
7	刚发布的新闻	新颖特征	新闻发布时间
8	每天浏览新闻成为日常习惯	时间特征	用户历史行为记录
9	是否已经点击阅读	是否点击	用户历史行为记录
10	临时打发时间	状态/情绪特征	无

数据采集过程中，由于某种原因导致采集到的数据存在遗漏或不完整，将无法构建对应的特征。在特征工程构建中，这是正常的。遇到这样的情况，要么放弃数据，要么弥补数据。表 3-1 中第 10 项用户的状态/情绪特征，其元数据为空，无法构建用户状态/情绪特征，选择直接放弃。第 5 项新闻标题、标签、图片吸引人因素，人为判定容易，机器判定难。自然语言处理技术可识别出关键词和关键人物，计算机视觉技术可识别出图片人物和图片风格，但单就这些内容不能够回答是否吸引人的问题。是否吸引人，更大程度上受页面布局、颜色搭配、图片剪辑效果等因素影响。通过数据来衡量颜色搭配效果难度极大，几乎不大可能实现，因为人的美感差异较大。就算有数据来表征颜色搭配效果，要采集到这些数据也是极其复杂的工程。特征标签构建过程中，我们应尽可能挖掘数据，数据越多越好，实在无法获取数据时可选择放弃，技术进步后再回来完善和优化。构建特征不要大而全，要精而准。

3.3 数据提取

推荐系统构建的特征与业务场景密切相关。本节以新闻推荐为例，阐述构建新闻推荐系统特征标签时的数据提取与同步，仅阐述特征标签的生成过程。新闻 UI 系统与推荐系统以松耦合模式协同工作，推荐系统使用的业务元数据来源于新闻客户端系统，暂时不考虑外部数据。根据表 3-1 中关联的元数据要求，利用数据同步工具将数据从新闻客户端系统中同步过来。使用 Sqoop 数据同步工具从新闻客户端系统同步新闻属性数据和用户属性数据，同步方式为日更新、增量模式。数据保存在 Hadoop 的 Hive 数据库中。Hive 是基于 Hadoop 的数据仓库工具，用来进行数据提取、转化和加载。Hive 可以存储、查询和分析存储在 Hadoop 分布式文件系统中的数据。

（1）新闻属性数据

新闻属性数据在新闻 UI 系统中管理，新闻发布后，其相关字段保存到数据库。配置 Sqoop 数据同步工具，访问 UI 系统数据库同步新闻基本信息数据，包含以下字段：**新闻编号、标题、副标题、栏目、子栏目、摘要、来源、记者、文章链接、图片链接、视频链接、文章字数、专题、上线时间、优先级、标签、描述。**

（2）用户属性数据

用户使用新闻客户端注册并登录账号，录入用户的基本信息，这些信息保存在数据库中。配置 Sqoop 数据同步工具，访问数据库同步到的用户基本信息数据，包含以下字段：**用户名、年龄、性别、地区、学历、职业、兴趣偏好、注册时间、个人简介。**

（3）用户行为数据

用户行为数据就是用户登录 UI 系统、在 UI 上产生的动作的数据，例如搜索、浏览、点击、转发、评分等。新闻客户端系统通过埋点技术收集用户行为数据，将其存入日志系统。

使用 Flume 分布式日志采集工具从新闻客户端系统同步用户行为数据。同步方式为实时同步、增量模式。用户行为日志记录、提取并生成如下字段：**时间、位置、设备型号、操作系统、软件版本、用户编号、页面编号、栏目编号、新闻编号、曝光标识、行为类型、行为内容、驻留时长。**

用户行为类型包含点击、浏览、点赞、踩、转发、收藏、评分、评价、贴标签、关注等。行为权重从时间角度对行为动作进行补充，浏览对应的是浏览时长和页面驻留时长。方便起见，本书以后章节用"点击"作为全部行为动作的代表，除非有特殊说明。这种做法是合理的，因为用户行为动作是建立在点击的基础上的，只有先点击新闻链接，才能详细浏览页面内容，也才能做出进一步的动作。

行为内容从内容角度完善用户行为，转发对应的是转发的目标地址，评分对应的是分数，评价对应的是评价的文本内容，贴标签对应的是标签内容，关注对应的是关注频道名称。

驻留时长反映的是用户在页面上的驻留时间，用户在这个页面上驻留时间越长，说明用户对这个页面上的新闻内容和相关内容感兴趣程度越高。驻留时长通过 App 埋点技术可以轻松获取。这里的驻留时长与浏览新闻驻留时长不同。浏览新闻驻留时长记录用户浏览一篇新闻耗费的时间，耗费时间长说明用户看得仔细；耗费时间短说明用户看了个大概。当然，新闻浏览耗费时间与新闻内容的篇幅有关。在挖掘用户行为习惯特征标签时要注意这个问题。

采集到的用户行为数据包含时间和位置两个维度的场景数据。用户状态/情绪场景数据很难采集，可直接舍弃。有关天气、温度、社会大事件等场景数据的采集通过互联网其他途径完成。为简化起见，书中后续章节提到的场景数据只考虑时间和位置两个属性。

用户行为将用户与新闻文章关联起来，采集的用户行为数据不仅要包含用户发生点击行为的新闻信息，而且要包含已经曝光但用户没有发生点击行为的新闻信息。这里的曝光指的是把新闻推送到用户当前浏览的页面并正常显示。新闻只有在页面上曝光，用户才能看见，才能做出点击动作。用户点击的新闻属于用户喜欢的内容，用户看见但没有点击的新闻属于用户不喜欢的内容。用户行为数据是机器学习模型的训练样本。用户发生点击行为的样本属于正样本，用户没有发生点击行为的样本属于负样本。在机器学习模型训练阶段，对正、负样本的数量是有要求的。

3.4　数据处理

数据处理包含异常缺失数据处理和数据标准化处理。由于采集异常和真实环境异常，采集的数据存在异常、重复、缺失等问题，这些数据必须经过处理后才能送到模型中使用。数据代表业务属性，对于不同业务属性，其数据量纲、分布区间、动态性也不太一样，直接将原始数据送到模型中会影响模型决策。例如，我们分析用户的消费特征，从消费频次和消费金额来分析。一段时间内，用户在 UI 系统上的消费频次数据分布范围可能在几十次到几百次之间，消费金额数据分布范围通常在几百元到几万元之间。把这两种直接数据送到模型中，由于消费金额数据偏大，模型认为用户的消费特征只受消费金额影响，实际上消费频次和消费金额都是很重要的因素。想要得到更准确的结果，必须对数据进行归一化处理，保证数据运行在同一种规则下。大多数机器学习模型，例如线性回归算法模型、逻辑回归算法模型和神经网络算法模型，对输入数据是有要求的。

根据数据属性特点，推荐系统使用的数据分类如下。

离散数据：数据为离散值，每一个数据表示一个业务特征。用户性别数据就是离散数据，分为男性和女性。用户职业数据也是离散数据，具体包含公务员、教师、医生、学生等。用户的学历数据包含高中以下、高中、大学、研究生。离散数据可以采用枚举方式一一列出来。

连续数据：数据为连续值，每一个数据表示一个业务状态。用户评分设定为 0～10 分，用户可以给出这个区间上的任意值。用户的入网时长最小单位是天，最大单位是年，数据分布范围很大。新闻文章字数最短几十个字，最长几万字，也是连续数据。连续数据不能直接使用枚举方式一一列出来。

3.4.1 数据统计

数据统计即获得数据统计特征，分析数据的均值、方差、最大值和最小值，查看数据分布均衡情况。利用数据的统计特征去发现异常数据和野点数据，填充缺失数据，计算数据区间分布概率。

包含 n 个元素的数据序列 $X = (x_1, x_2, x_3, \cdots, x_{n-1}, x_n)$，其均值、方差和标准差计算方式如下。

均值：$\bar{x} = \dfrac{1}{n}\sum_{i=1}^{n} x_i$

方差：$\sigma^2 = \dfrac{1}{n}\sum_{i=1}^{n}(x_i - \bar{x})^2$

标准差：$\sigma = \sqrt{\dfrac{1}{n}\sum_{i=1}^{n}(x_i - \bar{x})^2}$

有时需要统计数据序列的分位数。分位数反映的是数据序列 X 的分布特征，U 分位数 x_U 对应概率 $P(x \leqslant x_U) = U$，表示在从小到大排序的样本数据集中，随机变量 x 取值小于 x_U 的概率为 U。常用的分位数有 25%分位数、50%分位数和 75%分位数。分位数可以反映数据分布的密集程度。

假定数据序列 X = (80, 63, 74, 97, 110, 90, 79, 60, 91, 54, 94, 61, 77, 69, 73, 79, 76, 44, 64, 99)，调用 Python 的 pandas.describe()函数计算数据序列 X 的统计特征如表 3-2 所示。

表 3-2　数据序列 X 的统计特征

均值（mean）	方差（std）	最小值（min）	最大值（max）	25%分位数	50%分位数	75%分位数
76.70	16.64	44.00	110.00	63.75	76.5	90.25

3.4.2 数据标准化

对已经完成异常处理、缺失处理、冗余处理后的数据，依据确定规则，对数据进行压缩或变换，将数据动态范围控制到一个特定区间，如 $[0,1]$。

1. max-min 归一化

max-min 归一化对原始数据按如下函数进行变换，将数据映射到 $[0,1]$。

$$x' = \frac{x - x_{\min}}{x_{\max} - x_{\min}}$$

式中，x' 为 max-min 归一化变换后的数据，x 为原始数据集中的一个数据，$x_{\min}$ 为原始数据集中的最小值，$x_{\max}$ 为原始数据集中的最大值。x' 是一个比值数据，无量纲。

2. 均值归一化

均值归一化将原始数据均值、最大值和最小值作为计算依据，使用如下函数进行变换，

$$x' = \frac{x - \overline{x}}{x_{\max} - x_{\min}}$$

式中，x' 为均值归一化变换后的数据，x 为原始数据集中的一个数据，$\overline{x}$ 为原始数据的均值，$x_{\min}$ 为原始数据集中最小值，$x_{\max}$ 为原始数据集中最大值。x' 是一个比值数据，无量纲。

3. 向量归一化

向量归一化将向量所有元素和作为计算标准，向量中每一个元素除以这个和实现归一化。向量 $\boldsymbol{X} = (x_1, x_2, x_3, \cdots, x_n)$，其归一化计算方法如下，

$$x_i' = \frac{x_i}{\sum_{i=1}^{n} x_i} \qquad i = 1, 2, 3, \cdots, n$$

式中，x_i' 为向量 $\boldsymbol{X}$ 归一化后的元素，x_i 为向量 $\boldsymbol{X}$ 中的一个元素，$\sum x_i$ 表示向量 $\boldsymbol{X}$ 所有元素的和。归一化后的向量各分量的和等于 1。

4. Z-score 标准化

Z-score 标准化将原始数据的均值和方差作为计算依据，基于如下函数变换，把原始数据变换成均值为 0、标准差为 1 的正态分布数据，

$$x' = \frac{x - \overline{x}}{\sigma}$$

式中，x' 为 Z-score 标准化后的数据，x 为原始数据集中的一个数据，$\overline{x}$ 为原始

数据的均值，σ 为原始数据的标准差。

对于服从正态分布的数据，这里有一个 3σ 数据选择准则。数据均值为 μ、方差为 σ 的正态分布数据，其数据分布在 $[\mu-3\sigma, \mu+3\sigma]$ 的概率为 99.7%。基于这个准则，可以将大于 $\mu+3\sigma$ 和小于 $\mu-3\sigma$ 的数据作为异常值进行截断处理。注意，如果超出范围的异常值样本数量占总样本数量较低，可以选择舍弃异常值；如果超出范围的异常值样本数量占总样本数量较高，不能直接舍弃这些数据，建议将全域数据纳入计算。

5. Sigmoid 标准化

Sigmoid 标准化将 $(-\infty, +\infty)$ 的数据变换成 $[0,1]$ 区间的非线性分布数据，使用如下函数进行变换，

$$x' = \frac{1}{1+e^{-x}}$$

式中，x' 为 Sigmoid 标准化后的数据，x 为原始数据集中的一个数据，e 为自然常数。

6. 对数标准化

当原始数据范围比较大，我们一方面希望压缩数据范围，另一方面还希望保留数据的增长特性时，对数标准化就能发挥重要作用。采用如下函数实现原始数据对数标准化，

$$x' = \lg(1+x)$$

式中，x' 为对数标准化后的数据，x 为原始数据集中的一个数据，lg 为对数函数。还可以用下式进行归一化，

$$x' = \frac{\lg(1+x)}{\lg(1+x_{max})}$$

式中，x' 为对数标准化后的数据，x 为原始数据集中的一个数据，lg 为对数函数，x_{max} 为原始数据集中最大值。

注意，对数标准化将原数据从 $[0, +\infty)$ 映射到 $(-\infty, +\infty)$，保持了原数据的增长特性，压缩了数据的动态范围。对数计算过程中引入 1 的目的是保证函数有意义。

7. 代码示例

在代码实现上，定义一个类，封装数据标准化函数，主函数根据需要调用标准化函数即可。数据标准化函数可以自己编写，也可以调用 Python 环境下的 sklearn.processing 工具包中的函数。数据标准化函数代码示例如代码 3-1 所示。

代码 3-1　数据标准化函数

```python
# -*- coding:utf-8 -*-

import math
import numpy as np

class data_norm_transform():
  def __init__(self,data):
    self.X = data
    self.X_mean = self.X.mean()
    self.X_min = self.X.min()
    self.X_max = self.X.max()
    self.X_var = np.std(self.X)

  def max_min_proc(self): #max-min 归一化
    result = []
    for k in self.X:
      temp = (k - self.X_min) / (self.X_max - self.X_min)
      result.append(round(temp, 4))
    return result

  def mean_proc(self): # 均值归一化
    result = []
    for k in self.X:
      temp = (k - self.X_mean)/(self.X_max - self.X_min)
      result.append(round(temp,4))
    return result

  def vector_proc(self): # 向量归一化
    result = []
    for k in self.X:
      temp = (k - self.X_mean)/(self.X_var)
      result.append(round(temp, 4))
    return result

  def z_score_proc(self): # Z-score 标准化
    result = []
    for k in self.X:
      temp = k / sum(self.X)
      result.append(round(temp, 4))
    return result

  def sigmoid_proc(self):  # Sigmoid 标准化
    result = []
    for k in range(len(self.X)):
      temp = 1.0 / (1 + math.exp(-self.X[k]))
```

```
        result.append(round(temp,4))
      return result

    def log_proc(self):  # 对数标准化
      result = []
      for k in range(len(self.X)):
        temp = math.log10(1 + self.X[k])
        result.append(round(temp,4))
      return result

if __name__ == '__main__':
  data = np.array(range(1,10))
  print('orginal data: \n',data)
  encoder = data_norm_transform(data)
  print('max-min transform: \n', encoder.max_min_proc())
  print('mean transform: \n', encoder.mean_proc())
  print('vector transform: \n', encoder.vector_proc() )
  print('z_score transform: \n', encoder.z_score_proc())
  print('sigmoid transform: \n', encoder.sigmoid_proc())
  print('log transform: \n', encoder.log_proc())
```

代码输出结果如下：

```
orginal data:
 [1 2 3 4 5 6 7 8 9]
max-min transform:
 [0.0, 0.125, 0.25, 0.375, 0.5, 0.625, 0.75, 0.875, 1.0]
mean transform:
 [-0.5, -0.375, -0.25, -0.125, 0.0, 0.125, 0.25, 0.375, 0.5]
vector transform:
 [-1.5492, -1.1619, -0.7746, -0.3873, 0.0, 0.3873, 0.7746, 1.1619, 1.5492]
z_score transform:
 [0.0222, 0.0444, 0.0667, 0.0889, 0.1111, 0.1333, 0.1556, 0.1778, 0.2]
sigmoid transform:
 [0.7311, 0.8808, 0.9526, 0.982, 0.9933, 0.9975, 0.9991, 0.9997, 0.9999]
log transform:
 [0.301, 0.4771, 0.6021, 0.699, 0.7782, 0.8451, 0.9031, 0.9542, 1.0]
```

3.4.3 数据离散化

用户年龄、新闻发布时长，视频播放时长、新闻曝光次数、新闻点击率、用户喜欢度等数据具有连续特征。虽然采集的数据是离散的，但数据属性本身是连续的。用户年龄数据分布通常为$[0,100]$；电影播放时长（分钟）分布为$[0,120]$。对每一个数据单独按离散数据处理意义不大，需要将其分组。

常见的数据分组方法有等宽分组、等频分组和策略分组。

1. 等宽分组

等宽分组将原始数据分成间距相同的数据组，操作方法为用原始数据的最大值减去最小值，用差值除以分组个数得到间距。例如，将人的年龄[0,80]分成 4 组，间距为 20，分组结果为：[0,20]、[21,40]、[41,60]、[61,80]。

在等宽分组方法中，如果原始数据中的最大值或者最小值属于野点数据，没有被剔除掉，必然会出现分布不均匀的现象：有些组数据很多，有些组数据比较少。

2. 等频分组

等频分组将原始数据分成个数相同的数据组，每个数据组中包含的数据个数是一样的。例如，一组数据有 21 个元素，采用等频分组法将其分成 3 组，每组就有 7 个元素。如果这 21 个元素存在重复值，可能会出现相同的值分到不同组的现象。

3. 策略分组

策略分组将原始数据按照某种策略进行分组，如人工策略、聚类策略、信息增益策略等。人工策略是指根据业务场景特点，人为定义分组区间，例如将一天 24 h 划分为凌晨、早上、上午、下午和晚上。聚类策略调用 k-means 算法对原始数据进行训练，找到数据簇，将同簇的数据归为一组。信息增益策略使用 GBDT 模型，将相互之间信息增益最小的数据归为一组。同一组数据因为集合的信息增益最小，所以这一组的数据相对最纯。

4. 代码示例

pandas 工具包中的 cut()函数用于数据分组操作，pd.cut()函数用于人为设置分组规则，pd.qcut()函数用于等频分组，每组数据个数相同。数据分组代码示例如代码 3-2 所示。

代码 3-2　数据分组代码示例

```
# -*- coding:utf-8 -*-

import numpy as np
import pandas as pd
from sklearn.cluster import KMeans

class feature_group():
  def create_group(self,data,index):
    group = {}
    for k in range(len(index)):
      key = index[k]
```

```
            if key not in group.keys():
                group[key] = []
            group[key].append(data[k])
        return group

    def group_by_count(self,data,group_num):  # 等频分组
        result = pd.qcut(data, group_num).codes
        group = self.create_group(data,result)
        return group

    def group_by_kmean(self,data,cluster_num):  # 等宽分组
        data = np.array(data).reshape(-1,1)
        estimator = KMeans(n_clusters=cluster_num)
        estimator.fit(data)
        result = estimator.predict(data)
        data = [k[0] for k in data.tolist()]
        group = self.create_group(data,result)
        return group

    def group_by_cut(self,data,refer,label):  # 策略分组
        result = pd.cut(data, bins=refer, labels=label)
        group = self.create_group(data,result)
        return group

if __name__ == '__main__':
    data = pd.read_csv('./data/user_processed.csv')
    data = data['user_value'].tolist()[0:20]
    print('orginal data:\n',data)
    encoder = feature_group()
    print('group by count: \n', encoder.group_by_count(data, group_num=4))
    print('group by K_mean: \n', encoder.group_by_kmean(data, cluster_num=3))

    reference = [-1,30,50,70,80,100]
    label = [0,1,2,3,4]
    print('group by man rules:\n', encoder.group_by_cut(data,reference,label))
```

代码输出结果如下：

```
orginal data:
[27, 87, 3, 65, 25, 18, 75, 32, 57, 80, 12, 7, 50, 94, 84, 66, 70, 64,
68, 70]
group by count:
{ 0: [3, 25, 18, 12, 7],1: [27, 32, 57, 50, 64] , 2: [65, 66, 70, 68, 70],
3: [87, 75, 80, 94, 84]}
group by K_mean:
{0: [65, 57, 50, 66, 70, 64, 68, 70],1: [27, 3, 25, 18, 32, 12, 7], 2:
[87, 75, 80, 94, 84] }
group by man rules:
{0: [27, 3, 25, 18, 12, 7], 1: [32, 50], 2: [65, 57, 66, 70, 64, 68, 70],
3: [75, 80], 4: [87, 94, 84]}
```

3.5　特征编码

分析新闻属性数据、用户属性数据和用户行为数据，发现新闻编号、栏目编号、文章字数、评分、用户编号、用户年龄等属于数值数据；新闻摘要、文章内容、评价、标签、用户兴趣偏好、用户简介等属于文本数据；新闻上线时间、用户注册时间、用户行为发生时间等属于时间数据；用户行为发生位置属于位置数据。

数据编码就是把采集的数据、文本、图片、视频等内容转化为机器学习模型能识别的数学向量。采集的数据种类如下。

类别数据：分类编码技术。

时间数据：时间分组+分类编码技术、时间序列分析技术。

位置数据：映射到省（自治区、直辖市）、市、县、镇、村、邮政编码。

文本数据：自然语言处理技术。

图片数据：OpenCV 图像特征识别+深度学习技术。

音频数据：语音识别技术+文本处理技术。

视频数据：语音识别+OpenCV 图像特征识别+深度学习技术。

3.5.1　类别数据

类别数据可用枚举的方式一一列出，例如用户编号、用户性别、用户学历、城市行政区、新闻编号、新闻栏目、新闻专题等。对类别数据的处理采用映射方式，将元数据映射到长度固定的数学向量。不同的数据映射方法得到的数学向量不同，向量与向量之间存在差异。向量中元素的个数称为数据维度。连续数据经离散处理后符合类别数据特征。

1．整数编码

用数字 1,2,3,… 分别对应不同类别。将新闻的流行度分为高、中、低 3 个档次。用数字 1 表示低档，用数字 2 表示中档，用数字 3 表示高档。这样新闻流行度就转换为表 3-3 所示的数学向量。

表 3-3　新闻流行度属性字段的整数编码

新闻流行度	数学向量
高	(3)
中	(2)
低	(1)

在数学中，数字存在大小关系之分，数字 3 大于数字 2 和数字 1，数字 2 大于数字 1。从业务逻辑上讲，新闻流行度高档用数字 3 表示，中档用数字 2 表示，低档用数字 1 表示，符合业务逻辑大小特性。反过来，如果用数字 1 表示高档，用数字 3 表示低档，就不妥了。用户学历={高中及以下,中专,大专,本科,硕士研究生,博士研究生}，用数字 1～6 分别对应，得到用户学历属性字段的整数编码如表 3-4 所示。

表 3-4   用户学历属性字段的整数编码

用户学历	数学向量
高中及以下	(1)
中专	(2)
大专	(3)
本科	(4)
硕士研究生	(5)
博士研究生	(6)

无论是用数字 6 表示博士研究生，还是用数字 1 表示博士研究生，都感觉不妥。因为用户学历集合中的元素在业务逻辑上是平等的，不存在大小关系之分。

注意　整数编码适用于存在大小关系的业务数据编码场景。

2. One-hot 编码

One-hot 编码，又称一位有效编码，使用 N 位状态寄存器来对 N 个状态进行编码，每个状态都有它独立的寄存器位，并且在任意时候，其中只有一位有效。

用户学历用集合表示为用户学历= {高中及以下,中专,大专,本科,硕士研究生,博士研究生}。

学历特征包含 6 个类别，采用 6 维数学向量来表示。把用户学历为高中及以下的属性映射到向量(0,0,0,0,0,1)上，这样就可以得到用户学历的映射向量，如表 3-5 所示。

表 3-5   用户学历属性字段的 One-hot 编码

用户学历	数学向量
高中及以下	(0,0,0,0,0,1)
中专	(0,0,0,0,1,0)
大专	(0,0,0,1,0,0)
本科	(0,0,1,0,0,0)
硕士研究生	(0,1,0,0,0,0)
博士研究生	(1,0,0,0,0,0)

以此类推，包含 N 类属性的特征，用 N 位 One-hot 编码将其数字化，转化

为 N 维向量。细心的读者会发现一个问题：One-hot 编码输出中 N 位数据中只有 1 位是 1，其他都为 0，当 N 较大时，转换后的数学向量很长，数据维度很大。推荐系统中的商品编号、商品类别、用户编号、用户兴趣偏好等特征，其数据分类数通常成百上千，采用 One-hot 编码，编码结果数据维度也得成百上千，数据维度太大，数据稀疏严重。数据稀疏指的是在数学向量中绝大多数元素为 0。

> ✒️**注意**　One-hot 编码的输出结果中只有 1 位数字为 1，其他数字都为 0。

3. Multi-hot 编码

用户兴趣偏好特征包含多个分类值，例如，张三兴趣偏好={阅读,健身,社交}，李四兴趣偏好={美食,旅游,社交}。这种情况下，需要使用 Multi-hot 编码技术。

Multi-hot 编码与 One-hot 编码类似，对所有分类值计算并集，生成一个新的特征，对新生成的特征采用 One-hot 编码。例如，将所有用户的兴趣偏好特征标签合并，计算集合的并集，得到如下并集特征：用户兴趣偏好={阅读,健身,社交,美食,旅游,电影,篮球,羽毛球,运动}。

新生成的用户兴趣偏好特征集合，数据元素个数为 9，用一个 9 维向量来表示。根据每个用户自己的兴趣偏好，将对应位置 1 或置 0，得到所有用户兴趣偏好属性字段的 Multi-hot 编码结果如表 3-6 所示。

表 3-6　用户兴趣偏好属性字段的 Multi-hot 编码

用户编号	兴趣偏好特征	数学向量
张三	{阅读,健身,社交}	(1,1,1,0,0,0,0,0,0)
李四	{美食,旅游,社交}	(0,0,1,1,1,0,0,0,0)
王五	{电影,健身,篮球,羽毛球}	(0,1,0,0,0,1,1,1,0)
赵六	{运动,旅游}	(0,0,0,0,1,0,0,0,1)
陈七	{美食}	(0,0,0,1,0,0,0,0,0)

4. Embedding 编码

One-hot 编码得到的数学向量中只有 1 位为 1，其余位都为 0，数据向量呈现稀疏性。向量维度越大，稀疏性越明显。这里引入 Embedding 编码技术进行改进。在神经网络算法模型中，专门设置 Embedding 层负责对 One-hot 编码的类别数据进行降维处理。

在介绍 Embedding 编码之前，先看看下面这个矩阵运算表达式。

$$
\begin{array}{ccc}
\boldsymbol{F} & \times & \boldsymbol{M} & = & \boldsymbol{Q}
\end{array}
$$

$$
\begin{pmatrix}
0 & 0 & 0 & 0 & 0 & 1 \\
0 & 0 & 0 & 0 & 1 & 0 \\
0 & 0 & 0 & 1 & 0 & 0 \\
0 & 0 & 1 & 0 & 0 & 0 \\
0 & 1 & 0 & 0 & 0 & 0 \\
1 & 0 & 0 & 0 & 0 & 0
\end{pmatrix}_{6\times6}
\times
\begin{pmatrix}
0.15 & 0.2 & 0.17 \\
0.34 & 0.08 & 0.9 \\
0.21 & 0.27 & 0.48 \\
0.35 & 0.75 & 0.91 \\
0.96 & 0.38 & 0.85 \\
0.49 & 0.52 & 0.18
\end{pmatrix}_{6\times3}
=
\begin{pmatrix}
0.49 & 0.52 & 0.18 \\
0.96 & 0.38 & 0.85 \\
0.35 & 0.75 & 0.91 \\
0.21 & 0.27 & 0.48 \\
0.34 & 0.08 & 0.9 \\
0.15 & 0.2 & 0.17
\end{pmatrix}_{6\times3}
$$

矩阵 $\boldsymbol{F}$ 是一个 6×6 的矩阵，矩阵 $\boldsymbol{M}$ 是一个 6×3 的矩阵，矩阵 $\boldsymbol{Q}$ 是一个 6×3 的矩阵。通过上面的矩阵相乘，把矩阵 $\boldsymbol{F}$ 的 36 个元素变成了矩阵 $\boldsymbol{Q}$ 的 18 个元素。反过来，根据矩阵 $\boldsymbol{Q}$ 和矩阵 $\boldsymbol{M}$，通过矩阵运算，可以计算出矩阵 $\boldsymbol{F}$。

$$\boldsymbol{F} = \boldsymbol{Q} \times \boldsymbol{M}^{-1}$$

矩阵 $\boldsymbol{Q}$ 蕴含矩阵 $\boldsymbol{F}$ 的信息，且矩阵 $\boldsymbol{Q}$ 维度降低，数据相对稠密，如果把矩阵 $\boldsymbol{Q}$ 作为特征向量输出，将降低后续计算复杂度。

这就是 Embedding 编码的思想，即将 One-hot 编码结果用矩阵 $\boldsymbol{F}$ 表示，并将矩阵 $\boldsymbol{F}$ 与矩阵 $\boldsymbol{M}$ 相乘，生成矩阵 $\boldsymbol{Q}$。矩阵 $\boldsymbol{Q}$ 的维度低于矩阵 $\boldsymbol{F}$ 的维度，矩阵 $\boldsymbol{Q}$ 数据分布比较稠密正好解决了矩阵 $\boldsymbol{F}$ 数据分布稀疏的问题。

Embedding 在数学上表示一个映射关系：$f(X) \to Y$。将空间 X 的内容映射到空间 Y，且保留基本属性。保留基本属性的意思是，映射属于一对一映射，数据映射前后不改变逻辑关系。例如，在空间 X 中，$X_1 > X_2$，那么映射后 $Y_1 > Y_2$。这正是我们期望的属性特征：只降低矩阵维度，不改变数据逻辑关系。

表 3-7 列出了用户学历属性字段的 Embedding 编码，对比用户学历特征 One-hot 编码与 Embedding 编码结果，可见，用户学历特征向量由原来的 6 维降到了 3 维。设想一下，如果 $\boldsymbol{F}$ 矩阵是 10 万×10 万的稀疏矩阵，矩阵 $\boldsymbol{M}$ 的大小为 10 万×50，则 $\boldsymbol{Q}$ 矩阵的大小就是 10 万×50，将矩阵 $\boldsymbol{Q}$ 作为特征向量，数据计算量级瞬间降低 2000 倍。由此可见，Embedding 编码技术的威力巨大。

表 3-7 用户学历属性字段的 Embedding 编码

用户学历	One-hot 编码	Embedding 编码
高中及以下	(0.0,0.0,0.0,0.0,0.0,1.0)	(0.14673773,0.45309446,0.00709649)
中专	(1.0,0.0,0.0,0.0,0.0,0.0)	(0.06022417,0.38711296,0.18278917)
大专	(0.0,0.0,1.0,0.0,0.0,0.0)	(0.38047064,0.32295804,0.52047808)
本科	(0.0,0.0,0.0,1.0,0.0,0.0)	(0.74595692,0.7206852,0.68795988)
硕士研究生	(0.0,0.0,0.0,0.0,1.0,0.0)	(0.80634077,0.93225249,0.78013349)
博士研究生	(0.0,1.0,0.0,0.0,0.0,0.0)	(0.40038969,0.65594046,0.29976729)

Embedding 编码技术思路已经讲明白了，现在最大的问题就是如何找到矩阵 M。最简单的方法是利用随机数生成一个矩阵，因为矩阵 Q 的元素与矩阵 M 的元素是一样，差别在于所在行号不同。事实上，这样**操作是不妥的**。工程上，我们将 One-hot 编码结果送入神经网络，通过神经网络的自学习能力来拟合矩阵 M 的元素，实现 Embedding 编码。如图 3.2 所示，矩阵 M 的元素就是神经网络输入层与第 1 层之间的权重系数。以用户学历为例，M 为 6×3 的矩阵，矩阵 M 的第 3 行元素就是神经网络输入层第 3 个节点与第 1 层节点之间的权重系数。

$$M = \begin{pmatrix} M_{11} & M_{12} & M_{13} \\ M_{21} & M_{22} & M_{23} \\ M_{31} & M_{32} & M_{33} \\ M_{41} & M_{42} & M_{43} \\ M_{51} & M_{52} & M_{53} \\ M_{61} & M_{62} & M_{63} \end{pmatrix}$$

将神经网络的输入层与输出层送入相同元素，启动神经网络学习功能，学习完成后神经网络输入层与第 1 层之间的权重系数就是我们需要的矩阵 M。

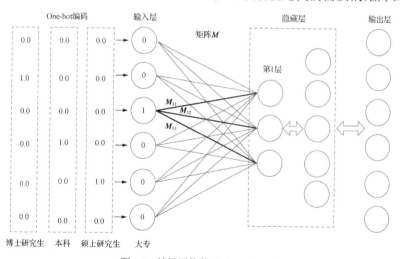

图 3.2　神经网络的 Embedding 层

传统机器学习模型构建过程中，经常使用 One-hot 编码技术去处理 ID 类特征（如商品编号、商品类别、新闻专题类别等），商品编号与 One-hot 编码后的数学向量维度相同，成千上万个商品类别导致数学向量的维度也是成千上万，即使采用 Multi-hot 编码技术，也不能解决数据稀疏和数据维度过高的问题。深度学习神经网络模型专门设置 Embedding 层，如图 3.3 所示。离散数据经过

One-hot 编码生成 n 维向量，由于 n 维向量的数据稀疏严重，将其送入 Embedding 模块变换成 m 维向量后作为 DNN 模型的输入。采取这种操作方式，DNN 的输入节点由原来的 n 个降到 m 个，节约了计算资源，避免了大量无效运算，降低了运算复杂度。

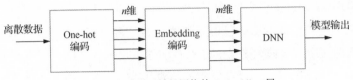

图 3.3　深度学习神经网络的 Embedding 层

5. 代码示例

在代码实现上，定义 feature_encode() 类封装所有的特征编码处理函数，每一个函数对应一种编码技术，主函数通过创建类对象调用特征编码处理函数。

Python 工具包 sklearn.preprocessing.OneHotEncoder() 完成离散数据 One-hot 编码。

Python 工具包 sklearn.preprocessing.MultiLabelBinarizer() 完成离散数据 Multi-hot 编码。

create_embedding_encode() 完成 Embedding 编码。

工程上使用 Embedding 编码技术需要先训练神经网络模型得到矩阵 M，然后调用矩阵 M 完成编码映射。在代码中矩阵 M 使用随机数生成，仅作为示例。感兴趣的读者可以在阅读第 16 章后，返回到这里修改代码，实现通过 DNN 自学习功能拟合矩阵 M 的数据值。类别数据编码处理如代码 3-3 所示。

代码 3-3　类别数据编码处理

```
# -*- coding:utf-8 -*-

from numpy import argmax
import pandas as pd
import numpy as np
from sklearn.feature_extraction import FeatureHasher
from sklearn.preprocessing import LabelEncoder, OneHotEncoder,
MultiLabelBinarizer


class feature_encode():
    def create_label_encode(self,data_list): # 整数编码
        label_encode = []
        for k in range(len(data_list)):
            label_encode.append((data_list[k],k+1))
```

```
        return label_encode

    def create_onehot_encode(self,data_list):  # One-hot 编码
    label_encoder = LabelEncoder()
    integer_encoded = label_encoder.fit_transform(data_list)

    onehot_encoder = OneHotEncoder(sparse=False)
    integer_encoded = integer_encoded.reshape(len(integer_encoded), 1)
    onehot_encoded = onehot_encoder.fit_transform(integer_encoded)

    onehot_code = []
    for k in range(len(onehot_encoded)):
      inverted = label_encoder.inverse_transform([argmax
(onehot_encoded[k])])
      onehot_code.append((inverted[0],list(onehot_encoded[k])))

    return onehot_code

    def create_multi_hot_code(self,data):  # Multi-hot 编码
      mlb = MultiLabelBinarizer()
      feature_array = mlb.fit_transform(data['perference'])
      #print('label order: {}'.format(mlb.classes_))
      return feature_array

    def create_embedding_encode(self,data,dim_num): # Embedding 编码
      one_hot_code = self.create_onehot_encode(data)
      matrix_F = []
      for k in range(len(one_hot_code)):
        temp = one_hot_code[k]
        matrix_F.append(temp[1])

      matrix_F = np.array(matrix_F)
      matrix_M = np.random.rand(matrix_F.shape[0],dim_num)
      matrix_Q = np.dot(matrix_F,matrix_M)

      embedding_code = []
      for k in range(len(data)):
        temp = (data[k],matrix_Q[k])
        embedding_code.append(temp)

      return embedding_code

if __name__ == '__main__':
  coder = feature_encode()
  data = ['新闻', '体育', '财经', '科技', '娱乐', '视频', '房产', '教育']
  print('orginal data: \n',data)

    print('label_code: \n', coder.create_label_encode(data))
```

```
    print('onehot code:\n', coder.create_onehot_encode(data))
    print('embedding code:\n', coder.create_embedding_encode(data,
dim_num=6) )

    data_dict = {
        'name': ['张三', '李四', '王五', '赵六', '陈七'],
        'perference': [['阅读', '健身', '社交'], ['美食', '旅游', '社交'],
['电影', '健身', '篮球', '羽毛球'], ['运动', '旅游'], ['美食']]
    }
    data = pd.DataFrame(data_dict)
    print('orginal data:\n',data)
    print('multi_hot code:\n',) coder.create_multi_hot_code(data)
```

代码输出结果如下：

orginal data:
['新闻', '体育', '财经', '科技', '娱乐', '视频', '房产', '教育']

label_code:
[('新闻', 1), ('体育', 2), ('财经', 3), ('科技', 4), ('娱乐', 5),
('视频', 6), ('房产', 7), ('教育', 8)]

onehot code:
[('新闻', [0.0, 0.0, 0.0, 0.0, 1.0, 0.0, 0.0, 0.0]),
 ('体育', [1.0, 0.0, 0.0, 0.0, 0.0, 0.0, 0.0, 0.0]),
 ('财经', [0.0, 0.0, 0.0, 0.0, 0.0, 0.0, 0.0, 1.0]),
 ('科技', [0.0, 0.0, 0.0, 0.0, 0.0, 1.0, 0.0, 0.0]),
 ('娱乐', [0.0, 1.0, 0.0, 0.0, 0.0, 0.0, 0.0, 0.0]),
 ('视频', [0.0, 0.0, 0.0, 0.0, 0.0, 0.0, 1.0, 0.0]),
 ('房产', [0.0, 0.0, 1.0, 0.0, 0.0, 0.0, 0.0, 0.0]),
 ('教育', [0.0, 0.0, 0.0, 1.0, 0.0, 0.0, 0.0, 0.0])]

embedding code:
[('新闻', array([0.5699557 , 0.29523876, 0.13936773, 0.03936244,
0.95567595, 0.50617221])),
 ('体育', array([0.40258363, 0.80309355, 0.28378995, 0.45574531, 0.429514,
0.16866425])),
 ('财经', array([0.75201084, 0.39936542, 0.91333024, 0.8709605 , 0.08728752,
0.09379512])),
 ('科技', array([0.88145122, 0.1066852 , 0.56035833, 0.46976792, 0.25975925,
0.1505808])),
 ('娱乐', array([0.84884158, 0.69325136, 0.36479409, 0.17752849,
0.45868263, 0.38465374])),
 ('视频', array([0.70416521, 0.20360716, 0.56829855, 0.16704736,
0.71430281, 0.34998443])),
 ('房产', array([0.18992079, 0.87757558, 0.57872928, 0.11492852,
0.94457185, 0.50817162])),
 ('教育', array([0.53664963, 0.2655166 , 0.23112941, 0.19113648, 0.78844391,
0.36859759]))]

```
orginal data:
    name         perference
0   张三          [阅读, 健身, 社交]
1   李四          [美食, 旅游, 社交]
2   王五          [电影, 健身, 篮球, 羽毛球]
3   赵六          [运动, 旅游]
4   陈七          [美食]

multi_hot code:
[[1 0 0 1 0 0 0 0 1]
 [0 1 0 1 0 1 0 0 0]
 [1 0 1 0 1 0 1 0 0]
 [0 1 0 0 0 0 0 1 0]
 [0 0 0 0 0 1 0 0 0]]
```

3.5.2　时间数据

时间数据记录格式为年/月/日、时:分:秒或时间戳。时间数据可以标定为用户点击动作发生时刻，也可以标定为时间周期内点击动作发生次数。对时间数据进行处理要结合应用场景，时间数据可以按连续数据（驻留时长、上线时长、两次登录的时间间隔等）处理，也可以按离散数据（星期几、一天中哪个时间段、一年中哪个季度等）处理。对时间数据进行编码之前，一定要明白目的是什么，对时间颗粒度要求多大。通常，涉及以下 3 种情况的时间数据处理方式。

1. 行为动作发生时刻

用户浏览、点击、评价新闻时对应的时间，即行为动作发生时刻，以日期或时间戳的格式记录。这种情况下，对时间数据分桶，将时间分配到每季、每月、每周、每天、每时。

分桶以后的时间数据变成离散数据，使用离散数据编码方式处理。例如，对时间数据按如下方式分桶。

季度 = {1 季度,2 季度,3 季度,4 季度}，特征向量用 X_1 表示。

月旬 = {上旬,中旬,下旬}，特征向量用 X_2 表示。

星期 = {工作日,周末}，特征向量用 X_3 表示。

时间段 = {凌晨,上午,中午,下午,晚上,深夜}，特征向量用 X_4 表示。

采集到的时间数据 2019/12/12　8:32:08 变换成数学向量(X_1 , X_2 , X_3 , X_4)，实现了将一个行为动作发生的时刻数据分桶到行为动作发生在哪个季度、哪个月、星期几、一天的哪个时间段。有了这些时间特征，利用机器学习算法可以挖掘用户兴趣偏好与时间的关系。

2. 行为动作时间范围

对于类似上线时长、注册时长、相邻两次登录间隔、从登录到下单购买商品的时间间隔等业务属性，使用时间差作为特征标签。以当前时间为基准，计算时间差，然后根据需要对时间差做分桶或非线性变换。

3. 行为动作时间特性

新闻曝光次数、点击次数、新闻热度、活跃用户数、用户兴趣偏好等统计量有一个特点，就是观测数据值伴随时间推移呈现出明显的趋势变化、波动变化或周期变化，这种变化与时间有关。例如点击次数，新闻每日点击次数随时间推移逐步减少；累计点击次数随时间推移逐步增加；在节假日期间，娱乐短视频类新闻的点击次数出现明显波动。对于用户兴趣偏好特征，用户在白天上班期间关注与工作内容相关的知识和文章，在下班后和节假日期间关注娱乐短视频方面的内容。用户的兴趣偏好也是随时间变化的，通常伴随时间推移，兴趣偏好逐渐衰弱。具备时间特性的行为数据定义为时间序列，时间特性体现在数据随时间变化。

统一起见，将按顺序排列的时间序列 $Y_0, Y_1, Y_2, \cdots, Y_{N-1}$，整理成如下形式。

$$\{Y_t\} = \{Y_t | t = 1, 2, 3, \cdots, N - 1\}$$

> **⚡注意**　标定时间特性的时间间隔是等距的，例如按小时、按天、按周、按月、按季度、按年等间隔采集和生成数据，数据值按时间顺序排列。

时间序列分析的目的主要是分析数据的趋势、时期、周期等特征，找到规律，利用算法模型拟合数据，根据构建的算法模型预测未来数据。常见处理方法有移动平滑、指数平滑、自回归模型、自回归移动平均模型、傅里叶变换、马尔可夫链等。

时间序列分析需要结合业务场景应用需求来看，认真观察数据的统计曲线，发现和挖掘潜在规律，采用合适的算法模型进行拟合，必要时需要验证、评估算法模型拟合精度。

（1）移动平滑模型

移动平滑模型（Moving Average Model）定义一个时间窗口，未来值取决于前面 k 个值的平均值，数学表达式为

$$\hat{Y}_{t+1} = \frac{1}{k}\sum_{j=0}^{k-1}Y_{t-j}$$

式中，$\hat{Y}_{t+1}$ 表示 $t+1$ 时刻的预测值，k 表示窗口大小，Y_{t-j} 表示 $t-j$ 时刻的观测值。

时间窗口内，对 t 时刻前面 k 个值进行加权求平均（$\sum_{j=0}^{k-1}\beta_j = 1$），上式改写成

$$\hat{Y}_{t+1} = \frac{1}{k}\sum_{j=0}^{k-1}\alpha_j Y_{t-j} = \sum_{j=0}^{k-1}\beta_j Y_{t-j}$$

通常，距离 $t+1$ 时刻越近的观测数据，权重越高。

移动平滑模型不能适应数据的快速变化，削弱了数据的周期性和波动性影响，但可以帮助我们找到数据的变化趋势。时间窗口参数 k 越大，模型对数据波动性削弱得越厉害，数据的变化越平滑，对数据波动的抑制能力越强，当然也就消除了噪声的影响，这里的噪声指的是数据采集过程中出现的野点值和异常值。采集数据的缺失值可以采用移动平滑模型的预测值进行填补。

（2）指数平滑模型

移动平滑模型定义了时间窗口 k，认为 $t+1$ 时刻的数据与前面的 k 个时刻的数据有关。指数平滑模型将时间窗口 k 放大，认为 $t+1$ 时刻的数据与前面的所有时刻的数据有关，越靠近 $t+1$ 时刻的数据对结果的影响程度越大，影响权重因子呈指数规律变化。

指数平滑模型（Exponential Smoothing Model）数学表达式为

$$\hat{Y}_{t+1} = \alpha Y_{t+1} + (1-\alpha)\hat{Y}_t，\text{ 其中 } 0 \leq \alpha \leq 1$$

式中，α 表示平滑因子，$\hat{Y}_{t+1}$ 表示 $t+1$ 时刻的预测值，Y_{t+1} 表示 t 时刻的观测值，$\hat{Y}_t$ 表示 t 时刻的预测值。

将指数平滑模型展开成递归形式，

$$\begin{aligned}\hat{Y}_{t+1} &= \alpha Y_{t+1} + (1-\alpha)\hat{Y}_t \\ &= \alpha Y_{t+1} + (1-\alpha)\left[\alpha Y_t + (1-\alpha)\hat{Y}_{t-1}\right] \\ &= \alpha Y_{t+1} + (1-\alpha)\left\{\alpha Y_t + (1-\alpha)\left[\alpha Y_{t-1} + (1-\alpha)\hat{Y}_{t-2}\right]\right\} \\ &\quad\cdots\cdots \\ &= \alpha\sum_{j=0}^{t}(1-\alpha)^j Y_{t-j}\end{aligned}$$

可见，在指数平滑模型中，$t+1$ 时刻的预测值与 $0\sim t$ 时刻的所有观测值都存在

联系，距离 t 时刻越远，其影响程度越小。α 越接近 1，模型对历史数据的遗忘程度越大。

（3）自回归模型

时间序列 $\{Y_t\}$ 在 $t+1$ 时刻的输出与前面 p 个时刻的输出有关，满足如下数学表达式，

$$Y_{t+1} = c + \sum_{j=0}^{p-1} \alpha_j Y_{t-j} + \varepsilon_{t+1}$$

式中，Y_{t+1} 表示 $t+1$ 时刻的观测值，Y_{t-j} 表示 $t-j$ 时刻的观测值，α_j 表示权重系数，c 为常数，ε_{t+1} 表示 $t+1$ 时刻的随机变量序列。随机变量序列 $\{\varepsilon_t\}$ 服从正态分布，均值为 0，方差为 σ_ε^2。

称时间序列 $\{Y_t\}$ 服从 p 阶自回归模型，参数 p 为自回归模型的阶数。

1 阶自回归模型，$p=1$：$Y_{t+1} = c + \alpha_0 Y_{t-1} + \varepsilon_{t+1}$。

2 阶自回归模型，$p=2$：$Y_{t+1} = c + \alpha_0 Y_{t-1} + \alpha_1 Y_{t-2} + \varepsilon_{t+1}$。

……

m 阶自回归模型，$p=m$：$Y_{t+1} = c + \alpha_0 Y_{t-1} + \alpha_1 Y_{t-2} + \ldots + \alpha_{m-1} Y_{t-m-1} + \varepsilon_{t+1}$，$m \geqslant 1$。

（4）ARMA 模型

自回归移动平均（AutoRegression Moving Average，ARMA）模型由自回归模型和移动平滑模型融合而成，数学表达式为

$$Y_{t+1} = c + \sum_{j=0}^{p-1} \alpha_j Y_{t-j} + \sum_{j=0}^{q-1} \beta_j \varepsilon_{t-j} + \varepsilon_{t+1}$$

式中，Y_{t+1} 表示 $t+1$ 时刻的观测值，Y_{t-j} 表示 $t-j$ 时刻的观测值，α_j 和 β_j 表示权重系数，c 表示常数，p 和 q 表示滑动窗口大小，ε_{t-j} 表示 $t-j$ 时刻的干扰因子，例如随机噪声，ε_{t+1} 表示 $t+1$ 时刻的干扰因子。干扰因子服从正态分布，均值为 0，方差为 σ_ε^2。

ARMA 模型定义了 t 时刻前 q 步噪声对 $t+1$ 时刻输出值的影响，影响程度为前 q 步噪声的加权平均值。

ARMA 模型 $t+1$ 时刻的输出受两个因素的影响：自身因素，观测值 $\{Y_t\}$ 本身的变化规律；扰动因素，干扰因子 $\{\varepsilon_t\}$ 的变化规律。

> **注意** 利用自回归模型和 ARMA 模型拟合数据时，要考虑时间序列的平稳性。时间序列平稳性验证法则如下。

- 数据序列均值为常数，即 $E(Y_t) = \mu$。
- 数据序列的方差为常数，即 $E(Y_t - \mu)^2 = \sigma^2$。
- 数据序列的协方差与时间差有关，与时间无关，即 $\mathrm{Cov}(Y_i, Y_j) = \mathrm{Cov}(Y_{i+k}, Y_{j+k})$。

对于非平稳时间序列，通常可以通过 d 次差分，将其转化为平稳时间序列。

1 次差分，$d = 1$：$X_t = Y_t - Y_{t-1}$。

2 次差分，$d = 2$：$X_t = Y_t - 2Y_{t-1} + Y_{t-2}$。

3 次差分，$d = 3$：$X_t = Y_t - 3Y_{t-1} + 3Y_{t-2} - Y_{t-3}$。

......

（5）傅里叶变换

傅里叶变换将时域数据变换到频域，得到时域数据的频谱分布特性，通过频谱分析挖掘时域数据的周期特点。

包含 N 个数据的时间序列 $\{Y_n\} = Y_0, Y_1, Y_2, \cdots, Y_{N-1}$，通过傅里叶变换将其映射到 $\{y_n\} = y_0, y_1, y_2, \cdots, y_{N-1}$，映射的计算方法为

$$y_k = \sum_{n=0}^{N-1} Y_n \mathrm{e}^{-j\frac{2\pi}{N}kn} = \sum_{n=0}^{N-1} Y_n \left[\cos\left(\frac{2\pi}{N}kn\right) - j \times \sin\left(\frac{2\pi}{N}kn\right) \right]，\text{其中} 0 \leqslant k \leqslant N-1$$

时域空间中，每个样本的时间间隔为 $1/f_s$，即采样频率的倒数。

频域空间中，每个样本的频率间隔为 f_s/N，即采样频率与样本数量的商。

傅里叶变换本质是利用正弦函数和余弦函数去拟合时域数据。正弦函数和余弦函数的傅里叶变换结果为脉冲函数。将时域数据变换到频域，频谱上脉冲尖峰位置对应的频率对应时域数据的周期。对于存在谐波分量的频域信号，其对应的时域数据周期存在多个值，可理解为主周期和次周期。

3.5.3　位置数据

位置数据主要指的是 GPS 位置坐标，用经纬度表示，属于场景数据。位置数据的处理要考虑业务场景，考虑引入位置数据的意义是什么，仅仅是标定位置坐标、计算位置距离，还是基于位置推荐商品。

业务场景需要记录用户行为发生时的位置坐标，采用映射的方式去处理位置坐标，将位置坐标映射到典型建筑物、城市行政区、城市邮政编码、运营商

基站等。

业务场景需要使用距离差（计算当前位置与参照物的距离之差），将距离差作为特征。

业务场景需要使用位置服务，以用户为中心按距离找到距离范围内的商业服务或者生成统计数据，将转化结果作为特征，例如携程旅行 App 推荐的酒店周边服务、统计每天早上地铁的人口密度。

实现用户地理位置坐标的特征化后，可以实现地理位置的聚类，挖掘用户的活动区域，挖掘用户兴趣偏好与位置特征的关系，实现基于用户当前位置的新闻推送。

3.5.4 文本数据

新闻标题、新闻正文、新闻描述、用户评价、标签信息等属于文本数据。文本数据不能直接送给机器学习模型计算，需采用自然语言处理技术，对文本数据进行处理，生成文本数据特征向量。文本数据处理首先提取文档关键词，然后基于关键词编码，生成特征向量。常见的文本数据处理技术如下。

词频-逆向文档频率（Term Frequency-Inverse Document Frequency，TF-IDF）：提取文档关键词。

Word2Vec：生成文档关键词特征向量。

线性判别分析（Linear Discriminant Analysis，LDA）：提取文档关键词。

潜在语义索引（Latent Semantic Indexing，LSI）：提取文档关键词。

TextRank：提取文档关键词。

Doc2Vec：生成文档特征向量。

1. TF-IDF

TF-IDF 用于提取文档的关键词。这里的 TF 表示某词在文档中出现的次数。一个词在文档中出现很多次，那么这个词肯定有很大的作用。当文档内容很长时，这个词出现的次数也会变多，为了避免这个问题出现，需要对 TF 做归一化处理，

$$TF = \frac{\text{本词在文档中出现的次数}}{\text{文档总的词数}}$$

单独用某词的 TF 值来表征这个词的重要程度存在不足，因为一篇文档中"的""地""得""你""我""他""是""啊"等类似的词（字）往往出现的频次最多。这些词没有具体含义，不能作为文档的关键词，这些词夹杂在文档中间反而会

影响我们的统计。所以在对文档提取关键词时需要调用停用词语料库将类似的词过滤掉。将这些无用的词过滤掉后，我们还会遇到一个问题，就是如果多个词的 TF 值相同，如何确定这几个词的优先级？这里需要引入 IDF 概念。

IDF 反映的是这个词在其他文档中出现的次数。如果这个词在其他文档中出现的次数偏多，说明这个词对本文档的贡献偏小。如果这个词在其他文档中出现的次数偏少，说明这个词对本文档的贡献偏大。IDF 定义为语料库中总文档数目除以包含该词的文档的数目，再将得到的商取对数，

$$IDF = \lg\left(\frac{\text{语料库文档数目}}{1 + \text{包含本词的文档数目}}\right)$$

某词的 TF-IDF 值为

$$TF\text{-}IDF = TF \times IDF$$

如果一个词在文档中出现的次数较多，TF 值就大，如果这个词在语料库中出现的次数少，也就是说包含这个词的文档数量不多，IDF 值就越大，结果 TF-IDF 值也就越大。

计算文档中每个词的 TF-IDF 值，然后按降序排列，排在前面的几个词就是文档的关键词。

为了方便读者理解，引用《大数据架构商业之路：从业务需求到技术方案》中的案例来说明。

一个关于美食的文档集合，包含 10000 篇文档，其中一篇文档的内容如下。

昨天，王蓉来成都宣传新专辑《多爱》，现场说起四川话，哼起四川清音，赢得一片叫好声。去年以一首《我不是黄蓉》走红歌坛后，王蓉来蓉宣传专辑时，感受到梦寐以求的川菜魅力。大快朵颐时，王蓉突发灵感想到把川菜写进歌里。由于对水煮鱼感情深厚，王蓉提笔将水煮鱼写进新歌，唱出一个俏皮可爱、正处热恋期的女孩对水煮鱼，对热辣爱情的憧憬。

由于没必要列出这篇文档的全部关键词，这里以 3 个关键词为例，介绍如何利用 TF-IDF 算法找出文档的关键词。这里假设 DF 的统计值都是正确的（只是为了比较权重大小，所以在计算 TF 值时，没有考虑归一化处理）。

四川：

$$TF = 2，\quad DF = 1200$$
$$IDF = \lg\left(\frac{10000}{1200}\right) \approx 0.92$$

$$\text{TF-IDF} = 2 \times 0.92 = 1.84$$

水煮鱼：

$$\text{TF} = 3，\quad \text{DF} = 80$$
$$\text{IDF} = \lg\left(\frac{10000}{80}\right) \approx 2.10$$

$$\text{TF-IDF} = 3 \times 2.10 = 6.30$$

专辑：

$$\text{TF} = 2，\quad \text{DF} = 4$$
$$\text{IDF} = \lg\left(\frac{10000}{4}\right) \approx 3.40$$

$$\text{TF-IDF} = 2 \times 3.40 = 6.80$$

对这 3 个关键词的 TF-IDF 值从大到小排序，依次是"专辑""水煮鱼""四川"。对这篇文档来说，"专辑"就是最重要的关键词，其次是"水煮鱼"，再次是"四川"。这篇文档出现在美食类的文档集合中，结果"专辑"是这篇文档最重要的关键词，很奇怪，主要原因是在讨论美食的文档中，很少会涉及娱乐圈的事，如出现"专辑"这个词。这样，"专辑"这个词在这 10000 篇语料库美食文档中出现的次数不多，结果导致在计算这篇美食文档关键词时，"专辑"的 IDF 值偏高，进而导致 TF-IDF 值偏高。通过这个案例，我们理解了 TF-IDF 的计算方法，也感受到了 TF-IDF 算法的弊端。

基于 TF-IDF 提取文档的关键词包含以下几步。

① 预先准备好语料库（语料库就是大量文档组成的集合，不同业务领域的语料库存在差异）。

② 对文档进行分词处理，过滤没有实际意义的词，如结巴分词。

③ 计算每个词的 TF-IDF 值。

④ 对计算结果按降序方式排序，按设定的门限值取数或者取前面的 Top N 个词作为文档关键词。

2. Word2Vec

Word2Vec 从字面来看就是指把词转化为向量。词属于文本内容，向量属于数学表达式。所以 Word2Vec 就是指通过自然语言处理技术将一个词转化为数学向量。一篇文档是由段落、句子、词构成的，如果能够把词转化为数学向量，那么一篇文档也能转化为数学向量，这个数学向量就是这篇文档的特征向量。

通过前面的学习我们知道，One-hot 编码常用于类别数据编码。一篇文档经过分词后属于离散数据，完全可以使用 One-hot 编码。One-hot 编码技术有个特点，就是向量维度与类别一致。如果语料库有 1 万个词，那么每个词编码产生的向量维度就是 10000，这显然不方便，需要采用 Embedding 编码技术改进，在 One-hot 编码输出后增加一个神经网络对 One-hot 编码结果进行降维处理。Word2Vec 就是这样的神经网络，其网络结构如图 3.4 所示，属于 3 层神经网络，包含输入层、隐藏层和输出层。对神经网络不熟悉的读者可以先跳过这一节或者先看本书第 16 章的内容，理解神经网络的工作原理和模型后，再研读本节内容。

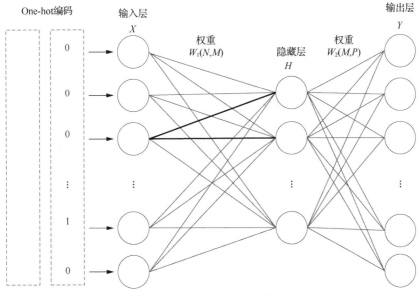

图 3.4 Word2Vec 神经网络结构

Word2Vec 神经网络设置以下约定条件：网络的输入层数据维度与输出层数据维度一样；隐藏层不使用激活函数，保持线性关系；输出层使用 softmax() 函数做归一化处理。

模型训练阶段，Word2Vec 神经网络采用两种方式来管理数据的输入和输出：连续词袋（Continuous Bag of Words，CBoW）模型方式和 Skip-Gram 语言模型方式。CBoW 模型训练时，输入的是与某词上下文相关的 C 个词的词向量，输出是某词的词向量。Skip-Gram 模型思想和 CBoW 模型思想相反。Skip-Gram

模型训练时，输入的是某词的词向量，输出的是与某词上下文有关的 C 个词的词向量。定义 k 为滑动窗口大小。图 3.5 所示为 CBoW 模型和 Skip-Gram 模型数据管理方式。

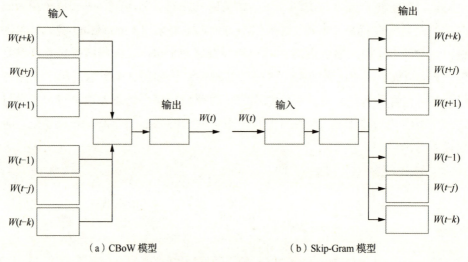

（a）CBoW 模型　　　　　　　　　　（b）Skip-Gram 模型

图 3.5　CBoW 模型与 Skip-Gram 模型数据管理方式

（1）CBoW 模型

图 3.6 所示为 CBoW 模型数据映射过程。CBoW 模型的特点是输入参数为 C 个词向量，输出参数为 1 个词向量，这里的 C 表示窗口大小。假定语料库中词的数量为 V，则模型输入节点数 $C \times V$，输出节点数为 V，隐藏层节点数定义为 N。训练时，依次将语料库中的词送到模型中训练。当第 k 个词参与训练时，模型的输入参数为与这个词存在上下文关系的 C 个词的 One-hot 编码结果：$X_1(k), X_2(k), \cdots, X_C(k)$。模型隐藏层和输出层对应的输出结果为

$$H(k) = W(V,N)X_1(k) + W(V,N)X_2(k) + \cdots + W(V,N)X_C(k)$$

$$Y(k) = W'(N,V)H(k)$$

$$y(k) = \mathrm{softmax}\big(Y(k)\big) = [\, y_1, y_2, \cdots, y_V \,]$$

理论上，输出结果 $y(k)$ 中第 k 位概率最大，即 y_k 最大，因为 One-hot 编码中每 1 位对应 1 个词，第 k 位对应第 k 个词，则联合概率为

$$P\big(X(k)\,|\,X_1(k), \cdots, X_C(k)\big) = \sum_{m=1}^{V}\left(x_m \cdot \frac{\exp(y_m)}{\displaystyle\sum_{j}^{V}\exp(y_j)} \right)$$

式中 x_m 表示第 k 个词 $X(k)$ 的编码结果中的第 m 位数字，显然只有 $x_k = 1$，其他都为 0。所以，定义损失函数为

$$\text{Loss}(k) = -\lg\left(\sum_{m=1}^{V}\left(x_m \cdot \frac{\exp(y_m)}{\sum_{j=1}^{V}\exp(y_j)}\right)\right) = -\lg\frac{\exp(y_k)}{\sum_{j=1}^{V}\exp(y_j)}$$

根据误差情况，使用梯度下降算法迭代神经网络，修正权重系数，

$$W(k+1) = W(k) - \beta\frac{\partial \text{Loss}}{\partial W(k)}$$

$$W'(k+1) = W'(k) - \beta\frac{\partial \text{Loss}}{\partial W'(k)}$$

式中，$W(k)$ 表示第 k 步迭代时的权重系数 W 的值，$\dfrac{\partial \text{Loss}}{\partial W}$ 表示当前的梯度值，β 表示神经网络的学习率参数；$W'(k)$ 表示第 k 步迭代时的权重系数 W' 的值，$\dfrac{\partial \text{Loss}}{\partial W'}$ 表示当前的梯度值。

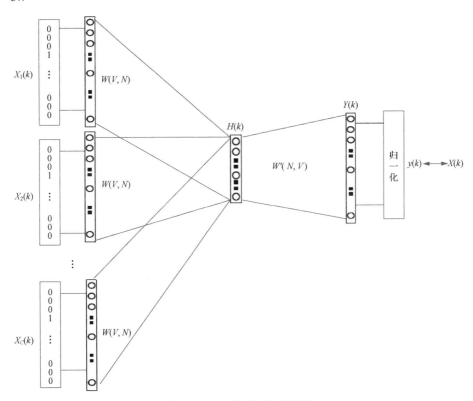

图 3.6　CBoW 模型数据映射过程

模型训练结束后，输入层的每个词与矩阵 W 相乘得到的向量就是这个词的词向量。语料库中 V 个词对应 V 个词向量。工程实践中，将神经网络权重矩阵 W 按矩阵方式保存，将某个词的 One-hot 编码结果乘这个矩阵就可得到这个词的词向量。

（2）Skip-Gram 模型

图 3.7 所示为 Skip-Gram 模型数据映射过程。Skip-Gram 模型的特点是输入参数为 1 个词的词向量，输出参数为 C 个词的词向量，C 为窗口大小，输出的 C 个词要求与输入的词满足窗口 C 的上下文关系。语料库中词的数量为 V，模型输入节点数为 V，隐藏层节点数为 N，输出节点数为 $C \times V$。

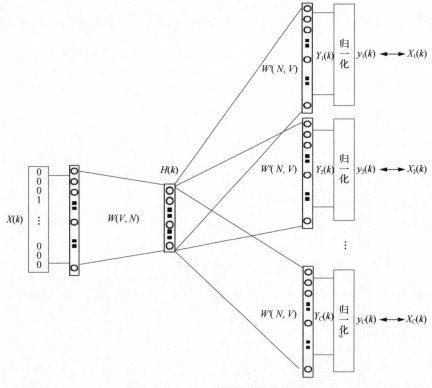

图 3.7　Skip-Gram 模型数据映射过程

模型训练时，依次将语料库中的词送到模型中训练。第 k 个词参与训练时，模型的输入参数为这个词的 One-hot 编码结果 $X(k)$，模型隐藏层和输出层对应的输出结果为

$$H(k) = W(V, N)X(k)$$

$$Y_i(k) = W'(N,V)H(k)$$

$$y_i(k) = \mathrm{softmax}\big(Y_i(k)\big) = \big[y_{i,1}, y_{i,2}, \cdots, y_{i,V}\big]$$

$y_i(k)$ 表示与输入词存在上下文关系的第 i 个词的概率，理论上，向量 $y_i(k)$ 的第 i 位最大，即 $y_{i,i}$ 最大，因为在 One-hot 编码中，每一位对应一个词。计算条件概率为

$$P\left(X\left(k-\frac{C}{2}\right), \cdots, X\left(k+\frac{C}{2}\right) \mid X(k)\right) = \prod_{i=1}^{C}\left(\sum_{m=1}^{V} x_{i,m} \frac{\exp(y_{i,m})}{\sum\limits_{j=1}^{V}\exp(y_{i,j})}\right)$$

定义损失函数为

$$\mathrm{Loss}(k) = -\lg\left(\prod_{i=1}^{C}\left(\sum_{m=1}^{V} x_{i,m} \frac{\exp(y_{i,m})}{\sum\limits_{j=1}^{V}\exp(y_{i,j})}\right)\right) = -\lg\left(\prod_{i=1}^{C} \frac{\exp(y_{i,i})}{\sum\limits_{j}\exp(y_{i,j})}\right)$$

根据误差情况，使用梯度下降算法迭代神经网络，修正权重系数，

$$W(k+1) = W(k) - \beta \frac{\partial \mathrm{Loss}}{\partial W(k)}$$

$$W'(k+1) = W'(k) - \beta \frac{\partial \mathrm{Loss}}{\partial W'(k)}$$

式中，$W(k)$ 表示第 k 步迭代时的权重系数 W 的值，$\dfrac{\partial \mathrm{Loss}}{\partial W}$ 表示当前的梯度值，β 表示神经网络的学习率参数；$W'(k)$ 表示第 k 步迭代时的权重系数 W' 的值，$\dfrac{\partial \mathrm{Loss}}{\partial W'}$ 表示当前的梯度值。

模型训练结束后，模型中的权重矩阵 W 的第 k 行对应语料库中第 k 个词。

3. 代码示例

工程上，对文本数据的处理需要包含以下几步。

① 建立语料库，语料库包含的词要丰富。不同的业务应用场景，使用的语料库存在差异，差异主要体现在行业词汇方面。

② 训练 Word2Vec 模型，保存好权重矩阵 W。

③ 利用 TF-IDF、LDA、LSI 等算法对需要处理的文档或句子提取关键词。

④ 将每一个关键词送入训练好的 Word2Vec 模型，得到对应的词向量。

⑤ 依据关键词的权重对词向量合并，生成文档的特征向量。

　　其中步骤①和步骤②是基础。训练使用的语料库需要不断更新，训练生成的 Word2Vec 模型也需要不断更新。语料库和 Word2Vec 模型的更新可以在服务调度配置中完成。

　　如下自然语言处理工具可以帮助我们提升工作效率。

jieba.cut; jieba.psg.cut：提供文档分词、词性标注功能。

jieba.analyse.textrank：使用 TextRank 算法提取文档关键词。

jieba.analyse.extract_tags：使用 TF-IDF 算法提取文档关键词。

gensim.models.lsimodel：使用 LSI 算法提取文档关键词。

gensim.models.ldamodel：使用 LDA 算法提取文档关键词。

gensim.models.word2vec：使用 Word2Vec 算法提取词向量。

gensim.models.doc2vec.doc2vec：使用 Doc2Vec 算法提取文档向量。

pyltp：提供分词、词性标注、命名实体提取、语义分析和角色标注等功能。

　　语料库训练和词向量提取如代码 3-4 所示。

代码 3-4　语料库训练和词向量提取

```python
import os
from gensim.models import Word2Vec, Word2Vec
from gensim.models.Word2Vec import LineSentence

title='语料库训练'

def corpus_train():
    path = os.path.dirname(__file__)
    samples_data = open(path + '/data/gushi.txt', 'rb')  # 加载语料库文件
    model = Word2Vec(LineSentence(samples_data), sg=1, size=100,
window=10, min_count=1, workers=10, sample=1e-3)
    model.save(path + '/data/Words_model.Word2Vec')
    samples_data.close()

def word_2_vector(key_words):
    path = os.path.dirname(__file__)
    vector = []
    model = Word2Vec.Word2Vec.load(path + "/data/Words_model.Word2Vec",
mmap='r')
    vector = model.wv[key_words]
    return vector

if __name__ == '__main__':
    corpus_train()
    print('Word2Vec encode:\n',word_2_vector(key_words='中国'))
代码输出结果如下：
Word2Vec encode:
```

```
[-0.1861211   0.03412133 -0.09585301  0.6347139  -0.29724059  0.19666246
  0.4214395   0.02637708 -0.294929   -0.5869183   0.0351679  -0.0714817
 -0.02520222 -0.12247711  0.25420958 -0.39760894  0.01082443  0.22556551
 -0.24259771 -0.15946847 -0.2614129  -0.57364196 -0.23067604  0.17054611
  0.05789241  0.31904972 -0.5061871  -0.09672193 -0.15215641 -0.27583188
 -0.05772043 -0.5031901   0.12323518 -0.23330048 -0.5905822   0.05064272
 -0.20721006 -0.10182371 -0.35724527 -0.508721   -0.11534207  0.1395493
 -0.18303771 -0.01765152  0.22386305 -0.83910155 -0.08955723 -0.7994618
  0.17617534 -0.28962475  0.12794983  0.18032554  0.04816502  0.28439692
  0.07975845 -0.12751164  0.01754608  0.32554722  0.02295311 -0.06496937
 -0.2842924   0.29714963  0.07334854  0.12232269  0.33491606  0.14365023
 -0.05535197  0.3431447  -0.16749112  0.120841    0.29346037 -0.18522483
  0.4124554   0.39736387  0.35844395  0.17147203  0.43527472 -0.09281074
  0.08754218 -0.08289864  0.21865572  0.24008507 -0.18125646 -0.12664445
  0.12601613 -0.10405189  0.6635367  -0.14888307  0.1639028   0.15508401
  0.23158573  0.23875487 -0.65484595 -0.18933135  0.578027   -0.22868209
  0.15809487 -0.12659393 -0.50870633  0.01927171]
```

代码 3-4 将输入的文本关键词变换成数据维度为 100 的数学向量。语料库模型训练时，向量的数据维度是一个可调参数。设定的数据维度小，计算速度快，但编码效果区分度低；设定的数据维度大，计算速度慢，但编码效果区分度高。通常情况下，设置数据维度为 300～500。

一篇新闻通常包含标题、副标题、来源、记者、摘要、正文等部分，每一部分都是以文本数据形式存在的。利用文本关键词提取算法，获得新闻的关键词，将关键词送入 Word2Vec 模型编码，得到新闻的特征向量。代码 3-5 为一篇新闻关键词提取和特征向量生成的代码示例，涉及多种关键词提取算法的代码实现。

函数 tfidf_extract()：采用 TF-IDF 算法提取文档关键词。

函数 jieba_extract()：采用 TextRank 算法提取文档关键词。

函数 topic_extract()：采用 LDA 和 LSI 算法提取文档关键词。

代码 3-5　文档关键词提取和特征向量生成

```
import numpy as np
from nlp.jieba_model import JiebaModel
from nlp.text_to_words import seg_to_list, word_filter
from nlp.tfidf_model import TfIdf
from nlp.topics_model import TopicModel
from nlp.word_to_vector import get_word_2_vector_model, word_2_vector


class text_keywords:
  def __init__(self):
    self.text = None
    self.keyword_num = None
```

```python
        self.alg_mode = None
        self.keywords = None

    def tfidf_extract(self):  # TF-IDF
        pos = True
        seg_list = seg_to_list(self.text, pos)
        word_list = word_filter(seg_list, pos)
        tfidf_model = TfIdf(word_list, self.keyword_num)
        self.keywords = tfidf_model.get_tfidf()

    def topic_extract(self):  # LDA、LSI
        pos = True
        seg_list = seg_to_list(self.text, pos)
        word_list = word_filter(seg_list, pos)
        topic_model = TopicModel()
        self.keywords = topic_model.get_keywords(self.alg_mode,word_list,
self.keyword_num)

    def jieba_extract(self):      # TexeRank
        model = JiebaModel()
        self.keywords = model.get_keywords(self.text, self.keyword_
num, index=self.alg_mode)

    def get_keywords(self,text, keyword_num, alg_type):  # 提取关键词
        self.text = text
        self.keyword_num = keyword_num
        self.alg_mode = alg_type
        if self.alg_mode == 'TFIDF':
            self.tfidf_extract()
        if self.alg_mode == 'TextRank':
            self.jieba_extract()
        if self.alg_mode == 'LSI' or self.alg_mode == 'LDA':
            self.topic_extract()
        return self.keywords

def get_news_keywords(text, keyword_num, alg_type):  # 提取文档关键词
    model = text_keywords()
    core_words = model.get_keywords(text, keyword_num, alg_type)
    return core_words

def get_news_vector_with_weight(word_list, model): # 生成文档特征向量
    Model = get_word_2_vector_model(model)
    news_vector = np.zeros(100)
    counter = 0
    for word,weight in word_list:
        temp = word_2_vector(key_words=word, model=Model)
        if len(temp):
            news_vector = news_vector + temp*weight
            counter += 1
```

```
        return news_vector / counter

    if __name__ == '__main__':
        text = '2020 年 10 月 8 日，经过中美两国经贸团队的共同努力，双方在平等和相互尊重
原则的基础上，在北京，已就中美第一阶段经贸协议文本达成一致。协议文本包括序言、知识产权、
技术转让、食品和农产品、金融服务、汇率和透明度、扩大贸易、双边评估和争端解决、最终条款
九个章节。'

        topic_words = get_news_keywords(text, keyword_num=10, alg_type=
"TFIDF")
        print('key words by TF-IDF:\n',topic_words)

        topic_words = get_news_keywords(text1, keyword_num=10, alg_type=
"TextRank")
        print('key words by TextRank:\n', topic_words)

        topic_words = get_news_keywords(text1, keyword_num=10, alg_type=
"LSI")
        print('key words by LSI:\n',topic_words)

        topic_vector = get_news_vector_with_weight(word_list=topic_words,
        model="word_to_vec")
        print('words vector:\n',topic_vector)
```

代码输出结果如下：

```
key words by TF-IDF:
 [('文本', 0.6875513440334031), ('经贸', 0.6037923101723789), ('金融服务',
0.5025873485587864), ('中美', 0.5025873485587864), ('两国', 0.5025873485587864),
('协议', 0.4334329227613619), ('序言', 0.4146983654653376), ('章节',
0.3789456504244538), ('透明度', 0.3248812982991738), ('争端',
0.31456813392708977)]

 key words by TextRank:
 [('文本', 1.0), ('协议', 0.8808474067518929), ('基础', 0.8656183973871957),
('经贸', 0.7890747514958627), ('评估', 0.717078193272397), ('双边',
0.7112259376890074), ('扩大', 0.7011521192006716), ('团队', 0.6671292784394434),
('解决', 0.6215251580851386), ('争端', 0.6154071468126256)]

 key words by LSI:
 [('北京', 3.196595791595265), ('食品', 1.3278007986936757), ('基础',
1.3179061866176682), ('原则', 0.8792550838728963), ('外交部', 0.7014279327223207),
('协议', 0.44447549301572475), ('团队', 0.32912122419324924), ('农产品',
0.23136446042907796), ('条款', 0.1823096368137342)

 words vector:
 [ 0.04957248  0.14564071  0.19736714   0.27560077 -0.06826496 -0.21336887
   0.35494784  0.13611538 -0.36449067  -0.32201849 -0.07781535  0.09716128
   0.03316237 -0.02311283 -0.11879959  -0.20040454  0.03920503  0.13501195
  -0.21297622 -0.30399152  0.05771777  -0.21284917 -0.17546833  0.00811736
  -0.13755388  0.21316899 -0.28546442  -0.06169535  0.01956826  0.25000769
```

```
    0.17655595  -0.24003487   0.26567295  -0.18300024   0.01263944    0.1749394
   -0.31078267  -0.12832303  -0.09907184  -0.26575222   0.05961773    0.05346068
   -0.13782668   0.02809089   0.26379994  -0.53685398  -0.0045655    -0.22518544
    0.14703238  -0.03345878   0.20900089  -0.11635044  -0.13343125    0.17170503
    0.10282723  -0.04715357   0.06842109   0.07182877  -0.05807611    0.13101613
   -0.00070409   0.45607696   0.0998624    0.00845457   0.00335316    0.49886108
   -0.16309502   0.06834112  -0.07260193  -0.1095914    0.05774582    0.27476701
    0.15806653   0.05717357   0.11646897   0.13364696   0.3410944     0.2490178
    0.33362883   0.08432367  -0.02497555  -0.0221045   -0.08124619   -0.02656638
    0.0493945    0.00149102   0.34898802  -0.01013749  -0.01374027    0.13912373
    0.33082608   0.26106733   0.10824317   0.13737787   0.5772295     0.08660627
    0.08241991  -0.05079673  -0.28887965   0.21109294]
```

关键词输出数据格式为(words,weight)，words 表示文档中的关键词，weight 表示关键词对应的权重。基于提取的文档关键词，调用函数 get_news_vector_with_weight()获得这篇文档的特征向量。文档特征向量代表这篇文档的内容，通过这个特征向量，使用相似度计算方法，找到与这篇文档内容相似的文档，生成内容相似文档数据集合。推荐算法基于这个集合开展推荐工作，如相关推荐服务。相关推荐服务就是基于商品内容、类别、标签、来源、题材、人物等维度中的一个或多个开展的相似推荐服务。

3.6 本章小结

推荐系统特征标签的准确度会直接影响推荐算法的性能。推荐系统特征工程确保构建的特征标签数据为最新状态，只要 UI 系统中与用户特征和商品特征有关的数据发生变化，就需要启动对应的特征处理工作，基于流水线循环迭代运行方式调用算法模型，更新对应的特征标签。

本章介绍了特征标签的构建流程和方法，帮助读者发现和使用 UI 系统中的数据。知道需要使用哪些数据后，设计数据同步方案，将 UI 系统中的元数据实时同步到推荐系统。连续数据调用连续数据处理算法，离散数据调用离散数据处理算法。最后，针对推荐系统中常见的类别数据、时间数据、位置数据和文本数据等，给出了特征提取与向量化编码方法。

## 第4章

构建个性化特征标签

个性化推荐的前提是掌握用户的兴趣偏好特征。推荐系统根据历史行为数据挖掘用户兴趣偏好，生成兴趣偏好特征，推荐生成时，系统匹配商品特征和用户兴趣偏好特征，将匹配度较高的商品构成的推荐列表反馈给用户。本章以新闻推荐系统为例，介绍特征标签的构建方法，生成新闻特征标签体系和用户特征标签体系。根据构建的特征标签或特征向量，利用相似度计算方法，挖掘新闻内容相似邻居和用户兴趣偏好相似邻居。

4.1 喜欢度——衡量用户感兴趣的程度

如何衡量用户对一篇新闻文章的感兴趣程度呢？我们引入一个指标——喜欢度。喜欢度指标高说明用户对这篇新闻内容较喜欢，喜欢度指标低说明用户对这篇新闻内容不太喜欢。用户对新闻内容表达喜欢的方式是通过一系列行为动作来体现的。行为动作可分解为浏览（Browse）、点击（Click）、收藏（Favorite）、点赞（Up）、踩（Down）、评分（Rate）、评价（Comment）、转发（Share）、关注（Focus）和驻留时长（Dwell Time）等。

对于新闻推荐系统，这里以用户的点击、点赞、踩、转发和驻留时长为计算依据，通过如下模型计算用户对新闻的喜欢度，

$$S_f = \beta_1 C + \beta_2 U + \beta_3 D + \beta_4 S + \beta_5 T$$

式中，β_i 为行为动作权重，且 $\sum \beta_i = 1$；C、U、D、S 和 T 分别为点击、点赞、踩、转发和驻留时长状态，默认情况下，行为动作状态值为0。用户点击新闻，则 $C = 1$；用户点赞新闻，则 $U = 1$；用户踩一下新闻，则 $D = -1$；用户转发新闻，则 $S = 1$；页面驻留时长大于门限值，则 $T = 1$。

喜欢度可以标准化为 10 分制，也可以是 100 分制。喜欢度指标是推荐系统很重要的指标之一。推荐系统在推荐排序阶段利用模型算法预测用户对新闻的喜欢度，将喜欢度高的新闻推荐给用户。

UI 将新闻内容展示给用户，系统通过埋点技术记录用户对每一篇新闻的操作行为，以日志方式保存用户-新闻行为记录数据。推荐系统将用户-新闻行为记录数据采集汇总，计算用户对推荐新闻的喜欢度，管理并更新表 4-1 所示的用户-新闻行为记录。表 4-1 只展示了关键的几个字段：用户、新闻、日期、时间段、城市、行政区和 S_f（喜欢度）。

表 4-1　用户-新闻行为记录

序号	用户	新闻	日期	时间段	城市	行政区	S_f
1	U277990	N19858	2021-10-15	上午	北京	海淀区	72
2	U277990	N20806	2021-10-15	上午	北京	海淀区	65
3	U90637	N51127	2021-10-16	上午	上海	静安区	48
4	U50626	N2148	2021-10-16	中午	上海	虹桥区	56
5	U570016	N14848	2021-10-18	中午	成都	双流区	89
6	U570016	N15862	2021-10-18	中午	成都	双流区	76
7	U570016	N100215	2021-10-18	中午	成都	双流区	58
8	U182605	N19489	2021-10-18	下午	上海	静安区	65
9	U169893	N100207	2021-10-20	晚上	北京	石景山区	36
10	U169893	N100215	2021-10-20	晚上	北京	石景山区	82
			......				

表 4-1 记录的内容反映了用户在何时、何地点击新闻文章，喜欢度如何。用户点击一篇新闻，说明用户喜欢这篇新闻。将用户过去一段时间的行为记录整理出来，找出被用户点击新闻的共同特征，就是用户的兴趣偏好特征。例如，根据用户过去一段时间的行为记录，挖掘出被该用户点击的新闻类别以体育新闻居多，新闻题材以冬奥会居多，新闻人物以某滑冰运动健儿居多。基于这几个信息，推荐系统把有关某运动员的参赛新闻推荐给用户，把冬奥会滑冰赛事新闻推荐给用户。

用户点击一篇新闻，说明用户喜欢这篇新闻的内容，用户浏览新闻内容后如果做出"踩"的行为动作，说明用户对这篇新闻内容的真实评价不高，不喜欢这篇新闻。从这个角度出发，可以将用户-新闻的喜欢度计算模型简化为

$$S_f = C + D$$

一篇新闻曝光在页面上，用户点击新闻，则 $C=1$，用户未点击新闻，则 $C=0$。用户做出"踩"的评价，则 $D=-1$，否则 $D=0$。这样的话，$S_f=1$ 或者 $S_f=0$。

4.2　新闻特征标签

新闻特征标签体系从新闻的基本特征、类别特征、内容特征和趋势特征 4 个角度出发构建，前 3 个特征属于静态特征，后一个特征属于动态特征。静态特征是新闻的固有属性，不随时间变化而变化。新闻上线发布后，推荐系统采集新闻静态属性数据，生成新闻静态特征标签数据值。新闻发布后，伴随用户对新闻文章的反馈情况，动态生成特征标签数据值。用户对新闻的反馈情况体现在新闻的点击量、转发量、评分、评价等属性上。新闻推荐系统按天或按小时管理新闻上线后的动态数据，计算并更新动态特征标签数据值。图 4.1 所示为新闻特征标签体系。这里给出的新闻特征标签体系主要用于介绍新闻特征标签的构建方法，不代表这是唯一或最优的新闻特征标签体系设计。

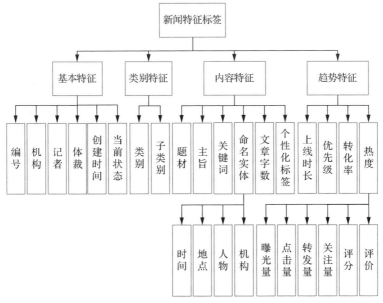

图 4.1　新闻特征标签体系

4.2.1　基本特征

图 4.1 中列出的新闻基本特征包含 6 个特征标签，表 4-2 列出这 6 个特征标签的实际含义，其中编号、机构、记者、体裁、当前状态这 5 个特征标签的数据具备离散数据属性，创建时间特征标签数据具备连续数据属性。离散数据采用第 3 章介绍的编码技术编码，连续数据采用先分桶再离散编码的方式编码。

表 4-2　新闻基本特征标签描述

序号	特征标签名称	特征标签含义
1	编号	新闻推荐系统中，每一篇新闻分配唯一的编号
2	机构	新闻发布单位，如新华网、人民网、光明网、新浪网等
3	记者	新闻撰稿记者。一定时间内，记者追踪新闻专题，连续撰稿
4	体裁	新闻文章的样式，如报道、消息、通讯、评论、特写
5	创建时间	新闻撰稿时间或者发布上线时间
6	当前状态	新闻有效或无效标识，系统推荐有效状态的新闻文章

新闻编号数据量巨大，采用 One-hot 编码技术，其特征向量稀疏性严重，故引入 Embedding 编码技术降维。新闻机构和新闻记者两个特征标签存在所属关系，新闻记者隶属于新闻机构，例如人民网记者、新华网记者、中央电视台记者。针对这种所属关系的特征标签，介绍一种组合特征编码技术，构建机构-记者组合特征，按组合特征标签值编码。表 4-3 列出了机构-记者组合特征 One-hot 编码结果。这种编码方式就是第 5 章将介绍的笛卡儿特征构建。

表 4-3　机构-记者组合特征 One-hot 编码

机构-记者	One-hot 编码
新华网-张三	(1,0,0,0,0,0,0,0)
新华网-李四	(0,1,0,0,0,0,0,0)
人民网-王五	(0,0,1,0,0,0,0,0)
光明网-秦七	(0,0,0,1,0,0,0,0)
中央电视台-陈琴	(0,0,0,0,1,0,0,0)
中央电视台-李福	(0,0,0,0,0,1,0,0)
中央电视台-赵二	(0,0,0,0,0,0,1,0)
北京电视台-米丹	(0,0,0,0,0,0,0,1)

示例中新闻机构有 5 个，新闻记者有 8 个，如果对新闻机构和新闻记者单独编码的话，新闻机构 One-hot 编码向量维度为 5，新闻记者 One-hot 编码向量维度为 8。两个特征向量拼接后其向量维度为 13，而采用组合特征 One-hot 编码方式，编码后的特征向量维度为 8，特征向量维度明显降低。采用组合特征 One-hot 编码可大大降低特征向量维度，节约机器学习模型计算资源。

4.2.2　类别特征

依据不同的分类标准，百度百科将新闻分成以下类别。

按新闻发生的地区与影响范围：国际新闻、国内新闻、地方新闻。

按反映社会生活的内容：政治新闻、经济新闻、法律新闻、军事新闻、科技新闻、文教新闻、体育新闻、社会新闻等。

按事实发生状态：突发性新闻、持续性新闻、周期性新闻。

按事实发生与报道的时间差距：事件性新闻与非事件性新闻。

按新闻事实的材料组合：典型新闻、综合新闻、系列新闻。

按传播渠道与信息载体：文字新闻、图片新闻、电声新闻、音像新闻。

分类标准确定，新闻类别特征也就确定了。这里我们不讨论新闻的分类方法，而是阐述新闻类别的编码方法。

新闻类别具有层次结构：一级子类别、二级子类别、三级子类别。每一层级的类别涉及多个子分类。以 2 层为例，一级子类别={新闻,体育,财经,科技,娱乐,房产,教育,健康}；新闻频道的二级子类别={国内,国际,军事,滚动,要闻}；科技频道的二级子类别={5G,互联网,数码,IT,通信}；财经频道的二级子类别={股票,基金,外汇,黄金,保险,信托}。

新闻每一层级的分类数量不是特别多时，对新闻类别每一层级单独编码，然后将第 1 级、第 2 级、第 3 级等层级编码结果拼接，生成最终的新闻类别特征向量，拼接方式如下。

$$Vec_{category} = \left(Vec_{L1}, Vec_{L2}, Vec_{L3}, \cdots\right)$$

其中，$Vec_{category}$ 为新闻类别特征向量，Vec_{Li} 为第 i 级新闻类别特征向量。

例如，一篇科技-数码类别的新闻文章，基于 One-hot 编码技术，1 级类别和 2 级类别编码结果如下。

科技类别 One-hot 编码：(0,0,0,1,0,0,0,0)。

数码类别 One-hot 编码：(0,0,1,0,0)。

按类别层级顺序拼接特征向量，生成新闻类别特征向量为：(0,0,0,1,0,0,0,0,0,0,1,0,0)。

4.2.3　内容特征

新闻用来传递信息：何时、何地、何人、发生何种事件、事件起因、进展和结果。理论上，新闻的内容特征要反映出这 6 个方面的信息。实际上，由于技术发展现状，我们只能得到部分信息，想要获得新闻的事件起因、进展和结果，难度还是相当大的。伴随着技术的不断进步，我们相信，未来提取的新闻内容特征包含这 6 个方面的信息不再是问题。

表 4-4 列出了新闻内容特征标签，这里用 9 个特征标签来描述新闻内容，每一个标签对应新闻内容的一个方面，并非每一篇新闻都包含表 4-4 所示的特征标签。大多数情况下，把新闻的关键词作为新闻内容特征描述，把基于关键词生成的特征向量作为新闻内容特征向量。

表 4-4 新闻内容特征标签

序号	特征标签名称	特征标签含义
1	题材	新闻内容反映的事件类型
2	主旨	新闻文章体现的主题思想
3	关键词	文章多次出现的重要字和词组，概括新闻核心内容
4	命名实体——时间	新闻事件发生的时间
5	命名实体——地点	新闻事件发生的地点
6	命名实体——人物	新闻事件涉及的人或人群
7	命名实体——机构	新闻事件涉及的机构、部门
8	文章字数	新闻文章的字数，反映新闻文章的长短
9	个性化标签	赋予新闻内容独有特点和特征的标签

新闻题材反映的是新闻事件的类型。可基于新闻关键词和个性化标签，利用机器学习模型自动完成新闻题材的识别和分类。推荐系统需要事先训练新闻题材分类模型，如"抗洪抢险""疫情防控""反腐倡廉""网络安全"等新闻题材分类模型。将一篇新闻的关键词、个性化标签、新闻人物等特征送入机器学习模型，模型将自动完成新闻题材的分类。

新闻主旨反映的是新闻的中心思想，通过新闻标题、副标题和导语中的文本内容提取。

新闻关键词反映的是新闻内容，利用自然语言处理技术从新闻的摘要和正文中提取。通常一篇新闻包含标题、副标题、摘要和正文部分。一般情况下，我们会认为标题和副标题中出现的关键词的分量更重些，其次是摘要部分出现的关键词，最后是正文内容出现的关键词。在生成新闻文章的关键词时，可根据关键词出现的位置赋予其不同权重。

利用自然语言技术提取的新闻关键词格式为(Word,Weight)，这里 Word 表示新闻关键词，Weight 表示这个关键词的权重。对新闻标题、摘要和正文的关键词赋予不同的权重，则新闻关键词格式为$(Word, W \times Weight)$，这里的 W 为权重因子。为简化起见，后续章节在阐述新闻关键词时，统一用(Word,Weight)表示，不用$(Word, W \times Weight)$表示。这样，一篇新闻的关键词在 Python 环境下可记录为以下形式。

新闻关键词=[(Word1,Weight1),(Word2,Weight2),(Word3,Weight3),…,(WordN,WeightN)]

新闻文章的命名实体指的是新闻涉及的人名、地名和机构名。这里的人名、地名和机构名指的是公开的专用名词。例如，机构名称"北京大学"、地区名称"中关村"、人物名称"袁隆平"。大家对这类名称有一个统一认知。提取新闻内容的命名实体，有助于挖掘用户对某个地方的事件、某个人的言论、某个机构的言论等兴趣偏好特征。

新闻文章字数反映的是新闻文章的长短情况，采用统计方式获得。文章字数属于连续数据，进行特征编码之前，需要分组、分桶将其进行离散化处理。例如根据新闻文章的字数，将新闻划分为长篇（大于 2000 字）、中篇（1000～2000 字）和短篇（1000 字以内）。可通过构建新闻文章字数特征标签，了解用户对新闻内容长短的偏好情况。有些用户喜欢关注篇幅较长的新闻，例如深度报道、追踪专题。有些用户喜欢关注篇幅较短的新闻，例如快讯、消息。

新闻文章内容以文本、音频、图片或视频方式展示。有的新闻以单一方式展示，如文本方式或音频方式；有的新闻以多种方式展示，如文本+图片、文本+视频、文本+图片+视频等。互联网上，新闻文章展示页面会提供图片、视频、音频等超链接，点击可查看新闻。无论哪种展示方式，其报告的新闻内容是一致的。

文本内容采用自然语言处理技术提取新闻文本关键词；音频内容采用语音识别技术将其转化成文本内容，然后采用自然语言处理技术提取新闻文本关键词；图片内容采用图像处理技术提取图像特征，识别图像内容，提取图像中的人物、事物和关键词；视频内容采用视频图像处理技术提取图像特征，采用音频技术将其转为文本内容。

新闻个性化标签是新闻发布单位或读者给新闻标注的关键词，以字、词或词组的形式存在。新闻个性化标签反映的是新闻文章独有的特点和特征。个性化标签可能会出现在新闻中，也可能不会出现在新闻中。新闻个性化标签能反映新闻内容的来源、类别、人物、事件、主旨等内容，标签含义清晰、表述独特、有代表性，则新闻容易吸引用户。对新闻个性化标签的处理最直接的方法就是将其作为新闻关键词，采用自然语言处理技术统一编码。新闻个性化标签是挖掘用户兴趣偏好的重要数据来源。

文本是新闻文章的核心要素，下面以人民网的一篇文本新闻（《弘扬新风正气　共话网络文明》）为例，阐述新闻内容特征提取。

（1）提取新闻关键词

新闻关键词基本覆盖新闻文章的主旨和内容概要。关键词的提取利用第 3 章介绍的自然语言处理技术，调用代码 3-5 中的函数获得这篇新闻的 30 个关键词，

```
topic_words = get_news_keywords(text, keyword_num=30, alg_type="TextRank")
print(topic_words)
```

这里 text 表示新闻正文文本，keyword_num 表示返回关键词的个数，alg_type 表示使用 TextRank 模型算法。

```
函数输出结果为：
Key_words= [('网络', 1.0), ('网络空间', 0.5612), ('互联网', 0.553), ('治理', 0.5418), ('中国', 0.3252), ('信息', 0.3216), ('建设', 0.2967), ('传统', 0.291), ('生态', 0.2808), ('传播', 0.2777), ('平台', 0.265), ('大会', 0.2636), ('相关', 0.2594), ('法律', 0.2561), ('与会', 0.2492), ('核心', 0.2391), ('个人信息', 0.2324), ('表示', 0.1978), ('促进', 0.1862), ('履行', 0.1825), ('文化', 0.1816), ('企业', 0.1814), ('社会', 0.1572), ('作用', 0.1432), ('保护', 0.1407), ('影响', 0.1379), ('责任', 0.1376), ('面对', 0.1363), ('联合', 0.1337), ('检察机关', 0.1324)]
```

Key_words 为长度为 30 的 list 数据，list 中每一个元素代表新闻的关键词和权重，格式为(Word,Weight)，Word 表示关键词，Weight 表示关键词的权重。

根据新闻关键词，调用机器学习模型 Word2Vec 将关键词数据转化成固定长度的新闻内容特征向量。假定词向量维度为 100，第 k 个关键词的词向量为 $\mathbf{Vec}_k = (a_{k0}, a_{k1}, a_{k2}, \cdots, a_{k90}, a_{k99})$，则这篇新闻文章的特征向量为

$$\mathbf{Vec} = \frac{1}{N} \sum_{k=1}^{N} \mathbf{Vec}_k \cdot \text{Weight}_k$$

调用代码 3-5 中的特征向量提取函数。

```
topic_vector = get_news_vector_with_weight(word_list=topic_words, model="Word2Vec")
    print(topic_vector)
    得到这篇新闻的特征向量：
    topic_vector =[-0.03946, 0.01617, 0.08866, 0.07691, -0.07502, -0.0616, 0.08811, 0.06631, -0.13458, -0.1125, 0.07377, 0.04456, -0.00553, 0.05884, -0.03798, -0.07519, 0.04219, 0.04295, -0.06652, -0.1229, -0.02764, -0.05746, -0.04891, -0.02776, 0.02333, 0.08436, -0.08507, -0.02534, -0.06366, 0.01786, -0.02762, -0.09759, 0.06082, -0.03831, -0.02068, 0.04741, -0.04019, -0.01214, -0.00485, -0.03894, 0.06337, -0.00845, 0.0058, -0.00471, 0.07299, -0.13705, 0.05249, -0.09673, 0.04486, -0.01329, 0.06958, -0.02587, -0.03852, 0.0663, -0.03149, -0.05891, 0.05152, -0.03843, -0.10545, 0.02353, -0.05736, 0.04301, 0.00741, -0.04161, -0.01172, 0.10229, -0.03665, -0.02339, -0.02003, -0.01052, -0.01644, 0.06703, 0.03261, 0.01359, 0.05695, 0.03142, 0.09579, 0.01804, 0.01906, -0.08464, -0.01234, -0.04929, 0.00503, -0.00885, -0.02879, -0.00125, 0.11197, 0.04441, 0.00804, 0.09972, 0.04233, 0.03041, -0.00882, 0.03821, 0.18674, 0.00987, 0.01783, -0.08522, -0.06289, 0.08743]
```

函数 get_news_vector_with_weight()根据关键词和关键词的权重计算文档特征向量。

函数 get_news_vector_without_weight()根据关键词计算文档特征向量。

（2）提取新闻题材

新闻题材反映的是新闻文章内容属于哪种事件类型。新闻的题材不同于新闻的类别。一篇报道"新农村建设"的新闻文章，其题材可划分为"新农村"，其类别可划分为"国内新闻"。

新闻题材的分类方法较多，这里介绍一种根据新闻文章的关键词，调用机器学习模型自动实现题材分类的方法，代码示例如代码 4-1 所示。

代码示例中，推荐系统先调用 train()函数根据事先准备好的样本数据训练分类模型。模型训练好后，调用 evaluation()函数评价模型的训练精度。代码示例中使用均方误差作为评价指标。评价指标不合格，则需要优化和修改模型参数，再次训练。

代码示例中采用神经网络训练新闻题材分类模型，python.sklearn 工具包提供神经网络模型函数调用

```
Model = MLPClassifier(solver='sgd', activation='relu',hidden_layer_
sizes=(200,50))
```

代码中，solver='sgd'表示使用随机梯度下降法训练模型；activation='relu'表示神经网络输出层使用 ReLU 激活函数；hidden_layer_sizes=(200,50)表示定义 2 层神经网络，第 1 个隐藏层有 200 个节点，第 2 个隐藏层有 50 个节点。

这里先应用神经网络来训练新闻题材分类模型，有关神经网络的介绍参见本书第 16 章的内容。

神经网络训练使用的样本保存在 file_path = './dataset/samples_training_data. csv'中，包含 10 种类别的新闻题材

```
news_task = {'flood': 1, 'medical': 2, 'sports': 3, 'traffic': 4,
'military': 5, 'food': 6, 'travel': 7, 'lifestyle': 8, 'security': 9, 'government':
10,'others':0}
```

在新闻领域，利用机器学习自动完成新闻题材的分类是一个重要的研究方向，这里以神经网络为例，阐述利用机器学习模型实现新闻题材分类的方法。

代码 4-1　训练新闻题材分类模型

```
# code = utf-8

import pickle
from datetime import datetime
import pandas as pd
import numpy as np
from project.nlp_ltp.src.nlp.nlp_proc import get_news_keywords,get_
news_vector_with_weight
```

```python
    from skimage import metrics
    from sklearn.model_selection import train_test_split
    from sklearn.neural_network import MLPClassifier


    title = "新闻题材分类模型训练与预测"


    news_task = {'flood': 1, 'medical': 2, 'sports': 3, 'traffic': 4,
'military': 5, 'food': 6,
        'travel': 7, 'lifestyle': 8, 'security': 9, 'government':
10,'others':0}

    class news_task_extract():
       def __init__(self):
         global news_task
         self.model = None
         self.data_train = None
         self.data_test = None
         self.todaydate = None
         self.load_data()

       def load_data(self):
         self.todaydate = self.get_today_date()
         file_path = './dataset/samples_training_data.csv'
         try:
            data = pd.read_csv(file_path)
            data_sample = data[['newsid', 'task_keyvector', 'label']]
            self.data_train, self.data_test = train_test_split(data_
sample, random_state=0, train_size=0.8)
         except:
            print("open training_sample data failure")

         model_path = './model/news_task_model_' + self.todaydate +'.model'
         try:
            self.model = pickle.load(open(model_path,'rb'))
         except:
            print("open model failure")

       def get_today_date(self):          # 提取当天时间
            today_date = datetime.now()
         today_date = today_date.strftime('%Y-%m-%d %H:%M:%S')
         today_date = today_date.split(' ')
         return today_date[0]

       def train(self):       # 调用神经网络训练新闻题材分类模型
         X_train = []
         Y_train = []
         for item in list(self.data_train.index.values):
           data = self.data_train.loc[item]
           vector = np.mat(data['task_keyvector']).tolist()[0]   #格式转化
```

```
        if len(vector):
            X_train.append(vector)
            task = data['label']
            Y_train.append(news_task[task])

        self.model = MLPClassifier(solver='sgd', activation='relu',
alpha=1e-4,hidden_layer_sizes=(200,50))
        self.model.fit(X_train, Y_train)

        model_path = './model/news_task_model_' + self.todaydate +'.model'
        pickle.dump(self.model, open(model_path,'wb'))
        print('create news context classfication model successfully')

    def predict(self,X):     # 根据输入的特征向量，预测新闻题材
        Y = self.model.predict(X)
        return Y

    def evaluation(self):     # 评估模型分类精度
        Y_true = []
        Y_pred = []

        for item in list(self.data_test.index.values):
          data = self.data_test.loc[item]
          vector = np.mat(data['task_keyvector']).tolist()[0]
          if len(vector):
              vector = np.array(vector).reshape(1, -1)
              label = self.predict(vector)
              Y_pred.append(label[0])
              task = data['label']
              Y_true.append(news_task[task])

        print('Y_test= ', Y_true)
        print('Y_pred= ', Y_pred)
        print('均方误差 MSE=', metrics.mean_squared_error(np.array(Y_true),
np.array(Y_pred)))


    if __name__ == "__main__":
      model = news_task_extract()
      model.train()
      model.evaluation()
```

启动模型训练工作，输出结果如下：

```
create news context classfication model training successfully
  Y_test= [3, 8, 8, 8, 3, 8, 2, 7, 8, 3, 8, 8, 8, 7, 1, 3, 3, 8, 3, 8, 6,
3, 3, 8, 2, 7, 3, 8, 8, 8, 8, 8,…]
  Y_pred= [3, 8, 8, 8, 3, 8, 2, 7, 8, 3, 8, 8, 8, 7, 1, 3, 3, 8, 3, 8, 6,
3, 3, 8, 2, 7, 3, 8, 8, 8, 8, …]
  均方误差 MSE= 0.0
```

代码中训练的新闻题材分类模型的均方误差为 0，说明模型精度很高，达到 100%。分类模型取得这么好的效果一方面是因为训练样本数量有限，样本事件差异较大，特别容易区分，另一方面是因为配置的神经网络模型实现了很好的分类效果。

新闻题材分类模型训练好后，调用代码 4-2 中的函数 get_news_task_based_on_keywords()输出新闻文章的题材分类结果。

代码 4-2　新闻题材分类

```python
def get_news_task_based_on_keywords(text):
    # 根据新闻的文章向量，调用新闻题材分类模型，实现新闻题材自动分类
    topic_words = get_news_keywords(text, keyword_num=30, alg_type=
"TextRank")
    topic_vector = get_news_vector_with_weight(word_list=topic_words,
model="Word2Vec")

    model = news_task_extract()
    label = model.predict(topic_vector)
    task_lable = 'others'
    for k, v in news_task.keys():
        if label == v:
            task_lable = k

    print('新闻题材为: ',task_lable)
```

（3）提取新闻的命名实体

新闻文章的命名实体指的是新闻文章中涉及的人名、地名、机构名和时间。这几个参数反映了与新闻事件有关的人物、时间、地点和关联机构。新闻文章中命名实体的提取与新闻题材的提取方法相似，需要使用机器学习模型。代码 4-3 使用哈尔滨工业大学的语言技术平台（Language Technology Platform，LTP）自然语言处理包 pyltp 来提取新闻的命名实体。将新闻《弘扬新风正气 共话网络文明》的内容送入变量 article，调用代码 4-3，得到新闻文章中的命令实体。

代码 4-3　提取新闻命名实体

```python
# coding = utf-8

from pyltp import SentenceSplitter
from pyltp import Segmentor
from pyltp import Postagger
from pyltp import SementicRoleLabeller
from pyltp import NamedEntityRecognizer
from pyltp import Parser
```

```
title = '调用工具包, 提取新闻文章命名实体'

def get_news_describe(article):  # 提取新闻文章的命名实体
    words = segmentor(article)   # 分词处理
    tags = posttagger(words)     # 词性标注
    netags = ner(words, tags)      # 提取命名实体
  place = []
  institute = []
  person = []

  for word, ntag in zip(words, netags):
    if 'Ns' in ntag:
        place.append(word)
    if 'Ni' in ntag:
        institute.append(word)
    if 'Nh' in ntag:
        person.append(word)

  topic_describe = {
          'place': place,
          'person': person,
          'institute': institute,
          }
  return topic_describe

if __name__ == '__main__':
        article = '……, 面对网络空间发展对传统治理模式的影响, 面对网络违法犯罪对
传统司法办案的巨大挑战, 检察机关因势而为, 切实维护网络安全, 推动网络治理。……'
        topic_scenery= get_news_describe(article)
        print(topic_secenry)
代码输出结果如下:
{
'place': ['北京', '中国'],
'person': ['吴某平', '宿某', '林某', '钱某', '郑某俭'],
'institute': ['清华大学', '中国人民大学']
}
```

　　新闻文章的人名、地名和机构名数据属于离散数据,可将新闻文章的命名
实体按个性化标签方式自动标注给新闻。新闻命名实体的编码可以采用离散数
据编码方式,也可以采用自然语言处理技术。

　　新闻文章的命名实体本质上属于文章关键词,支持按新闻文章关键词处理。
根据文章关键词,更新关键词与新闻文章索引倒排表,基于倒排表快速检索新
闻文章。用户的兴趣偏好本质上就是关键词的集合。可根据用户对每篇新闻的
喜欢度,得到用户与关键词的权重。推荐系统会维护一张用户兴趣偏好记录表。

用户刚注册时，这张表中数据为空，当用户不断发生行为动作，点击、浏览不同类别的新闻文章时，推荐系统会更新这张记录表中的内容。执行推荐时，系统根据用户编号，检索该用户的兴趣偏好，随机提取几个兴趣偏好特征，根据兴趣偏好特征值，检索关键词与新闻文章索引倒排表，得到与这几个关键词相关的新闻文章，根据这几篇文章生成推荐候选集。

4.2.4　趋势特征

新闻的趋势特征反映的是新闻上线后的属性特点，表 4-5 定义了 4 个动态趋势特征标签：上线时长、优先级、转化率和热度。

表 4-5　新闻内容趋势特征标签

序号	特征标签名称	特征标签含义
1	上线时长	新闻上线时长
2	优先级	新闻文章的推荐优先级
3	转化率	新闻的点击率
4	热度	读者对新闻的接受程度和喜欢度

计算新闻上线时间和当前时间的时间差，推荐系统将时间差数据分段离散化处理，生成上线时长特征标签数据值。数据离散程度根据运营需要来设计，例如按分钟、小时、天、周、月等分段，标记为"5 分钟前""1 小时前""3 小时前""1 周前""1 个月前""3 个月前"等。通常，新闻上线时长越长，其报道内容的新颖性就越差，用户感兴趣的可能性越低。UI 系统优先将上线时长较短的新闻文章排版在页面的前面。

优先级特征标签由运营企业人工或机器自动标注。假定特征标签数据值为 1~5，"1"对应的优先级最低，"5"对应的优先级最高。来自人民网、央视、《经济日报》、光明网等官方媒体发布的新闻报道，设定新闻优先级特征标签数据值为 5，新闻 UI 系统将这样的新闻报道展示在页面顶端。推荐系统在输出推荐列表时，需要核实新闻优先级特征标签数据值，将数据值较大的新闻文章优先输出到推荐列表中。

新闻上线后，UI 系统将新闻曝光给用户，用户点击并浏览新闻。用户点击一篇新闻，说明用户喜欢这篇新闻报道的内容；大量用户都点击这篇新闻，说明大家都喜欢这篇新闻报道的内容。定义热度值来表示新闻文章受用户喜欢的程度。新闻文章的热度值高，说明喜欢这篇新闻的用户数量多。对于没有点击、浏览这篇新闻的用户来说，推测他喜欢这篇新闻文章的概率高些，应该优先将热度值高的新闻文章推荐给用户。新闻客户端系统会设定类似"热榜"或"头条"页面，专门展示推荐热度值较高的新闻文章。

用户对新闻文章贡献的行为动作包括：点击、浏览、转发、关注、点赞、踩、评分、评价、驻留时长等。每一个行为动作都能反映用户对这篇新闻文章的喜欢度。用户点击一篇新闻文章，这篇新闻的点击量自动增加 1；用户把这篇新闻转发到社交网站，则新闻的转发量自动增加 1；用户跟帖发表自己的意见，则新闻的跟帖评价量自动增加 1。这里，我们定义新闻热度值与新闻的点击量、转发量、点赞量、踩和跟帖评价量有关，用如下模型计算新闻的热度值，

$$S_{action} = \omega_1 \lg(1 + Click) + \omega_2 \lg(1 + Share) + \omega_3 \lg(1 + Up + Down) + \omega_4 \lg(1 + Comment)$$

式中，ω_i 表示权重，满足 $\sum \omega_i = 1$；Click、Share、Up、Down 和 Comment 表示一定时间内，新闻被点击、转发、点赞、踩和跟帖评价的累计量。

引入对数变换计算 S_{action} 的目的是管理数据动态范围。热度值计算周期根据运营要求来定，可以按小时、按天或按周计算。参与热度值计算的用户行为动作和权重也是根据运营要求来定的。当用户规模小的时候，提高每个行为动作权重值来提升用户行为的影响力；当用户规模变大时，降低每个行为动作的权重值来平衡用户规模的影响。

新闻在页面上展示，只有用户点击后才算是有效展示，用户看见展示的新闻，并没有做出点击行为，说明用户不喜欢这篇新闻。用户不喜欢这篇新闻，从运营角度看这次展示是没有效果的，因为没有形成流量贡献。

新闻转化率特征标签反映的是新闻曝光后的点击次数占比，

$$R = \frac{N_{click}}{N_{expose}}$$

这里，N_{click} 表示一段时间内新闻的点击次数；N_{expose} 表示一段时间内新闻的曝光次数；R 表示新闻这段时间的转化率。

新闻的转化率特征标签能直接反映推荐算法的准确度。推荐系统根据用户兴趣偏好推荐新闻文章，并把文章展示给用户，如果用户没有点击，新闻本次展示就没有带来流量贡献，主要原因可能是新闻曝光内容没有"击中"用户期望的"要害"，例如标题文字不够吸引人、个性化标签不具有代表性、索引图片重点不突出等。

新闻热度和转化率是两个不同的概念，热度是一个绝对值，是基于用户点击动作计算出来的。转化率是一个相对值，是基于新闻点击次数与曝光次数的比计算出来的。一段时间内，新闻热度值高，说明新闻被点击次数较多；新闻

转化率高，说明新闻展示效果好。

推荐系统在精排阶段的策略是根据推荐候选集商品明细，检索商品特征，将用户特征、商品特征和场景特征送入机器学习模型，利用模型预测用户对商品的喜欢度。预测喜欢度是推荐系统精排策略的一种，转化率指标也是精排阶段的策略之一。

4.2.5 新闻特征向量

将新闻 Q 个特征标签拼接整理成如下数学向量形式，

$$X = \left(X_1, X_2, X_3, \cdots, X_Q \right)$$

式中，X 表示新闻的特征标签体系，X_k 表示新闻第 k 个特征标签。

新闻特征标签 X_k 的编码输出向量为 $Vec(X_k)$，则一篇新闻的特征向量为

$$Vec(X) = \left(Vec(X_1), Vec(X_2), Vec(X_3), \cdots, Vec(X_Q) \right)$$

特征向量 $Vec(X)$ 的数据维度为所有特征标签向量维度的累加和，记为 $L = \mathrm{len}\left(Vec(X) \right)$。

表 4-6 列出了 M 篇新闻的特征向量。表中每一列对应一个特征标签，每一行对应一篇新闻的特征向量。

表 4-6 新闻文章的特征向量

新闻编号	X_1	X_2	......	X_Q
I_1	$Vec(X_{11})$	$Vec(X_{12})$	......	$Vec(X_{1Q})$
I_2	$Vec(X_{21})$	$Vec(X_{22})$	......	$Vec(X_{2Q})$
......	......	......	......	......
I_M	$Vec(X_{M1})$	$Vec(X_{M2})$	......	$Vec(X_{MQ})$

将新闻特征向量整理成矩阵形式

$$F_{\text{news}} = \begin{pmatrix} I_1 \\ I_2 \\ \vdots \\ I_M \end{pmatrix} = \begin{pmatrix} Vec(X_{11}) & Vec(X_{12}) & \cdots & Vec(X_{1Q}) \\ Vec(X_{21}) & Vec(X_{22}) & \cdots & Vec(X_{2Q}) \\ \vdots & \vdots & & \vdots \\ Vec(X_{M1}) & Vec(X_{M2}) & \cdots & Vec(X_{MQ}) \end{pmatrix}_{M \times Q}$$

称矩阵 F_{news} 为新闻特征矩阵，矩阵每一列对应一个特征标签的特征向量，每一行对应一篇新闻文章的特征向量。

基于同一编码规则，将商品特征映射到向量空间，生成商品的特征向量。

有了特征向量，从数学角度上可以开展聚类运算和相似度运算，找到商品内容相似邻居和商品特征相似邻居。对矩阵 F_{news} 按行提取的向量对应的是商品内容的特征向量，按列提取的向量对应的是商品特征的特征向量。

在数学领域，同一个向量空间上，两个向量的空间距离越近，说明这两个向量越相似。调用聚类算法将商品分簇，得到每个簇中对应的商品明细。相同簇中商品存在某个维度的相似。调用余弦相似度算法，计算商品内容之间的相似度，根据相似度数值大小排序，找到与商品内容相似的商品集合。调用余弦相似度算法，计算商品特征标签之间的相似度，根据相似度数值大小排序，将商品特征相似的特征标签划分为一组，这一组特征标签表达的业务场景意义相似，选择其中 1 个特征标签送入算法模型即可。

4.3　用户特征标签

用户特征标签描述的是用户的个性化特点，可以从基本特征、位置特征、行为特征、价值特征和兴趣偏好特征等维度定义，图 4.2 所示为推荐系统的一个用户特征标签体系示例。从定义的标签内容来看，定义的用户特征标签中大部分属于动态特征。用户年龄不断增长，用户行走路线随时变化，用户兴趣偏好随时间变化，用户访问 UI 系统的频率、次数和驻留时长都是变化的。

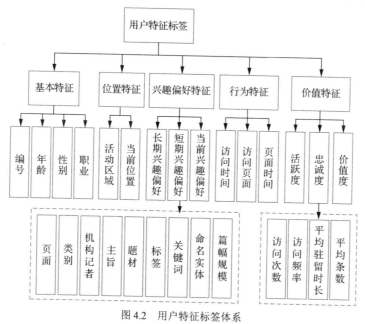

图 4.2　用户特征标签体系

推荐系统需要根据用户的注册信息和行为记录自动生成和更新用户特征标签数据，根据用户特征标签数据匹配新闻、推荐新闻。新注册用户不存在用户历史行为记录，推荐系统采用冷启动策略，基于用户年龄段、当前位置、兴趣偏好调研报告、最近热门文章、新上线文章等特征推荐新闻文章。用户看见新闻文章，点击并阅读新闻内容，系统会生成点击行为记录。理论上，用户行为记录数据一旦更新，需要立即启动特征工程计算程序，完成对应特征标签的更新。实际上，用户特征标签的更新通常配置为按天、按小时或按秒更新。对于数据变化不大的特征标签配置为按天更新数据，对于数据变化大的特征标签配置为按小时更新数据，对于数据变化很大的特征标签配置为按秒更新数据。推荐算法根据挖掘的用户兴趣偏好，在用户刷新新闻页面时，推荐用户感兴趣的新闻文章。

4.3.1　基本特征

图 4.2 中，用户的基本特征标签为编号、年龄、性别和职业。这里，用户编号、用户性别和用户职业 3 个特征数据为离散数据，用户年龄特征数据为连续数据。

离散数据采用离散数据编码技术实现特征向量化处理。连续数据进行分段离散化处理，然后将其作为离散数据进行特征编码实现向量化处理。例如，将用户年龄分成几段：小于 15 岁、15～20 岁、20～25 岁、25～35 岁、35～45 岁、大于 45 岁。业务场景不同，对用户年龄的分段结果可以不同。将用户年龄分成 6 段后，采用 6 位的 One-hot 编码技术，实现用户年龄向量化处理。

4.3.2　位置特征

用户位置特征标签包括活动区域和当前位置两个特征。活动区域反映的是用户最近一段时间所在的城市行政区。当前位置反映的是用户当前所在城市行政区。

两个特征的原始数据为位置坐标（GPS 坐标、基站坐标、网络接入点 IP 坐标），通过位置映射方式，将位置坐标映射到城市行政区、附近商圈和附近建筑物。业务场景不同，对用户位置特征的处理要求不同。新闻推荐系统将用户位置映射到城市行政区，其目的是给用户推荐与用户所在城市行政区存在关联的新闻内容。网易新闻 App 页面上的"北京"、今日头条 App 页面上的"海淀"，就是基于位置推荐页面内容，显示与用户位置有关的新闻内容。

可根据晚上的位置数据获得用户居住地位置，根据白天的位置数据获得用户工作地位置。一定时间范围内，可利用聚类算法对用户居住地位置数据进行分析获得用户家的位置，对用户工作地位置数据进行分析获得用户单位的位置。

有了用户的位置特征，推荐系统在白天给用户推荐与工作单位所在城市行政区有关的新闻内容，在晚上给用户推荐与居住地所在城市行政区有关的新闻内容。

4.3.3　兴趣偏好特征

用户兴趣偏好特征是实现个性化推荐的依据。在新闻推荐系统中，用户兴趣偏好特征指的是用户浏览新闻的类别、来源、题材、关键词、标签、人物、事件等。用户点击、浏览有关冬奥会赛事的新闻报道，说明用户关注冬奥会，喜欢看冬奥会赛事新闻报道，其兴趣偏好特征就是"冬奥会"和"体育"。

推荐系统挖掘用户的兴趣偏好特征越准确，推荐列表中的商品被用户点击的概率就越大。通常，把用户兴趣偏好特征分为长期兴趣偏好特征、短期兴趣偏好特征和当前兴趣偏好特征。这里约定的长期、短期和当前是一个时间概念，表示使用多长时间范围内的用户行为数据来挖掘用户的兴趣偏好。例如将当天的兴趣偏好定义为当前兴趣偏好，将过去 1 天～1 周的兴趣偏好定义为短期兴趣偏好，将过去 1 周～3 个月的兴趣偏好定义为长期兴趣偏好。

用户点击一篇新闻，说明用户喜欢这篇新闻的内容。根据 4.1 节的内容，系统计算出用户对这篇新闻的喜欢度。根据 4.2 节的阐述，新闻特征标签包含类别、记者、题材、关键词、主旨、个性化标签、命名实体等。用户兴趣偏好特征就是利用机器学习算法挖掘用户在新闻特征的不同维度上的标签值。

用户 U_i，点击新闻 N_j，喜欢度为 W_j，用 (N_j, W_j) 表示。假定描述一篇新闻的特征标签包含类别、来源、题材、个性化标签、关键词、新闻事件、新闻时间、新闻地点、新闻人物等，则用户 U_i 对新闻 N_j 内容特征标签喜好度可表述为以下形式。

```
behavior_profile [j]= {
    'Page': (Page_j, W_j), #记录用户对第 j 篇新闻所属类别的喜欢度
    'Source': (Source_j, W_j), #记录用户对第 j 篇新闻所属来源的喜欢度
    'topic: (topic_j, W_j), #记录用户对第 j 篇新闻所属题材的喜欢度
```

```
    'task: (task_j, W_j),  #记录用户对第 j 篇新闻所属事件的喜欢度
    'Label': [(Label_j1, W_j), (Label_j2, W_j), …, (Label_jJ, W_j)],  #记录用户对第 j
篇新闻包含标签的喜欢度
    'Words': [(Words_j1, W_j1), (Words_j2, W_j2), …, (Words_jy, W_jy)],  #记录用户对第
j 篇新闻包含关键词的喜欢度
    'context: {
            'time': [(time_1, W_j), (time_2, W_j), …, (time_o, W_j)],
            'place: [(place_1, W_j), (place_2, W_j), …, (place_p, W_j)],
            'person: [(person_1, W_j), (person_2, W_j), …, (person_q, W_j)],
            'institute: [(insti_1, W_j), (insti_2, W_j), …, (insti_l, W_j)],
    }  #记录用户对第 j 篇新闻所包含命名实体的喜欢度
}
```

一篇新闻的特征标签要么人工标注,要么由机器学习算法自动标注。人工标注时特征标签的权重按"1"处理,机器学习算法标注时特征标签的权重按分类概率处理。用户对特征标签的喜欢度等于用户对新闻的喜欢度乘特征标签原来的权重。

新闻类别、来源、主旨和新闻事件等特征标签可通过查表或者分类算法得到。一篇新闻文章要么人工标注类别,要么使用算法模型自动分类。一篇新闻文章要么人工标注新闻事件,要么使用算法模型自动识别新闻事件。一篇报道抗震救灾的新闻文章,机器学习算法识别出新闻事件为"抗震救灾",并将其自动标注为"抗震救灾"。这篇新闻被标注为"抗震救灾"的权重就是对应的分类概率。对于只有一个分类结果的特征标签值,权重可按"1"处理,例如新闻的频道和栏目等特征。

一定时间周期内,用户 U_i 点击了 m 篇新闻,行为记录详情为

```
User_behavior_profile = {
    'N_1': behavior_profile[1],
    'N_2': behavior_profile [2],
    'N_3': behavior_profile [3],
    …
    'N_j': behavior_profile [j],
    …
    'N_m': behavior_profile [m],
}
```

基于一定时间周期内用户的行为记录数据挖掘用户的兴趣偏好特征。

用户对新闻类别的兴趣偏好为

$$\text{Perfer}_{\text{page}} = \bigcup_{j=1}^{m} \left\{ \left(\text{Page}_j, W_j \right) \right\}$$

式中, $\left\{ \left(\text{Page}_j, W_j \right) \right\}$ 表示用户对第 j 篇新闻的类别喜欢度,集合元素为类别

特征值和权重，集合元素以 Python 元组数据格式表示。数学计算符号 $\cup\{.\}$ 表示并集。

在 Perfer$_{page}$ 集合中，将 Page 相同的元组数据合并，合并方式为按权重求和。合并后的集合按权重从大到小排序，排在前面的 K 个数据就是用户喜欢的新闻类别，即用户的新闻类别兴趣偏好特征。

同理，计算获得用户对新闻的来源、主旨和新闻事件等特征标签的兴趣偏好。

用户对新闻关键词的兴趣偏好为

$$\text{Perfer}_{words} = \bigcup_{j=1}^{m}\left\{\bigcup_{i=1}^{q}\left\{\left(\text{Word}_{ji}, W_{ji}\right)\right\}\right\}$$

式中，$\left(\text{Word}_{ji}, W_{ji}\right)$ 表示用户对第 j 篇新闻第 i 个关键词的喜欢度，集合元素为关键词及其权重，集合元素以 Python 元组数据格式表示。

在 Perfer$_{words}$ 集合中，将 Word 相同的元组数据合并，合并方式为权重求和。合并后的集合按权重从大到小排序，排在前面的 K 个数据就是用户喜欢的新闻内容关键词，即用户的新闻关键词兴趣偏好特征。

同理，计算获得用户对新闻的个性化标签、新闻时间、新闻地点、机构、新闻人物等特征标签的兴趣偏好。

用户的兴趣偏好特征可以写成如下表达式，

$$\text{Perfer}_{term} = \left[\left(\text{term}_1, \text{weight}_1\right), \left(\text{term}_2, \text{weight}_2\right), \cdots, \left(\text{term}_k, \text{weight}_k\right)\right]$$

其中，Perfer$_{term}$ 表示用户兴趣偏好特征，term$_j$ 表示用户第 j 个兴趣偏好特征标签值，weight$_j$ 表示用户第 j 个兴趣偏好特征标签值的权重。用户兴趣偏好特征标签值用 Python 元组数据格式表示为 $\left(\text{term}_k, \text{weight}_k\right)$。

利用离散数据编码规则生成用户兴趣偏好特征向量为

$$\boldsymbol{Vec}_{term} = \frac{1}{k}\sum_{j=1}^{k}\text{weight}_j \cdot \boldsymbol{Vec}_j$$

其中，$\boldsymbol{Vec}_{term}$ 表示用户兴趣偏好特征向量。$\boldsymbol{Vec}_j$ 表示用户兴趣偏好第 j 个特征的特征向量。离散数据采用 One-hot、Hash、Embedding 或 Word2Vec 等编码技术实现向量化。weight$_j$ 表示用户兴趣偏好中第 j 个特征对应的权重。

计算用户的长期兴趣偏好和短期兴趣偏好时要考虑用户兴趣偏好的时间衰减特征。用户过去一段时间喜欢的东西，不代表用户今天还喜欢，喜欢度会降低。定义一个时间衰减函数来模拟用户兴趣偏好的衰减程度。

$$f(\Delta t) = \frac{1}{1 + \alpha \cdot \Delta t}$$

式中，Δt 表示时间差，α 表示时间衰减因子。图 4.3 所示为不同时间衰减因子下的时间衰减函数曲线。可见，α 取值越大，函数衰减越快。

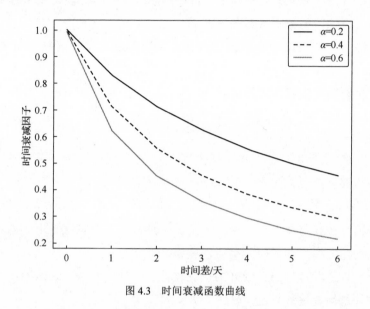

图 4.3　时间衰减函数曲线

用户对新闻产生点击行为操作，喜欢度为 S_f，经过 Δt 后，用户对新闻的喜欢度为

$$S'_f = S_f \cdot f(\Delta t)$$

定义用户长期兴趣偏好时间周期、短期兴趣偏好时间周期和当前兴趣偏好时间周期，按时间周期提取用户-新闻行为数据。考虑用户兴趣偏好时间衰减特征，在约定时间周期内，提取用户全部行为记录数据，基于本节前面的分析方法，得到用户的长期兴趣偏好特征、短期兴趣偏好特征和当前兴趣偏好特征。

取 $\alpha = 0.5$，将用户对新闻的喜欢度折算到今天，折算后的值就是用户当前对这篇新闻的喜欢度。表 4-7 列出了用户对过去 3 天所访问新闻的喜欢度折算结果。

表 4-7　考虑时间因素的用户-新闻喜欢度折算值

序号	新闻编号	喜欢度 S_f	时间差 Δt	喜欢度 S'_f（折算后）
1	N2858	72	3	28.8
2	N63113	83	3	33.2
3	N101775	51	3	20.8

续表

序号	新闻编号	喜欢度 S_f	时间差 Δt	喜欢度 S'_f（折算后）
4	N97161	46	3	18.5
5	N71166	78	3	31.2
......				
$m-1$	N72493	36	1	24.0
m	N32513	50	1	33.3

4.3.4　行为特征

用户行为特征能反映用户使用 UI 系统的习惯，这里定义了 3 个特征标签：访问时间、访问页面和页面停留时间。

分析、挖掘用户登录 UI 系统浏览新闻的时间，按时间分组、分段，分析用户点击新闻的时间段，挖掘用户访问时间特征与新闻内容特征的关联性。

新闻客户端 UI 包含多个页面，用户不可能每个页面都查看，大部分时间停留在自己感兴趣的页面上。掌握用户感兴趣的页面特征，第一时间将页面展示给用户，并推送与这个页面有关的新闻文章，能迅速吸引用户，获得用户的流量。

手机屏幕尺寸固定，用户每次刷屏时展示的内容有限，分析用户在页面上的停留时间，挖掘用户在页面上的停留时间特征，有利于在新闻推荐时，将用户感兴趣的新闻内容在这个时间内展示给用户，避免用户反复滑屏而无点击行为。

初识新闻推荐系统，可能觉得用户行为特征与推荐无关或相关性很小。用户访问新闻 UI 系统，推荐系统输出新闻文章推荐列表即可，没必要去关心用户的访问时间、访问页面和页面停留时间。进一步理解，推荐系统引入行为特征标签是为了在有限的时间范围内，更有针对性地将用户感兴趣的新闻文章推送到指定页面上，提升推荐系统整体准确度。

4.3.5　价值特征

用户价值特征定义了 3 个指标：活跃度、忠诚度和价值度。这 3 个指标能间接反映用户对推荐系统输出结果的认可程度。用户活跃，其对平台的依赖性和忠诚度偏高，可能创造的价值也就越高。用户价值特征指标通过用户访问 UI 系统的频率、次数、平均驻留时长和平均点击新闻条数来计算。

活跃度由用户登录 UI 系统的频率或登录次数来决定。对用户活跃度建模，要先确定时间周期，在约定的时间周期内计算用户的活跃度。例如，以周为单位，统计用户的登录次数，计算公式如下。

$$V_{\text{active}} = \sum_{k=0}^{6} N_k e^{-k\tau}$$

式中，V_{active} 表示用户活跃度特征标签值；N_k 表示用户过去第 k 天的登录次数，$k = 0$ 表示当天，$k = 6$ 表示过去第 6 天；$e^{-k\tau}$ 表示时间衰减函数，τ 为常数项。

推荐系统会维护一张活跃用户记录表，按天记录用户的登录时间和离开时间。用户长时间没有刷新页面，默认为用户离开页面。

根据活跃度标签值的大小将用户划分为高活跃用户、中活跃用户、低活跃用户和沉睡用户等。为了提升用户价值，务必要唤醒沉睡用户，提升低活跃用户的访问频次，利用个性化推荐让用户感到惊喜。

忠诚度特征标签由用户平均驻留时长和平均点击新闻条数来确定，时间周期定义为周或月。通常来说，用户登录 UI 系统的次数越多，每次驻留的时间越长，用户对平台的忠诚度就越高。

$$V_{\text{loyalty}} = \frac{1}{N} \sum_{k=0}^{N} (\alpha \cdot T_k + \beta \cdot C_k) \cdot e^{-k\tau}$$

式中，V_{loyalty} 表示用户忠诚度特征标签值；α、β 表示权重系数；T_k 表示过去第 k 天用户使用 UI 系统的时长；C_k 表示过去第 k 天用户使用 UI 系统点击新闻的条数；$e^{-k\tau}$ 表示时间衰减函数，τ 为常数项。

根据忠诚度标签值的大小将用户划分为高黏性用户、中黏性用户和低黏性用户。推荐系统建设的目的就是增强用户黏性，提高用户对平台的依赖性。对于忠诚度不高的用户群，需要挖掘并找到推荐列表不准确的根本原因，并改进算法。

价值度特征标签按照 RFM 模型计算：在约定的时间周期内，统计用户登录 UI 系统的时间、次数和驻留时长。R 表示用户最近一次访问时间、F 表示用户访问次数、M 表示用户点击的新闻数量。按二八原则（20%高价值，80%低价值）对每个维度划分高价值和低价值，对 R、F、M 这 3 个维度中的高价值和低价值用户通过交叉分析，划分出重要价值用户、重要保持用户、一般价值用户等 8 个群体。表 4-8 列出了基于价值特征标签的用户分类结果。

表 4-8 用户价值度划分

序号	R	F	M	用户分类
1	高	高	高	重要价值用户
2	高	低	高	重要发展用户

序号	R	F	M	用户分类
3	低	高	高	重要保持用户
4	低	低	高	重要挽留用户
5	高	高	低	一般价值用户
6	高	低	低	一般发展用户
7	低	高	低	一般保持用户
8	低	低	低	一般挽留用户

　　用户价值特征反映的是推荐系统运营效果。活跃用户中高价值用户占比多说明推荐系统输出结果的准确度高，用户喜欢推荐结果，愿意花时间点击并浏览UI 系统上的新闻内容。活跃用户中一般价值用户占比多说明推荐系统输出结果的准确度不高，用户经常"光顾"UI 系统，但每次都是走马观花、随便看看，页面展示的新闻内容不能吸引用户，用户不产生点击行为。导致这个现象的原因是推荐系统输出结果整体准确度不高，用户不喜欢页面展示内容或 UI 展示风格。这种情况下，需要改善推荐算法的性能，提高算法的准确度，改进 UI 展示风格。

4.3.6　用户特征向量

　　将 P 个用户特征标签拼接起来构成用户特征标签体系。假定用户的特征标签为 Y_k，则每一位用户对应的特征标签体系为

$$Y = (Y_1, Y_2, Y_3, \cdots, Y_P)$$

式中，Y 表示用户的特征标签体系，Y_k 表示用户第 k 个特征标签。

　　设特征标签 Y_k 的编码输出向量为 $Vec(Y_k)$，则用户特征向量为

$$Vec(Y) = (Vec(Y_1), Vec(Y_2), Vec(Y_3), \cdots, Vec(Y_P))$$

特征向量 $Vec(Y)$ 的数据维度为所有特征标签向量维度的累加和，记为 $L = \text{len}(Vec(Y))$。

　　表 4-9 列出了用二维表格表示 N 个用户特征标签值示例。表中每一列表示一种特征标签，每一行表示一位用户的特征标签值。

表 4-9　用户特征标签体系

序号	Y_1	Y_2	……	Y_P
U_1	$Vec(Y_{11})$	$Vec(Y_{12})$	……	$Vec(Y_{1P})$
U_2	$Vec(Y_{21})$	$Vec(Y_{22})$	……	$Vec(Y_{2P})$
……	……	……	……	……
U_N	$Vec(Y_{N1})$	$Vec(Y_{N2})$	……	$Vec(Y_{NP})$

用矩阵来记录 N 位用户的特征标签值，结果如下。

$$\boldsymbol{F}_{\text{user}} = \begin{pmatrix} \boldsymbol{U}_1 \\ \boldsymbol{U}_2 \\ \vdots \\ \boldsymbol{U}_N \end{pmatrix} = \begin{pmatrix} \boldsymbol{Vec}(Y_{11}) & \boldsymbol{Vec}(Y_{12}) & \cdots & \boldsymbol{Vec}(Y_{1P}) \\ \boldsymbol{Vec}(Y_{21}) & \boldsymbol{Vec}(Y_{22}) & \cdots & \boldsymbol{Vec}(Y_{2P}) \\ \vdots & \vdots & & \vdots \\ \boldsymbol{Vec}(Y_{N1}) & \boldsymbol{Vec}(Y_{N2}) & \cdots & \boldsymbol{Vec}(Y_{NP}) \end{pmatrix}_{N \times P}$$

称矩阵 $\boldsymbol{F}_{\text{user}}$ 为用户特征矩阵，矩阵每一列对应一个特征标签，每一行对应一位用户的特征向量。

基于同一编码规则，将用户特征映射到向量空间，生成用户的特征向量。有了特征向量，从数学角度上可以开展聚类运算和相似度运算，找到用户内容相似邻居和用户特征相似邻居。矩阵 $\boldsymbol{F}_{\text{user}}$ 中按行提取的向量对应的是用户内容的特征向量，按列提取的向量对应的是用户特征的特征向量。

在数学领域，同一个向量空间上，两个向量的空间距离越近，说明这两个向量越相似。调用聚类算法将用户分簇，得到每个簇中对应的用户清单。相同簇中的用户一定存在某个维度的相似。调用余弦相似度算法，计算用户画像特征之间的相似度，根据相似度数值大小排序，找到与用户相似的用户邻居集合。调用余弦相似度算法，计算用户特征标签之间的相似度，根据相似度数值大小排序，将描述用户特征相似的特征标签划分为一组，这一组特征标签表达的业务场景意义相似，选择其中一个特征标签送入算法模型即可。

4.4 特征相似度计算

构建特征矩阵，经常需要分析特征与特征之间、样本和样本之间的相似度。相似度计算通过计算特征之间的距离来完成，距离小，相似度大；距离大，相似度小。以新闻特征矩阵 $\boldsymbol{F}_{\text{news}}$ 为例，如果第 k 列和第 v 列相似度很大，说明这两列特征存在较大的相关性，它们对目标特征的影响程度相当，选择其中 1 个作为特征送到机器学习模型即可。如果第 i 行和第 j 行相似度很大，说明这两篇新闻内容存在较大的相关性，可以将其划分到同一组。

常用的相似度计算方法：欧几里得距离、曼哈顿距离、闵可夫斯基距离、马氏距离、余弦相似度、皮尔逊相关系数和杰卡德相关系数。

为了方便起见，约定向量 $\boldsymbol{X} = (x_1, x_2, \cdots, x_n)$，向量 $\boldsymbol{Y} = (y_1, y_2, \cdots, y_n)$。在分析特征标签相似度时，$\boldsymbol{X}$ 和 $\boldsymbol{Y}$ 表示特征向量矩阵中的不同列；在分析用户相似度和商品相似度时，$\boldsymbol{X}$ 和 $\boldsymbol{Y}$ 表示特征向量矩阵中的不同行。

4.4.1　欧几里得距离

欧几里得距离简称欧氏距离，用于度量欧几里得空间中两点之间的直线距离。向量 $\boldsymbol{X} = (x_1, x_2, \cdots, x_n)$ 和向量 $\boldsymbol{Y} = (y_1, y_2, \cdots, y_n)$ 之间的欧氏距离为

$$D_{\mathrm{E}}(\boldsymbol{X}, \boldsymbol{Y}) = \sqrt{\sum_{i=1}^{n}(x_i - y_i)^2}$$

两组特征的数据统计特性差异性较大时，需要先进行数据标准化处理，将数据标准化到统一范围后再执行相似度计算。

将向量 $\boldsymbol{X}$ 和向量 $\boldsymbol{Y}$ 用矩阵来表示，可以写成

$$\boldsymbol{X} = (x_1, x_2, \cdots, x_n)$$
$$\boldsymbol{Y} = (y_1, y_2, \cdots, y_n)$$
$$\boldsymbol{X} - \boldsymbol{Y} = (x_1 - y_1, x_2 - y_2, \cdots, x_n - y_n)$$

向量 $\boldsymbol{X}$、$\boldsymbol{Y}$ 之间的欧氏距离为

$$D_{\mathrm{E}}(\boldsymbol{X}, \boldsymbol{Y}) = \sqrt{(\boldsymbol{X} - \boldsymbol{Y})(\boldsymbol{X} - \boldsymbol{Y})^{\mathrm{T}}}$$

其中，$\boldsymbol{X} - \boldsymbol{Y}$ 表示两个矩阵做减法，$(\boldsymbol{X} - \boldsymbol{Y})^{\mathrm{T}}$ 表示矩阵 $\boldsymbol{X} - \boldsymbol{Y}$ 的转置。

根据向量之间的距离计算向量间的相似度为

$$\mathrm{Sim}_{\mathrm{E}}(\boldsymbol{X}, \boldsymbol{Y}) = \frac{1}{1 + D_{\mathrm{E}}(\boldsymbol{X}, \boldsymbol{Y})}$$

4.4.2　曼哈顿距离

向量 $\boldsymbol{X} = (x_1, x_2, \cdots, x_n)$，向量 $\boldsymbol{Y} = (y_1, y_2, \cdots, y_n)$，两个向量之间的曼哈顿距离定义为

$$D_{\mathrm{H}}(\boldsymbol{X}, \boldsymbol{Y}) = \sum_{i=1}^{n}|x_i - y_i|$$

不同于欧氏距离，曼哈顿距离计算的是两点之间的折线距离，称为棋盘距离。

4.4.3　闵可夫斯基距离

向量 $\boldsymbol{X} = (x_1, x_2, \cdots, x_n)$，向量 $\boldsymbol{Y} = (y_1, y_2, \cdots, y_n)$，两个向量之间的闵可夫斯基距离定义为

$$D_{\mathrm{M}}(\boldsymbol{X}, \boldsymbol{Y}) = \left(\sum_{i=1}^{n}|x_i - y_i|^s\right)^{\frac{1}{s}}$$

式中 $s > 0$。s 越大，对应维度上的数据差异性对最终差值的影响也越大。

$$s = 1，\quad D_{\mathrm{M}}\left(\boldsymbol{X}, \boldsymbol{Y}\right) = \sum_{i=1}^{n}\left|x_i - y_i\right|，退化为曼哈顿距离。$$

$$s = 2，\quad D_{\mathrm{M}}\left(\boldsymbol{X}, \boldsymbol{Y}\right) = \sqrt{\sum_{i=1}^{n}\left|x_i - y_i\right|^2}，退化为欧氏距离。$$

在使用欧氏距离、曼哈顿距离和闵可夫斯基距离时要注意一个问题：无法避免数据量纲差异性和异常数据对计算结果的影响。这 3 种距离计算方法只考虑了参与计算的数据大小，没有考虑数据的分布特性，如分散性。野点数据参与计算将直接导致计算结果误差提升。马氏距离引入协方差作为调整系数正好解决了这个问题。

4.4.4　马氏距离

马氏距离利用两变量之间的协方差来衡量两个变量之间的关联程度。协方差为正值，说明两个变量之间正相关；协方差为负值，说明两个变量之间负相关；协方差为 0，说明两个变量之间相互独立，不存在相关性。

向量 $\boldsymbol{X} = \left(x_1, x_2, \cdots, x_n\right)$，向量 $\boldsymbol{Y} = \left(y_1, y_2, \cdots, y_n\right)$，两个向量的协方差为

$$\mathrm{Cov}\left(\boldsymbol{X}, \boldsymbol{Y}\right) = E\left(\boldsymbol{X} - E\left(\boldsymbol{X}\right)\right) \cdot \left(\boldsymbol{Y} - E\left(\boldsymbol{Y}\right)\right) = E\left(\boldsymbol{XY}\right) - E\left(\boldsymbol{X}\right)E\left(\boldsymbol{Y}\right)$$

$$\mathrm{Cov}\left(\boldsymbol{X}, \boldsymbol{Y}\right) = \frac{1}{n}\sum_{i=1}^{n}x_i y_i - \frac{1}{n^2}\sum_{i=1}^{n}x_i\sum_{i=1}^{n}y_i$$

式中，$E\left(\boldsymbol{X}\right)$ 表示向量 $\boldsymbol{X}$ 的数学期望，$E\left(\boldsymbol{Y}\right)$ 表示向量 $\boldsymbol{Y}$ 的数学期望，$E\left(\boldsymbol{XY}\right)$ 表示向量 $\boldsymbol{XY}$ 的数学期望。两个向量 $\boldsymbol{X}$ 和 $\boldsymbol{Y}$ 之间的马氏距离为

$$D_{\mathrm{M}}\left(\boldsymbol{X}, \boldsymbol{Y}\right) = \sqrt{\left(\boldsymbol{X} - \boldsymbol{Y}\right) \cdot \mathrm{Cov}^{-1}\left(\boldsymbol{X}, \boldsymbol{Y}\right) \cdot \left(\boldsymbol{X} - \boldsymbol{Y}\right)^{\mathrm{T}}}$$

如果 $\mathrm{Cov}\left(\boldsymbol{X}, \boldsymbol{Y}\right) = 1$，则两个向量之间的马氏距离演变成欧氏距离。这说明马氏距离是对欧氏距离的优化、改进，改进的地方就是考虑了数据的分布特性，正好避免了由于数据单位不同和数据异常程度的不同给计算带来的影响。

4.4.5　余弦相似度

余弦相似度基于空间几何特性来计算两向量的相似度，计算两向量的夹角余弦值。向量 $\boldsymbol{X}$ 与向量 $\boldsymbol{Y}$ 之间的夹角为 θ。θ 越小，$\cos\theta$ 越大，说明两个向量越相似；θ 越大，$\cos\theta$ 越小，说明两个向量越不相似。$\theta = 0°$ 时，$\cos\theta = 1$，两个向量共线，方向一致，相似度最大；$\theta = 90°$ 时，$\cos\theta = 0$，两个向量相互垂直，相似度为 0；$\theta = 180°$ 时，$\cos\theta = -1$，两个向量共线，方向相反，相似度最

小。$\cos\theta$ 取值范围为[-1,1]。

向量 $X = (x_1, x_2, \cdots, x_n)$，向量 $Y = (y_1, y_2, \cdots, y_n)$，向量间夹角的余弦值为

$$\cos\theta = \frac{X \cdot Y}{|X| \times |Y|} = \frac{\sum_i^n x_i y_i}{\sqrt{\sum_i^n x_i^2} \cdot \sqrt{\sum_i^n y_i^2}}$$

余弦相似度计算没有考虑两个向量模的对比情况。向量 X 与向量 Y 共线，方向一致，此时 $\cos\theta = 1$，向量 X 和向量 Y 完全相似。保持向量 X 和向量 Y 的位置关系，把向量 X 的模缩小几倍，把向量 Y 的模放大几倍后，计算的相似度 $\cos\theta = 1$，显然不合理。余弦相似度在使用中需要进行修正，将向量中的数值减去均值。

向量 X：$x_i' = x_i - \overline{x}$，$i = 1, 2, 3, \cdots, n$

向量 Y：$y_i' = y_i - \overline{y}$，$i = 1, 2, 3, \cdots, n$

$\overline{x}$ 表示向量 X 的均值，$\overline{y}$ 表示向量 Y 的均值。向量扣除均值影响后，写成 $X = (x_1', x_2', \cdots, x_n')$，$Y = (y_1', y_2', \cdots, y_n')$，向量 X 和向量 Y 的余弦相似度为

$$\text{Sim}_{\cos}(X, Y) = \frac{\sum_i^n x_i' y_i'}{\sqrt{\sum_i^n x_i'^2} \cdot \sqrt{\sum_i^n y_i'^2}}$$

4.4.6　皮尔逊相关系数

向量 $X = (x_1, x_2, \cdots, x_n)$，向量 $Y = (y_1, y_2, \cdots, y_n)$，定义 X 和 Y 之间的皮尔逊相关系数为

$$\rho_{XY} = \frac{\text{Cov}(X, Y)}{\sigma_X \sigma_Y} = \frac{E(X - E(X))(Y - E(Y))}{\sigma_X \sigma_Y}$$

式中，$\text{Cov}(X, Y)$ 表示向量 X 和向量 Y 的协方差，反映的是两个向量的相关程度，σ_X 表示向量 X 的标准差，σ_Y 表示向量 Y 的标准差，$E(.)$ 表示计算向量的数学期望。

皮尔逊相关系数的值介于-1 与 1。绝对值越大，相关性越强。相关系数越接近于 1 或-1，相关性越强，相关系数越接近于 0，相关性越弱。通常，当皮尔逊相关系数的绝对值大于 0.8 时，认为 X 和 Y 有强的相关性；在 0.3 到 0.8 之间，可以认为有弱的相关性；小于 0.3，认为没有相关性。

将皮尔逊相关系数计算表达式展开，可以得到以下几种形式，方便计算。

形式 1：
$$\rho_{XY} = \frac{E(XY) - E(X)E(Y)}{\sqrt{E(X^2) - E^2(X)} \cdot \sqrt{E(Y^2) - E^2(Y)}}$$

形式 2：
$$\rho_{XY} = \frac{N\sum_{i=1}^{n} x_i y_i - \sum_{i=1}^{n} x_i \sum_{i=1}^{n} y_i}{\sqrt{N\sum_{i=1}^{n} x_i^2 - \left(\sum_{i=1}^{n} x_i\right)^2} \cdot \sqrt{N\sum_{i=1}^{n} y_i^2 - \left(\sum_{i=1}^{n} y_i\right)^2}}$$

形式 3：
$$\rho_{XY} = \frac{\sum_{i=1}^{n} (x_i - \bar{x})(y_i - \bar{y})}{\sqrt{\sum_{i=1}^{n} (x_i - \bar{x})^2} \cdot \sqrt{\sum_{i=1}^{n} (y_i - \bar{y})^2}}$$

对比优化后的余弦相似度计算方法，可以发现皮尔逊相关系数的计算形式 3 与优化后的余弦相似度计算方法是一样的。

4.4.7　杰卡德相关系数

杰卡德相关系数解决集合的相似性问题，关注两个集合中的共有元素。例如 A、B 两篇新闻文章的关键词如下。

A 新闻：洪水、沙袋、武警官兵、九江。

B 新闻：九江、洪水、河堤。

计算这两篇新闻的相似度可以使用杰卡德相关系数。杰卡德相关系数定义为两个集合 A 和 B 交集元素的个数在 A、B 并集中所占的比例，用符号 $J(A,B)$ 表示。

$$J(A,B) = \frac{A \cap B}{A \cup B}$$

式中，$A \cap B$ 表示集合的交集元素个数，$A \cup B$ 表示集合的并集元素个数。基于这个表达式，计算 A、B 两篇新闻的杰卡德相关系数为

$$J(A,B) = \frac{2}{5} = 0.4$$

当然，也可以调用 Word2Vec 把新闻关键词转化成特征向量，利用余弦相似度计算。

对应的杰卡德相关距离为

$$D_J(A,B) = 1 - J(A,B) = \frac{A \cup B - A \cap B}{A \cup B}$$

杰卡德相关距离用两个集合中不同元素占所有元素的比例来衡量两个集合的区分度。

4.4.8　代码示例

代码 4-4 为特征向量相似度计算的代码示例。在实现上，将相似度计算封装成类，根据设定的参数，调用类的函数即可。

代码 4-4　特征向量相似度计算

```
# coding=utf-8

import math
import numpy as np

class simulrity_proc():
  def dis_el(self,vector_a, vector_b):            #欧氏距离
    matrix_a = np.mat(vector_a)
    matrix_b = np.mat(vector_b)

        dist = (matrix_a - matrix_b) * (matrix_a - matrix_b).T
    dist = round(np.sqrt(dist)[0, 0],4)
        return dist

  def dis_manhattan(self,vector_a, vector_b):   #曼哈顿距离
    dist = abs(vector_a - vector_b)
    dist = np.sum(dist)
        return dist

  def dis_minkowski(self, vector_a, vector_b):       #闵可夫斯基距离
    data = [k for k in abs(vector_a - vector_b)]
    dist = [pow(k,3) for k in data]
    dist = round(pow(np.sum(dist),1/3),4)
        return dist

  def dis_mahanla(self,vector_a, vector_b):       # 马氏距离
    vector_a = np.mat(vector_a)
    vector_b = np.mat(vector_b)

    corr = vector_a * vector_b.T / vector_b.shape[1]
    corr = corr - (vector_a.mean() * vector_b.mean())/
pow(vector_b.shape[1],2)

    dist = (vector_a - vector_b) * (vector_a - vector_b).T
    dist = round(np.sqrt(corr * dist)[0, 0],4)
    return dist
```

```python
    def cos_sim(self,vector_a,vector_b):        # 余弦相似度
        vector_a = np.mat(vector_a)
        vector_b = np.mat(vector_b)

        num = (vector_a * vector_b.T)[0,0]
        denom = np.linalg.norm(vector_a) * np.linalg.norm(vector_b)

        simu = 0
        if denom != 0:
            simu = round(num / denom,4)
        return simu

    def pearson_simu(self,vector_a,vector_b):          #皮尔逊相关系数
        var_a = vector_a - vector_a.mean()
        var_b = vector_b - vector_b.mean()

        num = np.dot(var_a,var_b)
        denom = sum(var_a ** 2) * sum(var_b**2)
        denom = math.sqrt(denom)

        simu = 0
        if denom != 0:
            simu = round(num / denom,4)
        return simu

    def jaccard_simu(self,collec_a, collec_b):        # 杰卡德相关系数
        set_a = set(collec_a)
        set_b = set(collec_b)

        set_n = set_a & set_b
        set_u = set_a | set_b

        simu = 0
        if len(set_u) > 0:
            simu = round(len(set_n) / len(set_u),4)
        return simu

def get_simuarity(data,mode):
    dist = simulrity_proc()
    fun_dict = {
        'el': dist.dis_el,
        'manh': dist.dis_manhattan,
        'mink': dist.dis_minkowski,
        'mah': dist.dis_mahanla,
        'cos': dist.cos_sim,
        'perason': dist.pearson_simu,
        'jacard': dist.jaccard_simu
```

```
    }
  fun = fun_dict[mode]

  width = len(data)
  dist = []
  for k in range(width):
    vector_a = np.array(data[k])
    temp = []
    for v in range(width):
      vector_b = np.array(data[v])
      temp.append(fun(vector_a,vector_b))
    dist.append(temp)
  dist = np.array(dist).reshape(width,width)
    return dist


if __name__ == '__main__':
  data = [[1, 3, 2, 3, 4, 3, 0, 2, 5, 3],
      [1, 3, 4, 3, 2, 3, 1, 4, 9, 4],
      [3, 7, 9, 6, 2, 4, 5, 6, 7, 4]]
  print('欧氏距离: \n ', get_simuarity(data,'el'))
  print('曼哈顿距离: \n ', get_simuarity(data, 'manh'))
  print('闵可夫斯基距离: \n ',get_simuarity(data, 'mink'))
  print('马氏距离: \n ', get_simuarity(data, 'mah'))
  print('余弦相似度: \n ', get_simuarity(data, 'cos') )
  print('皮尔逊相关系数: \n ', get_simuarity(data, 'perason') )
  print('杰卡德相关系数: \n ',get_simuarity(data, 'jacard') )
```

代码输出结果如下:

欧氏距离:
```
 [[ 0.     5.4772 11.3578]
 [ 5.4772 0.     8.8882]
 [11.3578 8.8882 0.    ]]
```

曼哈顿距离:
```
 [[ 0 12 31]
 [12  0 23]
 [31 23  0]]
```

闵可夫斯基距离:
```
 [[0.    4.4814 8.6579]
 [4.4814 0.    6.7313]
 [8.6579 6.7313 0.    ]]
```

马氏距离:
```
 [[ 0.    18.0097 42.1346]
 [18.0097 0.    39.7689]
```

```
[42.1346 39.7689 0.     ]]
```

余弦相似度：
```
[[1.     0.9235 0.8366]
[0.9235 1.     0.8858]
[0.8366 0.8858 1.     ]]
```

皮尔逊相关系数：
```
[[1.     0.705  0.0442]
[0.705  1.     0.5054]
[0.0442 0.5054 1.     ]]
```

杰卡德相关系数：
```
[[1.     0.5714 0.4444]
[0.5714 1.     0.5   ]
[0.4444 0.5    1.     ]]
```

Python 环境下有丰富的工具包用于向量的相似度计算，代码示例见代码 4-5。

sklearn.metrics.pairwise.cosine_similarity()：计算余弦相似度。

sklearn.metrics.pairwise.pairwise_distances()：计算向量之间的距离。pairwise_distances()函数支持曼哈顿距离、欧氏距离、余弦相似度的计算。

scipy.spatial.distance.cdist()：计算向量间的距离。cdist()函数支持欧氏距离、曼哈顿距离、闵可夫斯基距离、马氏距离、余弦相似度、皮尔逊相关系数、杰卡德相关系数的计算。

代码 4-5　调用 Python 工具包计算特征向量相似度

```python
from sklearn.metrics.pairwise import cosine_similarity
from scipy.spatial.distance import cdist
from sklearn.metrics.pairwise import pairwise_distances

def cos_sim_by_matrix(matrix_data):
    data = np.mat(matrix_data)
    simu = cosine_similarity(data)
    return simu

def get_dist_by_pairwise(matrix_a,matrix_b,mode):
    vector_a = np.mat(matrix_a)
    vector_b = np.mat(matrix_b)
    dist = pairwise_distances(vector_a, vector_b,mode)
    return dist

def get_dist_by_cdist(data,mode):
    mode_dict = {
        'el': 'euclidean',
        'manh': 'cityblock',
```

```
    'mink': 'minkowski',
    'mah': 'mahalanobis',
    'cos': 'cosine',
    'perason': 'correlation',
    'jacard': 'jaccard'
}
type = mode_dict[mode]
width = len(data)
dist = np.zeros(width*width).reshape(width,width)
for k in range(width):
  vector_a = np.array(data[k])
  for v in range(width):
    vector_b = np.array(data[v])
    dist[k,v] = cdist(vector_a,vector_b,metric=type)

return dist
```

4.5　本章小结

　　本章介绍的内容是推荐系统特征工程的核心内容，特征工程的输出结果是后续章节介绍的机器学习模型的输入。以新闻推荐系统为例，本章介绍了新闻特征标签体系和用户特征标签体系、特征标签的构建方法、特征向量的生成。本章仅阐述了特征标签的构建过程，以帮助读者深入理解推荐系统特征工程建设，介绍的算法和模型属于典型实例，并非最佳或唯一。

　　本章还介绍了相似度计算方法，根据这些方法，推荐系统可构建新闻内容相似邻居、用户兴趣偏好相似邻居。新闻内容相似邻居是基于内容相似度推荐召回算法的候选数据集，用户兴趣偏好相似邻居是基于兴趣偏好相似度推荐召回算法的候选数据集。

## 第5章

交叉组合构建新特征

在传统机器学习领域，需要人工参与系统特征构建。由于受业务人员的经验、认知和直觉的影响，特征构建可能存在构建特征不完整和遗漏的现象。把不完整的特征信息送给机器学习模型，将影响机器学习模型的性能。为了减小这个问题的影响程度，工程上把多个基本特征通过数学变换生成新的特征，增加特征向量维度，补充原始特征之间的相关特性，增强非线性特性。原始特征属于低阶组合特征，交叉组合后构建的特征属于高阶组合特征。

5.1 特征组合

特征组合通过特征拼接、特征相乘和模型变换等方式生成新的特征，将其加入现有的特征集合中。对于那些与目标特征相关性不强的特征，经过特征组合后新生成的特征与目标特征的相关性可能会增强。特征组合的目是增强特征的非线性特性，强化特征与特征之间的高阶组合，最终提高模型训练精度和预测能力。

特征组合要结合业务特性，避免盲目、随便组合。盲目、随便组合不仅会导致特征爆炸，而且会影响模型训练。

5.1.1 特征拼接

特征拼接是指把两个以上的特征横向拼接在一起成为一个新的特征。例如将特征 X_1、X_2 和 X_3 横向拼接成如下形式。

2个特征拼接： $X_1 \& X_2$、$X_1 \& X_3$、$X_2 \& X_3$。

3个特征拼接： $X_1 \& X_2 \& X_3$。

最终生成的特征为

$$\{X_1, X_2, X_3, X_1 \& X_2, X_1 \& X_3, X_2 \& X_3, X_1 \& X_2 \& X_3\}$$

以新闻推荐系统中的两个特征为例。

新闻类别特征：　$X_1 = \{$新闻,科技,社会$\}$。

新闻题材特征：　$X_2 = \{$党建,综合,5G,数码$\}$。

则拼接出的特征为

$$\begin{aligned} X_1 \& X_2 = \{ & 新闻 \& 党建, 新闻 \& 5G, 新闻 \& 综合, 新闻 \& 数码, \\ & 科技 \& 党建, 科技 \& 5G, 科技 \& 综合, 科技 \& 数码, \\ & 社会 \& 党建, 社会 \& 5G, 社会 \& 综合, 社会 \& 数码\} \end{aligned}$$

由原来的 2 个特征额外拼接出新的特征，对这个特征采取 One-hot 编码。

5.1.2　笛卡儿构建

数学中，任意两个集合 A 和 B 的笛卡儿乘积表示为 $A \times B$，即

$$A \times B = \{(x, y) \mid x \in A, y \in B\}$$

集合 $A \times B$ 的元素为 (x, y)，属于有序对，第一个元素来自集合 A，第二个元素来自集合 B。

构建的离散型类别特征可以理解为集合。特征 $X_1 = \{x_{11}, x_{12}, \cdots, x_{1m}\}$，包含 m 个元素，特征 $X_2 = \{x_{21}, x_{22}, \cdots, x_{2n}\}$，包含 n 个元素，基于笛卡儿乘积，

$$\begin{aligned} X_1 \times X_2 = \{ & (x_{11}, x_{21}) \quad (x_{11}, x_{22}) \quad \cdots \quad (x_{11}, x_{2n}) \\ & (x_{12}, x_{21}) \quad (x_{12}, x_{22}) \quad \cdots \quad (x_{12}, x_{2n}) \\ & \qquad\qquad\qquad \cdots \\ & (x_{1m}, x_{21}) \quad (x_{1m}, x_{22}) \quad \cdots \quad (x_{1m}, x_{2n})\} \end{aligned}$$

包含 $m \times n$ 个元素。集合 $X_1 \times X_2$ 包含集合 X_1 和集合 X_2 的所有两两组合。原本只有 2 个特征，通过笛卡儿构建方法额外构建了 $m \times n$ 个特征，极大丰富了特征的数量。笛卡儿构建与两个特征拼接构建方法是一致的。

特征数据是连续数据，需要先分桶离散化，然后使用笛卡儿乘积组合特征。

5.1.3　线性组合

线性组合将特征通过相乘的方式生成新的特征，增强特征之间的交互性。将特征 X_1、X_2 和 X_3 采用特征线性组合方式生成新的特征。

2 个特征线性组合： $X_1 X_1$、$X_2 X_2$、$X_3 X_3$、$X_1 X_2$、$X_1 X_3$、$X_2 X_3$。

3 个特征线性组合： $X_1 X_1 X_1$、$X_1^2 X_2$、$X_1^2 X_3$、$X_2 X_2 X_2$、$X_2^2 X_1$、$X_2^2 X_3$、$X_3 X_3 X_3$、

$X_3^2 X_1$、$X_3^2 X_2$、$X_1 X_2 X_3$。

最终生成的新特征为

$$\left\{ \begin{array}{l} X_1, X_2, X_3, X_1 X_1, X_2 X_2, X_3 X_3, \; X_1 X_2, X_1 X_3, X_2 X_3, \\ X_1 X_1 X_1, X_1^2 X_2, X_1^2 X_3, X_2 X_2 X_2, X_2^2 X_1, X_2^2 X_3, X_3 X_3 X_3, X_3^2 X_1, X_3^2 X_2, X_1 X_2 X_3 \end{array} \right\}$$

5.1.4 多项式特征

数学中，变量 x 的 n 次多项式可以写成

$$f(x) = a_n x^n + a_{n-1} x^{n-1} + a_{n-2} x^{n-2} + \ldots + a_1 x + 1$$

式中，$a_n \neq 0$，$a_1 \neq 0$，a_i 表示多项式的系数。

令 $a_i = a_1^i$，则多项式 $f(x)$ 整理为

$$f(x) = \sum_{i=0}^{n} (a_1 x)^i$$

如果把变量 x 视为特征工程中的特征标签，把 a_1 视为特征标签的值，那么基于特征标签 x 构建的 n 次多项式特征为

$$\{1, x^1, x^2, \cdots, x^n\}$$

新构建特征对应的特征标签值为

$$\{1, a_1, a_1^2, \cdots, a_1^n\}$$

对于变量 x 和变量 y，构建如下形式 n 次多项式，

$$\begin{aligned} f(x, y) = {} & 1 + a_1 x^1 + b_1 y^1 + \\ & a_2 x^2 + b_2 y^2 + a_1 b_1 x^1 y^1 + \\ & a_3 x^3 + b_3 y^3 + a_2 b_1 x^2 y^1 + a_1 b_2 x^1 y^2 + \\ & \cdots \\ & + a_n x^n + b_n y^n + a_{n-1} b_1 x^{n-1} y^1 + a_{n-2} b_2 x^{n-2} y^2 + \ldots + a_1 b_{n-1} x^1 y^{n-1} \end{aligned}$$

其中，$a_n \neq 0$ 或 $b_n \neq 0$，$a_1 \neq 0$ 或 $b_1 \neq 0$，a_i 和 b_j 为多项式的系数。

进一步整理为

$$f(x, y) = \sum_{i=0}^{n} \left(a_i x^i \sum_{j=0}^{n-i} b_j y^j \right)$$

令 $a_i = a_1^i$，$b_j = b_1^j$，则多项式 $f(x)$ 整理为

$$f(x) = \sum_{i=0}^{n} \left((a_1 x)^i \sum_{j=0}^{n-i} (b_1 y)^j \right)$$

把变量 x 和变量 y 视为特征工程中的特征标签，把 a_1 视为特征标签 x 的值，把 b_1

视为特征标签 y 的值，那么基于特征标签 x 和特征标签 y 构建的 n 次多项式特征为

$$\left\{1, x^1, y^1, x^2, y^2, xy, x^3, y^3, x^2y^1, x^1y^2, \cdots, x^n, y^n, x^1y^{n-1}, x^2y^{n-2}, \cdots, x^{n-2}y^2, x^{n-1}y^1\right\}$$

新构建特征对应的特征标签值为

$$\left\{1, a_1, b_1, a_1^2, b_1^2, a_1b_1, a_1^3, b_1^3, a_1^2b_1^1, a_1^1b_1^2, \cdots, a_1^n, b_1^n, a_1^1b_1^{n-1}, a_1^2b_1^{n-2}, \cdots, a_1^{n-2}b_1^2, a_1^{n-1}b_1^1\right\}$$

基于多项式构建特征利用的就是这种变换关系。构建特征时，设定特征 X 和 Y 样本原始值为多项式的系数 a_1 和 b_1，令 $a_i = a_1^i$，$b_j = b_1^j$，则构造的 n 次多项式系数也就确定了。

下面给出几个构造好的高阶特征标签供读者参考。

① 基于 1 个特征的多项式构建。

特征 X_1 的 n 次多项式构建，生成的特征结果为

$$\left\{1, X_1, X_1^2, X_1^3, \cdots, X_1^n\right\}$$

这里，特征幂指数对应新构建特征，特征 X_1^k 表示 k 个 X_1 特征相乘。

② 基于 2 个特征的多项式构建。

特征 X_1 和 X_2 的 2 次多项式构建，生成的特征结果为

$$\left\{1, X_1, X_2, X_1^2, X_2^2, X_1X_2\right\}$$

特征 X_1 和 X_2 的 3 次多项式构建，生成的特征结果为

$$\left\{1, X_1, X_2, X_1^2, X_2^2, X_1X_2, X_1^2X_2, X_1X_2^2, X_1^3, X_2^3\right\}$$

③ 基于 3 个特征的多项式构建。

3 个特征 X_1、X_2、X_3 的 2 次多项式构建，生成的特征结果为

$$\left\{1, X_1, X_2, X_3, X_1^2, X_2^2, X_3^2, X_1X_2, X_1X_3, X_2X_3\right\}$$

3 个特征 X_1、X_2、X_3 的 3 次多项式构建，生成的特征结果为

$$\left\{1, X_1, X_2, X_3, X_1^2, X_2^2, X_3^2, X_1X_2, X_1X_3, X_2X_3,\right.$$
$$\left.X_1^3, X_2^3, X_3^3, X_1^2X_2, X_1^2X_3, X_2^2X_1, X_2^2X_3, X_3^2X_1, X_3^2X_2, X_1X_2X_3\right\}$$

利用多项式构建法可以快速实现特征标签的高阶组合，增强特征之间的非线性特性。当原始特征较多时，交叉组合后的特征数量呈指数级增加，将急剧增加推荐系统特征工程的计算复杂度和计算负担，工程实践中需要适度控制高阶特征的阶数。

5.1.5　代码示例

推荐系统的本质是实现用户特征与商品特征的匹配，从特征组合角度来理

解，就是找出用户特征和商品特征的组合，哪种组合匹配用户的兴趣偏好，用户就会对关联的商品产生消费行为。

- 用户性别与新闻题材的组合。男性用户对哪些题材的新闻点击率高，女性对哪些题材的新闻点击率高。

- 用户年龄与新闻类别的组合。不同年龄段用户对新闻类别的关注程度存在差异。年轻人关注的新闻类别是哪些，中年人关注的新闻类别是哪些，老年人关注的新闻类别是哪些。

- 用户年龄与新闻展示方式的组合。不同年龄段的用户对新闻展示方式的喜欢度存在差异。年轻人偏向于以视频方式展示的新闻，尤其是短视频；中老年人偏向于以文字和图片方式展示的新闻。

- 新闻题材与时间特征的组合。挖掘用户不同时间段对新闻题材关注的差异。夏季暴雨期间，用户关注抗洪抢险方面的新闻偏多。疫情期间，用户对疫情的发展和控制情况关注偏多。上、下班路上，用户更多关注娱乐综艺方面的新闻内容。上班期间，用户偏向于财经、科技、综合方面的新闻内容。晚上在家时，用户对健身、美食、文化等方面的新闻内容关注多些。

- 用户点击行为与时间特征和位置特征的组合。用户的职业不同、空闲时间不同，上网浏览和点击新闻的时间和地点也是不同的。挖掘用户的这种习惯，有助于提高推荐内容的点击率。有些用户会在固定时间或者固定位置关注自己感兴趣的内容。

工程实践中，如何基于已有特征标签构建更多的符合业务场景解释的新特征呢？在理解业务场景的前提下，可以基于特征数据的属性来选择到底使用笛卡儿特征还是多项式特征构建，下面以 2 个特征参与构建为例。

离散数据+离散数据：笛卡儿构建。

离散数据+连续数据：对连续数据分组后使用笛卡儿构建。

连续数据+连续数据：多项式构建。

Python.Scikit-learn.PolynomialFeatures()提供特征的多项式构建方法。如果输入是二维特征 $\{x_1, x_2\}$，则构建的二阶多项式特征为 $\{1, x_1, x_2, x_1^2, x_1 x_2, x_2^2\}$。使用这个函数需要设置以下 3 个参数。

degree：多项式的特征的阶数，默认为 2。

interaction_only：布尔值，默认为 False。如果设定为 True，则生成相互影响的特征，不会有特征自己和自己结合的项，以 $\{x_1, x_2\}$ 为例，输出项就没有 x_1^2 和 x_2^2。

include_bias：默认为 True。生成一列数据为 1 的偏置项。

代码 5-1 为基于笛卡儿和多项式特征构建高阶新特征的代码示例。

代码 5-1　高阶特征构建

```
# -*- coding:utf-8 -*-

import pandas as pd
import numpy as np
from chapter3.data_code import feature_encode
from sklearn.preprocessing import PolynomialFeatures

class feature_build():
    def get_feature_by_cartesian(self, feature_A, feature_B): # 笛卡儿构建
        result = []
        for k in feature_A:
          for v in feature_B:
            result.append(k+v)
        return result

    def get_build_by_poly(self,feature): # 多项式构建
        polyCoder = PolynomialFeatures(degree=2, include_bias=True,
interaction_only=False)
        df = polyCoder.fit_transform(feature)
        result = pd.DataFrame(df, columns=polyCoder.get_feature_names())
        return result

if __name__ == '__main__':
    builder = feature_build()
    gender = ['男','女']
    education = ['高中', '中专', '大专', '本科', '硕士', '博士']
    feature = builder.get_feature_by_cartesian(gender,education)
    print('feature by cartesian:\n',feature)

    coder = feature_encode()
    feature = coder.create_onehot_encode(feature)
    print('onehot code:\n',feature)

    data = pd.read_csv('./data/user_processed.csv')
    target_data = data.iloc[:, 1:3]
    print(target_data.head(5))
    feature = builder.get_build_by_poly(target_data)
    print('feature by poly:\n',feature.head(5))
代码输出结果如下：
feature by cartesian :
  ['男高中', '男中专', '男大专', '男本科', '男硕士', '男博士', '女高中', '女中
专', '女大专', '女本科', '女硕士', '女博士']
```

```
onehot code:
  [('男高中', [0.0, 0.0, 0.0, 0.0, 0.0, 0.0, 0.0, 0.0, 0.0, 0.0, 0.0, 1.0]),
('男中专', [0.0, 0.0, 0.0, 0.0, 0.0, 0.0, 1.0, 0.0, 0.0, 0.0, 0.0, 0.0]),
('男大专', [0.0, 0.0, 0.0, 0.0, 0.0, 0.0, 0.0, 0.0, 1.0, 0.0, 0.0, 0.0]),
('男本科', [0.0, 0.0, 0.0, 0.0, 0.0, 0.0, 0.0, 0.0, 0.0, 1.0, 0.0, 0.0]),
('男硕士', [0.0, 0.0, 0.0, 0.0, 0.0, 0.0, 0.0, 0.0, 0.0, 0.0, 1.0, 0.0]),
('男博士', [0.0, 0.0, 0.0, 0.0, 0.0, 0.0, 0.0, 1.0, 0.0, 0.0, 0.0, 0.0]),
('女高中', [0.0, 0.0, 0.0, 0.0, 0.0, 0.0, 1.0, 0.0, 0.0, 0.0, 0.0, 0.0]),
('女中专', [1.0, 0.0, 0.0, 0.0, 0.0, 0.0, 0.0, 0.0, 0.0, 0.0, 0.0, 0.0]),
('女大专', [0.0, 0.0, 1.0, 0.0, 0.0, 0.0, 0.0, 0.0, 0.0, 0.0, 0.0, 0.0]),
('女本科', [0.0, 0.0, 0.0, 1.0, 0.0, 0.0, 0.0, 0.0, 0.0, 0.0, 0.0, 0.0]),
('女硕士', [0.0, 0.0, 0.0, 0.0, 1.0, 0.0, 0.0, 0.0, 0.0, 0.0, 0.0, 0.0]),
('女博士', [0.0, 1.0, 0.0, 0.0, 0.0, 0.0, 0.0, 0.0, 0.0, 0.0, 0.0, 0.0])]


        user_loyalty    user_value
0           38              27
1           32              87
2           38               3
3           30              65
4           26              25


feature by poly:
     1    x0    x1      x0^2    x0 x1    x1^2
0  1.0  38.0  27.0   1444.0  1026.0    729.0
1  1.0  32.0  87.0   1024.0  2784.0   7569.0
2  1.0  38.0   3.0   1444.0   114.0      9.0
3  1.0  30.0  65.0    900.0  1950.0   4225.0
4  1.0  26.0  25.0    676.0   650.0    625.0
```

代码示例中对用户性别和学历两个特征使用笛卡儿特征构建方法，输出了12 个新特征。这 12 个特征包含用户性别与学历的全部组合。基于新构建的特征可以挖掘出男博士偏向于在哪个时间段关注哪些类别、哪些题材的新闻内容；女博士偏向于在哪个时间段关注哪些类别、哪些题材的新闻内容。对这 12 个特征的编码直接使用前面介绍的 One-hot、Hash、Embedding、Word2Vec 等编码技术。代码 5-1 中使用 One-hot 编码技术。

将用户忠诚度和价值度特征送入多项式特征构建方法，设定多项式阶数为2，构造生成了 6 个特征。为了方便理解，没有对元数据进行标准化处理，而是直接使用元数据参与计算，输出前 5 项的结果。

5.2 特征选择

经过特征交叉组合后，有成百上千甚至成千上万特征。从表面上看，这似乎是件好事，但事实并非如此。庞大的特征体系中有些特征是冗余的，有些特征与分类无关，有些特征存在相关性。我们需要从庞大的特征体系中找到有价值的特征，这个过程称为**特征选择**。特征选择就是从原始的 n 个特征中，找出 m（$m < n$）个特征，生成包含这 m 个特征的子集，把这个子集作为机器学习模型训练特征。特征子集中的 m 个特征不是随便找出来的，而是需要满足一定条件：特征子集要能更好定义与用户行为关联性，减少模型训练时间，提升模型训练性能。如何找到这样的特征子集呢？可以从以下 3 种途径入手。

数据统计工具：对原始特征进行数学统计分析，设定规则，将满足规则的特征选择出来，构建特征子集。常用的方法包含方差选择法、相关选择法和卡方检验法。

数学矩阵线性变换：将原始特征数据映射到新的向量空间上。对映射后的向量使用统计工具，例如方差优选法，将满足规则的特征选择出来，构建特征子集。常用的方法是主成分分析。

AI 模型：利用机器学习模型分析数据的分布汇聚特征，自动学习原始特征与目标特征的相关性，将特征按相关程度排序，取排在最前面的特征构建特征子集。常见的方法包含决策树（Decision Tree，DT）、随机森林（Random Forest，RF）和 GBDT 等。

5.2.1　方差选择

如果一个特征标签数据方差接近于 0，说明这个特征的数据变化太小，无法用于区分样本的差异性，对模型训练意义不大。方差分析就是计算特征标签数据的方差，设定一个门限值，选择方差大于门限值的特征参与后续模型训练。特征 $X = (x_1, x_2, \cdots, x_n)$，其数据方差为

$$\sigma^2(X) = \frac{1}{n} \sum_{i=1}^{n} (x_i - \bar{x})^2$$

将 N 个特征的数据方差统计结果写成

$$\{\sigma^2(X_1), \sigma^2(X_2), \sigma^2(X_3), \cdots, \sigma^2(X_N)\}$$

式中，$\sigma^2(X_k)$ 表示第 k 个特征的数据方差。取 $\sigma^2 \geq \text{threshold}$ 的特征构成特征子集。

5.2.2　相关选择

两个特征之间的协方差为 0，说明这两个特征不相关，相互独立；协方差

为正，说明两个特征正相关；协方差为负，说明两个特征负相关。特征选择的目的就是找出对目标特征影响较大的特征，即找出存在较大的相关性的特征。

特征 $\boldsymbol{X} = (x_1, x_2, \cdots, x_n)$ 和 $\boldsymbol{Y} = (y_1, y_2, \cdots, y_n)$ 的协方差为

$$\mathrm{Cov}(\boldsymbol{X}, \boldsymbol{Y}) = E(\boldsymbol{X} - E(\boldsymbol{X}))(\boldsymbol{Y} - E(\boldsymbol{Y}))$$

假定 $\boldsymbol{Y}$ 为目标特征，则可得到 $\boldsymbol{Y}$ 与其他 N 个特征的协方差

$$\{\mathrm{Cov}(\boldsymbol{X}_1, \boldsymbol{Y}), \mathrm{Cov}(\boldsymbol{X}_2, \boldsymbol{Y}), \mathrm{Cov}(\boldsymbol{X}_3, \boldsymbol{Y}), \cdots, \mathrm{Cov}(\boldsymbol{X}_N, \boldsymbol{Y})\}$$

为了剔除特征量纲差异性对计算结果的影响，工程中使用皮尔逊相关系数作为相关选择依据，皮尔逊相关系数的计算方法如下，

$$\rho(\boldsymbol{X}, \boldsymbol{Y}) = \frac{\mathrm{Cov}(\boldsymbol{X}, \boldsymbol{Y})}{\sigma_X \sigma_Y}$$

式中，$\mathrm{Cov}(\boldsymbol{X}, \boldsymbol{Y})$ 表示特征 $\boldsymbol{X}$ 和特征 $\boldsymbol{Y}$ 的协方差，σ_X 表示特征 $\boldsymbol{X}$ 的标准方差，σ_Y 表示特征 $\boldsymbol{Y}$ 的标准方差。

根据计算的皮尔逊相关系数，定义 $(0.8, 1.0]$ 为极强相关，$(0.6, 0.8]$ 为强相关，$(0.4, 0.6]$ 为中等程度相关，$(0.2, 0.4]$ 为弱相关，$[0, 0.2]$ 为极弱相关或不相关。

N 个特征与目标特征 $\boldsymbol{Y}$ 之间的皮尔逊相关系数可写成

$$\boldsymbol{R}_1 = (\rho(\boldsymbol{X}_1, \boldsymbol{Y}), \rho(\boldsymbol{X}_2, \boldsymbol{Y}), \rho(\boldsymbol{X}_3, \boldsymbol{Y}), \cdots, \rho(\boldsymbol{X}_N, \boldsymbol{Y}))$$

矩阵 $\boldsymbol{R}_1$ 的维度为 $1 \times N$。矩阵元素最大值表明这个特征与目标特征的相关性最强，矩阵元素最小值表明这个特征与目标特征的相关性最弱。特征优选时，取相关系数大于 0.4 的特征作为最终优选的特征。如果计算的皮尔逊相关系数小于 0.4 的特征居多，说明设计的特征与目标特征相关性不强，需要优化、改进。

利用皮尔逊相关系数，还可以计算特征与特征之间的相关性。

N 个特征相互间的皮尔逊相关系数可写成

$$\boldsymbol{R}_2 = \begin{pmatrix} 1 & \rho(\boldsymbol{X}_1, \boldsymbol{X}_2) & \ldots & \rho(\boldsymbol{X}_1, \boldsymbol{X}_N) \\ \rho(\boldsymbol{X}_2, \boldsymbol{X}_1) & 1 & \ldots & \rho(\boldsymbol{X}_2, \boldsymbol{X}_N) \\ \vdots & \vdots & & \vdots \\ \rho(\boldsymbol{X}_N, \boldsymbol{X}_1) & \rho(\boldsymbol{X}_N, \boldsymbol{X}_2) & \ldots & 1 \end{pmatrix}$$

矩阵 $\boldsymbol{R}_2$ 属于对称矩阵，矩阵每一行对应一个特征与 N 个特征的皮尔逊相关系数计算结果。数字越大，说明两个特征相关性越强；数字越小，说明两个特征相关性越弱。从相关性较强的特征中选择其中 1 个作为优选特征即可。

优选出来的 m 个特征需要满足：m 个特征相关性弱，但与目标特征 $\boldsymbol{Y}$ 的相关性强。

采用皮尔逊相关系数法建 m 个特征子集的步骤如下。

① 对矩阵 R_1 的元素按从大到小的顺序排序，生成一个队列。

② 假定 $\rho(X_k, Y)$ 排在队列首位。

③ 设置门限值，从矩阵 R_2 中，找到与特征 X_k 相关系数大于门限值的特征序列，如 $\{X_{v1}, X_{v2}, \cdots, X_{vp}\}$，从矩阵 R_1 中删除特征序列 $\{X_{v1}, X_{v2}, \cdots, X_{vp}\}$ 对应的相关值 $\rho(X_{vi}, Y)$。特征 X_k 进入候选子集，将队列元素左移 1，保证仅 $\rho(X_k, Y)$ 移除队列。

④ 返回步骤②，继续循环，直到队列为空。

⑤ 候选子集中的特征就是优选结果。门限值过低，每次循环剔除的特征比较多，可以根据需要调整门限值，回到步骤②重新开始。

5.2.3　卡方检验

卡方检验是以 χ^2 分布为基础的假设检验方法，先做一个无效假设 H_0：观察数据与期望数据没有差别。假设 H_0 成立，基于这个前提计算出 χ^2 值，χ^2 值反映的是测量值与理论值之间的偏离程度。根据 χ^2 分布及自由度确定在假设 H_0 成立的情况下获得当前统计量及更极端情况的概率 P。如果当前统计量大于 P，说明测量值与理论值偏离程度太大，拒绝原定无效假设，否则就不能拒绝原定无效假设。

χ^2 值计算方法为

$$\chi^2 = \sum \frac{(A-E)^2}{E} = \sum_{k=1}^{m} \frac{(A_k - E_k)^2}{E_k}$$

式中，A_k 表示第 k 个测量值，E_k 表示第 k 个理论值。理论值 E_k 是基于假设计算出来的。

卡方检验主要用于表格形式的统计数据检验，解决以下两类问题。

一致性检验：检验一个特征的多个分类是否存在明显统计差异。例如，针对一次新闻推荐行为进行民意调研，看不同年龄段的用户对推荐行为的接受程度是否一致。统计数据如表 5-1 所示。

表 5-1　用户年龄对推荐行为的接受程度统计

	18～30 岁	30～45 岁	45 岁以上	合计
接受推荐行为	142	130	100	372

假设 H_0：不同年龄段用户对推荐行为的接受程度不存在差异。

假设 H_1：不同年龄段用户对推荐行为的接受程度存在差异。

基于假设 H_0，计算本次统计的 χ^2 值为

$$\chi^2 = 7.548$$

统计表的自由度 $\mathrm{df} = 2$，查询 χ^2 分布临界值表，概率 $P = 0.05$ 时 $\chi_g^2 = 5.99$，这里 7.548>5.99，说明假设不成立。

相关性检验：检验多个特征的多个分类是存在关联还是相互独立。例如基于一段时间的推荐活动，探索新闻类别差异性是否影响用户点击行为，即新闻类别与用户点击行为是否存在相关性。统计数据如表 5-2 所示。

表 5-2　新闻类别影响点击行为的统计

新闻类别	产生点击行为	未产生点击行为	总和
科技	34	18	52
财经	30	40	70
军事	15	9	24
合计	79	67	146

假设 H_0：新闻类别与用户点击行为相互独立，不存在相关性。

假设 H_1：新闻类别与用户点击行为之间存在相关性。

基于假设 H_0，计算本次统计的 χ^2 值为

$$\chi^2 = 6.912$$

统计表的自由度 $\mathrm{df} = 2$，查询 χ^2 分布临界值表，概率 $P = 0.05$ 时 $\chi_g^2 = 5.99$，这里 6.912>5.99，说明假设不成立，新闻类别影响用户点击行为。

卡方检验用于相关性检验。χ^2 值越大说明两个特征的相关性越高。

假定新闻推荐系统中构建的特征标签 $X = (X_1, X_2, X_3, \cdots, X_n)$，用户点击行为特征标签为 Y。计算特征标签 X 与 Y 的卡方值 $\chi^2(X_k, Y)$。n 个特征的卡方值为 $\chi^2(X_1, Y), \chi^2(X_2, Y), \chi^2(X_3, Y), \cdots, \chi^2(X_n, Y)$。利用卡方相关性检验，从特征 $X_1, X_2, X_3, \cdots, X_n$ 中找出与 Y 相关性较大的特征，形成特征子集，这就是基于卡方检验实现特征选择的目的。

如果特征 X_k 包含 p 个类别，则构建的数据统计表应该是 p 行 2 列的（$Y = 1$ 对应用户发生点击行为，$Y = 0$ 对应用户没有发生点击行为），自由度 $\mathrm{df} = p - 1$。通过查询 χ^2 分布临界值表可得，n 个特征的概率值为 $P(X_1, Y), P(X_2Y), P(X_3, Y), \cdots, P(X_n, Y)$。这个概率值反映的是支持假设 H_0 成立的概率，概率值越小，说明支持力度越弱。将 n 个特征的概率值从小到大排序，设定一个概率门限值，将概率小于门限值的特征留下，将概率大于门限值的特征剔除，这样就构建了一个特征子集，这个子集中就是我们优选出来的特征。

如果特征 $X_1, X_2, X_3, \cdots, X_n$ 与特征 Y 构建的统计数据表自由度相同，可以直接对 n 个特征的卡方值 $\chi^2(X_1, Y), \chi^2(X_2, Y), \chi^2(X_3, Y), \cdots, \chi^2(X_n, Y)$ 按数值从大到小的顺序排序。设定一个门限值，例如取概率 $P = 0.05$ 时的 χ_g^2 作为门限值，将大于门限值的特征保留，将小于门限值的特征剔除，这样也构建了一个特征子集，这个子集中就是我们优选出来的特征。

5.2.4　主成分分析

在介绍主成分分析（Principal Component Analysis，PCA）之前，先回顾一下矩阵分析中的有关知识。

实数矩阵 A 为 n 阶方阵，若存在一个实数 λ 和一个 n 维列向量 v，满足

$$Av = \lambda v$$

则称 λ 为矩阵的一个特征根，v 为矩阵特征根 λ 对应的特征向量。实数矩阵指的是矩阵中的元素为实数。矩阵的特征值和特征向量具备以下性质。

① n 阶实数矩阵有 n 个实数特征值：$\lambda_1, \lambda_2, \lambda_3, \cdots, \lambda_n$。

② 设 $\lambda_1, \lambda_2, \lambda_3, \cdots, \lambda_k$ 是矩阵 A 互不相同的特征根，则与特征根对应的特征向量 $v_1, v_2, v_3, \cdots, v_k$ 线性无关，即空间上相互垂直。

③ 矩阵 A 是一个 $m \times n$ 的矩阵，则 $A^{\mathrm{T}} A$ 是一个 $n \times n$ 的对称矩阵，拥有 n 个特征根和 n 个相互垂直的标准特征向量。标准特征向量的模为 1，即 $|v_i| = 1$。

④ n 阶对称矩阵可以通过矩阵变换化成对角矩阵，且对角矩阵上的元素即矩阵本身的特征值。

PCA 利用的就是实数矩阵的这几个性质。既然 n 阶实对称矩阵有 n 个相互垂直的特征向量，那么可以通过矩阵变换将现有的 n 个特征向量变换到 n 个相互垂直的特征向量上。然后对映射后的 n 个特征向量使用方差选择法，挑选出方差较大的 k 个向量作为特征子集，送到机器学习模型训练。这样，既实现了特征降维的目的，又保障了特征的相互独立性，提升了后续机器学习的性能，何乐不为。

将特征工程中包含 N 个特征的 M 个样本整理成矩阵形式

$$X = \begin{pmatrix} X_1 \\ X_2 \\ \vdots \\ X_N \end{pmatrix} = \begin{pmatrix} x_{11} & x_{12} & \cdots & x_{1M} \\ x_{21} & x_{22} & \cdots & x_{2M} \\ \vdots & \vdots & & \vdots \\ x_{N1} & x_{N2} & \cdots & x_{NM} \end{pmatrix}$$

式中，每一行对应 1 个特征，M 个样本对应 M 维向量，则向量的协方差矩阵为

$$C(X) = \begin{pmatrix} \mathrm{Cov}(X_1, X_1) & \mathrm{Cov}(X_1, X_2) & \cdots & \mathrm{Cov}(X_1, X_N) \\ \mathrm{Cov}(X_2, X_1) & \mathrm{Cov}(X_2, X_2) & \cdots & \mathrm{Cov}(X_2, X_N) \\ \vdots & \vdots & & \vdots \\ \mathrm{Cov}(X_N, X_1) & \mathrm{Cov}(X_N, X_2) & \cdots & \mathrm{Cov}(X_N, X_N) \end{pmatrix}$$

其中，$\mathrm{Cov}(X_i, X_j) = E(X_i - \overline{X_i})(X_j - \overline{X_j})$，表示两个向量的协方差。如果 $X_i = X_j$，则 $\mathrm{Cov}(X_i, X_i) = \sigma_{X_i}^2$，协方差就是向量 X_i 的方差。如果 $X_i \perp X_j$，则 $\mathrm{Cov}(X_i, X_j) = 0$，两个向量相互独立。显然，矩阵 C 属于 N 阶对称矩阵，具备 N 个特征值，其特征值对应的特征向量相互垂直。

对矩阵 X 中元素执行如下操作，

$$X_i = X_i - \overline{X}_i$$

则，

$$\mathrm{Cov}(X_i, X_j) = E(X_i X_j) = \frac{\sum_{k=1}^{M} x_{ik} \cdot x_{jk}}{M}$$

进一步可得，

$$\frac{1}{M} X \cdot X^{\mathrm{T}} = C(X)$$

令

$$Y = P \cdot X$$

将向量 X 映射到向量 Y，则，

$$\frac{1}{M} Y \cdot Y^{\mathrm{T}} = \frac{1}{M}(P \cdot X)(P \cdot X)^{\mathrm{T}} = P \cdot \frac{1}{M}(X \cdot X^{\mathrm{T}}) \cdot P^{\mathrm{T}}$$

假定矩阵 Y 中行向量相互垂直，则矩阵 Y 中行向量生成的协方差矩阵为

$$\frac{1}{M} Y \cdot Y^{\mathrm{T}} = D(Y) = \begin{pmatrix} \sigma_{Y_1}^2 & 0 & \cdots & 0 \\ 0 & \sigma_{Y_2}^2 & \cdots & 0 \\ \vdots & \vdots & & \vdots \\ 0 & 0 & \cdots & \sigma_{Y_N}^2 \end{pmatrix}$$

这样的话，

$$D(Y) = P \cdot C(X) \cdot P^{\mathrm{T}}$$

也就是说，只需要找到一个矩阵 P，将矩阵 $C(X)$ 变换成对角矩阵，问题就解决了。

矩阵 $C(X)$ 属于 N 阶对称矩阵，N 个特征向量 $\upsilon_1, \upsilon_2, \cdots, \upsilon_n$ 相互正交，矩阵 $C(X)$ 可以转化成对角矩阵，且对角矩阵的元素为矩阵 $C(X)$ 的特征值。由矩阵

特征值和特征向量的定义可知，

$$C(X) \cdot \upsilon_1 = \lambda_1 \cdot \upsilon_1$$
$$C(X) \cdot \upsilon_2 = \lambda_2 \cdot \upsilon_2$$
$$\cdots$$
$$C(X) \cdot \upsilon_n = \lambda_n \cdot \upsilon_n$$

式中，λ_i 表示矩阵 $C(X)$ 的第 i 个特征值，υ_i 为特征值 λ_i 对应的特征向量。整理成矩阵形式如下，

$$C(X) \cdot (\upsilon_1, \upsilon_2, \cdots, \upsilon_n) = (\upsilon_1, \upsilon_2, \cdots, \upsilon_n) \cdot \begin{pmatrix} \lambda_1 & 0 & \cdots & 0 \\ 0 & \lambda_2 & \cdots & 0 \\ \vdots & \vdots & & \vdots \\ 0 & 0 & \cdots & \lambda_n \end{pmatrix}$$

进一步，

$$\begin{pmatrix} \upsilon_1 \\ \upsilon_2 \\ \vdots \\ \upsilon_n \end{pmatrix} \cdot C(X) \cdot (\upsilon_1, \upsilon_2, \cdots, \upsilon_n) = \begin{pmatrix} \upsilon_1 \\ \upsilon_2 \\ \vdots \\ \upsilon_n \end{pmatrix} \cdot (\upsilon_1, \upsilon_2, \cdots, \upsilon_n) \cdot \begin{pmatrix} \lambda_1 & 0 & \cdots & 0 \\ 0 & \lambda_2 & \cdots & 0 \\ \vdots & \vdots & & \vdots \\ 0 & 0 & \cdots & \lambda_n \end{pmatrix}$$

$$\begin{pmatrix} \upsilon_1 \\ \upsilon_2 \\ \vdots \\ \upsilon_n \end{pmatrix} \cdot C(X) \cdot (\upsilon_1, \upsilon_2, \cdots, \upsilon_n) = \begin{pmatrix} \lambda_1 & 0 & \cdots & 0 \\ 0 & \lambda_2 & \cdots & 0 \\ \vdots & \vdots & & \vdots \\ 0 & 0 & \cdots & \lambda_n \end{pmatrix}$$

由于 υ_i 是单位向量，这里 $\upsilon_i \cdot \upsilon_i = 1$，$\upsilon_i \cdot \upsilon_j = 0$，当 $i \neq j$。

所以只需要定义转化矩阵 P 为

$$P = \begin{pmatrix} \upsilon_1 \\ \upsilon_2 \\ \vdots \\ \upsilon_n \end{pmatrix}$$

利用矩阵 P 对向量 X 进行变换，得到

$$Y = P \cdot X$$

且满足

$$\sigma_{Y_i}^2 = \lambda_i$$

这里的 Y 就是我们要找的特征，包含 N 个相互垂直的正交向量。对特征 Y 使用方差选择法，选择方差最大的 K 个特征构成优选子集，实际上就是对 λ_i 按从大到小的顺序排序，选择 Top K 个特征值，将选择出来的特征值对应的特征向量

组成矩阵 P 即可。

使用 PCA 实现特征降维和选择包含以下几步。

① 对向量 X 的每行数据去均值，保证每行数据均值为 0。

② 计算向量 X 的协方差矩阵 $C(X)$。

③ 计算矩阵 $C(X)$ 的特征值和特征向量。

④ 对特征值从大到小排序，取 Top K 个特征值作为优选。

⑤ 将 Top K 个特征值对应的特征向量构建矩阵 P。

⑥ 基于矩阵 P，利用矩阵变换，将向量 X 映射到向量空间 Y。

5.2.5 树模型选择

进入主题之前，先学习一个案例。表 5-3 列出了统计数据，记录了天气、温度、湿度和风速对组织户外运动的影响程度。

假定影响组织户外运动的因素就是天气、温度、湿度和风速，这里天气={晴,阴,雨,雪}，温度={炎热,适中,寒冷}，湿度={高,适中}，风速={强,弱}。

问题：在以下 3 种情况下是否可以组织户外运动？

情况 1：天气=阴，温度=适中，湿度=适中，风速=强。

情况 2：天气=晴，温度=寒冷，湿度=适中，风速=强。

情况 3：天气=雪，温度=寒冷，湿度=适中，风速=强。

这 3 种情况在表 5-3 中没有记录数据,想要从表 5-3 中直接得到判定结果还是很困难的。决策树可以帮助我们从表 5-3 中总结出规律。根据这个规律，对表中没有列出的情况进行预测。图 5.1 所示为一种决策树构建结果。根据绘制的决策树可知，情况 1 和情况 3 不满足组织户外运动的条件，情况 2 满足组织户外运动的条件。

表 5-3　影响组织户外运动的数据记录

序号	天气	温度	湿度	风速	是否可以组织户外运动
1	晴	炎热	高	弱	否
2	晴	炎热	适中	强	否
3	阴	炎热	高	强	否
4	雨	适中	高	强	否
5	雨	寒冷	高	弱	否
6	雪	寒冷	适中	弱	是
7	阴	寒冷	适中	弱	是
8	晴	适中	高	弱	否

续表

序号	天气	温度	湿度	风速	是否可以组织 户外运动
9	晴	寒冷	适中	弱	是
10	雪	适中	适中	弱	是
11	晴	适中	适中	强	是
12	阴	适中	高	弱	是
13	阴	炎热	适中	强	否
14	雪	适中	高	强	否
15	阴	炎热	高	弱	是

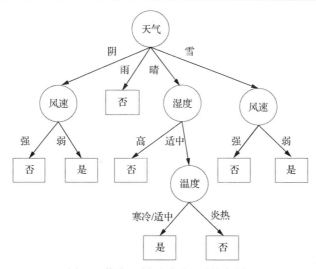

图 5.1　构建影响组织户外运动的决策树

决策树的绘制过程，就是判定条件的执行过程。每一个判定条件对应一个节点。例如图 5.1 中第 1 个判定条件为天气。根据天气特征属性（晴、阴、雨、雪）的分类，将这个节点划分为 4 个分支。决策树中存在以下 3 种类型的节点。

根节点： 第一个节点，即第一个判定条件对应的节点。只有输出。

中间节点： 中间环节判定条件对应的节点。存在输入和输出。

叶子节点： 每个分支的最后一个节点，对应判定结果。只有输入。

中间节点需要根据特征属性继续划分分支，直到无特征可用。决策树上，上一级节点称为父节点，下一级节点称为子节点。一个父节点至少包含一个子节点，一个子节点只有一个父节点。叶子节点不存在子节点。

决策树是一种有监督机器学习算法，能够从无次序的数据中总结出决策规则，并以树的形式将这种规则展现出来。决策树能解决分类问题和回归问题，这里使用决策树解决分类问题，第 15 章将利用决策树解决回归问题。构建决策树类似于绘制流程图，从根节点开始，一级一级向下延展，每一个分支节点本质上就是一个属性特征的 if-then 判断，增加一个分支，对应一次判定处理。决策树上每一个节点使用的属性特征不是任意选择的，而是根据目标函数最优来选择的。感兴趣的读者可以尝试将图 5.1 所示的决策树根节点变更为温度、湿度或风速，重新绘制生成决策树，然后对比绘制的 4 棵决策树在结构上是否一致。常见的决策树生成方法有 ID3、C4.5 和 CART 等。这 3 种决策树生成方法的区别在于节点分支时选择的目标函数不同，ID3 使用信息增益，C4.5 使用信息增益率，CART 使用基尼（Gini）系数。这里只介绍信息增益的概念，帮助读者理解决策树的构建过程，有关信息增益率和基尼系数的知识请参考相关图书学习。

定义集合 $D = \{X_i | i = 1, 2, 3, \cdots, N\}$，包含 N 个元素，元素 X_i 的信息为

$$I(X_i) = -\log_2 P(X_i)$$

式中，$P(X_i)$ 为元素 X_i 的概率。

集合 D 的信息熵就是所有元素信息的数学期望，即加权平均值，记为

$$\text{Ent}(D) = -\sum_{i=1}^{N} P(X_i) \log_2 P(X_i)$$

表 5-3 中，属性字段"是否可以组织户外运动"={是,否}。样本数据中"是否可以组织户外运动"="是"出现 7 种情况，概率为 0.47，"是否可以组织户外运动"="否"出现 8 种情况，概率为 0.53。

集合属性特征"是否可以组织户外运动"的信息熵为

$$\text{Ent}(是否可以组织户外运动) = -\frac{7}{15} \times \log_2 \frac{7}{15} - \frac{8}{15} \times \log_2 \frac{8}{15} \approx 0.997$$

同理，

$$\text{Ent}(天气) = -\frac{5}{15} \times \log_2 \frac{5}{15} - \frac{5}{15} \times \log_2 \frac{5}{15} - \frac{2}{15} \times \log_2 \frac{2}{15} - \frac{3}{15} \times \log_2 \frac{3}{15} \approx 1.909$$

$$\text{Ent}(温度) = -\frac{5}{15} \times \log_2 \frac{5}{15} - \frac{6}{15} \times \log_2 \frac{6}{15} - \frac{4}{15} \times \log_2 \frac{4}{15} \approx 1.566$$

$$\text{Ent}(湿度) = -\frac{8}{15} \times \log_2 \frac{8}{15} - \frac{7}{15} \times \log_2 \frac{7}{15} \approx 0.997$$

$$\text{Ent}(风速) = -\frac{9}{15} \times \log_2 \frac{9}{15} - \frac{6}{15} \times \log_2 \frac{6}{15} \approx 0.495$$

集合信息熵反映的是集合内元素变化的不确定性，是度量集合纯度的一个指标。信息熵越大，说明集合内部元素变化的不确定性越大，集合的纯度越低；信息熵越小，说明集合内部元素变化的不确定性越小，集合纯度越高。只有 1 个元素的集合，其纯度最高，信息熵为 0。

以抛硬币为例，正、反面出现的概率都为 0.5，这个事件的不确定性最大，信息熵为 1。两种情况下概率相等，没有偏重，所以无法确定下一次抛硬币时到底是出现正面还是反面，拿不准、不确定。当一个事件的发生概率为 0 或 1 时，我们很容易确定事件的结果，因为这是一个必然事件，确定性为 1，不确定性为 0，信息熵为 0。

如图 5.1 所示，将属性特征"天气"作为根节点，将表 5-3 分解为 4 张子表，分别是表 5-4、表 5-5、表 5-6 和表 5-7。

表 5-4　影响组织户外运动的数据记录子表 1

序号	天气	温度	湿度	风速	是否可以组织户外运动
1	晴	炎热	高	弱	否
2	晴	炎热	适中	强	否
8	晴	适中	高	弱	否
9	晴	寒冷	适中	弱	是
11	晴	适中	适中	强	是

表 5-5　影响组织户外运动的数据记录子表 2

序号	天气	温度	湿度	风速	是否可以组织户外运动
3	阴	炎热	高	强	否
7	阴	寒冷	适中	弱	是
12	阴	适中	高	弱	是
13	阴	炎热	适中	强	否
15	阴	炎热	高	弱	是

表 5-6　影响组织户外运动的数据记录子表 3

序号	天气	温度	湿度	风速	是否可以组织户外运动
4	雨	适中	高	强	否
5	雨	寒冷	高	弱	否

表 5-7　影响组织户外运动的数据记录子表 4

序号	天气	温度	湿度	风速	是否可以组织户外运动
6	雪	寒冷	适中	弱	是
10	雪	适中	适中	弱	是
14	雪	适中	高	强	否

特征"是否可以组织户外运动"是我们关注的目标要点，计算表 5-4～表 5-7 中"是否可以组织户外运动"集合的信息熵。

表 5-4：$\mathrm{Ent}\left(是否可以组织户外运动 / 天气\right) = -\dfrac{3}{5} \times \log_2 \dfrac{3}{5} - \dfrac{2}{5} \times \log_2 \dfrac{2}{5} \approx 0.971$。

表 5-5: $\mathrm{Ent}($是否可以组织户外运动 / 天气$) = -\dfrac{3}{5} \times \log_2 \dfrac{3}{5} - \dfrac{2}{5} \times \log_2 \dfrac{2}{5} \approx 0.971$。

表 5-6: $\mathrm{Ent}($是否可以组织户外运动 / 天气$) = -\dfrac{2}{2} \times \log_2 \dfrac{2}{2} = 0$。

表 5-7: $\mathrm{Ent}($是否可以组织户外运动 / 天气$) = -\dfrac{1}{3} \times \log_2 \dfrac{1}{3} - \dfrac{2}{3} \times \log_2 \dfrac{2}{3} \approx 0.918$。

这里，$\mathrm{Ent}($是否可以组织户外运动 / 天气$)$ 表示在以"天气"作为划分条件得到的子集中，属性特征"是否可以组织户外运动"的信息熵。天气特征包含 4 个分量，天气={晴,阴,雨,雪}，其在表 5-3 中的概率分别为 $P($晴$) = 0.333$，$P($阴$) = 0.333$，$P($雨$) = 0.133$，$P($雪$) = 0.2$。将"天气"作为划分条件后，特征"是否可以组织户外运动"的信息条件熵为

$$\mathrm{Ent}'(\text{是否可以组织户外运动}) = \dfrac{5}{15} \times 0.971 + \dfrac{5}{15} \times 0.971 + \dfrac{2}{15} \times 0 + \dfrac{3}{15} \times 0.918 \approx 0.831$$

信息条件熵反映的是根据特征分类后的不确定性，信息条件熵越大，说明基于这个特征分类越不稳定；信息条件熵越小，说明基于这个特征分类越稳定，效果越好。

将"天气"属性特征作为分类条件，分类之前"是否可以组织户外运动"的信息熵为 0.997，分类之后"是否可以组织户外运动"的信息条件熵为 0.835。分类操作带来的信息变化量为

$$\mathrm{Ent}(\text{是否可以组织户外运动}) - \mathrm{Ent}'(\text{是否可以组织户外运动}) = 0.997 - 0.831 = 0.166$$

对集合进行分类带来的信息变化量就是信息增益。

表 5-4、表 5-5 和表 5-7 中，"是否可以组织户外运动"特征的信息熵不为 0，所以需要对这 3 张表按属性特征进一步分类划分。图 5.1 中，对表 5-4 按"湿度"属性分类，划分为表 5-8 和表 5-9。表 5-8 中，"是否可以组织户外运动"的信息熵为 0，表 5-9 中"是否可以组织户外运动"的信息熵为 0.918，这一步分类划分的信息增益为 0.053。

表 5-8　影响组织户外运动的数据记录子表 5

序号	天气	温度	湿度	风速	是否可以组织户外运动
1	晴	炎热	高	弱	否
8	晴	适中	高	弱	否

表 5-9　影响组织户外运动的数据记录子表 6

序号	天气	温度	湿度	风速	是否可以组织户外运动
2	晴	炎热	适中	强	否
9	晴	寒冷	适中	弱	是
11	晴	适中	适中	强	是

上述内容阐述了如何计算分类划分带来的信息增益。下面介绍如何利用信息增益来确定决策树的节点特征。

在节点划分之前，决策树确定目标关注特征 B ，然后按每一个属性特征 A_k 去执行分类划分，计算分类划分后的信息条件熵 $\text{Ent}'(B/A_k)$ 。

信息增益等于分类前的信息熵减去分类后的信息条件熵，

$$\text{Gain}(B, A_k) = \text{Ent}(B) - \text{Ent}'(B/A_k)$$

取对应信息增益最大的分类特征 A_m 作为决策树本节点的划分依据。信息增益越大，说明这个特征对分类越有利，属于优选特征。

图 5.1 中使用"天气"作为根节点。根据前面的计算，以"天气"作为根节点进行分类的信息增益为 0.166。

假如以"温度"作为根节点，计算分类划分的信息增益为 0.14。

假如以"湿度"作为根节点，计算分类划分的信息增益为 0.186。

假如以"风速"作为根节点，计算分类划分的信息增益为 0.1862。

以上 4 个数据中，最大值为 0.1862，对应的节点划分条件是"风速"，也就是说，用"风速"作为根节点划分，分类效果最佳。以"风速"作为根节点迭代划分，后续每个节点的特征选取基于对应的信息增益，得到整棵决策树如图 5.2 所示。对比图 5.1 和图 5.2，两种条件下得到的决策树差别还是很大的。利用图 5.2 所示的决策树去回答前面的问题，发现情况 1、情况

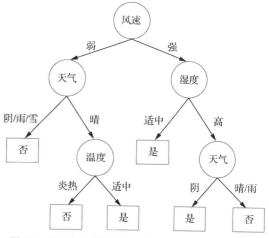

图 5.2　基于信息增益构建影响组织户外运动的决策树

2 和情况 3 都满足组织户外活动的条件。两棵树的预测结果存在差异，主要原因是表 5-3 给出的样本数量太少。

信息增益反映了节点特征的重要性，信息增益越大说明特征越重要，决策分类越有效。决策树上特征越接近根节点，说明特征分类能力越强，特征重要性越高，因为在对应的节点特征上，它的信息增益最大。特征优选时，只需要计算每一个属性特征对应的信息增益，对信息增益从大到小排序，优选排在前面的特征。

基于信息增益构建的决策树，如果某个属性特征没有出现在决策树的节点

上，说明这个特征不重要；如果某个属性特征多次出现在节点上，说明这个特征重要。如图 5.2 所示，属性特征"天气"出现了 2 次，这种情况下属性特征的信息增益为多次分类划分信息增益加权和，加权值为节点所在位置的概率值。节点所在位置的概率值为本节点样本数与总样本数的比，计算公式如下。

$$P_i = \frac{N_{i\_node}}{N_{samples}}$$

式中，P_i 表示第 i 个节点位置的概率；N_{i_node} 表示第 i 个节点位置上的样本数量；$N_{samples}$ 表示总的样本数量。

属性特征 B 在决策树上出现 n 次，对应的节点编号为 $1,2,3,\cdots,n$，则利用属性特征 B 分类带来的信息增益的加权值为

$$\text{Gain}(\boldsymbol{B}) = \sum_{i=1}^{n} P_i \text{Gain}_i(\boldsymbol{B})$$

进一步整理得

$$\text{Gain}(\boldsymbol{B}) = \left(\sum_{i=1}^{n} \left(N_{i\_node} \times G_{i\_node} - \sum_{j=1}^{m} N_{i\_j\_node} \times G_{i\_j\_node} \right) \right) \div N_{samples}$$

式中，$\text{Gain}(\boldsymbol{B})$ 表示属性特征 $\boldsymbol{B}$ 的信息增益加权值；N_{i_node} 表示属性特征 $\boldsymbol{B}$ 在第 i 个节点位置上的样本数量；G_{i_node} 表示属性特征 $\boldsymbol{B}$ 在第 i 个节点位置上的信息增益；$N_{i\_j\_node}$ 表示属性特征 $\boldsymbol{B}$ 在第 i 个节点的第 j 个子节点上的样本数量；$G_{i\_j\_node}$ 表示属性特征 $\boldsymbol{B}$ 在第 i 个节点的第 j 个子节点上的信息增益。

对决策树上所有节点对应的特征计算信息增益加权值，按加权值从大到小排序，取排在前面的 Top K 个特征作为优选特征。

随机森林采用多棵树并行工作方式运行，使用相同的监督数据，采用放回抽样模式，构建每棵决策树的监督数据随机提取，保证树与树之间的样本存在差异，这样决策树之间相互实现了交叉验证。随机森林的本质是构建多棵决策树分别独立工作，最终结果由多棵树投票选举来定，分类效果会优于普通的单棵决策树。

GBDT 采用多棵树串行工作方式运行，不同于随机森林，GBDT 中每一棵树学习的是它之前所有树得出结论的残差，也就是说 GBDT 多棵树运行时前面树的输出结果会影响后面的树，最终结果由多棵树的输出结果累计来定。例如 A 的真实年龄是 18 岁，第一棵树的预测年龄是 12 岁，差了 6 岁，即残差为 6 岁。那么在第二棵树里我们把 A 的年龄设为 6 岁去学习，如果第二棵树真的能把 A 分到 6 岁的叶子节点，那累加两棵树的结论就是 A 的真实年龄；如果第二棵树的结论是 5 岁，则 A 仍然存在 1 岁的残差，第三棵树里 A 的年龄就变成 1 岁，继续学习。

5.2.6 代码示例

1. 基于统计工具的特征选择代码

代码 5-2 提供基于统计工具选择特征的代码示例，包含 4 种处理方法。

函数 max_min_transform()：数据标准化处理。

函数 select_by_variance()：基于方差选择特征，调用 Python 的工具函数 VarianceThreshold()。

函数 select_by_pearson()：基于相关系数选择特征，调用 Python 工具函数 scipy.stats.pearson()。

函数 select_by_chi()：基于卡方检验选择特征，调用 Python 工具函数 SelectKBest() 或 chi2()。

代码 5-2 基于统计工具的特征选择

```
# -*- coding:utf-8 -*-

import pandas as pd
import numpy as np
from scipy.stats import pearsonr
from sklearn.feature_selection import VarianceThreshold, SelectKBest,
f_classif, chi2

class feature_select_by_statics():
  def max_min_transform(self, data):
    for name in data.columns:
      mi = data[name].min()
      ma = data[name].max()
      data[name] = data[name].apply(lambda x: (x - mi) / (ma - mi))
    return data

  def select_by_variance(self,data,threshold):    # 方差选择
    model = VarianceThreshold(threshold=threshold)
    _ = model.fit(data)
    mask = model.get_support()
    result = data.loc[:, mask]
    return result

  def select_by_pearson(self,data,target):    # 相关系数选择
    corr = {}
    for name in data.columns:
      corr[name] = pearsonr(data[name],target)

    result = {}
    for k,v in corr.items():
      if abs(v[0]) >= np.array([k for k in corr.values()]).mean():
```

```python
                result[k] = v
            return result

        def feature_match(self,feature,data):
            data = np.array(data)
            result = []
            for k in range(data.shape[1]):
                dataA = data[:,k]
                for v in range(feature.shape[1]):
                    dataB = feature[:,v]
                    if not (np.linalg.norm(dataA - dataB)):
                        result.append(k)
            return result

        def select_by_chi(self,data,target,count):          # 卡方检验选择
            model = SelectKBest(f_classif, k=count)
            model.fit(data,target)
            score = model.scores_
            Pvalue = model.pvalues_
            model.get_support(indices=True)
            feature = model.transform(data)
            feature = self.feature_match(feature,data)
            return feature


    if __name__ == '__main__':
        selector = feature_select_by_statics()
        feature_selected = []
        data = pd.read_csv('./data/user_processed.csv')
        data = selector.max_min_transform(data)
        target = data['loss_label']
        data = data.iloc[:, 1:11]

        print('feature orginal: \n  count={count} and feature={feature}:
    '.format(count=data.shape[1],feature=[k for k in data.columns]))

        result = selector.select_by_variance(data,0.01)
        print('select by std: \n  count={count} and feature={feature}:
    '.format(count=result.shape[1],feature=[k for k in result.columns]))
        feature_selected.extend(result)

        result = selector.select_by_pearson(data,target)
        print('select by pearson: \n  count={count} and feature={feature}:
    '.format(count=len(result.keys()),feature=result.keys()))
        feature_selected.extend(result)

        feature = selector.select_by_chi(np.array(data).tolist(), target.
    tolist(),count=5)
        orginal_feature = [k for k in data.columns]
```

```
    result = []
    for v in feature:
      result.append(orginal_feature[v])
    print('select by chi2: \n  count={count} and feature={feature}'.
format(count=len(result),feature=result))
    feature_selected.extend(result)
```

代码输出结果如下：

```
feature orginal:
 count=10 and feature=['user_loyalty', 'user_value', 'fee_recent',
'arpu', 'months', 'fee_all', 'fee_avg', 'arpu_avg', 'fee_big800_num',
'month_bigoneyear_num']

select by std:
 count=4 and feature=['user_loyalty', 'user_value', 'fee_big800_num',
'month_bigoneyear_num']

select by pearson:
 count=4 and feature=dict_keys(['fee_recent', 'months', 'fee_all',
'fee_avg'])

select by chi2:
 count=5 and feature=['user_loyalty', 'fee_recent', 'months', 'fee_all',
'fee_avg']
```

代码 5-2 中使用的数据是用户流失特征数据，梳理了 10 个影响用户流失的特征，采用特征选择算法找出对用户流失影响最大的特征。数据集原始特征有 10 个，方差选择输出 4 个，相关系数选择输出 4 个，卡方检验选择输出 5 个。相关系数法和卡方检验法输出的特征清单明细相似度较高。用户忠诚度越高说明用户的黏性越高，越不会流失。用户在平台消费的次数越多、金额越多、最近发生过消费行为且消费金额不低，说明用户对平台越认可，愿意在平台购物消费，流失度应该较低。

2. 基于 PCA 算法的特征选择代码

使用 Python 的 sklearn 工具包完成 PCA 算法处理。

```
sklearn.decomposition.PCA(n_components=None, copy=True, whiten=False)
```

参数说明如下。

n_components：PCA 算法中计划生成的特征个数，即 K 值，默认为 min(样本数,特征数)。令 n_components='mle'，系统使用最大似然估计算法，自动选取特征个数，使其满足所要求的方差百分比。

copy：表示算法运行时是否改变原始训练数据。copy=True，表示原始训练数据的值不会改变，计算工作在副本数据上执行；copy=False，表示原始训练数据的值会改变，计算工作在原始训练数据上进行降维执行。

whiten：True 或 False，表示算法是否启动白化处理，保证特征方差相同。

svd_solver：指定奇异值分解的方法，{'auto', 'full', 'arpack', 'randomized'}。

基于 PCA 算法实现特征选择的代码如代码 5-3 所示。PCA 算法将现有的特征向量映射到新的空间下，新生成的特征向量相互正交，且向量维度低于原来的特征向量维度，这种操作方式既实现了特征降维处理，又实现了特征选择处理。

代码 5-3　基于 PCA 算法的特征选择

```python
# -*- coding:utf-8 -*-

import pandas as pd
import numpy as np
from sklearn.decomposition import PCA

class feature_select_by_pca():
  def matrix_decompos_by_PCA(self,data_df,dim):
    model = PCA(dim)
    news_df = model.fit_transform(data_df)
    reversed_data_df = model.inverse_transform(news_df)
    var_list = model.explained_variance_ratio_

    return news_df,var_list,reversed_data_df

if __name__ == '__main__':
  n_train = 10
  df_train = pd.DataFrame({"f1": np.random.random(n_train),
              "f2": np.random.random(n_train),
              "f3": np.random.random(n_train),
              "f4": np.random.random(n_train),
              "f5": np.random.random(n_train),
              "f6": np.random.random(n_train)})

  selector = feature_select_by_pca ()
  news_data_df, var_list, reversed_data_df = selector.matrix_
decompos_by_PCA(df_train,4)
  print('orginal feature:\n', df_train)

  news_data_df = pd.DataFrame(news_data_df,columns=['v' + str(k) for k
in range(news_data_df.shape[1])])
  print('news_build vector:\n',news_data_df)
  print('new_feature variance:\n',var_list)

  reversed_data_df = pd.DataFrame(reversed_data_df,columns=['f' +
str(k) for k in range(reversed_data_df.shape[1])])
  print('reversed data:\n',reversed_data_df)

    orginal_data = np.array(df_train).reshape(1,-1)
    rebuild_data = np.array(reversed_data_df).reshape(1,-1)
```

```
    error = np.mat(orginal_data - rebuild_data)
    mse = error*error.T/error.shape[1]
    print('MSE is:',mse[0,0])
```

代码输出结果如下：

```
orginal feature:
      f1        f2        f3        f4        f5        f6
0  0.533309  0.650156  0.024285  0.647059  0.006950  0.811833
1  0.804415  0.594467  0.770581  0.530687  0.560561  0.371405
2  0.224722  0.516621  0.574719  0.625200  0.485817  0.676145
3  0.526929  0.666750  0.841874  0.264194  0.008866  0.738104
4  0.672202  0.378354  0.440863  0.585479  0.252117  0.521372
5  0.308139  0.916617  0.121618  0.070127  0.793185  0.357581
6  0.964926  0.148768  0.325178  0.003047  0.156773  0.941812
7  0.265704  0.224763  0.424289  0.392356  0.487410  0.975587
8  0.839079  0.551125  0.206773  0.427345  0.273236  0.525440
9  0.563915  0.570625  0.017816  0.569826  0.285048  0.019170


news_build vector:
       v0        v1        v2        v3
0 -0.052377 -0.312785 -0.228084 -0.376215
1  0.094327  0.196300  0.482859  0.138560
2  0.039417  0.400325 -0.035824 -0.254812
3 -0.334787  0.223939  0.239713 -0.019368
4 -0.065095 -0.089066  0.175870 -0.117583
5  0.611487  0.218390 -0.313318  0.362248
6 -0.596842 -0.297464 -0.129408  0.384840
7 -0.280190  0.311087 -0.347969 -0.090116
8  0.037059 -0.295180  0.064604  0.076222
9  0.547001 -0.355546  0.091558 -0.103775


new_feature variance:
 [0.34188494 0.22112845 0.17205584 0.15011082]


reversed data:
      f0        f1        f2        f3        f4        f5
0  0.490300  0.443062  0.021074  0.657041  0.048985  0.722695
1  0.726236  0.624882  0.794837  0.439199  0.440050  0.318588
2  0.214219  0.583741  0.582640  0.595924  0.439118  0.685969
3  0.628257  0.422989  0.795321  0.437834  0.263963  0.751710
4  0.668766  0.496922  0.450600  0.549869  0.190081  0.550519
5  0.311684  0.787845  0.111096  0.108603  0.860308  0.325780
6  0.974204  0.218053  0.327690 -0.005737  0.135795  0.967647
7  0.259076  0.410024  0.439858  0.335373  0.388774  1.020146
8  0.788781  0.507709  0.217721  0.385455  0.226186  0.474552
9  0.641816  0.723020  0.007158  0.611758  0.316704  0.120843


MSE is: 0.006933725000179481
```

代码 5-3 中 news_build vector 是基于 PCA 算法生成的 4 个特征向量，特征维度由原来的 6 维降到了 4 维。new_feature variance 表示新生成特征的方差分布，方差越大说明数据质量越好。reversed data 基于新生成的特征向量 news_build vector 反变换，目的是与原始特征 orginal feature 对比，比较的均方误差约为 0.0069，说明基于 PCA 算法提取的特征是合理的。

3. 基于树模型的特征选择代码

基于树模型的特征选择代码示例参见代码 5-4，包含 3 种机器学习模型算法。

select_by_DT()：分类决策树算法。

select_by_RF()：随机森林算法。

select_by_GBDT()：GBDT 算法。

3 种树模型特征提取通过计算特征的权重系数来实现，这里调用了 Python 提供的标准函数 sklearn.feature_importances_()，用于查看特征的重要度，根据特征度排序选择重要度高的特征生成特征子集。代码 5-4 中将特征权重的均值作为比较基线。

代码 5-4　基于树模型的特征选择

```python
# -*- coding:utf-8 -*-

import pandas as pd
from sklearn import ensemble
from sklearn.tree import DecisionTreeClassifier

class feature_select_by_AImodel():
  def max_min_transform(self,data):
    for name in data.columns:
      mi = data[name].min()
      ma = data[name].max()
      data[name] = data[name].apply(lambda x: (x - mi) / (ma - mi))
    return data

  def feature_match_importance(self,feature,importance):
    result = []
    medium = importance.mean()
    for k in range(len(feature)):
      if importance[k] > medium:
        result.append(feature[k])
    return result

  def select_by_DT(self,data,target):  # 决策树
    model = DecisionTreeClassifier()
    model.fit(data, target)
    result = self.feature_match_importance(data.columns,model.feature_
importances_)
```

```
                    return result

            def select_by_RF(self, data, target): # 随机森林
                model = ensemble.RandomForestClassifier(n_estimators=30)
                model.fit(data, target)
                result = self.feature_match_importance(data.columns, model.feature_
        importances_)
                return result

            def select_by_GBDT(self,data,target):  #GBDT
                model = ensemble.GradientBoostingClassifier(n_estimators=30)
                model.fit(data, target)
                result = self.feature_match_importance(data.columns,
        model.feature_importances_)
                return result


        if __name__ == '__main__':
            selector = feature_select_by_AImodel()
            feature_selected = []
            data = pd.read_csv('./data/user_processed.csv')
            data = selector.max_min_transform(data)
            target = data['loss_label']
            data = data.iloc[:, 1:11]

            print('feature orginal: \n  count={count} and feature={feature}:
        '.format(count=data.shape[1],feature=[k for k in data.columns]))

            result = selector.select_by_DT(data, target)
            print('feature selected by DT:\n count={count} and  feature={feature}
        '.format(count=len(result),feature=result))
            feature_selected.extend(result)

            result = selector.select_by_RF(data,target)
            print('feature selected by RF:\n count={count} and  feature=
        {feature}'.format(count=len(result),feature=result))
            feature_selected.extend(result)

            result = selector.select_by_GBDT(data,target)
            print('feature selected by GBDT:\n count={count} and  feature=
        {feature}'.format(count=len(result),feature=result))
            feature_selected.extend(result)
```

代码输出结果如下：
feature orginal:
 count=10 and feature=['user_loyalty', 'user_value', 'fee_recent',
'arpu', 'months', 'fee_all', 'fee_avg', 'arpu_avg', 'fee_big800_num',
'month_bigoneyear_num']:

feature selected by DT:
 count=3 and feature=['user_loyalty', 'fee_big800_num',

```
'month_bigoneyear_num']

    feature selected by RF:
     count=3 and feature=['user_loyalty', 'fee_big800_num',
'month_bigoneyear_num']

    feature selected by GBDT:
     count=4 and feature=['fee_recent', 'fee_all', 'fee_avg', 'arpu_avg']
```

从输出结果来看，采用决策树算法和随机森林算法是一样的，GBDT 算法的输出结果不同于这两个算法的输出结果。从工业角度来看，GBDT 算法输出的特征与决策树算法和随机森林算法输出的特征是相关的。GBDT 算法输出的 4 个特征全部表示消费金额，fee_recent 表示最近 1 次消费金额，fee_all 表示用户累计消费金额，fee_avg 表示用户平均消费金额，arpu_avg 表示用户月均消费金额。这几个特征都是计算用户忠诚度特征 user_loyalty 的数据，所以采用 3 个不同 AI 算法选择的特征从业务角度看是一致的。fee_big800_num 表示用户消费金额大于 800 元的次数，month_bigoneyear_num 表示用户每年消费的次数。

用户在平台消费的次数越多、消费金额越多、最近发生过消费行为且消费金额不低，说明用户对平台越认可，愿意在平台购物消费，流失度应该越低。这从业务场景来理解是合理的。

5.3　本章小结

特征交叉组合能增强特征非线性特性，提高机器学习的效果。传统的机器学习算法对特征的依赖性较强，需要人工参与特征交叉组合和特征选择。送入机器学习模型的特征越有代表性，模型学习精度相对越高。在深度神经网络算法中，后一层神经元的输入都是对前一层神经元输出的交叉组合，自动完成了新特征的构建。

本章介绍了两种特征交叉组合方法：特征拼接和线性组合。特征拼接的典型代表是笛卡儿构建，线性组合的典型代表是多项式特征构建。采用特征交叉组合的方式生成的特征数量级倍增，为了降低机器学习模型的计算复杂度，需要对送入机器学习模型的全体特征进行选择。本章介绍了 4 种选择方法：方差选择、相关选择、卡方检验、PCA 和树模型选择。本章详细介绍了每种特征选择方法的原理，代码示例展示了几种特征选择方法在工程实践中的应用。

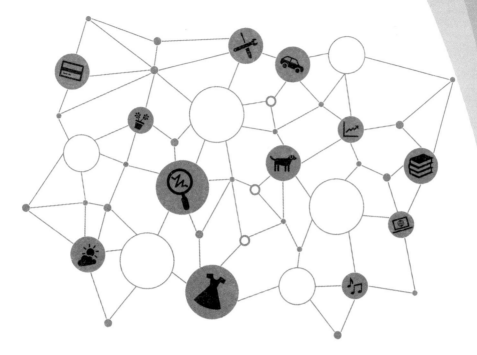

第3部分 召回篇

推荐召回任务按照设定的策略规则，从千万级或上亿级数量的商品中，找到用户可能感兴趣的商品，生成推荐商品候选集。推荐召回的具体实现依赖算法模型。

推荐召回的商品列表需要匹配用户长期兴趣偏好、短期兴趣偏好、当前兴趣偏好和运营管理策略。召回工作可以从商品内容、商品热度、营销策略、用户喜好、用户行为、用户位置等维度出发。为了提高商品召回的速度，召回策略要相对简单，支持一两个特征属性即可。推荐系统通过多路召回融合策略方式实现多维度商品召回。

推荐召回算法是推荐系统建设的核心，算法的性能和复杂度将直接影响推荐系统的最终评价结果。推荐系统对召回阶段提出的指标要求是"广"和"快"。"广"指的是召回策略多，支持从千万级或上亿级数量的商品中找到候选商品。"快"指的是计算速度快，算法模型简单。

## 第6章

机器学习模型

机器学习就是让机器代替人去解析数据、学习知识、学习技能和归纳经验。机器学习建立在数据分析的基础上，挖掘业务场景数据潜在规律和潜在特征，将挖掘出来的数据规律和特征以模型方式保存下来。可调用这个模型实现对业务场景下新数据的推演，以近似于人工的方式解决灵活复杂的业务场景问题。

本章将介绍机器学习的定义、模型训练的数据集、模型构建过程与上线使用。

6.1 机器学习的定义

机器学习就是利用机器学习算法挖掘数据规律，预估未知数据的方法，即通过数据训练出模型，利用模型推演和预测未来的方法。机器学习模型从训练到使用需要经历几个环节。图 6.1 所示为机器学习模型的构建流程，包含模型构建、模型训练、模型测试和模型上线等几个环节。

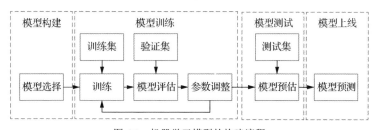

图 6.1　机器学习模型的构建流程

数据集是机器学习的基础，数据集的质量将直接决定模型算法的工作性能。根据数据集中的数据，使用前文介绍的数据处理方法对数据进行处理，生成满足模型需要的数据。对于机器学习模型，可以使用公开的机器学习库和机器学习框架提供的模型，也可以自己编写算法模型。选择好模型后，需要配置模型参数，利用数据集训练模型。模型训练就是对数据规律的归纳、总结。模型训练结束后需要评估模型的效果。模型评估分为离线评估和在线评估。离线评估使用数据集中的数据完成。通常将数据集划分为训练集、验证集和测试集。如果离线评估效果未达到预期目标，需要调整模型参数和改进模型算法重新训练，直到模型离线评估效果达到预期目标。将训练好的模型保存下来。在业务场景中使用模型时，装载模型并调用即可。

机器学习主要分为有监督学习和无监督学习。

6.1.1　有监督学习

有监督学习的数据集中包含状态结果特征标签，定义为输出特征标签。有监督学习从给定的训练数据中挖掘数据规律，建立输入特征数据与输出特征标签之间的函数关系（数据模型），当新的数据到来时，利用这个函数预测结果。

训练集 D 包含 n 项输入特征数据和至少 1 项输出特征标签，

$$D = \{X_1, X_2, X_3, \cdots, X_n, Y\}$$

这里，X_i 为输入特征数据，Y 为输出特征标签。将训练集中的 (X_i, Y_i) 送入机器学习模型，学习输入特征数据 X_i 与特征 Y_i 之间的函数关系，即

$$Y = f(X_1, X_2, X_3, \cdots, X_n)$$

常见的有监督学习算法有：线性回归算法、逻辑回归算法、朴素贝叶斯分类、最小二乘回归、决策树、支持向量机、BP 神经网络算法等。

在有监督学习中，根据输出特征的数据类型划分问题如下。

分类（Classification）问题：输出特征标签 Y 为有限个数据的离散值，简单理解为有限个"桶"。机器学习的目的就是将输入特征数据 X 分到不同的"桶"里。

回归（Regression）问题：输出特征标签 Y 为连续数据值。机器学习目的就是建立输入特征数据 X 与输出特征标签 Y 的拟合曲线。

6.1.2　无监督学习

无监督学习的输入数据没有被事先标注，也没有对应的结果，需要模型算法自己去挖掘和发现数据规律。例如通过计算样本之间的空间距离，将距离相

近的样本分到一个组，解决数据分组的问题。无监督学习只有输入特征数据，没有输出特征标签，需要算法模型自己挖掘和总结规律。

无监督学习数据集 D 包含 n 项数据，

$$D = \{X_1, X_2, X_3, \cdots, X_n\}$$

这里，X_i 为输入特征数据，没有有监督学习的输出特征标签 Y 与之对应。将数据 X_i 送入机器学习模型，模型会挖掘、分析、总结输入特征数据 X_i 潜在的关系，如相关性。

常见的无监督学习算法有 K 均值（K-means）聚类算法、层次聚类算法、Apriori 算法、PCA 算法、矩阵分解算法、深度学习算法等。

图 6.2 所示为机器学习领域分类算法、回归算法和聚类算法应用示意。分类算法根据设定的规则将数据分配到不同的组。回归算法拟合数据的变化趋势。聚类算法分析数据的中心分布特征。分类算法属于有监督学习算法，因为预先知道数据类别。聚类算法属于无监督学习算法，因为事先不知道数据的类别，聚类算法本身要解决的问题是自动挖掘数据的中心分布特征，根据中心分布特征将数据分簇。

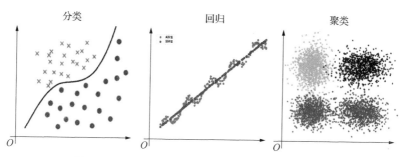

图 6.2　数据的分类算法、回归算法、聚类算法应用示意

6.2　数据集

推荐算法使用数据集训练模型和验证模型算法性能，数据集的质量将直接影响模型性能。数据集包含的内容与推荐算法密切相关。有的推荐算法只需要用户行为数据，有的推荐算法需要用户特征数据，有的推荐算法需要商品特征数据。在工程实践中，具体要准备哪些数据需要与算法工程师沟通。模型训练需要哪些数据，就准备哪些数据。可以使用本书前 3 章介绍的方法获得用户特征数据和商品特征数据。用户行为数据需要基于用户行为记录整理。

6.2.1 常用公开数据集

常用公开数据集有 MovieLens、Last.fm、Retailrocket、TIANCHI 和 Mind。有些数据集已经划分为训练集、验证集和测试集。

MovieLens：一个用于推荐电影的数据集。该数据集包含多用户对多部电影的评价数据、电影基本信息数据和用户基本信息数据。根据数据的规模，MovieLens 按数据记录总量分为 100 KB、1 MB、10 MB、20 MB、25 MB 以满足不同数据规模的模型训练要求。这里，1 MB 数据集包含 6040 个用户对 3900 部电影的大约 100 万次评分；20 MB 数据集包含 138493 个用户对 27278 部电影的大约 2000 万次评分和 46 万个标签。

Last.fm：一个用于推荐音乐的数据集。该数据集包含超过 120000 名用户创建的超过 10 亿个音乐收听事件。该数据集记录了每个用户最喜欢的艺术家列表和所喜欢艺术家音乐的播放次数，还包含用户对艺术家打的标签。

Retailrocket：一个电商平台的用户行为数据集。该数据集包含 4 个半月内用户访问的行为数据，用户行为包括点击、添加购物车和购买等环节，涉及 1407580 位用户对商品的 2756101 次交互行为，其中包括 2664312 次点击、69332 次添加购物车及 22457 次购买行为。

TIANCHI：天池竞赛数据集，用于新闻推荐。其中数据是来自某新闻 App 平台的用户交互数据，包括 30 多万名用户对超过 36 万篇新闻文章的近 300 万次点击行为，同时提供每篇新闻文章的特征向量。

Mind：微软亚洲研究院发布的一个用于新闻推荐的数据集。其中的数据来自 Microsoft News 用户的行为日志。该数据集包含约 100 万名用户与约 16 万篇文章的交互行为，每位用户的点击行为多于 5 次，同时包含每篇新闻文章的特征信息和特征向量。Mind 数据集数据规模很大，数据信息丰富，对提升模型性能帮助很大。

互联网上类似的数据集还有很多，读者可以根据自己的喜好去搜索和整理。由于数据集来源于不同的业务场景，在使用上要注意。

6.2.2 在线构建数据集

推荐系统需要自己构建数据集，以满足算法模型的训练需要。推荐系统在离线召回、近线召回和在线召回阶段使用的算法模型都需要事先训练好。离线召回算法模型以天为时间间隔进行训练，每天训练一次，训练使用的数据为系统当天活跃用户的行为数据。近线召回算法模型以秒或分钟为时间间隔进行训练，训练使用的数据为系统当前几秒或几分钟内活跃用户的行为数据。在线召回算法模型以秒为时间间隔进行训练，训练使用的数据为系统当前几毫秒或几秒内活跃用户的行为数据。推荐系统需要在线构建算法模型训练集。

推荐系统通过 App 埋点技术获得用户行为数据，其结果如下所示。这里给出了前 5 行数据，采用 Python 的 Dataframe 格式保存。

```
   userid   newsid         timestamp   click ... comment share  rate label
0  U228430  N101775  2019-10-20 13:26:11  1.0 ...    1.0   0.0   6.5  1.0
1  U471181  N48149   2019-10-21 05:45:18  1.0 ...    1.0   1.0  10.0  1.0
2  U167257  N76810   2019-10-31 10:47:22  1.0 ...    1.0   0.0   7.0  1.0
3  U427488  N120756  2019-10-14 04:47:52  1.0 ...    1.0   1.0   8.0  1.0
4  U510442  N77651   2019-10-22 09:46:36  1.0 ...    0.0   1.0   4.5  1.0
```

用户行为数据表主要字段包括 userid（用户编号）、newsid（新闻编号）、timestamp（时间戳）、click（点击）、expose（曝光）、browse（浏览）、up（点赞）、down（踩）、follow（关注）、comment（跟帖）、share（转发）、rate（评分）、label（标签）等。系统维护管理这张数据表，实时更新，按小时或按天生成新的表。

模型训练使用的数据来自用户过去的访问记录。推荐系统会对过去一段时间的访问记录数据进行合并。这里的一段时间可以是 1 秒、1 分钟、1 小时、1 天、1 周、1 个月、1 个季度等，需要具体结合业务场景考虑。考虑到用户兴趣偏好存在时间衰减特性，对隔天的用户行为数据进行合并时需要将衰减因子融入 rate 数据。

表 6-1 列出用户-商品行为数据集示例，包含 5 个字段：userid、itemid、rate、label 和 timestamp。这里 userid 表示用户编号，itemid 表示商品编号，rate 表示用户对商品的评分，label 表示用户点击行为标识，timestamp 表示用户行为发生的时间。用户对商品产生过点击行为，label=1，rate=评分值；用户没有对商品产生过点击行为，label=0，rate=0。

表 6-1　用户-商品行为数据集示例

索引	userid	itemid	rate	label	timestamp
1	U3792	N1030	54	1	1507029571478
2	U1793	N2395	90	1	1507030097806
3	U4055	N1525	0	0	1507029584077
4	U2063	N3360	30	1	1507029769607
5	U4780	N280	0	0	1507029932370

······

　　我们把 label=1 对应的样本定义为正样本，把 label=0 对应的样本定义为负样本。正样本指的是用户发生点击行为的记录，负样本指的是用户没有发生点击行为的记录。为满足算法训练对精度的要求，数据集中对正、负样本数量有一定要求，正、负样本数量比值不能太大也不能太小，算法训练阶段可以调整该比值，生成具有不同比值的训练集。有些算法模型对训练集中正、负样本数量比值比较敏感。

　　基于用户行为数据在线构建模型训练集的代码如代码 6-1 所示。

代码 6-1　　在线构建模型训练集

```python
# -*- coding:utf-8 -*-

import random
from math import floor
import pandas as pd
import numpy as np
from datetime import timedelta, date, datetime

class create_training_dataset():
    def create_date_list(self,date_start,delta_day): # 生成历史时间周期序列
        date_end = date_start - timedelta(days=delta_day)
        date_start = self.date_format(date_start)
        date_end = self.date_format(date_end)
        date_list = [date.strftime(x, '%Y%m%d') for x in list(pd.date_
range(start=date_end, end=date_start))]
        return date_list

    def date_format(self,data_date):      # 日期数据格式化
        date_tail = str(data_date).split(' ')
        date_tail = date_tail[0].split('-')
        date_tail = date_tail[0] + date_tail[1] + date_tail[2]
        return date_tail

    def user_perfer_fade(self,date_today,date_list): # 用户兴趣偏好衰减特征
        alfa = 0.2
        delta_t = (date_today - date_list).days
        return round(1.0 / (1 + alfa * delta_t),5)

    def load_user_action_profile(self,date_list,date_today):  #合并用户行
为数据
        user_action_profile = pd.DataFrame()
        for k in date_list:
            weight = self.user_perfer_fade(date_today,datetime.strptime(k,
'%Y%m%d'))
            user_action_df = pd.read_csv('./dataset/item_action_profile_' +
k + '.csv')
```

```
        user_action_df['rate'] = user_action_df['rate'].apply(lambda X:
weight*X)
            temp = user_action_df[['newsid', 'userid', 'rate','label']]
            user_action_profile = user_action_profile.append(temp,
ignore_index=True)
            user_action_profile = user_action_profile[['newsid', 'userid',
'rate','label']]
        return user_action_profile

    def get_group_by_label(self,data_df):  # 根据正、负样本数量的比值，生成数
据集
        ratio = 1

        action_profile = data_df[data_df['label'] == 1]
        user_all = list(set(action_profile['userid']))
        item_all = list(set(action_profile['newsid']))

        group_label_one = action_profile
        group_label_zero = pd.DataFrame()
        for user in user_all:
          data = action_profile[action_profile['userid'] == user]
          item_clicked = list(data['newsid'])
          item_unclicked = list(set(item_all) - set(item_clicked))

          samples = random.sample(item_unclicked,len(item_clicked) * ratio)
          label_zero = pd.DataFrame(columns=['userid','newsid','rate',
'label'])
          label_zero['newsid'] = samples
          label_zero['userid'] = user
          label_zero['rate'] = 0.0
          label_zero['label'] = 0
          group_label_zero = pd.concat([group_label_zero,label_zero],
ignore_index=True)

        group_label_one = group_label_one.reindex(np.random.permutation
(group_label_one.index))
        group_label_zero = group_label_zero.reindex(np.random.
permutation(group_label_zero.index))

        group_label_one.reset_index(drop=True)
        group_label_zero.reset_index(drop=True)
        return group_label_one,group_label_zero

    def build_training_data_from_action_list(self):  # 构建训练集
        date_start = datetime.now()
        date_index = self.create_date_list(date_start,delta_day=7)
        user_action_df = self.load_user_action_profile(date_index,
date_start)

        group_label_1, group_label_0 = self.get_group_by_label
```

```
(user_action_df)
        group_label_1 = pd.concat([group_label_1, group_label_0], axis=0,
ignore_index=True, sort=True)
        group_label_1 = group_label_1.reindex(np.random.permutation
(group_label_1.index))
        group_label_1 = group_label_1.reset_index(drop=True)

        group_label_1 = group_label_1[['userid','newsid','rate','label']]
        group_label_1.to_csv('./dataset/user_news_rate.csv',index=False)
        print('finished to build dataset successfully! ')


    if __name__ =='__main__':
      dataset = create_training_dataset()
      dataset.build_training_data_from_action_list()
```

代码输出结果如下：

```
start to process user behavior log with date : ['20210825', '20210824']
Positive Samples: 114837
Negative Samples: 114837
Dataset Samples:
    userid      newsid      rate        label
0   U479063     N5876       5.416645    1.0
1   U552550     N88258      0.000000    0.0
2   U673063     N44584      7.499970    1.0
3   U216690     N129459     7.499970    1.0
4   U330371     N49861      0.000000    0.0
5   U18850      N80381      0.000000    0.0
6   U426783     N39160      0.000000    0.0
7   U264091     N119757     6.249975    1.0
8   U339932     N107181     7.499970    1.0
9   U494339     N93366      6.500000    1.0
finished to build dataset successfully!
```

6.2.3 数据集划分

算法模型需要经过构建、训练和测试 3 个阶段，性能评估合格才能上线使用。为了满足不同阶段模型验证的需要，将构建的数据集划分为训练集、验证集和测试集。训练集用于模型构建；验证集用于在模型构建过程中评估模型，为调整模型参数提供支持；测试集用于对训练好的模型评估工作性能。

数据集划分通常采用以下 3 种方法：留出（Hold-out）法、K 折交叉验证（K-fold Cross Validation）法、自助（Bootstrap）法。

将用户行为数据集标定为 D，它包含 M 条样本记录，(U,I,R,L_j) 表示第 j 条行为记录数据，U 对应用户编号，I 对应商品编号，R 对应用户评分，L 对应点击标识。

$$D = \left\{ (U,I,R,L)_1, (U,I,R,L)_2, \cdots, (U,I,R,L)_M \right\}$$

1. 留出法

留出法就是把数据集 D 划分为两个互斥的集合 S 和 T，满足 $D = S \cup T$，且 $S \cap T = \varnothing$。数据集 S 用于训练，数据集 T 用于测试。需要注意的是，划分出的 S 和 T 中正样本和负样本分布要均衡。数据集 D 中正、负样本数量的比值为 $1:1$，则划分出来的 S 和 T 中正、负样本数量也尽可能保持这个比值。

由于比值固定，随机从数据集 D 中提取数据生成 S 和 T，每次提取结果不同，导致模型训练后期评估结果存在差异。工程上，通常采用多次随机划分方式划分数据集，模型最终评价结果使用多次结果的平均值。

2. K 折交叉验证法

K 折交叉验证法将数据集 D 划分为 K（$K \le M$）个子集，满足 $D = D_1 \cup D_2 \cup \cdots \cup D_i \cup \cdots \cup D_K$，且 $D_i \cap D_j = \varnothing$，$i \ne j$。数据集 D_i 中正、负样本分布一致。模型训练时，将 $K-1$ 个数据子集作为训练集 S，将剩下的 1 个子集作为测试集 T。这种操作方式用于对模型进行 K 次训练，得到 K 次评估结果。最终将 K 次评估结果平均值作为模型的最终评估结果。

数据集 D_i 中的数据是从数据集 D 中提取出来的，根据提取方式的不同，测试集存在 $\mathrm{floor}(M/K)$ 种可能。每次数据集划分采用随机取值方式，且满足数据分布的一致性要求，所以一次划分可以满足验证要求。

3. 自助法

自助法采用放回重复随机提取方式生成测试集，这一点与留出法和 K 折交叉验证法的测试集生成方式不同。自助法从数据集 D 中随机选择 1 个样本，将其作为训练集 S 的元素，然后将这个元素放回数据集 D。有放回地重复选择 P 次，就生成了包含 P 个元素的训练集 S。将样本数据 $D-S$ 作为测试集 T，测试集数据元素有 $M-P$ 个。

计算分析可得，当 P 趋于无限时，样本在 P 次随机选择中都没有被选中的概率为 0.368，说明用这种方式实现样本划分是有效的。当数据集 D 中元素不多时，这种划分方式比较有效。随机森林算法就是使用自助法挑选决策树特征的。

4. 代码示例

工程实践中，对于数据集的划分可以采用如下原则。

● 样本数据集（样本数量千万级）采用自助法划分训练集和测试集。样本数量不够多时，可以不划分验证集。

- 样本数据集（样本数量百万级），划分比例的意义不大，只要保证验证集和测试集样本数量足够多就行。通常验证集包含 1 万～2 万条数据，测试集包含 1 万～2 万条数据，其他的都划分到训练集。
- 样本数据集（样本数量万级），采取 6∶2∶2 方式划分，训练集占比为 60%，验证集占比为 20%，测试集占比为 20%。也可以先划出 30%作为测试集，再划出另外 70%作为训练集，不划分验证集。

Python 中的 sklearn.model_selection.train_test_split()函数用于按比例划分训练集和测试集，其参数 test_size 表示测试样本的占比，通常可以设 test_size 为 0.2～0.4。

Python 中的 sklearn.model_selection.KFold()用于实现 K 折交叉验证法，可通过设置参数 n_splits，将数据集划分成训练集和测试集。通常，设定 n_splits 为 5,10,20。

基于 python.sklearn 工具包进行数据集划分的 3 种方式代码示例如代码 6-2 所示。

代码 6-2　数据集划分

```python
# -*- coding:utf-8 -*-

import random
from math import floor
import pandas as pd
import numpy as np
from sklearn.model_selection import train_test_split, KFold

class dataset_split():
  def __init__(self):
    self.user_rate_set = None

  def get_user_rate_dataset(self):    # 读取训练集
        self.user_rate_set = pd.read_csv('./dataset/user_news_rate.csv')
    user_all = list(set(self.user_rate_set['userid']))
    item_all = list(set(self.user_rate_set['newsid']))

    print('数据集 样本总数: ', self.user_rate_set.shape[0])
    print('数据集 用户数: {user} 新闻数量: {item} : '.format(user=len
(user_all),item=len(item_all)))

  def split_by_holdout(self,train_size):    # 留出法
        sample_x = self.user_rate_set[['userid', 'newsid', 'rate']]
```

```
        label_y = self.user_rate_set['label']

        X_train, X_test, Y_train, Y_test = train_test_split(sample_x, label_y,
random_state=0, train_size=train_size)
        sample_train = pd.concat([X_train,Y_train],ignore_index=True,
axis=1)
        sample_test = pd.concat([X_test,Y_test],ignore_index=True,axis=1)

        columns_index = ['userid', 'newsid', 'rate','label']
        sample_train.columns = columns_index
        sample_test.columns = columns_index
        return sample_train,sample_test

    def split_by_kfold(self,group_num):      # K 折交叉验证法
            samples_index = self.user_rate_set.index.tolist()
        kf = KFold(n_splits=group_num)
        i = 1
        sample_dict = {}
        for train_index, test_index in kf.split(samples_index):
          AB = {
            'train_index': train_index,
            'test_index': test_index
            }
          sample_dict[str(i)] = AB
          i += 1
        return sample_dict

    def split_by_bootstrap(self,train_size):      # 自助法
            samples_index = self.user_rate_set.index.tolist()
        train_index = []
        sample_dict = {}
        i = 1
        for k in range(floor(len(samples_index) * train_size)):
          train_index.append(random.sample(samples_index,1)[0])
        test_index = list(set(samples_index) - set(train_index))
        AB = {
         'train_index': train_index,
         'test_index': test_index
         }
        sample_dict[str(i)] = AB
        return sample_dict


 if __name__ =='__main__':
    spliter = dataset_split()
    spliter.get_user_rate_dataset()

    sample_train,sample_test = spliter.split_by_holdout(train_size=0.7)
    print('留出法划分结果: \n')
```

```
print('训练样本长度: ', sample_train.shape[0])
print('测试样本长度: ', sample_test.shape[0])
print('训练样本:\n ', sample_train.head(5))
print('测试样本:\n ', sample_test.head(5))

sample_dict = spliter.split_by_bootstrap(train_size=0.7)
print('自助法划分结果: \n')
for k in sample_dict.keys():
  train_index = sample_dict[k]['train_index']
  test_index = sample_dict[k]['test_index']
  sample_train = spliter.get_user_rate_by_index(train_index)
  sample_test = spliter.get_user_rate_by_index(test_index)

  print('第 {} 组 '.format(k))
  print('训练样本长度: ', sample_train.shape[0])
  print('测试样本长度: ', sample_test.shape[0])
  print('训练样本:\n ', sample_train.head(5))
  print('测试样本:\n ', sample_test.head(5))

  sample_dict = spliter.split_by_kfold(group_num=5)
print('K折交叉验证法划分结果: \n')
for k in sample_dict.keys():
  train_index = sample_dict[k]['train_index']
  test_index = sample_dict[k]['test_index']
  sample_train = spliter.get_user_rate_by_index(train_index)
  sample_test = spliter.get_user_rate_by_index(test_index)

  print('第 {} 组 '.format(k))
  print('训练样本长度: ', sample_train.shape[0])
  print('测试样本长度: ', sample_test.shape[0])
  print('训练样本:\n ', sample_train.head(5))
  print('测试样本:\n ', sample_test.head(5))
```

代码输出结果如下：

数据集 样本总数： 20000

数据集 用户数：7826 新闻数量：2715

留出法划分结果：

训练样本长度： 14000

测试样本长度： 6000

训练样本：

```
        Userid      newsid      rate    label
8226    U225588     N119821     5.5     1.0
9398    U261734     N69289      4.5     1.0
11646   U286341     N24648      0.0     0.0
12193   U106433     N99329      7.0     1.0
18601   U629458     N90568      0.0     0.0
```

测试样本：

	Userid	newsid	rate	label
19134	U161737	N84999	5.5	1.0
4981	U693863	N77312	9.0	1.0
16643	U384662	N99087	0.0	0.0
19117	U506604	N74703	6.0	1.0
5306	U51406	N118762	0.0	0.0

自助法划分结果：

第 1 组

训练样本长度：14000

测试样本长度：9961

训练样本：

	Userid	newsid	rate	label
0	U15762	N55886	9.0	1.0
1	U467065	N103671	0.0	0.0
2	U435271	N35800	10.0	1.0
3	U65712	N39462	4.5	1.0
4	U631123	N87446	0.0	0.0

测试样本：

	userid	newsid	rate	label
0	U477544	N21471	0.0	0.0
1	U70944	N29379	0.0	0.0
2	U708322	N97352	8.0	1.0
3	U435547	N81071	9.0	1.0
4	U252488	N46477	10.0	1.0

K 折交叉验证法划分结果：

第 1 组

训练样本长度：16000

测试样本长度：4000

训练样本：

	userid	newsid	rate	label
0	U281778	N109506	10.0	1.0
1	U372030	N32245	5.5	1.0
2	U474093	N125741	0.0	0.0
3	U321517	N118602	5.5	1.0
4	U710942	N63295	4.5	1.0

测试样本：

	userid	newsid	rate	label
0	U477544	N21471	0.0	0.0
1	U634593	N123264	0.0	0.0
2	U382153	N39298	0.0	0.0
3	U70944	N29379	0.0	0.0
4	U522877	N32831	4.5	1.0

第 2 组

...

```
第 5 组
训练样本长度: 16000
测试样本长度: 4000
训练样本:
    userid    newsid    rate    label
0  U477544   N21471    0.0     0.0
1  U634593   N123264   0.0     0.0
2  U382153   N39298    0.0     0.0
3  U70944    N29379    0.0     0.0
4  U522877   N32831    4.5     1.0
测试样本:
    userid    newsid    rate    label
0  U303738   N90273    9.0     1.0
1  U525981   N69386    5.5     1.0
2  U194868   N25524    7.0     1.0
3  U319170   N79283    4.5     1.0
4  U516681   N121551   0.0     0.0
```

6.2.4　生成训练集

生成用户行为数据后，需要将其划分为训练集和测试集。代码 6-3 为测试数据集的生成与划分示例。为了避免推荐算法重复挖掘用户的行为记录，在训练集生成时，要额外完成以下工作。

create_user_item_matrix()：挖掘用户的点击记录，生成用户-新闻点击列表，生成新闻-用户点击列表。

get_dataset_train()：读取训练测试集数据。

get_dataset_test()：读取验证测试集数据。

get_user_item_matrix()：读取用户-新闻点击列表。

get_item_user_matrix()：读取新闻-用户点击列表。

get_user_item_unclicked_matrix()：读取用户推荐候选新闻列表。

代码 6-3　测试数据集的生成与划分

```python
def create_user_item_matrix(dataset):        # 生成用户的点击记录
    user_item_dict = {}
    item_user_dict = {}
    dataset = dataset[dataset['label'] == 1]
    index = list(dataset.index.values)
    for k in index:
        data = dataset.loc[k]
        user_id = data['userid']
        item_id = data['newsid']
        score = data['rate']
```

```
        temp_A = (item_id, score)
        if user_id not in user_item_dict:
            user_item_dict[user_id] = [temp_A]
        else:
            user_item_dict[user_id].append(temp_A)

        temp_B = (user_id, score)
        if item_id not in item_user_dict:
            item_user_dict[item_id] = [temp_B]
        else:
            item_user_dict[item_id].append(temp_B)


    return user_item_dict,item_user_dict

def training_dataset_split():      # 读取并拆分训练集
    path = os.path.dirname(__file__)
    user_rate_set = pd.read_csv(path + '/dataset/user_news_rate.csv')
    user_rate_set, data_test = train_test_split(user_rate_set,
random_state=0, train_size=0.2)
    data_sample = user_rate_set[['userid', 'newsid', 'rate','label']]
    data_train, data_test = train_test_split(data_sample, random_state=0,
train_size=0.8)


    user_item_dict_clicked,item_user_dict_clicked = create_user_item_
matrix(data_train)

    user_unclicked_item_dict = {}
    for user in user_item_dict_clicked.keys():
        user_clicked_item = [k[0] for k, v in user_item_dict_clicked[user]]
        user_unclicked_item_dict[user] = list(set(data_sample['newsid'].
values) - set(user_clicked_item))

    filename = path + '/dataset/user_item_clicked.json'
    json.dump(user_item_dict_clicked, open(filename, 'w'))

    filename = path + '/dataset/item_user_clicked.json'
    json.dump(item_user_dict_clicked, open(filename, 'w'))

    filename = path + '/dataset/user_item_unclicked.json'
    json.dump(user_unclicked_item_dict, open(filename, 'w'))

    data_test.to_csv(path + '/dataset/user_item_rate_test.csv')
    data_train.to_csv(path + '/dataset/user_item_rate_train.csv')

    print('split dataset into training and test successfully')

def get_user_item_matrix():      # 读取用户点击记录
```

```
        path = os.path.dirname(__file__)
    filename = path + '/dataset/user_item_clicked.json'
    user_item_dict = json.load(open(filename, 'r'))
    return user_item_dict

def get_item_user_matrix():      # 读取新闻点击记录
        path = os.path.dirname(__file__)
    filename = path + '/dataset/item_user_clicked.json'
    item_user_dict = json.load(open(filename, 'r'))
    return item_user_dict

def get_user_item_unclicked_matrix():      # 读取新闻候选集
        path = os.path.dirname(__file__)
    filename = path + '/dataset/user_item_unclicked.json'
    user_item_unclicked_dict = json.load(open(filename, 'r'))
    return user_item_unclicked_dict

def get_dataset_train():      # 读取训练集
        path = os.path.dirname(__file__)
    filename = path + '/dataset/user_item_rate_train.csv'
    data_train = pd.read_csv(filename)
    return data_train

def get_dataset_test():      # 读取验证集
        path = os.path.dirname(__file__)
    filename = path + '/dataset/user_item_rate_test.csv'
    data_test = pd.read_csv(filename)
    return data_test

if __name__ =='__main__':
    training_dataset_split()
        get_dataset_train()
        get_dataset_test()
        get_user_item_matrix()
        get_item_user_matrix()
        get_user_item_unclicked_matrix()
```

6.3 模型训练

配置好模型使用的参数，调用模型 API 函数即可启动模型训练。规范管理将模型定义为类，类包含与模型有关的成员函数，成员函数可完成设定的任务。

下面是 sklearn 库中逻辑回归模型的几个成员函数的调用。

from sklearn.linear_model import LogisticRegression：将逻辑回归模型导

入工程。

self.LR_model = LogisticRegression(param)：定义一个逻辑回归模型，配置模型参数为 param。

self.LR_model.fit(X, Y)：启动逻辑回归模型进行训练，函数参数 X 为输入特征，Y 为输出特征。

Y = self.LR_model.predict(X)：启动模型预测工作，输出 0/1。

Y_proba = self.LR_model.predict_proba(X)：启动模型预测工作，输出 0/1 的概率值。

self.LR_model.save(path)：保存模型到 path 指定路径。

6.4　模型保存

模型训练结束后自动保存在内存中，程序退出或服务器发生故障时，保存在内存中的模型自动消失。想使用模型时，需要重新训练。通常，我们把训练好的模型保存在硬件资源上，做持久化处理。软件服务启动时，自动加载模型到内存中，以提高模型的响应速度，需要使用模型时直接调用即可。

推荐系统中的模型一般定期训练，训练合格后发布到线上系统使用，所以模型训练平台更需要及时将训练好的模型保存下来。工程实践中，推荐系统的模型训练平台和模型使用平台通常是分开的。模型使用平台属于线上系统部分，线上系统响应推荐请求，调用推荐模型执行推荐工作。模型训练平台定期训练模型，生成模型推荐需要的基础数据，并将训练好的模型发布到线上系统指定的位置。

Python 环境下有两种模型保存与恢复方法：pickle 和 joblib。

1．pickle 模块的使用

Import pickle：将 Python 内置模块 pickle 导入工程。

file_path = self.path + '/model/DNN_sorted.model'：定义模型名称和确定保存位置。

pickle.dump(self.DNN_model,open(file_path,'wb'))：将训练好的模型保存到指定的路径。

self.DNN_model = pickle.load(open(file_path,'rb'))：从指定的路径加载模型。

self.DNN_model.predict(X)：模型加载后直接调用内嵌函数。predict() 执行推荐预测工作。

2. joblib 模块的使用

from sklearn.externals import joblib：将 Python.sklearn 机器学习库中的模块 joblib 导入工程。

file_path = self.path + '/model/DNN_sorted.model'：定义模型名称和确定保存位置。

joblib.dump(self.DNN_model, file_path)：将训练好的模型保存到指定的路径。

self.DNN_model = joblib.load(file_path)：从指定的路径加载模型。

self.DNN_model.predict(X)：模型加载后直接调用内嵌函数 predict()。

6.5 模型评价

模型评价就是指采用评价指标衡量模型的性能。模型性能的高低将直接影响推荐结果与用户兴趣偏好的匹配度。性能优越的模型输出的推荐结果用户认可度高，用户更愿意点击，商业变现价值高。性能欠佳的模型需要通过调整模型参数或者更换模型算法等方法来提高性能。机器学习模型大部分用于解决分类问题和回归问题，所以说对应的模型评价指标略有不同。

分类模型采用混淆矩阵评价，回归模型采用拟合误差评价。

6.5.1 分类模型评价

推荐系统中模型输出为点击标识，点击标识取值为 0/1，属于二分类问题。分类模型的评价基于混淆矩阵展开，评价指标主要包含准确度、精确度、召回率、F1 值、AUC 与受试者操作特征（Receiver Operator Characteristic，ROC）曲线。

1. 混淆矩阵

混淆矩阵是一张数据表格，反映的是二分类模型的精度。在推荐系统中，用户对推荐结果发生点击或不点击行为属于二分类问题。

模型对测试集样本数据进行预测，预测结果要么正确要么错误。这样，根据测试样本中的标签的真实值和预测值可以生成表 6-2 所示的混淆矩阵。利用表 6-2 可以判定模型的预测性能。我们对模型的期望应该是准确度越高越好，测试样本中标签的真实值与预测值相同占比越高越好。

表 6-2　混淆矩阵

	预测值 0	预测值 1	合计
真实值 0（负样本）	TN	FP	N
真实值 1（正样本）	FN	TP	P
合计	N'	P'	$P+N$

表 6-2 中的参数说明如下。

真阴（True Negative，TN）：负样本中，预测值为 0 的样本数，属于正确预测。

假阳（False Positive，FP）：负样本中，预测值为 1 的样本数，属于错误预测。

真阳（True Positive，TP）：正样本中，预测值为 1 的样本数，属于正确预测。

假阴（False Negative，FN）：正样本中，预测值为 0 的样本数，属于错误预测。

P：正样本数。

N：负样本数。

P'：预测值为正的样本数。

N'：预测值为负的样本数。

$P+N=P'+N'$：样本总数。

根据混淆矩阵，定义几个评价指标，其计算公式如下。

准确度：$Accuracy = \dfrac{TP + TN}{TP + TN + FP + FN}$。

精确度：$Precision = \dfrac{TP}{TP + FP}$。

召回率：$Recall = \dfrac{TP}{TP + FN}$。

F1 值：$F1 = \dfrac{2 \times Precision \times Recall}{Precision + Recall}$。

假阳率：$FPR = \dfrac{FP}{FP + TN}$。

真阳率：$TPR = \dfrac{TP}{TP + FN}$。

准确度反映的是预测正确的样本数占总样本数的比例。精确度反映的是预测正确样本中真实属于正确样本的占比。召回率反映的是预测正确的样本在真实样本中的占比。F1 值是精确度与召回率的加权调和平均值，F1 值越大说明模型预测效果越好。假阳率反映的是负样本中被预测为正样本的占比，即错误预报率。真阳率反映的是正样本中预测为正的占比，即正确预报率。

2. ROC 曲线与 AUC

有 10 个训练样本，样本的标签真实值 Y_true = (0, 1, 1, 0, 1, 0, 1, 1, 0, 1)，模型在执行分类之前，每个样本的标签预测值 Y_pred= (0.2, 0.35, 0.05, 0.53, 0.67, 0.8, 0.92, 0.95, 0.45, 0.18)。

设定阈值为 0.3，则 Y_pred=(0, 1, 0, 1, 1, 1, 1, 1, 1, 0)，计算 FPR=0.75，TPR=0.67。

设定阈值为 0.5，则 Y_pred=(0, 0, 0, 1, 1, 1, 1, 1, 0, 0)，计算 FPR=0.5，TPR=0.5。

设定阈值为 0.8，则 Y_pred=(0, 0, 0, 0, 0, 1, 1, 1, 0, 0)，计算 FPR=0.25，TPR=0.33。

设定阈值为 0.9，则 Y_pred=(0, 0, 0, 0, 0, 0, 1, 1, 0, 0)，计算 FPR=0，TPR=0.33。

将不同阈值下得到的 FPR 和 TPR 绘制成曲线，就是 ROC 曲线，如图 6.3 所示，其中 FPR 作为横坐标，TPR 作为纵坐标。

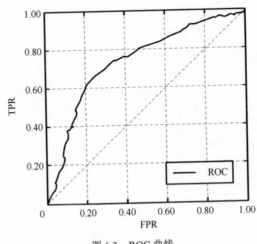

图 6.3　ROC 曲线

ROC 曲线反映的是在不同的阈值下，模型预测结果 TPR 与 FPR 的变化情况。这里的阈值就是样本输出被判定为正或负的门限值。阈值越高，正样本被预测为正的概率和负样本被预测为正的概率越低，即较少的样本被预测为正，

TPR 和 FPR 越小。相反，阈值越低，正样本被预测为正的概率和负样本被预测为正的概率越高，即较多的样本被预测为正，TPR 和 FPR 越大。

由图 6.3 可见，ROC 曲线越贴近纵轴，TPR 越大，说明模型正确预报效果越好；相反，ROC 曲线越贴近横轴，FPR 越大，说明模型错误预报效果越明显。

AUC 就是 ROC 曲线下方的面积，一般而言，AUC 越大，模型的性能越好。

6.5.2　回归模型评价

回归模型用于建立拟合函数，对模型就直接采用拟合输出与真实值的距离来评价，常见的评价指标包含：平均绝对误差、均方误差、均方根误差和决定系数 R^2。

1.　平均绝对误差

平均绝对误差计算所有样本的拟合输出与真实值的差值，对差值取绝对值，并计算平均值，其计算公式为

$$\text{MAE} = \frac{1}{m}\sum_{i=1}^{m}\left|y_i - \hat{y}_i\right|$$

式中，y_i 为第 i 个样本对应的标签真实值，对于数据集 D 共包含 m 个训练样本；$\hat{y}_i$ 为第 i 个样本对应的标签预测值。

2.　均方误差

模型均方误差表示预测结果与目标值差值平方和的均值，是能量角度的一种误差衡量指标，其计算公式为

$$\text{MSE} = \frac{1}{m}\sum_{i=1}^{m}\left(y_i - \hat{y}_i\right)^2$$

式中，y_i 为第 i 个样本对应的标签真实值；$\hat{y}_i$ 为第 i 个样本对应的标签预测值。

均方误差反映的是预测值与真实值的距离。均方误差越大，说明预测值与真实值距离越大，模型准确度越低。

均方误差评价指标主要用于回归模型的评价。

3.　均方根误差

均方根误差就是均方误差的二次方根值，即

$$\text{RMSE} = \sqrt{\text{MSE}}$$

4.　决定系数 R^2

决定系数 R^2 从数据方差角度来反映回归曲线的拟合优度，R^2 越大表明拟合优度越好。

R^2的计算公式为

$$R^2 = \frac{\sum_{i=1}^{m}(\hat{y}_i - \bar{y})^2}{\sum_{i=1}^{m}(y_i - \bar{y})^2} = 1 - \frac{\sum_{i=1}^{m}(y_i - \hat{y}_i)^2}{\sum_{i=1}^{m}(y_i - \bar{y})^2}$$

式中，$\bar{y}$ 表示输出标签 Y 的均值，$\hat{y}_i$ 表示输出标签 y_i 的预测值。$\sum_{i=1}^{m}(y_i - \hat{y}_i)^2$ 反映的是总的回归误差，$\sum_{i=1}^{m}(y_i - \bar{y})^2$ 反映的是输出标签 Y 的方差。当 $\sum_{i=1}^{m}(y_i - \hat{y}_i)^2 = \sum_{i=1}^{m}(y_i - \bar{y})^2$ 时，说明回归误差与方差一样，回归过程实现最佳拟合。

6.5.3 代码示例

基于样本的真实值 Y_true 和预测值 Y_pred，Python.sklearn 提供 metrics 评价工具，调用工具函数完成评价指标的计算。使用 metrics 计算模型评价指标如代码 6-4 所示。使用 metrics 绘制 ROC 曲线如代码 6-5 所示。

代码 6-4 使用 metrics 计算模型评价指标

```python
import numpy as np
from sklearn import metrics
from sklearn.metrics import confusion_matrix

Y_true = np.array([0, 1, 1, 0, 1, 0, 1, 1, 0, 1, 0, 0, 1, 0, 1, 1, 0, 1, 0, 0])
Y_pred = np.array([0, 1, 1, 0, 1, 1, 1, 0, 1, 1, 0, 1, 0, 0, 1, 1, 1, 0, 1, 0])

print('confusion_matrix: \n', confusion_matrix(Y_true,Y_pred))
print('Accuracy=', metrics.accuracy_score(Y_true,Y_pred))
print('Precision=', metrics.precision_score(Y_true,Y_pred))
print('recall=', metrics.recall_score(Y_true,Y_pred))
print('F1=', metrics.f1_score(Y_true,Y_pred))
print('AUC=', metrics.roc_auc_score(Y_true,Y_pred))
print('MSE=', metrics.mean_squared_error(Y_true,Y_pred))
print('RMSE=', metrics.mean_squared_error(Y_true,Y_pred)**0.5)
print('R2=', metrics.r2_score(Y_true,Y_pred))
代码输出结果如下：
confusion_matrix:
[[5 5]
 [3 7]]
Accuracy= 0.6
Precision= 0.5833
```

```
recall= 0.7
F1= 0.6364
AUC= 0.6
MSE= 0.4
RMSE= 0.6325
```

代码 6-5　使用 metrics 绘制 ROC 曲线

```python
import numpy as np
from sklearn import metrics
import matplotlib.pyplot as plt
plt.rcParams['font.sans-serif'] = ['SimHei']

Y_true = np.array([0, 1, 1, 0, 1, 0, 1, 1, 0, 1])
Y_predict = np.array([0.2,0.35,0.05,0.53,0.67,0.8,0.92,0.95,0.45,0.18])

FPR,TPR,thresholds = metrics.roc_curve(Y_true,Y_predict)
print('FPR: ',FPR)
print('TPR: ',TPR)
print('Threshold: ',thresholds)

plt.plot(FPR,TPR)
plt.xlabel('FPR')
plt.ylabel('TPR')
plt.title('ROC 曲线')
plt.show()
```

代码输出结果如下：

```
FPR: [0.   0.   0.   0.25 0.25 0.75 0.75 1.   1.  ]
TPR: [0.   0.1667 0.3333 0.3333 0.5  0.5  0.6667 0.6667 1. ]
Threshold: [1.95 0.95 0.92 0.8 0.67 0.45 0.35 0.2 0.05]
```

6.6　模型上线

机器学习模型在离线测试数据上的性能指标只能作为模型效果的预估，不能作为模型最终效果的评价。要获得模型的最终效果，需要将模型发布到线上系统，在真实业务场景下验证。

模型发布到线上，其推荐结果将直接关联用户体验，所以并非所有的训练模型都要发布到线上进行效果验证。对发布到线上的模型是有要求的，例如当前的模型离线性能指标优于线上模型、当前的模型是对线上模型的补充，运营控制有计划地上线新算法模型。

6.7　本章小结

建立机器学习模型的目的是让机器代替人去处理复杂的业务问题。机器学习模型的构建就是使用数学算法去分析和挖掘业务场景下的数据规律，对潜在的数据规律进行分类或回归处理。模型建立后反复训练和调优，满足评价指标要求后将其保存并推送给线上系统调用。

本章首先介绍了机器学习模型构建流程，帮助读者建立机器学习的认知。其次介绍了机器学习模型使用的数据集，没有数据支持，构建的模型是没有任何商业价值的。机器学习模型中使用的数据包含离线数据和在线数据。离线数据用于模型构建和初步验证。在线数据用于评估模型的真实效果。然后基于Python 环境介绍了机器学习模型的训练和保存方法，这些方法将在后续章节的代码中出现，提前介绍以帮助读者初步了解代码函数的功能。最后本章重点介绍了模型的评价方法。机器学习模型构建、训练完成后必须使用数据集进行评价，评估指标不合格，则需要调整模型参数，优化模型配置，直到评价指标满足要求。

学习本章可以帮助读者理解构建机器学习模型的过程和解决办法。

## 第7章

基于新闻热度的推荐召回

热门推荐将热度值高的新闻文章推荐给用户，不考虑用户的个性化兴趣偏好，所有用户的推荐列表结果一样，属于非个性化推荐。根据运营规则，对新闻按类别、渠道、题材、标签等维度检索热点文章，将热点文章召回并列入热门推荐列表。热门推荐是冷启动和新用户的首选推荐策略。

本章将介绍新闻热度计算模型和基于热度的新闻召回算法模型。

7.1 新闻热度

新闻上线后，系统按小时统计新闻的点击量。这里的点击量涉及点击、浏览、点赞、转发、收藏、评分、评价和关注等行为动作。一篇新闻的点击量增长很快，说明这篇新闻受用户的关注度高，这篇新闻就属于热门新闻，就应该推荐给更多的用户浏览。今天各大媒体网站、App 新闻客户端专门设有"热榜"或"热点"页面，用于展示最近的热点新闻。对于喜欢热点内容的用户来说，热门推荐是个不错的选择。

定义热度指标来表示新闻受欢迎程度，新闻热度计算模型为

$$S_{hot} = S_{initial} + S_{action} - S_{time}$$

其中，$S_{initial}$ 表示初始热度值，S_{action} 表示用户贡献的点击量，S_{time} 表示时间引起的热度衰减。

新闻上线后，系统会赋予新闻一个初始热度值。设置初始热度值的原因在于可以在运营阶段动态调整新闻的热度。新闻初始热度值的设置与热门推荐策略有关。如果推荐策略按新闻类别或按新闻专题来选择热门，则可以给所有新上线新闻赋予相同的初始热度值。如果推荐策略没有按新闻类别或新闻专题来

选择热门，则需要对不同新闻类别和不同新闻专题在相同初始热度值的基础上增加权重，如下所示。

Weight = {"综合"：1.2，"娱乐"：1.5，"科技"：1.2，"社会"：1.2，"财经"：1.5，"军事"：1.5，"体育"：1.5，"房产"：0.6，"天气"：0.6}

娱乐新闻更容易引起传播，权重可以偏大。奥运会期间，体育新闻的关注度会更高些，体育类别新闻的权重也应该偏高。发生突发事件时，与事件有关的新闻应该优先推送。系统运营过程中，可以根据需要动态修改新闻的初始热度权重。新闻热度值增加，这篇新闻的热度的排名就会靠前，被推荐曝光的概率就会增大。推荐曝光指的是把新闻推荐给用户，用户在 App 页面能看见这篇新闻的展示入口。

新闻上线后，用户通过点击（Click）、浏览（Browse）、转发（Share）、关注（Focus）、点赞（Up）、评价（Comment）等操作来提升新闻热度。推荐系统可以按小时、天、周、月累计的方式来计算每篇新闻的热度值。新闻上线后，新闻热度主要由 S_{action} 贡献。计算 S_{action} 的方法比较多，需要具体考虑业务场景。新闻推荐系统按点击量来计算 S_{action}，电商推荐系统可以按商品订单量来计算 S_{action}，视频推荐系统可以按播放量来计算 S_{action}。

基于新闻点击量计算 S_{action} 的数据模型如下，

$$S_{action} = \lg(1 + Click)$$

式中，Click 表示新闻的点击量累计。

这里引入对数运算的目的是抑制数据的动态变化范围。点击量可从万级到百万级，引入对数后 S_{action} 控制在 4～6，对于十亿级的点击量，S_{action} 的数值控制在 10 以内。这样可以采用数字 0～10 来量化新闻的热度。

对点击量进行分解，使用浏览量、转发量、点赞量、踩量和评价量，用如下模型计算新闻的热度值。

$$S_{action} = \omega_1 \lg(1 + Browse) + \omega_2 \lg(1 + Share) +$$
$$\omega_3 \lg(1 + Up + Down) + \omega_4 \lg(1 + Comment)$$

式中，ω_i 表示权重，满足 $\sum \omega_i = 1$，权重 ω_i 可以根据运营需要调节；Browse、Share、Up、Down 和 Comment 表示新闻的点击量、转发量、点赞量、踩量和评价量。

新闻刚发布时，热度较高，伴随着时间的推移，在运营策略不调整的情况下，其热度会逐渐下降。运营过程中如果让新闻热度自动降温，用户会觉得平台内容更新较慢，会逐步对平台失去兴趣，这不符合运营的目的，所以平台需要主动给新闻降温，快速降低上线 1～2 天的新闻的热度。结合牛顿冷却定律，定义一个指数函数模拟新闻热度的衰减，计算表达式为

$$S_{\mathrm{time}} = \mathrm{e}^{k \cdot \Delta t}$$

式中，k 表示指数函数的常数；Δt 表示新闻上线时长，例如以天为单位，$\Delta t = 0$ 表示当天上线，$\Delta t = 1$ 表示昨天上线。

图 7.1 所示为 $k = -0.5$、-1.0、-2.0 和 -3.0 时的时间衰减曲线。调节函数的 k 值可加快或放缓新闻热度的时间衰减速度。

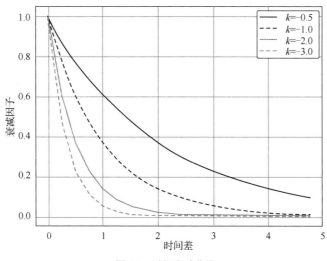

图 7.1　时间衰减曲线

7.2　热门推荐算法

定期更新新闻热度值，根据运营规则，将新闻从新闻栏目、新闻类别、新闻来源、新闻题材、新闻事件等维度按热度值从大到小排列，将排在前面的 Top K 篇新闻作为热门推荐列表。

随着时间推移，新闻热度值逐渐降低，当降到一定程度后，这篇新闻被推荐的力度减弱。新闻的热度就在这些算法的综合作用下不断变化，推荐列表的排序也就不断变化。

7.3　代码示例

热门推荐的步骤包含以下两步：更新新闻的热度；生成推荐列表。

系统按小时或按天从用户行为记录数据中计算当天的新闻热度值 S_{action}，并更新热度数据表。代码 7-1 为新闻热度计算的代码示例。代码将计算结果暂存在文件中，工程实践中可以直接将其缓存到 Redis 数据库。

代码中按指定日期读取用户行为数据，更新用户行为数据表中涉及的新闻热度值。

代码 7-1　计算新闻热度

```python
# -*- coding:utf-8 -*-

import math
from math import ceil
import pandas as pd

def update_article_hot(today_date):      # 按小时统计新闻的热度
    # 热度计算['userid', 'time', 'newsid', 'click', 'browse', 'follow',
'comment', 'share','rate'])

    file_name = './dataset/item_action_profile_' + today_date + '.csv'
    action_list = pd.read_csv(file_name)
    item_all = list(set(action_list['newsid'].values))

    news_hot = pd.DataFrame()
    for item in item_all:
      data_df = action_list[action_list['newsid'] == item]
      AB = {
          'newsid': item,
          'click': data_df['click'].values.sum(),
          'browse': data_df['browse'].values.sum(),
          'follow': data_df['follow'].values.sum(),
          'share': data_df['share'].values.sum(),
          'comment': data_df['comment'].values.sum(),
          'rate': round(ceil(data_df['rate'].values.mean()),4)
          }
      AB['hot1'] = round(math.log(1 + AB['click']), 4)
      AB['hot2'] = round(math.log(1 + 0.1*AB['browse'] + 0.2*AB['follow'] +
0.3*AB['share'] + 0.4*AB['comment']), 4)

      news_hot = news_hot.append(AB,ignore_index=True)

    file_name = './dataset/news_hot_' + today_date + '.csv'
    news_hot = news_hot[['newsid', 'click', 'browse','follow', 'comment',
'share','rate','hot1','hot2']]
    news_hot.to_csv(file_name,index=False)
    print(today_date, "完成新闻热度处理")

  if __name__ =='__main__':
```

```
    update_article_hot('20210825')
```
代码输出结果如下：

20210825 完成新闻热度处理

机器学习模型的构建包含数据准备、模型训练、模型验证、模型评估和模型测试几个阶段。本书在对推荐算法代码进行举例说明时将与本算法有关的函数封装到一个类，例如封装类 hot_recomm 表示热门推荐算法类。

```
class hot_recomm:
    def func(self,): 功能函数
        …
    def fit(self, X_train, Y_train): 模型训练函数
        …
    def recommend(self, userid, topn):  模型推荐函数
        …
    def evaluation(self, X_test, Y_test): 模型评估函数
        …
```

函数调用时，定义类的对象，通过对象操作类的函数。后续章节对推荐算法进行举例说明时都采取类函数封装的方式。

代码 7-2 为热门推荐算法的代码示例。示例中新闻热度计算的时间周期为 7 天。将过去 7 天热度值最高的 Top K 篇新闻作为更新后的热门推荐结果。代码示例中对新闻初始热度和权重赋予了初始值，这个值在工程中需要根据页面配置和策略来定，尤其是权重。新闻刚上线时，用户关注量不多，权重可以设置高些；当用户关注量增加后，权重需要自动降低。

代码 7-2　热门推荐算法

```
# -*- coding:utf-8 -*-

import json
import math
import random
import time
import pandas as pd
from datetime import datetime
from texttable import Texttable

class item_hot_recom:
    def __init__(self):
        self.topn = 50
        self.news_info = pd.read_csv('./dataset/news_info.csv')
        self.news_weight = {'综合':1.2,'娱乐':1.5,'科技':1.2,'社会':1.2,
'财经':1.5,'军事':1.5,'体育':1.5,'房产':0.6,'天气':0.6}

    def get_news_initial_score(self,itemid):
```

```python
        if itemid in self.news_weight:
            score = self.news_weight[itemid] * 6.0
        else:
            score = 6.0
        return score

    def get_news_time_fade_factor(self,itemid):
        news_item = self.news_info[self.news_info['newsid'] == itemid]
        date_publish =news_item['publish_time'].values[0]
        date_publish = datetime.strptime(date_publish, '%Y%m%d')
        date_today = datetime.now()
        delta_days = (date_today - date_publish).days
        score = math.exp(-1.5 * delta_days)
        return score

    def create_news_hot_rank(self,X_train):
        recommendList = []
        item_count = X_train.index.values
        for k in item_count:
            data = X_train.loc[k]
            item = data['newsid']
            S_action = data['hot1']
            S_initial = self.get_news_initial_score(item)
            S_time = self.get_news_time_fade_factor(item)

            S_score = round((S_initial + S_action) * S_time, 4)
            recommendList.append((item, S_score))

        recommendList.sort(key=lambda X: X[1], reverse=True)
        if self.topn <= len(recommendList):
            recommendList = recommendList[0:self.topn]
        json.dump(recommendList, open('./model/item_rank_hot.json', 'w'))

    def fit(self,X_train):
        start = time.clock()
        print('开始模型训练')
        self.create_news_hot_rank(X_train)
        end = time.clock()
        print("模型训练结束  耗费时间：%f s" % (end - start))

    def recommend(self, userid,topn):
        recommendList = json.load(open('./model/item_rank_hot.json', 'r'))
        if topn <= len(recommendList):
            recommendList = recommendList[0:topn]

        recommend = {'model': 'hot','user':userid , 'item': recommendList}
        print('Hot 推荐清单：',recommend)
        self.showTable(recommendList)
        return recommend
```

```python
    def showTable(self,recommendList):
        table = Texttable()
        table.set_deco(Texttable.HEADER)
        table.set_cols_dtype(["t", "t"])
        table.set_cols_align(["l", "l"])

        rows = []
        rows.append([u"News_ID", u"weight"])
        for item, weight in recommendList:
            rows.append([item, weight])
        table.add_rows(rows)
        print(table.draw())

def get_today_date():     # 读取当天日期
    today = date.today().strftime('%Y%m%d')
    return today

def get_longterm_date(todaydate,days):      # 生成时间周期序列
    date_tail = datetime.strptime(todaydate, '%Y%m%d') - timedelta
(days=days)
    date_tail = str(date_tail).split(' ')
    date_tail = date_tail[0].split('-')

    date_tail = date_tail[0] + date_tail[1] + date_tail[2]
    date_list = [date.strftime(x, '%Y%m%d') for x in list(pd.date_range
(start=date_tail, end=todaydate))]
    return date_list


def get_item_hot_profile(datelist):       # 按日期读取当天的新闻热度值，合并结果
    item_hot_profile = pd.DataFrame()
    for dateid in datelist:
        filename = './dataset/news_hot_' + dateid + '.csv'
        item_hot_profile = pd.concat([item_hot_profile,pd.read_csv
(filename)],axis=0, ignore_index=True, sort=False)
    item_all = list(set(item_hot_profile['newsid']))
    print('数据集 样本数量： ', len(item_all))
    return item_hot_profile


if __name__ == "__main__":
    today_date = get_today_date()
    date_list = get_longterm_date(today_date,7)
    X_train = get_item_hot_profile(date_list)
    model = item_hot_recom()
    model.fit(X_train)
    model.recommend('U180578',topn=20)
```

代码输出结果如下：

数据集 样本数量：12409

```
开始模型训练
模型训练结束  耗费时间: 18.433332 s
Hot 推荐清单: {'model': 'hot', 'user': 'U180578', 'item': [['N103570',
10.0775], ['N76099', 10.0604], ['N110949', 10.0431], ['N65156', 10.0073],
['N22651', 10.0073], ['N117592', 10.0073], ['N96438', 9.989],…]}


News_ID   weight
==================
N103570   10.0775
N76099    10.0604
N110949   10.0431
N65156    10.0073
N22651    10.0073
N117592   10.0073
N96438    9.989
N45502    9.989
N90429    9.989
N68745    9.989
N13178    9.989
…
```

推荐输出结果中，['N107151', 9.8286]表示推荐新闻的编号和推荐权重。在热门推荐算法中，这个权重值就是热度值。修改参数 topn 可以得到更多的推荐结果。

推荐函数调用训练好的模型执行推荐计算，输出推荐列表。工程实践中，训练好的模型需要发布到线上平台，由线上平台推荐函数调用。

7.4 本章小结

热门推荐是推荐系统中十分常见的推荐策略。热门推荐计算新闻的热度值，对热度值排序，将排在前面的 Top K 篇新闻作为热门推荐结果，生成热门推荐列表。

本章介绍了一种新闻文章热度值计算方法，阐述了热门推荐算法的原理，最后以代码示例方式展示了热门推荐算法的代码。

## 第8章

基于内容的推荐召回

推荐召回通过算法规则从商品候选集中找出用户可能感兴趣的商品，生成推荐列表。基于内容的推荐召回将用户过去喜欢商品的相似内容商品找出来，生成推荐列表，推荐给用户。基于内容的推荐召回算法的核心是商品内容的定义和商品内容相似度的度量。

本章首先约定商品内容的定义，其次介绍 KNN 算法，及其应用于基于内容的推荐召回方法的改进方法。

8.1 商品内容

商品内容就是描述商品属性的相关信息，可通过这些信息概括出商品的某个特点和特征。把商品内容作为特征提取出来，作为用户兴趣偏好特征内容。对于新闻推荐系统，第 4 章介绍的新闻特征标签体系中，任何一个特征标签都是新闻内容的表现形式。新闻内容不单是新闻文章关键词，其他属性特征如新闻来源、新闻类别、新闻题材、新闻事件、新闻主旨、个性化标签等都是这篇新闻的内容组成。

图 8.1 所示为基于内容的推荐算法的原理。用户过去点击、浏览过新闻 A，说明新闻 A 报道的内容是用户喜欢的。如果新闻 A 的内容与新闻 C 的内容相似，那么系统认为用户会喜欢新闻 C，于是把新闻 C 推荐给用户。

推荐过程涉及两个核心问题。

新闻内容的定义：使用哪些属性特征来表示新闻的内容。

相似度的衡量方法：如何计算内容的相似度。

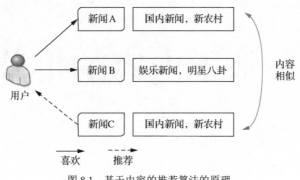

图 8.1　基于内容的推荐算法的原理

工程实践中，推荐系统会维护一张用户兴趣偏好表，将用户的兴趣偏好不断地更新到这张表里面。用户的兴趣偏好以关键词的方式存在。只要用户注册上线，这张表就诞生了，刚开始表中数据为空，随着用户浏览记录的增加，表里存放的关键词越来越多。显然，这张表覆盖的用户兴趣偏好包含多个方面，系统做一次推荐，不可能包含所有的兴趣偏好内容，每次提取表中的一个兴趣偏好维度或几个兴趣偏好维度即可。

8.2　KNN 算法模型

8.2.1　KNN 发现

KNN（K-Nearest Neighbor）算法的目的就是找到 K 个与自己内容最相近的邻居。KNN 算法的思想是数据集里的一个样本与其他 K 个样本内容相似，如果这 K 个样本中的大多数属于某一个类别，则该样本也属于这个类别。

基于内容的推荐算法本质就是找到与自己内容相似的邻居。根据 KNN 算法思想，基于内容的推荐算法采用以下 3 个步骤来实现。

第 1 步：构建商品内容特征、特征向量。

商品内容的展示方式通常是文本、语音、图片和视频。想实现基于内容的推荐，要先提取出商品的内容信息。对于新闻来说，主要提取新闻的标题、副标题、摘要、来源、事件、正文等信息。对于视频来说，主要提取视频的标题、类别、导演、演员、剧情描述等信息。对于电商商品来说，主要提取商品的名称、功能、规格、价格等信息。描述商品的内容信息越全面、越准确，我们越容易定位到商品。但这种思想对推荐来说不合理，因为这样定义商品内容会大大缩小商品的搜索范围。试想一下，如果给用户推荐一模一样的商品，用户会有何反应。所以，在开展内容推荐的时候，最好选择商品的一个或几个特征作为内容相似计算维度。对于新闻推荐，描述新闻的内容可以从新闻关键词、新闻专题、新闻类别、新闻来源、新闻报道事件、新闻发生地点等属性中选择。工程上选择参与计算的内容字段时要结合业务应用场景。

新闻内容的特征构建和向量化过程在第 3、4、5 章已经介绍过，这里只需要访问文件，读取对应的特征向量并进行拼接组合即可。

第 2 步：找到商品内容相似的邻居。

基于新闻特征向量，利用余弦相似度计算出两篇新闻的内容相似度 $W\left(\boldsymbol{N}_i, \boldsymbol{N}_j\right)$，

$$W\left(\boldsymbol{N}_i, \boldsymbol{N}_j\right) = \frac{\sum x_{ik} y_{jk}}{\sqrt{\sum x_{ik}^2} \cdot \sqrt{\sum y_{jk}^2}}$$

这里，新闻 N_i 的内容特征向量为 $\boldsymbol{N}_i = (x_{i1}, x_{i2}, \cdots, x_{iL})$，新闻内容特征向量维度为 L；新闻 N_j 的内容特征向量为 $\boldsymbol{N}_j = (x_{j1}, x_{j2}, \cdots, x_{jL})$，新闻内容特征向量维度为 L。

假定 N_i 为目标新闻，需要计算 N_i 与剩余其他全部新闻的内容相似度，将相似度值从大到小排序，取排在前面的 K 个作为新闻 N_i 的相似邻居，简称 Top K。K 的大小决定邻居的个数。K 越大找到的邻居就越多，K 越小找到的邻居就越少。模型训练时，K 是一个训练参数，需要调节。

第 3 步：生成推荐列表。

用户 U_i 点击新闻 N_j，系统自动计算用户-新闻喜欢度 $R\left(U_i, N_j\right)$，并把这个数据添加到用户 U_i 的点击记录 $S\left(U_i\right)$ 中。用户对推荐新闻的喜欢度预测采用如下公式计算。

$$R\left(U_i, N_j\right) = \sum_{N_k \in S\left(U_i\right)} R\left(U_i, N_k\right) \cdot W\left(\boldsymbol{N}_k, \boldsymbol{N}_j\right)$$

根据用户的点击记录 $S\left(U_i\right)$，预测计算用户与所有点击新闻的相似新闻的喜欢度 $R\left(U_i, N_j\right)$，根据 $R\left(U_i, N_j\right)$ 的值按从大到小的顺序排序，排在前面的 Top N 就是用户可能感兴趣的新闻文章，将其作为推荐结果输出。这里 N 也是一个训练参数，N 越大推荐的新闻数就越多，N 越小推荐的新闻数就越少。模型训练时，N 是一个训练参数，需要调节。

8.2.2　KNN 算法改进

为了得到新闻内容相似集合，KNN 算法需要两两计算新闻的相似度。当新闻数量很多时，这将是一项复杂的计算工作，非常耗时。KNN 算法改进方

法如下。

第 1 步：确定内容特征，构建新闻特征信息矩阵。

将新闻的一个或几个特征作为内容推荐的重要依据，例如新闻类别特征 X_c 和新闻题材特征 X_t。新闻类别特征 X_c 包含 a 个属性值，采用 One-hot 编码技术，实现 a 个属性值的向量化。新闻题材特征 X_t 包含 b 个属性值，采用 One-hot 编码技术，实现 b 个属性值的向量化。将所有的新闻文章生成特征信息矩阵，如下所示。

$$N = \begin{pmatrix} N_1 \\ N_2 \\ \vdots \\ N_M \end{pmatrix} = \begin{pmatrix} 1 & 0 & \cdots & 0 & | & 1 & 0 & \cdots & 0 \\ 0 & 1 & \cdots & 0 & | & 0 & 1 & \cdots & 0 \\ \vdots & \vdots & & \vdots & | & \vdots & \vdots & & 0 \\ 0 & 0 & \cdots & 1 & | & 0 & 0 & \cdots & 1 \end{pmatrix}_{M \times (a+b)}$$

为了清晰起见，把矩阵分成 2 组，前面一组对应新闻类别特征 X_c 的编码，后面一组对应新闻题材特征 X_t 的编码。矩阵每一行对应这篇新闻的类别和题材划分。

第 2 步：生成用户内容兴趣偏好矩阵。

根据用户点击记录 $S(U_i)$ 生成用户内容兴趣偏好矩阵 R，

$$R = \begin{pmatrix} R_1 \\ R_2 \\ \vdots \\ R_N \end{pmatrix} = \begin{pmatrix} 0 & R_{12} & \cdots & 0 & | & r_{11} & 0 & \cdots & r_{1b} \\ R_{21} & 0 & \cdots & R_{2a} & | & 0 & r_{22} & \cdots & r_{2b} \\ \vdots & \vdots & & \vdots & | & \vdots & \vdots & & \vdots \\ R_{N1} & 0 & \cdots & R_{Na} & | & 0 & r_{N2} & \cdots & r_{Nb} \end{pmatrix}_{N \times (a+b)}$$

矩阵分成 2 组，前面一组每列对应 1 个新闻类别，后面一组每列对应 1 个新闻题材。矩阵每一行对应 1 个用户的兴趣偏好。根据用户过去的点击记录，计算用户对新闻类别的喜欢度 R_{ij} 和对新闻题材的喜欢度 r_{ij}。

用户过去点击记录 $S(U_i)$ 中存在 n 篇新闻属于类别特征 X_{cj}，用户与第 k 篇新闻类别的喜欢度为 $R(U_i, N_k)$，则可以计算出用户 U_i 对新闻类别 X_{cj} 的喜欢度为

$$R_{ij} = \frac{1}{n} \sum_{k=1}^{n} \left(R(U_i, N_k) - \text{avg} \right)$$

$$\text{avg} = \frac{1}{L} \sum_{k=1}^{L} R(U_i, N_k)$$

式中，R_{ij} 表示用户 U_i 对第 j 个新闻类别的喜欢度；avg 表示用户 U_i 新闻类别喜欢度平均值。

同理，用户点击记录 $S(U_i)$ 中存在 m 篇新闻属于题材特征 X_{tj}，用户对第 k 篇新闻题材的喜欢度为 $r(U_i, N_k)$，计算出用户 U_i 对新闻题材 X_{tj} 的喜欢度为

$$r_{ij} = \frac{1}{m} \sum_{k=1}^{m} \left(r(U_i, N_k) - \text{avg} \right)$$

$$\text{avg} = \frac{1}{L} \sum_{k=1}^{L} r(U_i, N_k)$$

式中，r_{ij} 表示用户 U_i 对第 j 个新闻题材的喜欢度，avg 表示用户 U_i 新闻题材喜欢度的平均值。

第 3 步：计算用户与候选新闻之间的距离。

矩阵 R 每行包含 $a+b$ 个元素，矩阵 N 每行包含 $a+b$ 个元素，两个矩阵对应列对应的新闻类别特征和新闻题材特征一样。所以，可以使用余弦相似度计算方法计算目标用户 U_i 与候选集中新闻 N_j 的距离。两个向量的相似度越高说明向量空间距离越近。

$$W(U_i, N_j) = \frac{\sum_{k=1}^{a+b} N_{jk} \cdot R_{ik}}{\sqrt{\sum_{k=1}^{a+b} R_{ik}^2} \cdot \sqrt{\sum_{k=1}^{a+b} N_{jk}^2}}$$

计算用户 U_i 与候选集中所有新闻的余弦相似度，将相似度值从大到小排序，取排在前面的 K 篇新闻作为用户 U_i 的推荐结果输出。这里 K 是一个训练参数，K 越大推荐的新闻数越多，K 越小推荐的新闻数越少。模型训练时，K 是一个训练参数，需要调节。

8.3　代码示例

1. 生成新闻内容相似邻居

新闻发布后，推荐系统特征工程自动启动新闻内容特征标签构建，生成标签体系，完成新闻内容特征向量处理。系统根据新闻特征向量，计算新闻两两之间的余弦相似度，按相似度的值取 Top K 篇新闻作为内容相似邻居。

代码 8-1 展示了基于余弦相似度寻找新闻内容相似邻居的方法。代码示例中，新闻内容 = 新闻类别 + 新闻关键词。

代码 8-1　寻找新闻内容相似邻居

```
# coding = utf-8
```

```python
import json
import pandas as pd
import numpy as np
from sklearn.metrics.pairwise import cosine_similarity

def put_news_vector_to_matrix(data_target_df):      # 将新闻内容特征向量转化
为矩阵形式
    news_vector_list = []
    news_id_list = []
    index = list(data_target_df.index.values)
    for k in index:
        data_df = data_target_df.loc[k]
        item_id = data_df['newsid']

        item_vector_part1 = eval(data_df['category'])
        item_vector_part2 = np.mat(data_df['context']).tolist()[0]
        item_vector_part1.extend(item_vector_part2)

        news_id_list.append(item_id)
        news_vector_list.append(item_vector_part1)
    return news_id_list, news_vector_list

def create_news_profile_neighbour(topK):      # 利用矩阵运算，计算内容相似度
    news_profile = pd.read_csv('./dataset/item_profile_vector.csv')
    news_id_list, news_vector_matrix = put_news_vector_to_matrix
(news_profile)
    news_vector_matrix = np.mat(news_vector_matrix)
    simularity_martix = cosine_similarity(news_vector_matrix)

    item_neighbour_dict = {}
    for k in range(len(news_id_list)):
        print('progress at: {num2}/{num1}'.format(num1=len(news_id_list),
num2=k))
        newsid = news_id_list[k]
        simularity = simularity_martix[k]
        collection = [(news_id_list[v], round(simularity[v],4)) for v in
range(len(news_id_list))]
        collection = [(k, v) for k, v in collection if k != newsid]

        collection.sort(key=lambda X: X[1], reverse=True)
        if topN < len(collection):
            collection = collection[0:topK]
        item_neighbour_dict[newsid] = collection

    file_name = './model/item_profile_neighbour.json'
    json.dump(item_neighbour_dict,open(file_name,'w'))
    print('update item_profile_neighbour successfully !! ')

def get_item_neighbour(newsid):
```

```
  file_name = './model/item_profile_neighbour.json'
  item_neighbour_dict = json.load(open(file_name,'r'))
  item_neighbour = item_neighbour_dict[newsid]
  print('{newsid} neighbour_list:\n {neighbour}'.format(newsid=newsid,
neighbour=item_neighbour))


  if __name__ == '__main__':
    create_news_profile_neighbour(topK=50)
    get_item_neighbour('N53477')
```

代码输出结果如下：

```
N53477 neighbour_list:
  [['N118843', 0.9284], ['N120090', 0.9076], ['N112721', 0.8957], ['N74765',
0.8956], ['N111808', 0.8895], ['N98969', 0.8856], ['N85823', 0.8855],
['N18727', 0.8853], ['N127702', 0.8819], …]
```

这里['N118843', 0.9284]表示新闻 N118843 与目标新闻 N53477 内容相似，相似权重为 0.9284。推荐过程中，为了得到满意的精度，需要调整 K 参数的值。K 越大，寻找到的邻居就越多，推荐列表中新闻数量也就越多，命中概率也就越大。

2. KNN 算法推荐代码

KNN 算法通过函数 get_user_rate_dataset()函数调用 6.1 节构建好的训练集。模型训练阶段生成每个用户的点击记录 self.user_item_dict[user_id]。推荐阶段根据用户的点击记录，找到与点击新闻内容相似的新闻，生成推荐候选集。

基于 KNN 算法实现的内容推荐代码示例如代码 8-2 所示。

代码 8-2　KNN 算法推荐

```
# -*- coding:utf-8 -*-

import math
import os
import time
from math import floor
import numpy as np
import json
from chapter6.candidate_data import get_user_item_matrix, get_dataset_
test, get_user_item_unclicked_matrix
from sklearn import metrics
from sklearn.metrics import confusion_matrix
from texttable import Texttable

title = 'KNN 算法，实现新闻内容推荐'

class item_cb_recom:
  def __init__(self):
```

```python
        self.user_all = None
        self.user_item_dict = {}
        self.user_item_unclicked_dict = {}
        self.item_context_neighbour = {}
        self.path = os.path.dirname(__file__)
        self.load_data()

    def load_data(self):
        self.user_item_unclicked_dict = get_user_item_unclicked_matrix()
        self.item_context_neighbour = json.load(open(self.path +
'/model/item_profile_neighbour.json', 'r'))
        try:
            self.user_item_dict = json.load(open(self.path + '/model/user_
item_dict.json', 'r'))
            self.user_all = list(self.user_item_dict.keys())
        except:
            print('Knn cb open model failure')

    def fit(self):
        start = time.clock()
        print('开始模型训练')

        self.user_item_dict = get_user_item_matrix()
        self.user_all = list(self.user_item_dict.keys())
        json.dump(self.user_item_dict,open(self.path + '/model/user_
item_dict.json','w'))

        end = time.clock()
        print("模型训练结束  耗费时间: %f s" % (end - start))

    def recommend(self, userid, topN):
        recommendList = []
        recommendDict = {}
        news_neighbour = []

        if userid in self.user_all:
            user_unclicked_item_list = self.user_item_unclicked_dict
[userid]
            user_clicked_item_list = self.user_item_dict[userid]
            for item in user_clicked_item_list:
                news_index = item[0]
                news_rate = item[1]
                item_neighbour = self.item_context_neighbour[news_index]
                for data in item_neighbour:
                    news = data[0]
                    weight = data[1]

                    if news in user_unclicked_item_list:
                        if news not in recommendDict:
```

```
                                recommendDict[news] = [item]
                        else:
                            recommendDict[news].append(item)

                        if news_rate*weight > 0:
                            recommendList.append((news,round(news_rate*
weight,4)))

                recommendList = self.recommendList_filtered(recommendList)
                recommendList = self.recommendList_topK(recommendList, topN)

                for k,v in recommendList:
                    temp = (k,recommendDict[k])
                    news_neighbour.append(temp)

            recommend_profile = {'model': 'Item_CB',
                    'user': userid,
                    'item': recommendList,
                    'neighbour': news_neighbour}

            print('Item_CB 推荐结果: \n',recommend_profile)
            self.showTable(recommendList, news_neighbour)

            return recommend_profile


    def recommendList_filtered(self,recommendList):              # 合并相同的推荐
项，累加权重
            recommend = {}
        for k, v in recommendList:
          if k not in recommend:
              recommend[k] = [v]
          else:
              recommend[k].append(v)

        recommendList = []
        for news, weight in recommend.items():
          temp = (news, sum(weight))
          recommendList.append(temp)

        return recommendList


    def recommendList_topK(self,recommendList, topN):             # 推荐排序，取
Top N
        recommendList.sort(key=lambda X: X[1], reverse=True)
        if topN <= len(recommendList):
            recommendList = recommendList[0:topN]
        return recommendList


    def get_data_by_index(self,data, data_list):
```

```
      for k, v in data_list:
        if k == data:
          return v
      return 0

  def showTable(self, recommendList, neighbour):
    table = Texttable()
    table.set_deco(Texttable.HEADER)
    table.set_cols_dtype(["t", "t", "t"])
    table.set_cols_align(["l", "l", "l"])

    rows = []
    rows.append([u"News_ID", u"weight", u"from itemID"])
    for item, weight in recommendList:
      fromID = self.get_data_by_index(item,neighbour)
      rows.append([item, weight, fromID])

    table.add_rows(rows)
    print(table.draw())

  def evaluation(self):
    Y_true = []
    Y_pred = []

    data_test = get_dataset_test()
    user_list = list(set(data_test['userid'].values))
    user_num = math.floor(len(user_list) * 0.1)
    print('user numbers fo test', user_num)

    for user in user_list[0:user_num]:
      user_action_log_df = data_test[data_test['userid'] == user]
      recommend_profile = self.recommend(user, topN=50)
      data_rec = recommend_profile['item']
      if len(data_rec):
        recommend_list = [k for k, v in data_rec]
      else:
        recommend_list = []

      for index in user_action_log_df.index.values:
        data = user_action_log_df.loc[index]
        Y_true.append(data['label'])

        if data['newsid'] in recommend_list:
          Y_pred.append(1.0)
        else:
          Y_pred.append(0.0)

    print('confusion_matrix: \n', confusion_matrix(Y_true, Y_pred))
    print('Accuracy=', metrics.accuracy_score(Y_true, Y_pred))
```

```
        print('Precision=', metrics.precision_score(Y_true, Y_pred))
        print('recall=', metrics.recall_score(Y_true, Y_pred))
        print('F1=', metrics.f1_score(Y_true, Y_pred))
        print('AUC=', metrics.roc_auc_score(Y_true, Y_pred))
        print('MSE=', metrics.mean_squared_error(Y_true, Y_pred))


    if __name__ == '__main__':
        model = item_cb_recom()
        model.fit()
        model.recommend('U545162', topN=20)
        model.evaluation()
```

代码输出结果如下：

开始模型训练

模型训练结束　耗费时间：5.340027 s

Item_CB 推荐结果：

```
{'userid': 'U545162', 'itemlist': [('N55050', 8.1081), ('N83823',
7.9803), ('N85719', 7.9515), ('N111211', 7.9182), ('N77477', 7.9137),…],
'neighbour': [('N55050', ['N118681']), ('N83823', ['N118681']), …]}
News_ID    weight    from itemID
================================
N55050     8.1081    ['N118681']
N83823     7.9803    ['N118681']
N128468    6.3273    ['N117203']
N28442     4.206     ['N47355']
N28659     3.8151    ['N18690']
…


confusion_matrix:
 [[888    9]
 [961    3]]
Accuracy= 0.48008611410118407
Precision= 0.6666666666666666
recall= 0.008247422680412371
F1= 0.01629327902240326
AUC= 0.5018714590879539
MSE= 0.5199138858988159
```

推荐结果采用 Python 字典方式保存。

'userid': 'U545162'：推荐的目标用户。

'itemlist': [('N55050', 8.1081), ('N83823', 7.9803),…]：推荐的新闻和权重。

'neighbour': [('N55050', ['N118681']), ('N83823', ['N118681']),…]：推荐新闻由哪些相似邻居推荐。

模型训练后，启动 evaluation()函数评价模型性能。验证使用训练集的后 30%数据，前 70%数据用于模型训练。模型准确度约为 0.48，准确度不高，需要进行参数调优。

3. KNN 优化算法推荐代码

对 KNN 算法进行优化后的推荐代码如代码 8-3 所示。代码示例中省略的代码属于重复内容，读者可参考前面章节的代码补全。

代码 8-3　KNN 优化算法推荐

```python
# coding = utf-8

import math
import os
import time
from math import floor
import pandas as pd
import numpy as np
import json

from chapter6.candidate_data import get_user_item_matrix, get_user_item_unclicked_matrix
from sklearn import metrics
from sklearn.metrics import confusion_matrix
from texttable import Texttable

title = '改进 KNN 算法，实现新闻内容推荐'

class item_CB_recom:
    def __init__(self):
        self.user_all = None
        self.user_item_dict = {}
        self.item_user_dict = {}
        self.category_vector_matrix = {}
        self.item_context_matrix = {}
        self.path = os.path.dirname(__file__)
        self.load_data()

    def load_data(self):
        self.user_item_dict = get_user_item_matrix()
        self.user_item_unclicked_dict = get_user_item_unclicked_matrix()
        self.user_all = list(self.user_item_dict.keys())

        try:
            self.item_context_matrix = json.load(open(self.path +
'/model/item_context_matrix.json', 'r'))
            self.category_vector_matrix = json.load(open(self.path +
'/model/category_vector_matrix.json', 'r'))
        except:
            print('KNN CB_opt model open failure')

    def create_item_category_vector(self, category_all_list):        # 生成
```

新闻类别向量

```python
        for k in range(len(category_all_list)):
    item_a = category_all_list[k]
    vector = []
    for v in range(len(category_all_list)):
      item_b = category_all_list[v]
      if item_a == item_b:
        vector.append(1)
      else:
        vector.append(0)
    self.category_vector_matrix[item_a] = vector
    filename = './model/category_vector_matrix.json'
    json.dump(self.category_vector_matrix, open(filename, 'w'))

def create_item_context_matrix(self):  # 建立映射
    item_profile_df = pd.read_csv('./dataset/item_profile.csv')
  self.create_item_category_vector(list(set(item_profile_df
['category'].values)))

  for k in item_profile_df.index.values:
    data = item_profile_df.iloc[k]
    newsid = data['newsid']
    category = data['category']
    vector = self.category_vector_matrix[category]
    self.item_context_matrix[newsid] = (category,vector)

    filename = './model/item_context_matrix.json'
    json.dump(self.item_context_matrix, open(filename, 'w'))


def fit(self):
  start = time.clock()
  print('开始模型训练')
  self.create_item_context_matrix()
  end = time.clock()
  print("模型训练结束  耗费时间: %f s" % (end - start))

def get_user_context_vector(self,user_clicked_item):        # 计算用户
的内容偏好向量
    user_context_perfer = {}
  avg = np.array([k[1] for k in user_clicked_item]).mean()

  for k,v in user_clicked_item:
    category_vector = self.item_context_matrix[k]
    category = category_vector[0]
    if category not in user_context_perfer:
      user_context_perfer[category] = [v-avg]
    else:
      user_context_perfer[category].append(v-avg)
```

```python
        print('user_prefer: \n',user_context_perfer)
        user_category_vector = []
        for k in user_context_perfer:
            user_category_vector.append(np.array(self.category_vector_
matrix[k]) * np.array(user_context_perfer[k]).mean())

        user_category_vector = np.array(user_category_vector).sum(axis=0)
        print('user_perfer_vector:\n ', user_category_vector)

        return user_category_vector

    def cos_sim(self,vector_a,vector_b):          # 余弦相似度计算
            vector_a = np.mat(vector_a)
        vector_b = np.mat(vector_b)

        num = (vector_a * vector_b.T)[0,0]
        denom = np.linalg.norm(vector_a) * np.linalg.norm(vector_b)
        simu = 0
        if denom != 0:
            simu = round(num / denom,4)
        return simu

    def recommend(self, userid, topN):
        recommendList = []
        if userid in self.user_all:
            user_clicked_item = self.user_item_dict[userid]
            user_unclicked_item_list = self.user_item_unclicked_dict[userid]

            user_vector = self.get_user_context_vector(user_clicked_item)

            for item in user_unclicked_item_list:
                item_vector = self.item_context_matrix[item][1]
                weight = self.cos_sim(user_vector,item_vector)
                recommendList.append((item,round(weight,4)))
        recommendList = self.recommendList_topK(recommendList, topN)

        recommend_profile = {'userid': userid, 'itemlist': recommendList}
        print('Item_CB 推荐结果: ', recommend_profile)
        self.showTable(recommendList)
        return recommend_profile

    def recommendList_topK(self,recommendList, topK):
        …

    def showTable(self, recommendList):
        table = Texttable()
        table.set_deco(Texttable.HEADER)
        table.set_cols_dtype(["t", "t"])
```

```
        table.set_cols_align(["l", "l"])
        rows = []
        rows.append([u"News_ID", u"weight"])
        for item, weight in recommendList:
          rows.append([item, weight])

        table.add_rows(rows)
        print(table.draw())

    def evaluation(self):
      …

if __name__ == '__main__':
    model = item_CB_recom()
    model.fit()
    model.recommend('U545162', topN=20)
    model.evaluation()
```

代码输出结果如下：

开始模型训练

模型训练结束　耗费时间: 11.146256 s

user_prefer:

{'体育': [0.375], '食品': [2.375], '电视': [-2.125], '医疗': [-0.625]}

user_perfer_vector:

  [0. 0. 2.375 0. 0.375 0. 0. 0. 0. 0. -2.125 0. 0. 0. 0. 0.
-0.625]

Item_CB 推荐结果: {'userid': 'U545162', 'itemlist': [('N103896', 0.7265),
('N68497', 0.7265), ('N99821', 0.7265), ('N81921', 0.7265), ('N58399', 0.7265),
('N37605', 0.7265),…]}

```
News_ID  weight
=================
N103896  0.7265
N68497   0.7265
N99821   0.7265
N81921   0.7265
N58399   0.7265
N37605   0.7265
…
```

8.4　本章小结

　　基于内容的推荐算法是推荐系统常用的算法，其核心思想就是将用户过去喜欢的商品的内容相似商品推荐给用户。本章对商品内容进行了定义。新闻内容通过标题、副标题、摘要、来源、事件、正文等属性字段提取。视频内容通过标题、类别、导演、演员、剧情描述等属性字段提取。商品内容通过名称、功能、规格、价格等属性字段提取。

基于内容的推荐算法在工程实现上相对简单、明晰。根据商品的内容特征向量调用算法，找到每一件商品的内容相似邻居。根据用户最近喜欢的商品，查表获取与喜欢商品内容相似的邻居。更新计算用户的喜欢度，按喜欢度排序，将排在前面的 Top K 个商品生成推荐列表。

工程实践中，事先生成商品的内容相似邻居，这样推荐列表的生成就转化为简单的查表处理，可避免复杂的计算工作，快速响应用户的推荐请求。

## 第9章

基于标签的推荐召回

互联网时代，用户喜欢给商品打标签，并利用标签去检索商品。如果大多数用户给商品赋予相同标签，那么这个标签也就代表了商品的某个属性特征，可作为商品的内容属性。对商品而言，标签反映的是商品的内容特征，例如类别、风格、年代、区域、人物、事件等。对用户而言，标签反映的是用户的兴趣偏好特征。用户喜欢包含某种标签的新闻、电影、音乐，说明用户喜欢包含这种标签的商品。将标签作为用户的兴趣偏好特征，推荐算法可以依据用户的兴趣偏好特征完成推荐召回工作，生成推荐列表。

本章将阐述基于标签的推荐原理、算法模型及其改进算法模型。

9.1 认识标签

在介绍标签之前，先了解一下应用业务场景：我们打算浏览某运动员在奥运会上的有关新闻报道。解决这个问题存在多种方法，这里仅分析下面这两种方法。

方法 1：打开新闻 App，点击体育频道，点击奥运栏目，查找与该运动员有关的新闻报道。

方法 2：打开新闻 App，在搜索栏输入"运动员名字"或"运动员名字"+"奥运会"关键词。

方法 1 采用基于新闻内容的类别逐层搜索，一次找到 1 篇或几篇新闻报道；方法 2 采用基于标签关键词的查找，一次找到很多篇新闻报道。显然，方法 2 比较高效，高效的原因是系统给与该运动员有关的新闻报道都打了一个标签。这样，标签与这些新闻报道建立了映射关系。

标签是一种用来描述商品属性的关键词，一个标签代表一个独立属性。赋予商品的标签不同于商品类别，商品类别存在层次结构，商品标签不存在层次结构。标签可以是名字、类别、功能、风格、产地、事件、心情、年代等任何属性特征。标签表达信息直接，不存在上级标签和下级标签之说。商品类别是多层次结构、逐级划分的。

例如，新闻 App 短标题页面的新闻下面有标签，标签内容是人名、国家名、机构名、工厂名等，可以通过这些标签检索对应新闻，并可以把新闻推荐给对这些标签感兴趣的用户。

使用标签去描述商品内容简单、直接，能避免出现复杂的层次结构描述。标签是对人或对商品内容属性的直接反映，通过标签可以对人或商品做一个初步了解。描述一件商品的标签是多方面的，体现出商品不同维度属性内容或多维度属性内容融合，例如一篇新闻的标签可以涉及新闻类别、新闻题材、内容关键词、来源、事件发生的时间、事件发生的地点、参与人物、事件起因、事件进展、关联机构等属性特征。当标签很丰富时，标签包含的信息与商品内容信息相当。用 k 个标签来表示商品 N_j 的内容，每一个标签 tag 反映商品的某个内容属性。

$$N_j = \{tag1, tag2, tag3, \cdots, tagk\}$$

下面给出几个利用标签描述商品内容的示例。

新闻={娱乐,明星,离婚}，很容易判定新闻报道内容是某位明星的离婚事件，属于娱乐类别。

新闻={综合,郑州,暴雨,抗洪,抢险,武警官兵}，说明这篇新闻报道的是武警官兵赴郑州抗洪抢险的内容，属于综合类别。

视频={国产,动作,战争,爱国,热血,某演员}，说明这是一部与某演员有关的电影。

新闻标签通常由新闻发布单位标注或者由人工智能算法从新闻内容中提取出来。对于新媒体新闻或视频，支持用户根据自己的主观意愿来打标签。用户自己打的标签随意性较大，所以为了规范用户打标签行为，系统有时会提供参考标签由用户来选择。

9.2　标签推荐算法

图 9.1 所示为基于标签的推荐示意。用户过去点击和浏览过新闻 A、新闻 B

和新闻 C。新闻 A 包含 4 个标签，新闻 B 包含 3 个标签，新闻 C 包含 3 个标签。用标签出现的频次作为用户对标签的喜欢度。通过挖掘用户的行为记录可知：用户对标签 1 的喜欢度为 2，用户对标签 2 的喜欢度为 2，用户对标签 3 的喜欢度为 3，用户对标签 4 的喜欢度为 2，用户对标签 5 的喜欢度为 1，用户对标签 6 的喜欢度为 0。

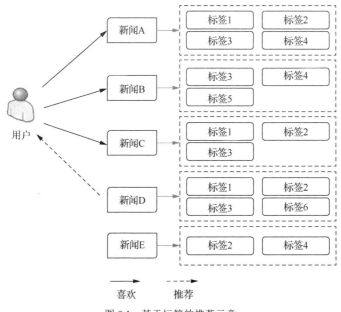

图 9.1 基于标签的推荐示意

用户对标签 3 的喜欢度较高。推荐时，系统将包含用户兴趣偏好标签 3 的新闻推荐给用户。新闻 D 包含用户喜欢的标签 1、标签 2 和标签 3，用户对新闻 D 的喜欢度为 2+2+3=7。新闻 E 包含标签 2 和标签 4，用户对新闻 E 的喜欢度为 2+2=4，所以系统优先把新闻 D 推荐给用户。

假定有 N 位用户、M 篇新闻和 K 个标签，构建以下两个矩阵，

$$\boldsymbol{P} = \begin{pmatrix} P_{11} & P_{12} & \cdots & P_{1K} \\ P_{21} & P_{22} & \cdots & P_{2K} \\ \vdots & \vdots & & \vdots \\ P_{N1} & P_{N2} & \cdots & P_{NK} \end{pmatrix}_{N \times K} \boldsymbol{Q} = \begin{pmatrix} Q_{11} & Q_{12} & \cdots & Q_{1M} \\ Q_{21} & Q_{22} & \cdots & Q_{2M} \\ \vdots & \vdots & & \vdots \\ Q_{K1} & Q_{K2} & \cdots & Q_{KM} \end{pmatrix}_{K \times M}$$

矩阵 $\boldsymbol{P}$ 记录的是用户对标签的兴趣偏好，矩阵 $\boldsymbol{P}$ 的每一行对应一个用户对所有标签的兴趣偏好分布。矩阵 $\boldsymbol{Q}$ 记录的是新闻包含标签的情况，矩阵 $\boldsymbol{Q}$ 的每一列对应一篇新闻对所有标签的包含分布。将矩阵 $\boldsymbol{P}$ 和矩阵 $\boldsymbol{Q}$ 相乘，得到矩阵 $\boldsymbol{R}$，

$$\boldsymbol{R} = \boldsymbol{P} \times \boldsymbol{Q} = \begin{pmatrix} R_{11} & R_{12} & \cdots & R_{1M} \\ R_{21} & R_{22} & \cdots & R_{2M} \\ \vdots & \vdots & & \vdots \\ R_{N1} & R_{N2} & \cdots & R_{NM} \end{pmatrix}_{N \times M}$$

矩阵 $\boldsymbol{R}$ 的大小为 N 行 M 列。矩阵元素 R_{ij} 就是用户 U_i 对新闻 N_j 的喜欢度。有了这个矩阵，就可以对用户开展推荐工作。对第 i 位用户执行推荐工作，推荐商品明细通过查询矩阵 $\boldsymbol{R}$ 的第 i 行数据获得。根据查询结果，过滤掉用户已经点击、浏览过的新闻，将剩下新闻按喜欢度数值从大到小排序，取排在前面的 Top N 篇新闻作为推荐结果。

接下来回答如何构建矩阵 $\boldsymbol{P}$ 和矩阵 $\boldsymbol{Q}$ 的问题。

第 1 步：计算新闻与标签的相关度，生成矩阵 $\boldsymbol{Q}$。

矩阵 $\boldsymbol{Q}$ 体现的是新闻与标签的相关度。相关度衡量了标签表示新闻某个属性的能力，相关度的计算可以采用以下方法。

方法 1：对标签一一核实。如果标签 F_k 在新闻 N_j 中，那么 $Q_{kj} = 1$；如果标签 F_k 不在新闻 N_j 中，那么 $Q_{kj} = 0$。这里需要利用自然语言处理技术提取新闻关键词。

方法 2：将标签 F_k 打给新闻 N_j 的频次 F 作为相关度，即 $Q_{kj} = F$。用标签 F_k 给新闻 N_j 打标签的用户数为 U_{Fk}，给新闻打标签的全体用户数为 U_{Total}，则标签 F_k 的使用频次 $F = U_{Fk} / U_{\text{Total}}$。

方法 3：计算标签 F_k 的特征向量与新闻 N_j 的特征向量的相似度 $W(F_k, N_j)$，取 $Q_{kj} = W(F_k, N_j)$。这里需要注意：特征向量需要采用相同的编码技术。新闻特征向量基于 Word2Vec 模型实现向量化，则标签 F_k 也需要采用对应的 Word2Vec 模型实现向量化。

第 2 步：计算用户对标签的兴趣偏好，生成矩阵 $\boldsymbol{P}$。

用户的喜欢度可以根据用户的评分和行为动作权重来计算。对于新闻题材的商品，基于用户行为权重计算喜欢度相对容易。用户 U_i 对新闻 N_j 的喜欢度为 $R(U_i, N_j)$，在矩阵中用 R_{ij} 表示。用户对新闻标签 F_k 的喜欢度计算表达式为

$$P_{ik} = \frac{\sum_{j=1}^{J} R(U_i, N_j) \cdot W(N_j, F_k)}{\sum_{j=1}^{J} W(N_j, F_k)}$$

这里，$W(N_j, F_k)$ 表示新闻 N_j 与标签 F_k 的相关度；J 表示用户点击记录中有 J 篇

新闻包含标签 F_k。

用户-新闻喜欢度是通过用户行为按权重计算出来的。用户只要点击、浏览新闻，这个喜欢度的值就存在。有的推荐系统使用用户评分数据来表示用户喜欢度。利用用户的评分来计算用户对标签的喜欢度存在一个问题：用户评分行为越少，计算出来的标签喜欢度偏差越大。图 9.1 中的标签喜欢度说明如下。

用户只给新闻 A 评分，评分为 5 分，计算出用户对标签的喜欢度如下。

标签 1：$P_{i1} = \dfrac{5 \times 1}{1} = 5$。

标签 2：$P_{i2} = \dfrac{5 \times 1}{1} = 5$。

标签 3：$P_{i3} = \dfrac{5 \times 1}{1} = 5$。

标签 4：$P_{i4} = \dfrac{5 \times 1}{1} = 5$。

如果用户只给新闻 C 评分，评分为 2 分，计算出用户对标签的喜欢度如下。

标签 1：$P_{i1} = \dfrac{2 \times 1}{1} = 2$。

标签 2：$P_{i2} = \dfrac{2 \times 1}{1} = 2$。

标签 3：$P_{i3} = \dfrac{2 \times 1}{1} = 2$。

用户给新闻 A 评 5 分，给新闻 C 评 2 分。计算出用户对标签的喜欢度如下。

标签 1：$P_{i1} = \dfrac{5 \times 1 + 2 \times 1}{1 + 1} = 3.5$。

标签 2：$P_{i2} = \dfrac{5 \times 1 + 2 \times 1}{1 + 1} = 3.5$。

标签 3：$P_{i3} = \dfrac{5 \times 1 + 2 \times 1}{1 + 1} = 3.5$。

标签 4：$P_{i4} = \dfrac{5 \times 1 + 2 \times 1}{1 + 1} = 3.5$。

同一标签出现在不同的新闻中，用户对标签的喜欢度受用户对新闻的评分影响较大。评分行为次数越少，计算误差越大。为了减少评分次数少引入的计算误差，引入平滑因子，优化用户-标签喜欢度计算方式。

$$P_{ik} = \frac{\displaystyle\sum_{j=1}^{J} R\left(U_i, N_j\right) \cdot W\left(N_j, F_k\right) + \beta \overline{R}_i}{\displaystyle\sum_{j=1}^{J} W\left(N_j, F_k\right) + \beta}$$

式中，β 为平滑因子；$\overline{R}_i$ 为用户 U_i 所有评分的平均值。

9.3 升级标签推荐算法

9.2 节阐述的矩阵 $\boldsymbol{P}$ 生成方法建立在用户对新闻的喜欢度基础上。用户点击、浏览这篇新闻，新闻包含标签，我们就建立了用户与标签的喜欢关系（属于被动关系）。用户主动使用标签去检索和给新闻打标签，才能真正体现用户与标签的喜欢关系（属于主动关系）。用户经常使用某个标签，说明用户对这个标签的依赖性强，兴趣浓厚。可以用标签使用频次去描述用户对标签的主动喜欢度，

$$P_{ik\_1} = \text{TF}(U_i, F_k) = \frac{C(U_i, F_k)}{\sum_t C(U_i, F_t)}$$

式中，P_{ik_1} 表示用户对标签 F_k 的使用频次，即依赖程度，对应 TF-IDF 算法中的 TF 值；$C(U_i, F_k)$ 表示用户使用标签 F_k 的次数；$\sum_t C(U_i, F_t)$ 表示用户使用所有标签的次数。

与利用 TF-IDF 提取文本关键词的思想一样，为了避免热词效应，需要引入 IDF 值来修正，

$$P_{ik\_2} = \text{IDF}(U_i, F_k) = \lg\left(\frac{\sum_i \left(\sum_t C(U_i, F_t)\right)}{\sum_i (U_i, F_k) + 1}\right)$$

式中，P_{ik_2} 表示标签 F_k 的使用热度，对应 TF-IDF 算法中的 IDF 值；$\sum_i \left(\sum_t C(U_i, F_t)\right)$ 表示全体用户对全体标签的使用次数；$\sum_i (U_i, F_k)$ 表示使用标签 F_k 去打标签的使用次数。

对于一个标签，如果大家都在使用，其热度很高，则不能反映用户的个性化兴趣偏好。对于一个标签，如果使用它的用户数不多，但被某一个用户经常使用，使用频次较高，则这个标签最能反映用户的个性化兴趣偏好，用户对他的依赖性很强。

综合考虑用户与标签的主动喜欢度和被动喜欢度，使用用户与标签的 TF-IDF 值修正矩阵 $\boldsymbol{P}$ 的数据，即

$$P_{ik} = P_{ik} \times \text{TF-IDF}(U_i, F_k)$$

9.4　代码示例

基于标签的推荐算法需要在模型训练阶段得到 2 个矩阵：新闻与标签的映射矩阵；用户与兴趣偏好标签的映射矩阵。

用户的兴趣偏好标签是根据用户的历史点击记录提取出来的，每一个标签需要计算对应的权重。基于标签的新闻推荐算法代码示例如代码 9-1 所示。

代码 9-1　基于标签的推荐代码示例

```python
# coding = utf-8

import math
import os
import time
import pandas as pd
import numpy as np
import json

from chapter6.candidate_data import get_user_item_unclicked_matrix,
get_user_item_matrix, get_item_user_matrix, get_dataset_test
from sklearn import metrics
from sklearn.metrics import confusion_matrix
from texttable import Texttable

title = '标签推荐算法，实现新闻内容推荐'

class item_tag_recom:
    def __init__(self):
        self.user_all = None
        self.item_all = None
        self.user_item_dict = {}
        self.item_user_dict = {}
        self.user_item_unclicked_dict = {}
        self.item_tag_matrix = {}
        self.user_tag_matrix = {}
        self.path = os.path.dirname(__file__)
        self.load_data()

    def load_data(self):
        self.user_item_unclicked_dict = get_user_item_unclicked_matrix()
        try:
            self.user_item_dict = json.load(open(self.path + '/model/user_
item_dict.json', 'r'))
            self.item_user_dict = json.load(open(self.path + '/model/item_
user_dict.json', 'r'))
            self.user_all = list(self.user_item_dict.keys())
            self.item_all = list(self.item_user_dict.keys())
```

```
            self.item_tag_matrix = json.load(open(self.path + '/model/
item_tag_matrix.json', 'r'))
            self.user_tag_matrix = json.load(open(self.path + '/model/
user_tag_matrix.json', 'r'))
        except:
            print('Tag opens model failure')


    def create_item_tag_matrix(self):              # 建立新闻-标签映射
        item_profile_df = pd.read_csv(self.path + '/dataset/item_
profile.csv')

        for k in item_profile_df.index.values:
            data = item_profile_df.iloc[k]
            newsid = data['newsid']
            self.item_tag_matrix[newsid] = [(data['category'],1.0)] +
eval(data['context'])


        filename = self.path + '/model/item_tag_matrix.json'
        json.dump(self.item_tag_matrix, open(filename, 'w'))


    def create_user_tag_matrix(self):              # 建立用户-标签映射
            for user in self.user_all:
            user_tag_list = []
            user_item_list = self.user_item_dict[user]
            for k,v in user_item_list:
                tag = self.item_tag_matrix[k]
                temp = [(p, q * v) for p, q in tag]
                if user not in self.user_tag_matrix:
                    user_tag_list = [temp]
                else:
                    user_tag_list.append(temp)
            self.user_tag_matrix[user] = self.recommendList_filtered
(user_tag_list[0])


        filename = self.path + '/model/user_tag_matrix.json'
        json.dump(self.user_tag_matrix, open(filename, 'w'))


    def fit(self):
        start = time.clock()
        print('start to train tag_model.....')


        self.user_item_dict = get_user_item_matrix()
        self.item_user_dict = get_item_user_matrix()
        json.dump(self.user_item_dict, open(self.path + '/model/user_
item_dict.json', 'w'))
        json.dump(self.item_user_dict, open(self.path + '/model/item_
user_dict.json', 'w'))
        self.user_all = list(self.user_item_dict.keys())
        self.item_all = list(self.item_user_dict.keys())
```

```python
        self.create_item_tag_matrix()
        self.create_user_tag_matrix()

        end = time.clock()
        print("created a tag_model successfully and time lasts: %f s" %
(end - start))

    def get_item_user_tag_simu(self, item_tag, user_tag):      # 生成向量,
计算向量点积
            item_tag_vector = []
        user_tag_vector = []

        news_list = [X for X, Y in item_tag + user_tag]
        news_list = list(set(news_list))

        for news in news_list:
          temp_A = self.get_data_by_index(news, item_tag)
          temp_B = self.get_data_by_index(news, user_tag)
          item_tag_vector.append(temp_A)
          user_tag_vector.append(temp_B)
        item_tag_vector = np.mat(item_tag_vector)
        user_tag_vector = np.mat(user_tag_vector)

        simu = (item_tag_vector * user_tag_vector.T)[0, 0]

        return simu

    def recommend(self, userid, topN):
      recommendList = []

      if userid in self.user_all:
          user_tag = self.user_tag_matrix[userid]
          user_unclicked_item_list = self.user_item_unclicked_dict[userid]

          for item in user_unclicked_item_list:
              item_tag = self.item_tag_matrix[item]
              weight = self.get_item_user_tag_simu(item_tag,user_tag)
              recommendList.append((item,round(weight,4)))

          recommendList = self.recommendList_filtered(recommendList)
          recommendList = self.recommendList_topK(recommendList, topN)

      recommend_profile = {'model': 'Tag',
            'user': userid,
            'item': recommendList}
      print('Tag recommendation:\n', recommend_profile)
      self.showTable(recommendList)

      return recommend_profile
```

```
    def recommendList_filtered(self, recommendList):
      …

    def recommendList_topK(self,recommendList, topK):
      …

    def get_data_by_index(self, data, data_list):
      …

    def showTable(self, recommendList):
      …

    def evaluation(self):
      …

  if __name__ == '__main__':
    model = item_tag_recom()
    model.fit()
    model.recommend('U545162', topN=20)
    model.evaluation()
```
代码输出结果如下：

开始模型训练

create user_item_matrix and item_user_matrix successfully !!

模型训练结束 耗费时间：18.785735 s

user perfer in tag:

[['医疗', 6.0], ['手术', 6.0], ['医生', 3.656630813324257], ['整形手术', 2.873269052504586], ['结果', 2.6717406164177655], ['风险', 2.495551772690621], ['可能', 2.3388268837632253], ['鼻子', 2.108290274591986], ['应该', 1.9456170420173762], ['进行', 1.9368665422627984], ['组织', 1.9212664357756044], ['认证', 1.8966015289737452], ['需要', 1.8461497378131688], ['做手术', 1.6685067831116058], ['超现实', 1.4703721748952254], ['有着', 1.457430854617048], ['精神', 1.3796543852319094], ['人类', 1.375336917482842], ['程序', 1.3424427388128697], ['问题', 1.3347685749917948], ['信号', 1.3061788460039268]]

recommendation based on tag:

{'userid': 'U545162', 'itemlist': [('N47355', 25.216), ('N104807', 10.5444), ('N25268', 9.4035), ('N9740', 8.8928), ('N62034', 7.6864), ('N9581', 7.5004), ('N64641', 7.0908), ('N69390', 7.0551), …]}

```
News_ID   weight
==================
N47355    25.216
N104807   10.5444
N25268    9.4035
N9740     8.8928
N62034    7.6864
…
```

基于用户的访问记录，提取出用户 U545162 最近关注的与医疗美容有关的新闻内容。其他新闻中包含用户关心的标签特征，将进入推荐列表。代码示例中将用户过去点击新闻的关键字作为标签特征直接参与模型训练，这种操作方式存在不足，原因是新闻关键词表述的内容相对分散，例如用户 U545162 的特征偏好中包含的"人类""信号""程序""超现实"等标签表述的含义与标签"医生""手术""鼻子""整形"等表述含义存在差异。所以在挖掘用户标签兴趣偏好时，需要对特征标签分类。

9.5　本章小结

用户给商品赋予的标签能在一定程度上反映商品的内容属性，基于标签的推荐算法属于基于内容的推荐算法范畴。商品标签的来源主要是用户的打标签列表，其次是利用机器学习算法从商品属性信息中提取的关键词。新闻推荐系统赋予的标签一定要符合行业管理规范，通常不提供用户随意打标签的入口，这时可以采用自然语言处理技术提取文本关键词，将审核后的关键词作为新闻的标签。对于音视频推荐系统，为避免标签的任意性和随意性，通常在商品打标签入口提供参考示例，供用户选择。

本章介绍了基于标签的推荐算法，算法的核心是两个矩阵的构建。本章详细阐述了商品-标签矩阵的构建方法和用户-标签兴趣偏好矩阵的构建方法。

## 第10章

协同过滤推荐召回

基于内容的推荐召回需要挖掘用户点击商品的共有特征，将商品的共有特征作为用户的兴趣偏好特征。推荐时，根据用户兴趣偏好特征匹配商品特征，利用相关性找到目标商品并生成推荐列表。协同过滤推荐算法无须挖掘商品的共有特征，直接使用用户-商品的行为数据生成推荐列表。

协同过滤推荐算法通过行为相似的原则给用户推荐商品。这种相似适用于商品相似和用户相似。协同过滤推荐算法分为用户协同过滤（UserCF）算法和商品协同过滤（ItemCF）算法。

10.1 UserCF 算法

10.1.1 算法原理

推荐系统通过对历史上大量用户的点击行为进行相似度分析，找到兴趣相似和行为相似的用户，将相似用户点击的新闻推荐给目标用户。UserCF 算法实现原理如图 10.1 所示。

用户 A 和用户 C 同时点击了新闻 B 和新闻 D，说明用户 A 和用户 C 对新闻 B 和新闻 D 的喜欢度相似。用户 A 和用户 B 不存在共同点击的新闻，所以用户 A 和用户 B 的兴趣偏好不相似。如果需要给用户 A 推荐新闻，找到用户 A 的相似用户，即用户 C。用户 C 的点击行为包含新闻 A，而用户 A 没有点击过新闻 A，所以推荐系统会将新闻 A 推荐给用户 A。

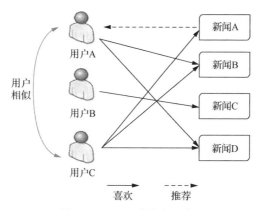

图 10.1 UserCF 算法实现原理

如果用户 B 也点击过新闻 D,给用户 A 的推荐结果会发生变化吗?是有可能发生变化的。因为用户 A 和用户 B 共同点击了新闻 D,他们之间存在相似性,所以在协同过滤推荐过程中,需要计算相似度,即权重问题。用户 A 和用户 C 同时点击了两篇新闻,而用户 A 和用户 B 同时点击了一篇新闻,所以用户 A 与用户 C 的相似度大于用户 A 与用户 B 的相似度。给用户 A 推荐的新闻应该是一个列表,包含新闻编号和权重。

根据用户对新闻的行为操作,整理出如下所示的用户-新闻评分矩阵 $\boldsymbol{R}$,矩阵每一行对应 1 个用户的点击行为记录,矩阵每一列对应每一篇新闻的被点击记录。

$$\boldsymbol{R} = \begin{pmatrix} \boldsymbol{R}_1 \\ \boldsymbol{R}_2 \\ \boldsymbol{R}_3 \\ \vdots \\ \boldsymbol{R}_N \end{pmatrix} = \begin{pmatrix} R_{11} & R_{12} & \cdots & R_{1k} & \cdots & R_{1M} \\ R_{21} & R_{22} & \cdots & R_{2k} & \cdots & R_{2M} \\ R_{31} & R_{32} & \cdots & R_{3k} & \cdots & R_{3M} \\ \vdots & \vdots & \cdots & \vdots & \cdots & \vdots \\ R_{N1} & R_{N2} & \cdots & R_{Nk} & \cdots & R_{NM} \end{pmatrix}_{N \times M}$$

矩阵元素表示用户对点击的新闻的喜欢度评分,分值为 $0 \sim 5$,$R_{ik} =$ 评分值或者 0。用户未点击新闻的评分按 0 处理。

实现 UserCF 算法主要包含两步。

第 1 步:发现兴趣偏好相似的用户群。

发现兴趣偏好相似的用户群其实就是计算用户的行为相似度。在矩阵 $\boldsymbol{R}$ 中,第 i 个用户的评分向量为

$$\boldsymbol{R}_i = (R_{i1}, R_{i2}, R_{i3}, \cdots, R_{iM})$$

第 j 个用户的评分向量为

$$R_j = \left(R_{j1}, R_{j2}, R_{j3}, \cdots, R_{jM}\right)$$

当 $i \neq j$ 时，利用皮尔逊相关系数法，可以计算得到用户 U_i 和用户 U_j 的相关系数，

$$W\left(U_i, U_j\right) = \frac{\sum_{k=1}^{M}\left(R_{ik} - \overline{R}_i\right)\left(R_{jk} - \overline{R}_j\right)}{\sqrt{\sum_{k=1}^{M}\left(R_{ik} - \overline{R}_i\right)^2 \sum_{k=1}^{M}\left(R_{jk} - \overline{R}_j\right)^2}}$$

目标用户为 U_i，计算所有用户与 U_i 的评分向量相关系数，按相关系数从大到小排序，取 Top K 作为目标用户 U_i 的相似用户集，用 $S(U_i, K)$ 表示。这里的 K 是一个优化参数。

采用这种方式计算用户的相似度存在 2 个问题。

① 横向看矩阵 R，新闻数据量大，用户实际点击的新闻数量有限。这样矩阵行向量元素很稀疏，只有少量数据位存在有效数据，大部分数据位为 0。这种情况下，整个向量参与计算将浪费计算资源。

② 纵向看矩阵 R，用户数据量大，很多用户没有交集，或者交集元素很少。即多个用户对同一篇新闻文章产生点击行为的量不大，所以很多情况下，数据位为 0。这种情况下，大量的 0 参与计算将浪费计算资源。

出于节约计算资源和缩短算法运算时间的目的，需要改进用户相似度算法。基于矩阵 R 重新梳理用户的行为向量。

清晰起见，用表 10-1 所示的示例来阐述相似用户的寻找过程。为了方便书写，表中 U_i 表示用户编号，N_j 表示新闻编号。表中的数据为用户对新闻的喜欢度评分（0~5 分）。

表 10-1　用户-新闻喜欢度评分

用户编号	评分					
	N_1	N_2	N_3	N_4	N_5	N_6
U_1	2	0	4	0	5	4
U_2	0	1	0	5	0	5
U_3	5	2	3	0	0	2
U_4	0	5	0	4	0	0

用集合方式来表示用户点击结果，集合元素为新闻编号。基于矩阵 R 可得，

$$U_1 = \left\{N_1, N_3, N_5, N_6\right\}$$
$$U_2 = \left\{N_2, N_4, N_6\right\}$$
$$U_3 = \left\{N_1, N_2, N_3, N_6\right\}$$
$$U_4 = \left\{N_2, N_4\right\}$$

方法 1：使用杰卡德集合相似法计算用户行为相似度。

$$W(U_1, U_2) = \frac{\{N_1, N_3, N_5, N_6\} \cap \{N_2, N_4, N_6\}}{\{N_1, N_3, N_5, N_6\} \cup \{N_2, N_4, N_6\}} = \frac{1}{6} \approx 0.17$$

$$W(U_1, U_3) = \frac{\{N_1, N_3, N_5, N_6\} \cap \{N_1, N_2, N_3, N_6\}}{\{N_1, N_3, N_5, N_6\} \cup \{N_1, N_2, N_3, N_6\}} = \frac{3}{5} = 0.6$$

$$W(U_1, U_4) = \frac{\{N_1, N_3, N_5, N_6\} \cap \{N_2, N_4\}}{\{N_1, N_3, N_5, N_6\} \cup \{N_2, N_4\}} = \frac{0}{6} = 0$$

$$W(U_2, U_3) = \frac{\{N_2, N_4, N_6\} \cap \{N_1, N_2, N_3, N_6\}}{\{N_2, N_4, N_6\} \cup \{N_1, N_2, N_3, N_6\}} = \frac{2}{5} = 0.4$$

$$W(U_2, U_4) = \frac{\{N_2, N_4, N_6\} \cap \{N_2, N_4\}}{\{N_2, N_4, N_6\} \cup \{N_2, N_4\}} = \frac{2}{3} = 0.67$$

$$W(U_3, U_4) = \frac{\{N_1, N_2, N_3, N_6\} \cap \{N_2, N_4\}}{\{N_1, N_2, N_3, N_6\} \cup \{N_2, N_4\}} = \frac{1}{5} = 0.2$$

基于杰卡德集合相似法计算得到的相似矩阵 S 以表格形式表示如表 10-2 所示。

表 10-2　基于杰卡德集合相似法计算用户行为相似度

用户编号	用户行为相似度			
	U_1	U_2	U_3	U_4
U_1	1	0.17	0.6	0
U_2	0.17	1	0.4	0.67
U_3	0.6	0.4	1	0.2
U_4	0	0.67	0.2	1

表 10-2 所示的示例尤其重要，在模型训练阶段需要生成这张表。在模型推荐阶段，只需要按行读取矩阵结果并排序即可。取 $K=2$，从表中获得用户 U_1、U_2、U_3 和 U_4 的相似用户集合如下。

U_1 的相似用户集合为 $S(U_1, 2) = \{(U_3, 0.6), (U_2, 0.17)\}$。

U_2 的相似用户集合为 $S(U_2, 2) = \{(U_4, 067), (U_3, 0.4)\}$。

U_3 的相似用户集合为 $S(U_3, 2) = \{(U_1, 0.6), (U_2, 0.4)\}$。

U_4 的相似用户集合为 $S(U_4, 2) = \{(U_2, 0.67), (U_3, 0.2)\}$。

集合中元素为 $(U_j, W(U_i, U_j))$，表示目标用户 U_i 与 U_j 相似，相似系数为 $W(U_i, U_j)$。

方法 2：使用余弦相似度计算用户相似度。

对于 U_1 和 U_2 来说，$U_1 \cup U_2 = \{N_1, N_2, N_3, N_4, N_5, N_6\}$，则

基于 U_1 的点击集合生成行为向量：$V_1 = (1, 0, 1, 0, 1, 1)$。

基于 U_2 的点击集合生成行为向量：$V_2 = (0, 1, 0, 1, 0, 1)$。

则 U_1 和 U_2 的相似度为

$$W(U_1, U_2) = \frac{V_1 \cdot V_2}{|V_1| \cdot |V_2|} = \frac{1}{\sqrt{4} \cdot \sqrt{3}} = \frac{\sqrt{3}}{6} \approx 0.29$$

对于 U_1 和 U_3 来说，$U_1 \cup U_3 = \{N_1, N_2, N_3, N_5, N_6\}$，则

基于 U_1 的点击集合生成行为向量：$V_1 = (1, 0, 1, 1, 1)$。

基于 U_3 的点击集合生成行为向量：$V_3 = (1, 1, 1, 0, 1)$。

则 U_1 和 U_3 的相似度为

$$W(U_1, U_3) = \frac{V_1 \cdot V_3}{|V_1| \cdot |V_3|} = \frac{3}{\sqrt{4} \cdot \sqrt{4}} = \frac{3}{4} = 0.75$$

对于 U_1 和 U_4 来说，$U_1 \cup U_4 = \{N_1, N_2, N_3, N_4, N_5, N_6\}$，则

基于 U_1 的点击集合生成行为向量：$V_1 = (1, 0, 1, 0, 1, 1)$。

基于 U_4 的点击集合生成行为向量：$V_4 = (0, 1, 0, 1, 0, 0)$。

则 U_1 和 U_4 的相似度为

$$W(U_1, U_4) = \frac{V_1 \cdot V_4}{|V_1| \cdot |V_4|} = \frac{0}{\sqrt{4} \cdot \sqrt{2}} = 0$$

对于 U_2 和 U_3 来说，$U_2 \cup U_3 = \{N_1, N_2, N_3, N_4, N_6\}$，则

基于 U_2 的点击集合生成行为向量：$V_2 = (0, 1, 0, 1, 1)$。

基于 U_3 的点击集合生成行为向量：$V_3 = (1, 1, 1, 0, 1)$。

则 U_2 和 U_3 的相似度为

$$W(U_2, U_3) = \frac{V_2 \cdot V_3}{|V_2| \cdot |V_3|} = \frac{2}{\sqrt{3} \cdot \sqrt{4}} = \frac{\sqrt{3}}{3} \approx 0.56$$

对于 U_2 和 U_4 来说，$U_2 \cup U_4 = \{N_2, N_4, N_6\}$，则

基于 U_2 的点击集合生成行为向量：$V_2 = (1, 1, 1)$。

基于 U_4 的点击集合生成行为向量：$V_3 = (1, 1, 0)$。

则 U_2 和 U_4 的相似度为

$$W(U_2, U_4) = \frac{V_2 \cdot V_4}{|V_2| \cdot |V_4|} = \frac{2}{\sqrt{3} \cdot \sqrt{2}} = \frac{\sqrt{6}}{3} \approx 0.82$$

对于 U_3 和 U_4 来说，$U_3 \cup U_4 = \{N_1, N_2, N_3, N_4, N_6\}$，则

基于 U_3 的点击集合生成行为向量：$V_3 = (1, 1, 1, 0, 1)$。

基于 U_4 的点击集合生成行为向量：$V_4 = (0, 1, 0, 1, 0)$。

则 U_3 和 U_4 的相似度为

$$W\left(U_3, U_4\right) = \frac{V_3 \cdot V_4}{|V_3| \cdot |V_4|} = \frac{1}{\sqrt{4} \cdot \sqrt{2}} = \frac{\sqrt{2}}{4} \approx 0.35$$

基于余弦相似度计算得到如表 10-3 所示的相似矩阵 $\mathbf{S}$。

表 10-3　基于余弦相似度计算用户行为相似度

用户编号	用户行为相似度			
	U_1	U_2	U_3	U_4
U_1	1	0.29	0.75	0
U_2	0.29	1	0.56	0.82
U_3	0.75	0.56	1	0.35
U_4	0	0.82	0.35	1

取 K=2，从表中得到用户 U_1、U_2、U_3 和 U_4 的相似用户集合如下。

U_1 的相似用户集合为 $S(U_1,2)=\{(U_3,0.75),(U_2,0.29)\}$。

U_2 的相似用户集合为 $S(U_2,2)=\{(U_4,0.82),(U_3,0.56)\}$。

U_3 的相似用户集合为 $S(U_3,2)=\{(U_1,0.75),(U_2,0.56)\}$。

U_4 的相似用户集合为 $S(U_4,2)=\{(U_2,0.82),(U_3,0.41)\}$。

集合中元素为 $(U_j, W(U_i, U_j))$，表示目标用户 U_i 与 U_j 相似，相似系数为 $W(U_i, U_j)$。

第 2 步：生成推荐列表。

将相似用户点击过且目标用户没有点击过的新闻文章推荐给目标用户。

从矩阵 $\mathbf{R}$ 中找出相似用户点击过但目标用户没有点击过的新闻集合，计算目标用户对集合中每篇新闻的喜欢度，喜欢度计算方式为

$$P\left(U_i, N_j\right) = \sum_{U_k \in S(U_i, K)} W\left(U_i, U_k\right) \cdot R\left(U_k, N_j\right)$$

式中，$W\left(U_i, U_k\right)$ 表示用户 U_i 与用户 U_k 的相似度；$R\left(U_k, N_j\right)$ 表示用户 U_k 对第 j 篇新闻文章的喜欢度，对应矩阵 $\mathbf{R}$ 中的第 k 行第 j 列元素 R_{kj}；$S(U_i, K)$ 表示用户 U_i 的 Top K 个相似用户群；$P\left(U_i, N_j\right)$ 表示算法预测的用户 U_i 对第 j 篇新闻文章的喜欢度。

重复计算，得到目标用户对所有未点击新闻的喜欢度。对喜欢度值从大到小排序，取 Top K 作为推荐候选集，这里的 K 是一个优化参数。用户对推荐商品的权重为预测喜欢度值 $P\left(U_i, N_j\right)$。

假定目标用户为 U_1，U_1 的相似用户集合 $S(U_1,2)=\{(U_3,0.75),(U_2,0.29)\}$，利用矩阵 $\mathbf{R}$ 数据可得 $U_3 = \{N_1, N_2, N_3, N_6\}$，$U_2 = \{N_2, N_4, N_6\}$，则 $U_3 \cup U_2 - U_1 = \{N_4\}$，用户 U_1 对 N_4 的喜欢度为

$$P(U_1, N_4) = W(U_1, U_2) \cdot R(U_2, N_4) + W(U_1, U_3) \cdot R(U_3, N_4)$$
$$= 0.29 \cdot 5 + 0.75 \cdot 0 = 1.45$$

目标用户 U_1 的推荐列表为 $U_1 = [(N_4, 1.45)]$。

假定目标用户为 U_2，获得 U_2 的相似用户集合为 $S(U_2, 2) = \{(U_4, 0.82), (U_3, 0.56)\}$，查询矩阵 $\boldsymbol{R}$ 可得 $U_3 = \{N_1, N_2, N_3, N_6\}$，$U_4 = \{N_2, N_4\}$，则 $U_3 \cup U_4 - U_2 = \{N_1, N_3\}$，用户 U_2 对 N_1 和 N_3 的喜欢度为

$$P(U_2, N_1) = W(U_2, U_4) \cdot R(U_4, N_1) + W(U_2, U_3) \cdot R(U_3, N_1) = 0.28$$
$$P(U_2, N_3) = W(U_2, U_4) \cdot R(U_4, N_3) + W(U_2, U_3) \cdot R(U_3, N_3) = 1.68$$

目标用户 U_2 的推荐列表为 $U_2 = [(N_3, 1.68), (N_1, 0.28)]$。

10.1.2　代码示例

代码 10-1 为 UserCF 推荐算法代码示例，采用杰卡德集合相似法寻找用户的行为相似邻居。

主要函数说明如下。

def init()：模型初始化函数，用于初始化参数赋值。工程实践中，模型参数初始值通过配置文件或系统前端页面配置修改。

def load_data()：用于装载模型训练需要的初始数据、推荐候选集、用户历史点击记录。

def fit()：模型训练函数。

def create_user_nearest_neighbour()：用于生成用户行为相似邻居，按 Python 字典格式保存数据。

def recommend()：模型推荐列表生成函数。

def evaluation()：模型验证评价函数。

代码 10-1　UserCF 推荐算法代码示例

```
# coding=utf-8

import json
import os
from math import floor
import numpy as np
import time
from chapter6.candidate_data import get_user_item_matrix, get_item_user_
matrix, get_dataset_test
from texttable import Texttable
```

```python
    title = 'UserCF 算法，实现新闻推荐'

class item_userCF_recom:
    def __init__(self):
        self.item_all = None
        self.user_all = None
        self.user_item_dict = {}
        self.item_user_dict = {}
        self.neighbour_dict = {}
        self.user_topK = 50
        self.path = os.path.dirname(__file__)
        self.load_data()

    def load_data(self):
        try:
            self.user_item_dict = json.load(open(self.path + '/model/user_
item_dict.json', 'r'))
            self.item_user_dict = json.load(open(self.path + '/model/item_
user_dict.json', 'r'))
            self.neighbour_dict = json.load(open(self.path + '/model/user_
simu_matrix.json', 'r'))
            self.user_all = list(self.user_item_dict.keys())
            self.item_all = list(self.item_user_dict.keys())
        except:
            print('UserCF opens model failure')

    def fit(self):
        start = time.clock()
        print('开始模型训练')

        self.user_item_dict = get_user_item_matrix()
        self.item_user_dict = get_item_user_matrix()
        json.dump(self.user_item_dict, open(self.path + '/model/user_
item_dict.json', 'w'))
        json.dump(self.item_user_dict, open(self.path + '/model/item_
user_dict.json', 'w'))
        self.user_all = list(self.user_item_dict.keys())
        self.item_all = list(self.item_user_dict.keys())

        self.create_user_nearest_neighbour()

        end = time.clock()
        print("模型训练结束  耗费时间: %f s" % (end - start))

    def jaccard_simu(self, collec_a, collec_b):          # 杰卡德集合相似度
        set_a = set(collec_a)
        set_b = set(collec_b)

        set_n = set_a & set_b
```

```
          set_u = set_a | set_b

        simu = 0
        if len(set_u) > 0:
            simu = round(len(set_n) / len(set_u), 4)
        return simu


    def create_user_nearest_neighbour(self):            # 寻找与目标用户行为相似
的邻居
            user_count = len(self.user_all)
        for k in range(user_count-1):
          user_a = self.user_all[k]
          for v in range(k+1,user_count):
              user_b = self.user_all[v]

              collect_a = [p[0] for p in self.user_item_dict[user_a]]
              collect_b = [p[0] for p in self.user_item_dict[user_b]]
              user_simularity = self.jaccard_simu(collect_a,collect_b)

              temp1 = (user_b, user_simularity)
              temp2 = (user_a, user_simularity)

              if user_a not in self.neighbour_dict.keys():
                  self.neighbour_dict[user_a] = [temp1]
              else:
                  self.neighbour_dict[user_a].append(temp1)
              if user_b not in self.neighbour_dict.keys():
                  self.neighbour_dict[user_b] = [temp2]
              else:
                  self.neighbour_dict[user_b].append(temp2)

          for user in self.neighbour_dict.keys():
            neighbour_list = self.neighbour_dict[user]
            neighbour_list.sort(key=lambda X: X[1], reverse=True)
            if self.user_topK <= len(neighbour_list):
                neighbour_list = neighbour_list[0:self.user_topK]

            self.neighbour_dict[user] = neighbour_list

        filename = self.path + '/model/user_simu_matrix.json'
        json.dump(self.neighbour_dict, open(filename, 'w'))
        print('build the similar users matrix successfully!! ')

    def recommend(self, userid, topN):    #生成推荐列表
        recommendList = []
        user_neighbour = []
        recommendDict = {}

        if userid in self.user_all:
```

```
            neighbour = self.neighbour_dict[userid]
            for user, sim in neighbour:
              neighbour_perfer = self.user_item_dict[user]
              for news, score in neighbour_perfer:
                if news not in recommendDict:
                    recommendDict[news] = [user]
                 else:
                    recommendDict[news].append(user)
                if sim * score > 0:
                    recommendList.append((news, round(sim * score, 4)))

            recommendList = self.recommendList_filtered(recommendList)
            recommendList = self.recommendList_topK(recommendList, topN)

        for k, v in recommendList:
          temp = (k, recommendDict[k])
          user_neighbour.append(temp)

        recommend_profile = {'model': 'User_CF',
                'user': userid,
                'item': recommendList,
                'neighbour': user_neighbour}

        print('User_CF 推荐结果: ',recommend_profile)
        self.showTable(recommendList,user_neighbour)

        return recommend_profile

    def recommendList_filtered(self, recommendList):  # 合并相同的推荐项,
累加权重
            recommend = {}
        for k, v in recommendList:
          if k not in recommend:
            recommend[k] = [v]
          else:
            recommend[k].append(v)

        recommendList = []
        for news, weight in recommend.items():
          temp = (news, sum(weight))
          recommendList.append(temp)

        return recommendList

    def recommendList_topK(self, recommendList, topN):
      …

    def get_data_by_index(self, data, data_list):
      …
```

```python
    def showTable(self, recommendList, neighbour):
       …

    def evaluation(self):
       Y_true = []
       Y_pred = []

       data_test = get_dataset_test()
       user_list = list(set(data_test['userid'].values))
       user_num = floor(len(user_list) * 0.5)
       print('user numbers fo test', user_num)

       for user in user_list[0:user_num]:
          user_action_log_df = data_test[data_test['userid'] == user]
          recommend_profile = self.recommend(user, topN=50)
          data_rec = recommend_profile['item']
          if len(data_rec):
             recommend_list = [k for k, v in data_rec]
          else:
             recommend_list = []

          for index in user_action_log_df.index.values:
             data = user_action_log_df.loc[index]
             Y_true.append(data['label'])
             if data['newsid'] in recommend_list:
                Y_pred.append(1.0)
             else:
                Y_pred.append(0.0)

       Y1 = np.array(Y_true)
       Y2 = np.array(Y_pred)
       mse = [k ** 2 for k in (Y1 - Y2)]
       mse = round(np.sum(mse) / len(Y_true), 4)

       print('Y_test= ', Y_true)
       print('Y_pred= ', Y_pred)
       print('MSE is:', mse)
       print('precision is:', 1 - mse)

if __name__ == '__main__':
  model = item_userCF_recom()
  model.fit()
```

模型训练后，在主程序中调用函数 recommend()

```python
if __name__ == '__main__':
  model = item_userCF_recom()
  model.recommend('U545162', topN=20)
```

代码输出结果：

User_CF 推荐结果：

```
{'model': 'User_CF', 'user': 'U545162', 'item': [('N84959', 25.1938),
('N106970', 16.026600000000002), ('N30232', 5.0), ('N100938', 4.9994),
('N13178', 4.9994), ('N30845', 4.444), ('N24438', 3.75), ('N50961', 3.6108),
('N70439', 3.6108), ('N79537', 3.25), ('N64152', 3.0552), ('N9594', 3.0),
('N2665', 2.9166), ('N75207', 2.3334), …)]}


News_ID    weight              from UserID
==================================================================
N84959    25.1938        ['U565429', 'U614082', 'U565429', 'U614082',
                          'U709589', 'U281299', 'U709589', 'U281299',
                          'U634654', 'U32455', 'U634654', 'U32455']
N106970 16.026600000000002 ['U567089', 'U651651', 'U655430', 'U392858',
                          'U567089', 'U651651', 'U655430', 'U392858',
                          'U456576', 'U456576', 'U230876', 'U230876']
N30232    5.0                 ['U634654', 'U634654']
N100938   4.9994              ['U567089', 'U567089']
N13178    4.9994              ['U709589', 'U709589']
N30845    4.444               ['U655430', 'U655430']
N24438    3.75                ['U634654', 'U634654']
N50961    3.6108              ['U392858', 'U392858']
N70439    3.6108              ['U281299', 'U281299']
N79537    3.25                ['U32455', 'U32455']
N64152    3.0552              ['U651651', 'U651651']
N9594     3.0                 ['U230876', 'U230876', 'U357820']
N2665     2.9166              ['U456576', 'U456576']
…
```

模型训练后，在主程序中调用函数 evaluation ()

```
if __name__ == '__main__':
    model = item_userCF_recom()
    model.evaluation()
```

运行程序，输出结果

```
user numbers for test :280
Y_test= [0.0, 1.0, 0.0, 1.0, 1.0, 0.0, 1.0, 0.0, 1.0, 1.0, 0.0, 0.0, 1.0,
1.0, 0.0, 0.0, 1.0, …]
Y_pred= [0.0, 0.0, 0.0, 1.0, 0.0, 0.0, 0.0, 0.0, 0.0, 1.0, 0.0, 0.0, 0.0,
0.0, 0.0, 0.0, 0.0, …]
MSE is: 0.4895
precision is: 0.5105
```

10.2　ItemCF 算法

10.2.1　算法原理

ItemCF 算法为基于商品的协同过滤算法。推荐系统对用户历史点击的商品进行相似度分析，找到被点击行为相似商品，给用户推荐之前喜欢的商品的被点击行为相似商品。ItemCF 算法的工作原理如图 10.2 所示。

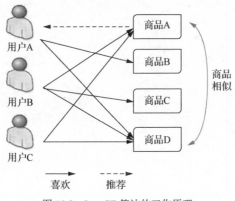

图 10.2　ItemCF 算法的工作原理

　　用户 B 点击了商品 A、商品 C 和商品 D，用户 C 点击了商品 A 和商品 D。用户点击行为记录中，商品 A 和商品 D 同时被两个用户点击，说明商品 A 和商品 D 具备相似性。商品 A、商品 C 和商品 D 同时被 1 个用户点击，说明商品 C 与商品 A 和商品 D 相似。这里面商品 A 和商品 D 同时被点击的概率大于商品 A、商品 C 和商品 D 同时被点击的概率，所以用户点击商品 D 后，系统优先将商品 A 推荐给用户 A。

　　如下所示为用户-新闻评分矩阵 $\boldsymbol{R}$，矩阵每一行对应 1 个用户的点击行为记录，矩阵每一列对应每一篇新闻的被点击行为记录。

$$\boldsymbol{R} = \begin{pmatrix} \boldsymbol{R}_1 \\ \boldsymbol{R}_2 \\ \boldsymbol{R}_3 \\ \vdots \\ \boldsymbol{R}_N \end{pmatrix} = \begin{pmatrix} R_{11} & R_{12} & \cdots & R_{1k} & \cdots & R_{1M} \\ R_{21} & R_{22} & \cdots & R_{2k} & \cdots & R_{2M} \\ R_{31} & R_{32} & \cdots & R_{3k} & \cdots & R_{3M} \\ \vdots & \vdots & \cdots & \vdots & \cdots & \vdots \\ R_{N1} & R_{N2} & \cdots & R_{Nk} & \cdots & R_{NM} \end{pmatrix}_{N \times M}$$

矩阵元素表示用户点击的新闻的喜欢度评分，评分为 0～5 分。用户未点击的新闻的评分按 0 处理。

　　实现 ItemCF 算法主要包含两步。

第 1 步：发现被点击行为相似商品集合。

　　矩阵 $\boldsymbol{R}$ 中每列对应 1 个商品的点击结果，商品 N_k 对应矩阵第 k 列 N 维向量，商品 N_v 对应矩阵第 v 列 N 维向量。与 UserCF 算法处理相似，这里利用皮尔逊相关系数计算向量 N_k 和向量 N_v 的相关系数。根据相关系数排序，筛选生成商品 N_k 的相似商品集合 $S(N_p, K)$，集合元素为商品编号 N_p，共 K 个元素。

　　这种方式同样存在浪费计算资源的问题。工程上直接使用优化算法。

为方便理解，使用表 10-4 所示的用户-新闻评价数据。为简化起见，表中 U_i 表示用户编号，N_i 表示新闻编号。表中的元素为喜欢度评分（0～5 分）。

表 10-4　用户-新闻评价数据

用户编号	评分				
	N_1	N_2	N_3	N_4	N_5
U_1	2	0	4	0	5
U_2	0	1	0	5	0
U_3	5	2	3	0	2
U_4	0	5	0	4	0
U_5	3	0	0	4	5
U_6	0	2	3	0	4

把点击新闻 N_i 的用户编号作为集合元素，则

$$N_1 = \{U_1, U_3, U_5\}$$
$$N_2 = \{U_2, U_3, U_4, U_6\}$$
$$N_3 = \{U_1, U_3, U_6\}$$
$$N_4 = \{U_2, U_4, U_5\}$$
$$N_5 = \{U_1, U_3, U_5, U_6\}$$

方法 1：使用杰卡德集合相似法计算商品相似度。

$$W(N_1, N_2) = \frac{\{U_1, U_3, U_5\} \cap \{U_2, U_3, U_4, U_6\}}{\{U_1, U_3, U_5\} \cup \{U_2, U_3, U_4, U_6\}} = \frac{1}{6} \approx 0.17$$

$$W(N_1, N_3) = \frac{\{U_1, U_3, U_5\} \cap \{U_1, U_3, U_6\}}{\{U_1, U_3, U_5\} \cup \{U_1, U_3, U_6\}} = \frac{1}{2} = 0.5$$

$$W(N_1, N_4) = \frac{\{U_1, U_3, U_5\} \cap \{U_2, U_4, U_5\}}{\{U_1, U_3, U_5\} \cup \{U_2, U_4, U_5\}} = \frac{1}{5} = 0.2$$

$$W(N_1, N_5) = \frac{\{U_1, U_3, U_5\} \cap \{U_1, U_3, U_5, U_6\}}{\{U_1, U_3, U_5\} \cup \{U_1, U_3, U_5, U_6\}} = \frac{3}{4} = 0.75$$

$$W(N_2, N_3) = \frac{\{U_2, U_3, U_4, U_6\} \cap \{U_1, U_3, U_6\}}{\{U_2, U_3, U_4, U_6\} \cup \{U_1, U_3, U_6\}} = \frac{2}{5} = 0.4$$

$$W(N_2, N_4) = \frac{\{U_2, U_3, U_4, U_6\} \cap \{U_2, U_4, U_5\}}{\{U_2, U_3, U_4, U_6\} \cup \{U_2, U_4, U_5\}} = \frac{2}{5} = 0.4$$

$$W(N_2, N_5) = \frac{\{U_2, U_3, U_4, U_6\} \cap \{U_1, U_3, U_5, U_6\}}{\{U_2, U_3, U_4, U_6\} \cup \{U_1, U_3, U_5, U_6\}} = \frac{1}{3} \approx 0.33$$

$$W(N_3, N_4) = \frac{\{U_1, U_3, U_6\} \cap \{U_2, U_4, U_5\}}{\{U_1, U_3, U_6\} \cup \{U_2, U_4, U_5\}} = \frac{0}{6} = 0$$

$$W(N_3, N_5) = \frac{\{U_1, U_3, U_6\} \cap \{U_1, U_3, U_5, U_6\}}{\{U_1, U_3, U_6\} \cup \{U_1, U_3, U_5, U_6\}} = \frac{3}{4} = 0.75$$

$$W(N_4, N_5) = \frac{\{U_2, U_4, U_5\} \cap \{U_1, U_3, U_5, U_6\}}{\{U_2, U_4, U_5\} \cup \{U_1, U_3, U_5, U_6\}} = \frac{1}{6} \approx 0.17$$

方法 2：利用余弦相似度计算商品相似度，得到相似矩阵 S，其用表格形式表示如表 10-5 所示。

表 10-5　基于余弦相似度计算商品相似度

用户编号	商品相似度				
	N_1	N_2	N_3	N_4	N_5
N_1	1	0.17	0.5	0.2	0.75
N_2	0.17	1	0.4	0.4	0.33
N_3	0.5	0.4	1	0	0.75
N_4	0.2	0.4	0	1	0.17
N_5	0.75	0.33	0.75	0.17	1

代码实践中，表 10-5 所示的矩阵尤其重要，在模型训练阶段需要生成这个矩阵。在模型推荐阶段，只需要按行读取矩阵结果并排序即可。取 K=3，从表中获得商品 N_1、N_2、N_3、N_4、N_5 的相似商品集合。

N_1 的相似商品集合为 $S(N_1, 3)=\{(N_5, 0.75), (N_3, 0.5), (N_4, 0.2)\}$。

N_2 的相似商品集合为 $S(N_2, 3)=\{(N_3, 0.4), (N_4, 0.4), (N_5, 0.33)\}$。

N_3 的相似商品集合为 $S(N_3, 3)=\{(N_5, 0.75), (N_1, 0.5), (N_2, 0.4)\}$。

N_4 的相似商品集合为 $S(N_4, 3)=\{(N_2, 0.4), (N_1, 0.2), (N_5, 0.17)\}$。

N_5 的相似商品集合为 $S(N_5, 3)=\{(N_3, 0.75), (N_1, 0.75), (N_2, 0.33)\}$。

集合中元素为 $(N_j, W(N_i, N_j))$，表示目标商品与商品 N_j 相似，相似系数为 $W(N_i, N_j)$。

第 2 步：产生推荐列表。

将目标用户过去点击新闻的相似新闻推荐给目标用户。

从矩阵 R 中找出目标用户过去点击过的新闻集合，根据集合中新闻的相似新闻生成推荐列表，目标用户对相似新闻的喜欢度通过如下式子计算。

$$P(U_i, N_j) = \sum_{N_k \in S(N_i, K)} R(U_i, N_k) \cdot W(N_k, N_j)$$

式中，$W(N_k, N_j)$ 表示新闻 N_k 与新闻 N_j 的相似度；$R(U_i, N_k)$ 表示用户 U_i 对新闻 N_k 的喜欢度，对应矩阵 R 中的第 i 行第 k 列元素 R_{ik}；$S(N_i, K)$ 表示新闻 N_i 的 Top K 个相似新闻群；$P(U_i, N_j)$ 就是算法预测的用户 U_i 对第 j 篇新闻

文章的喜欢度。

重复计算，得到目标用户对所有未点击新闻的喜欢度，对喜欢度值从大到小排序，取 Top K 作为推荐候选集，这里的 K 是一个优化参数。给用户 U_i 推荐新闻 N_j 的权重为预测喜欢度值 $P(U_i, N_j)$。

目标用户 U_1 点击的新闻为 $U_1=\{N_1, N_3, N_5\}$，通过新闻相似矩阵获得用户未点击的新闻列表，$S(N_1,3) \cup S(N_3,3) \cup S(N_5,3) - U_1 = \{N_2, N_4\}$。计算用户对新闻 N_2 和 N_4 的喜欢度为

$$P(U_1, N_2) = R(U_1, N_1) \cdot W(N_1, N_2) + R(U_1, N_3) \cdot W(N_3, N_2) + R(U_1, N_5) \cdot W(N_5, N_2)$$
$$= 2 \times 0.17 + 4 \times 0.4 + 5 \times 0.33 = 3.59$$

$$P(U_1, N_4) = R(U_1, N_1) \cdot W(N_1, N_4) + R(U_1, N_3) \cdot W(N_3, N_4) + R(U_1, N_5) \cdot W(N_5, N_4)$$
$$= 2 \times 0.2 + 4 \times 0 + 5 \times 0.17 = 1.25$$

将推荐结果表示成 $U_1=\{(N_2,3.59),(N_4,1.25)\}$。相比 N_2 和 N_4，优先将 N_2 推荐给用户 U_1。

目标用户 U_3 的点击记录 $U_3=\{N_1, N_2, N_3, N_5\}$，通过新闻相似矩阵获得用户未点击的新闻列表，$S(N_1,3) \cup S(N_2,3) \cup S(N_3,3) \cup S(N_5,3) - U_2 = \{N_4\}$。计算用户 U_3 对新闻 N_4 的喜欢度为

$$P(U_3, N_4) = R(U_3, N_1) \cdot W(N_1, N_4) + R(U_3, N_2) \cdot W(N_2, N_4) + R(U_3, N_3) \cdot$$
$$W(N_3, N_4) + R(U_3, N_5) \cdot W(N_5, N_4)$$
$$= 5 \times 0.2 + 2 \times 0.4 + 3 \times 0 + 2 \times 0.17 = 2.14$$

将推荐结果表示成 $U_3=\{(N_4,2.14)\}$，值包含 1 个元素，将 N_4 推荐给用户 U_3。

10.2.2　代码示例

代码 10-2 为 ItemCF 推荐算法代码示例，采用余弦相似度计算方法寻找新闻的被点击行为相似邻居。

主要函数说明如下。

def init()：模型初始化函数，用于初始化参数赋值。

def load_data()：用于装载模型训练需要的初始数据、推荐候选集、用户历史点击行为记录。

def fit()：模型训练函数。

def create_item_nearest_neighbour()：用于生成新闻被点击行为相似邻居，按字典格式保存数据。

def create_perference_vector()：用于生成点击行为向量，满足余弦相似度计算需要。

def recommend()：模型推荐列表生成函数。

def evaluation()：模型验证评价函数。

代码 10-2　ItemCF 推荐算法代码示例

```python
# -*- coding: utf-8 -*-

import json
import os
import random
from math import floor
import numpy as np
import time
from chapter6.candidate_data import get_user_item_matrix, get_item_user_
matrix, get_dataset_test
from texttable import Texttable

title = 'ItemCF 算法，实现新闻推荐'

class item_itemCF_recom:
    def __init__(self):
        self.item_all = None
        self.user_all = None
        self.user_item_dict = {}
        self.item_user_dict = {}
        self.neighbour_dict = {}
        self.item_topK = 50
        self.sample_ratio = 20
        self.path = os.path.dirname(__file__)
        self.load_data()

    def load_data(self):
        try:
            self.user_item_dict = json.load(open(self.path + '/model/user_
item_dict.json', 'r'))
            self.item_user_dict = json.load(open(self.path + '/model/item_
user_dict.json', 'r'))
            self.neighbour_dict = json.load(open(self.path + '/model/item_
simu_matrix.json', 'r'))
            self.user_all = list(self.user_item_dict.keys())
            self.item_all = list(self.item_user_dict.keys())
        except:
            print('ItemCF opens model failure')

    def fit(self):
        start = time.clock()
```

```
    print('开始模型训练')

    self.user_item_dict = get_user_item_matrix()
    self.item_user_dict = get_item_user_matrix()
    json.dump(self.user_item_dict, open(self.path + '/model/user_
item_dict.json', 'w'))
    json.dump(self.item_user_dict, open(self.path + '/model/item_
user_dict.json', 'w'))
    self.user_all = list(self.user_item_dict.keys())
    self.item_all = list(self.item_user_dict.keys())

    self.create_item_nearest_neighbour()

    end = time.clock()
    print("模型训练结束  耗费时间：%f s" % (end - start))

def cos_sim(self, vector_a, vector_b):          # 余弦相似度计算
    vector_a = np.mat(vector_a)
    vector_b = np.mat(vector_b)

    num = (vector_a * vector_b.T)[0, 0]
    denom = np.linalg.norm(vector_a) * np.linalg.norm(vector_b)
    simu = 0
    if denom != 0:
        simu = round(num / denom, 4)
    return simu

def create_item_nearest_neighbour(self):      # 找到新闻被点击行为相似的邻居
        for item_A in self.item_all:
        item_user_A = self.item_user_dict[item_A]

        if len(self.item_all) > self.item_topK * self.sample_ratio:
            neighbour = random.sample(self.item_all, self.item_topK *
self.sample_ratio)
        else:
            neighbour = self.item_all

        neighbour_list = []
        for item_B in neighbour:
            item_user_B = self.item_user_dict[item_B]

            if item_user_A != item_user_B:
                item_A_vector,item_B_vector = self.create_perference_
vector(item_user_A,item_user_B)
                item_A_B_sim = self.cos_sim(item_A_vector,item_B_vector)
                neighbour_list.append((item_B,item_A_B_sim))

            neighbour_list.sort(key=lambda X: X[1],reverse=True)
            if self.item_topK <= len(neighbour_list):
                neighbour_list = neighbour_list[0:self.item_topK]
```

```python
                self.neighbour_dict[item_A] = neighbour_list

        filename = self.path + '/model/item_simu_matrix.json'
        json.dump(self.neighbour_dict, open(filename, 'w'))
        print('finish the similar item matrix construct')

    def create_perference_vector(self,user_A, user_B):
        '''
        user_A = [('100',0.2),('130',0.25),('120',0.6),('102',0.8)]
        user_B = [('102',0.12),('130',0.5),('109',0.87),('112',0.65),
('132',0.95),('100',0.5)]
        '''
        user_A_vector = []
        user_B_vector = []

        news_list = [X for X,Y in user_A + user_B]
        news_list = list(set(news_list))

        for news in news_list:
          temp_A = self.get_data_by_index(news, user_A)
          temp_B = self.get_data_by_index(news, user_B)
          user_A_vector.append(temp_A)
          user_B_vector.append(temp_B)

          return user_A_vector,user_B_vector

    def recommend(self, userid, topN):
        recommendList = []
        recommendDict = {}
        item_neighbour = []

        if userid in self.user_all:
            user_prefer = self.user_item_dict[userid]
            for item_A,weight_A in user_prefer:
              neighbour = self.neighbour_dict[item_A]

              for item_B,weight_B in neighbour:
                if item_B not in recommendDict:
                    recommendDict[item_B] = [item_A]
                else:
                    recommendDict[item_B].append(item_A)

                if weight_A * weight_B > 0:
                    recommendList.append((item_B, round(weight_A * weight_B,4)))

            recommendList = self.recommendList_filtered(recommendList)
            recommendList = self.recommendList_topK(recommendList, topN)

            for k,v in recommendList:
```

```
            temp = (k,recommendDict[k])
            item_neighbour.append(temp)

        recommend_profile = {'model':'Item_CF',
                'user': userid,
                'item': recommendList,
                'neighbour': item_neighbour}

        print('Item_CF 推荐结果: ',recommend_profile)
        self.showTable(recommendList,item_neighbour)

        return recommend_profile

    def recommendList_filtered(self, recommendList):
        …

    def recommendList_topK(self, recommendList, topN):
        …

    def get_data_by_index(self, data, data_list):
        …

    def showTable(self, recommendList, neighbour):
        …

    def evaluation(self):
        …

if __name__ == '__main__':
    model = item_itemCF_recom()
    model.fit()
```

模型训练后，在主程序中调用推荐函数 recommend()

```
if __name__ == '__main__':
    model = item_itemCF_recom()
    model.recommend('U545162', topN=20)
```

运行结果为

```
Item_CF 推荐结果:
   {'model': 'Item_CF', 'user': 'U545162', 'item': [('N100938', 0.9855),
('N2665', 0.9175), ('N30845', 0.593), ('N106970', 0.517)], 'neighbour':
[('N100938', ['N106970']), ('N2665', ['N106970']), ('N30845', ['N106970']),
('N106970', ['N84959'])]}


News_ID   weight   from UserID
==============================
N100938   0.9855   ['N106970']
N2665     0.9175   ['N106970']
N30845    0.593    ['N106970']
N106970   0.517    ['N84959']
```

10.3 本章小结

协同过滤算法是基于用户行为的推荐算法，属于经典算法之一。不同于基于内容的推荐算法，协同过滤算法在生成用户推荐列表时不使用商品内容特征、用户兴趣偏好特征向量，而是使用用户-商品的点击行为作为推荐依据。这种算法不需要开展基于用户-商品行为数据挖掘用户兴趣偏好的工作。

将用户-商品的点击行为矩阵按行处理，挖掘并生成用户点击行为相似的用户群，推荐时，将目标用户的行为相似用户群中用户点击的商品作为推荐列表，这种实现方式就是 UserCF 推荐算法。将用户-商品的点击行为矩阵按列处理，挖掘并生成商品被点击行为相似的商品群，推荐时，将目标用户点击商品的被点击行为相似群中的商品作为推荐列表，这种实现方式就是 ItemCF 推荐算法。

本章阐述了 UserCF 和 ItemCF 算法的原理，给出了算法的实现方法和优化方法。代码示例可辅助读者消化和理解算法实现过程。

## 第11章

基于矩阵分解的推荐召回

协同过滤推荐算法基于用户-商品行为评分矩阵实现，即通过对矩阵行与行的相似处理或列与列的相似处理，生成用户近邻和商品近邻。本章利用线性代数理论来处理该矩阵，介绍矩阵分解在推荐系统中的应用。

对用户-商品行为评分矩阵进行矩阵分解，得到矩阵的特征值。通过选取特征值和特征向量重构用户-商品行为评分矩阵。在能量损失可控范围内，重构后的用户-商品行为评分矩阵维度降低，矩阵数据稀疏性得到很大改善。

11.1　数学知识

根据线性代数知识，对于 $N \times N$ 实对称矩阵，可以将矩阵分解成如下形式。

$$\boldsymbol{R} = \boldsymbol{U} \cdot \boldsymbol{S} \cdot \boldsymbol{U}^{\mathrm{T}}$$

$$\boldsymbol{R} = \boldsymbol{U} \cdot \begin{pmatrix} \lambda_1 & 0 & \cdots & 0 \\ 0 & \lambda_2 & \cdots & 0 \\ \vdots & \vdots & & \vdots \\ 0 & 0 & \cdots & \lambda_N \end{pmatrix} \cdot \boldsymbol{U}^{\mathrm{T}}$$

式中，矩阵 $\boldsymbol{R}$ 为 $N \times N$ 实对称矩阵；矩阵 $\boldsymbol{U}$ 为 $N \times N$ 标准正交矩阵，矩阵第 j 列是矩阵 $\boldsymbol{R}$ 第 j 个特征值 λ_j 对应的特征向量，满足 $\boldsymbol{U} \cdot \boldsymbol{U}^{\mathrm{T}} = \boldsymbol{I}$，$\boldsymbol{I}$ 为单位矩阵；矩阵 $\boldsymbol{S}$ 为 $N \times N$ 对角矩阵，对角线元素为矩阵 $\boldsymbol{R}$ 的特征值，排列顺序为从大到小；$\boldsymbol{U}^{\mathrm{T}}$ 表示矩阵 $\boldsymbol{U}$ 的转置。

对 $N \times M$ 矩阵是否也可以进行类似分解呢？答案是可以的。把这种矩阵分解称为 SVD，其原理如图 11.1 所示。

对于 $N \times M$ 矩阵，假定 $N > M$，则可以将矩阵分解成如下形式。

$$\boldsymbol{Q} = \boldsymbol{U} \cdot \boldsymbol{S} \cdot \boldsymbol{V}^{\mathrm{T}}$$

$$\boldsymbol{Q}_{N \times M} = \boldsymbol{U}_{N \times N} \cdot \begin{pmatrix} \sigma_1^2 & 0 & \cdots & 0 \\ 0 & \sigma_2^2 & \cdots & 0 \\ \vdots & \vdots & & \vdots \\ 0 & 0 & \cdots & 0 \end{pmatrix}_{N \times M} \cdot \boldsymbol{V}_{M \times M}^{T}$$

式中，矩阵 $\boldsymbol{Q}$ 为 $N \times M$ 矩阵；矩阵 $\boldsymbol{U}$ 为 $N \times N$ 的单位正交矩阵，满足 $\boldsymbol{U} \cdot \boldsymbol{U}^{\mathrm{T}} = \boldsymbol{I}$；矩阵 $\boldsymbol{S}$ 为 $N \times M$ 对角矩阵，对角线上元素 σ_j^2 从大到小排序，包含 0；矩阵 $\boldsymbol{V}$ 为 $M \times M$ 单位正交矩阵，满足 $\boldsymbol{V}^{\mathrm{T}} \cdot \boldsymbol{V} = \boldsymbol{I}$。

推导可得，矩阵 $\boldsymbol{U}$ 第 j 列是矩阵 $\boldsymbol{Q} \cdot \boldsymbol{Q}^{\mathrm{T}}$ 第 j 个特征值 λ_j 对应的特征向量，矩阵 $\boldsymbol{V}$ 第 j 列是矩阵 $\boldsymbol{Q}^{\mathrm{T}} \cdot \boldsymbol{Q}$ 第 j 个特征值 λ_j 对应的特征向量，$\sigma_j^2 = \lambda_j$。

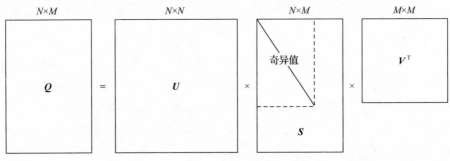

图 11.1　SVD 原理

矩阵 $\boldsymbol{S}$ 中奇异值 σ_j 按大小顺序排列，大多数情况下，前 10% 奇异值之和占全部奇异值之和的 99% 以上，所以可以使用前 10% 甚至更少的奇异值参与运算，对矩阵做降维处理，用降维后的矩阵去重构、逼近原来的矩阵。

假定取前 K 个奇异值参与运算，矩阵可简化为

$$\boldsymbol{Q}_{N \times M} = \boldsymbol{U}_{N \times N} \cdot \boldsymbol{S}_{N \times M} \cdot \boldsymbol{V}_{M \times M}^{\mathrm{T}} \approx \boldsymbol{U}_{N \times K} \cdot \boldsymbol{S}_{K \times K} \cdot \boldsymbol{V}_{K \times M}^{\mathrm{T}} = \tilde{\boldsymbol{Q}}_{N \times M}$$

$$\tilde{\boldsymbol{Q}}_{N \times M} = \boldsymbol{U}_{N \times K} \cdot \begin{pmatrix} \sigma_1^2 & 0 & \cdots & 0 \\ 0 & \sigma_2^2 & \cdots & 0 \\ \vdots & \vdots & & \vdots \\ 0 & 0 & \cdots & \sigma_K^2 \end{pmatrix}_{K \times K} \cdot \boldsymbol{V}_{K \times M}^{\mathrm{T}}$$

使用矩阵 $\boldsymbol{U}_{N \times K}$、矩阵 $\boldsymbol{S}_{K \times K}$ 和矩阵 $\boldsymbol{V}_{K \times M}^{\mathrm{T}}$ 去重构原来的矩阵 $\boldsymbol{Q}_{N \times M}$。由于是近似逼近，用矩阵 $\tilde{\boldsymbol{Q}}_{N \times M}$ 来表示。显然 K 的取值将影响逼近的精度。

采用重构矩阵逼近原矩阵引入的能量损失为

$$\text{Loss} = \frac{\displaystyle\sum_{i=1}^{N}\left(\sum_{j=1}^{N}\left(q_{ij} - \tilde{q}_{ij}\right)^2\right)}{\displaystyle\sum_{i=1}^{N}\left(\sum_{j=1}^{N}\left(q_{ij}\right)^2\right)}$$

下面利用一个示例来说明基于奇异值分解的矩阵分解与重构。

定义矩阵 $\boldsymbol{Q}$ 为

$$\boldsymbol{Q} = \begin{pmatrix} 0 & 5 & 0 & 3 \\ 0 & 0 & 3 & 4 \\ 3 & 0 & 0 & 3 \\ 0 & 0 & 5 & 3 \\ 5 & 0 & 2 & 1 \\ 1 & 0 & 3 & 6 \end{pmatrix}$$

使用 Python 提供的奇异值分解函数，直接输出矩阵 $\boldsymbol{Q}$ 的奇异值分解为

$$\boldsymbol{U} = \begin{pmatrix} -0.270 & -0.711 & 0.579 & -0.294 & 0.000 & 0.000 \\ -0.438 & -0.092 & -0.262 & 0.103 & 5.041 & -0.685 \\ -0.286 & 0.245 & 0.407 & 0.471 & -0.582 & -0.364 \\ -0.461 & 0.014 & -0.470 & -0.536 & -0.530 & -0.328 \\ -0.290 & 0.650 & 0.443 & -0.434 & 0.316 & 0.094 \\ -0.601 & -0.055 & -0.012 & 0.454 & 0.167 & 0.624 \end{pmatrix}$$

$$\boldsymbol{S} = \begin{pmatrix} 11.02 & 0.00 & 0.00 & 0.00 \\ 0.00 & 5.56 & 0.00 & 0.00 \\ 0.00 & 0.00 & 5.12 & 0.00 \\ 0.00 & 0.00 & 0.00 & 2.90 \\ 0.00 & 0.00 & 0.00 & 0.00 \\ 0.00 & 0.00 & 0.00 & 0.00 \end{pmatrix} \quad \boldsymbol{V}^{\text{T}} = \begin{pmatrix} -0.264 & -0.122 & -0.543 & -0.788 \\ 0.707 & -0.640 & -0.167 & -0.253 \\ 0.648 & 0.565 & -0.508 & 0.045 \\ -0.105 & -0.506 & -0.647 & 0.560 \end{pmatrix}$$

从矩阵 $\boldsymbol{S}$ 可以看出，矩阵 $\boldsymbol{Q}$ 存在 4 个奇异值，依次按大小顺序排列。

取 $K = 4$ 来逼近原矩阵，得到重构矩阵，

$$\tilde{\boldsymbol{Q}} = \begin{pmatrix} -0.0895 & 4.5683 & -0.5512 & 3.4773 \\ 0.0315 & 0.1520 & 3.1942 & 3.8318 \\ 3.1434 & 0.6916 & 0.8832 & 2.2351 \\ -0.1633 & -0.7872 & 3.9947 & 3.8705 \\ 4.8676 & -0.6378 & 1.1855 & 1.7053 \\ 1.1382 & 0.6664 & 3.8510 & 5.2631 \end{pmatrix}$$

引入的能量损失 Loss = 4.49%。矩阵重构引入的能量损失小于 5%，说明用矩阵

$\tilde{\boldsymbol{Q}}$ 代替矩阵 $\boldsymbol{Q}$ 是可行的。对比矩阵 $\boldsymbol{Q}$ 和矩阵 $\tilde{\boldsymbol{Q}}$ 可以发现：矩阵 $\boldsymbol{Q}$ 中原来数据为 0 的位置，在矩阵 $\tilde{\boldsymbol{Q}}$ 中对应位置已经不再是 0。这一点非常重要。

取 $K=3$ 来逼近原矩阵，得到重构矩阵，

$$\tilde{\boldsymbol{Q}} = \begin{pmatrix} -2.0010 & 2.8938 & 0.9549 & 3.3423 \\ 0.9017 & 0.9109 & 2.5116 & 3.8931 \\ 1.7947 & -0.4846 & 1.9413 & 2.1402 \\ 1.3953 & 0.5721 & 2.7721 & 3.9803 \\ 3.3969 & -1.9205 & 2.3391 & 1.6019 \\ 1.5293 & 1.0073 & 3.5442 & 5.2906 \end{pmatrix}$$

引入的能量损失 Loss = 18.5%，矩阵重构引入的能量损失有点多，说明用矩阵 $\tilde{\boldsymbol{Q}}$ 代替矩阵 $\boldsymbol{Q}$ 不可行。

11.2　SVD 推荐算法

用户-新闻评分矩阵 $\boldsymbol{R}$ 如下所示，矩阵的行对应一个用户的兴趣偏好数据，矩阵的列对应一种兴趣偏好的喜欢度数据。

$$\boldsymbol{R} = \begin{pmatrix} \boldsymbol{R}_1 \\ \boldsymbol{R}_2 \\ \boldsymbol{R}_3 \\ \vdots \\ \boldsymbol{R}_N \end{pmatrix} = \begin{pmatrix} R_{11} & R_{12} & \cdots & R_{1k} & \cdots & R_{1M} \\ R_{21} & R_{22} & \cdots & R_{2k} & \cdots & R_{2M} \\ R_{31} & R_{32} & \cdots & R_{3k} & \cdots & R_{3M} \\ \vdots & \vdots & & \vdots & & \vdots \\ R_{N1} & R_{N2} & \cdots & R_{Nk} & \cdots & R_{NM} \end{pmatrix}_{N \times M}$$

矩阵 $\boldsymbol{R}$ 的行数为全体用户数，矩阵 $\boldsymbol{R}$ 的列数为全体兴趣偏好特征数（这里的兴趣偏好特征可以是新闻编号、新闻类别、新闻内容关键词、新闻题材、新闻事件、新闻标签等任何特征）。矩阵 $\boldsymbol{R}$ 稀疏性很严重，每一行数据中大部分数据位为 0，只有少数数据位不为 0。用户对哪个特征感兴趣，对应特征的数据位不为 0，数据值为用户对这个特征的喜欢度值。数据位为 0 的特征可能是已曝光但用户不喜欢的特征，也可能是未曝光特征。推荐系统就是要把这些未曝光的特征对应的商品推荐给用户。如果通过某种数学变换，能在不影响矩阵整体分布的前提下，实现矩阵中的大部分 0 由非 0 数据来填充，那么我们就可以对这些数据从大到小排序，找出排在最前面的 Top N 作为候选特征输出，将具备这些特征的商品推荐给用户。

解决办法就是对矩阵 $\boldsymbol{R}$ 进行奇异值分解，

$$\boldsymbol{R} = \boldsymbol{U} \cdot \boldsymbol{S} \cdot \boldsymbol{V}^{\mathrm{T}}$$

根据矩阵 S 的奇异值分布，取排在前面的 K 个奇异值，生成重构矩阵 $\tilde{R}$，

$$R_{N \times M} \approx \tilde{R}_{N \times M} = U_{N \times K} \cdot S_{K \times K} \cdot V_{K \times M}^{\mathrm{T}}$$

利用 $\tilde{R}$ 去代替矩阵 R。只要 K 值选择合理，重构引入的能量损失就可接受。

为目标用户 U_i 进行推荐时，读取矩阵 $\tilde{R}$ 的第 i 行数据。扣除用户已经点击和曝光但未点击的特征，对其他特征的数据从大到小排序，取 Top K 个特征作为推荐特征。用户 U_i 与第 j 个特征的预测喜欢度为 $\tilde{r}_{ij}$。同一篇新闻包含多个特征，同一特征可以归属多篇新闻。所以用户对新闻的预测喜欢度为

$$R(U_i, N_k) = \sum_{j=1}^{J} \tilde{r}_{ij} \cdot W(N_k, F_j)$$

式中，$R(U_i, N_k)$ 表示用户 U_i 对新闻 N_k 的喜欢度，$W(N_k, F_j)$ 表示新闻 N_k 包含第 j 个特征的权重，J 表示新闻 N_k 共包含 J 个特征。

计算用户 U_i 与全体未点击新闻的预测值，对预测值从大到小排序，取排在前面的 Top N 个结果作为推荐结果输出。

11.3　代码示例

基于矩阵分解的推荐算法实现步骤如下。

① 生成用户-商品行为评分矩阵 R。

② 对矩阵 R 进行奇异值分解。

③ 在保证能量损失小于 5%～10%的前提下，生成重构矩阵 $\tilde{R}$。

④ 根据用户 U_i 从重构矩阵 $\tilde{R}$ 中读取数据，生成推荐结果。

代码 11-1 为采用 SVD 推荐算法的代码示例，帮助读者消化理解矩阵分解在推荐系统中的应用。

主要函数说明如下。

def init()：模型初始化函数，用于初始化参数赋值。

def load_data()：用于装载模型训练需要的初始数据、推荐候选集、用户历史点击记录。

def fit()：模型训练函数。

def SVD()：用于调用 sklearn 工具包实现矩阵分解。

def reconstruct()：用于按 5%的能量损失，选择排在前面的奇异值重构矩阵。

def recommend()：模型推荐列表生成函数。

def evaluation()：模型验证评价函数。

代码 11-1　采用 SVD 推荐算法的代码示例

```
# coding=utf-8

import json
import os
from math import floor
import numpy as np
import time
from chapter6.candidate_data import get_user_item_unclicked_matrix,
get_user_item_matrix, get_item_user_matrix, get_dataset_test
from texttable import Texttable

title = '利用矩阵分解方法　新闻推荐'
class item_SVD_recom:
    def __init__(self):
        self.user_item_dict = {}
        self.item_user_dict = {}
        self.user_all = None
        self.user_index_dict = {}
        self.item_index_dict = {}
        self.U = None
        self.S = None
        self.VT = None
        self.path = os.path.dirname(__file__)
        self.load_data()


    def load_data(self):
        self.user_item_unclicked_dict = get_user_item_unclicked_matrix()
        try:
            self.user_item_dict = json.load(open(self.path + '/model/user_
item_dict.json', 'r'))
            self.item_user_dict = json.load(open(self.path + '/model/item_
user_dict.json', 'r'))
            self.user_all = list(self.user_item_dict.keys())
            self.item_all = list(self.item_user_dict.keys())
            user_item_index = json.load(open(self.path + '/model/user_
item_index_SVD.json', 'r'))
            self.user_index_dict = user_item_index['user']
            self.item_index_dict = user_item_index['item']
            model_matrix = np.load(self.path + '/model/model_matrix_SVD.npy',
allow_pickle=True)
            self.U = model_matrix[0]
            self.S = model_matrix[1]
            self.VT = model_matrix[2]
        except:
            print('SVD opens model failure')


    def SVD(self):
        user_item_matrix = np.zeros([len(self.user_all),len(self.item_
```

```
all)])
        for user in self.user_all:
            user_index = self.user_all.index(user)
            self.user_index_dict[user] = user_index

            for m,n in self.user_item_dict[user]:
                item_index = self.item_all.index(m)
                self.item_index_dict[m] = item_index
                user_item_matrix[user_index][item_index] = n

        U, S, VT = np.linalg.svd(user_item_matrix)
        self.U,self.S,self.VT = self.reconstruct(U, S, VT)
        mse = (np.sum([X**2 for X in S]) - np.sum([X**2 for X in self.S]))/
np.sum([X**2 for X in S])
        print("SVD finished, loss MSE={value}".format(value=mse))
        user_item_index = {'user': self.user_index_dict,'item': self.item_
index_dict}
        model_matrix = [self.U, self.S, self.VT]
        json.dump(user_item_index, open(self.path + '/model/user_item_
index_SVD.json', 'w'))
        np.save('./model/model_matrix_SVD',model_matrix)
        print('finished to user_item_rate matrix decomposition')

    def reconstruct(self,U,S,VT):
        energy = [X**2 for X in S]
        energy_total = np.sum(energy)

        L = len(S)
        pos = L-1
        for k in range(L):
            energy_part = np.sum(energy[0:k])
            if (energy_part / energy_total) >= 0.95:
                pos = k
                break

        sigma = np.diag(S[0:pos])
        U = U[:,0:pos]
        VT = VT[0:pos,:]

        return U,sigma,VT

    def fit(self):
        start = time.clock()
        print('开始模型训练')

        self.user_item_dict = get_user_item_matrix()
        self.item_user_dict = get_item_user_matrix()
        json.dump(self.user_item_dict, open(self.path + '/model/user_
item_dict.json', 'w'))
```

```
            json.dump(self.item_user_dict, open(self.path + '/model/item_
user_dict.json', 'w'))
        self.user_all = list(self.user_item_dict.keys())
        self.item_all = list(self.item_user_dict.keys())

        self.SVD()

        end = time.clock()
        print("模型训练结束 耗费时间: %f s" % (end - start))

    def recommend(self, userid, topN):# 生成推荐列表
        recommendList = []

        if userid in self.user_all:
            user_unclicked_item_list = self.user_item_unclicked_dict[userid]

            user_rate_matrix_estimated = self.U.dot(self.S).dot(self.VT)
            user_index = self.user_index_dict[userid]

            for item in self.item_all:
                if item in user_unclicked_item_list:
                    item_index = self.item_index_dict[item]
                    weight = user_rate_matrix_estimated[user_index][item_
index]
                    recommendList.append((item,weight))

            recommendList = self.recommendList_filtered(recommendList)
            recommendList = self.recommendList_topK(recommendList, topN)

        recommend_profile = {'model': 'SVD',
                             'user': userid,
                             'item': recommendList
                             }

        print('SVD 推荐结果: ', recommend_profile)
        self.showTable(recommendList)

        return recommend_profile

    def recommendList_filtered(self, recommendList):
      …

    def recommendList_topK(self, recommendList, topN):
      …

    def showTable(self, recommendList):
      …

    def evaluation(self):
```

…

```
if __name__ == '__main__':
    model = item_SVD_recom()
    model.fit()
```

模型训练后,在主程序中调用函数 recommend():

```
if __name__ == '__main__':
    model = item_SVD_recom()
    model.recommend('U545162', topN=20)
```

运行结果为

SVD 推荐结果:

{'model': 'SVD', 'user': 'U545162', 'item': [('N84959', 4.44292110162608), ('N106970', 4.175806348300438), ('N100938', 0.9192925034283966), ('N2665', 0.5850645143284118), ('N30232', 0.4175453248259946), ('N75207', 0.3959485 795813072), ('N79537', 0.3209685951416904), ('N30845', 0.13923220032970393), ('N64152', 0.138580750739188), ('N56353', 0.13369933527968664), ('N25344', 0.12903686530738606), ('N126052', 0.12738918362575608), ('N50961', 0.1256 4719116061687), ('N55867', 0.12448839308154), ('N122151', 0.1190099010947 803), ('N73306', 0.11394598530784097), ('N96603', 0.11323498297903264), ('N121550', 0.10766903308623017), ('N14854', 0.10277796219749064), ('N5003', 0.10041590333914896)]}

```
News_ID        weight
============================
N84959     4.44292110162608
N106970    4.175806348300438
N100938    0.9192925034283966
N2665      0.5850645143284118
N30232     0.4175453248259946
N75207     0.3959485795813072
N79537     0.3209685951416904
N30845     0.13923220032970393
N64152     0.138580750739188
N56353     0.13369933527968664
N25344     0.12903686530738606
N126052    0.12738918362575608
N50961     0.12564719116061687
N55867     0.12448839308154
…
```

11.4 本章小结

基于矩阵 SVD 推荐算法属于用户行为推荐算法,与协同过滤推荐算法一样,模型训练时使用用户-商品行为评分矩阵,对这个矩阵进行奇异值分解,按奇异值大小排序,根据能量损失,选择排在前面的奇异值及其对应的特征向量重构用户-商品行为评分矩阵。重构后的用户-商品行为评分矩阵是可用的,满足推荐应用的需要。

　　基于矩阵奇异值分解的推荐算法在模型训练阶段的核心工作是矩阵奇异值的求解和矩阵重构，不同于基于内容的推荐算法和基于标签的推荐算法，它们在模型训练阶段的核心工作是挖掘用户的兴趣偏好特征。

　　本章给出了矩阵奇异值分解的思路基础，推导了用户-商品行为评分矩阵的奇异值分解过程，给出了基于矩阵分解的推荐算法的实现步骤，最后用代码示例对推荐算法的实现过程进行了展示。

## 第12章

基于LFM的推荐召回

线性代数中，两个矩阵相乘可得到一个新矩阵。本章把用户-商品行为评分矩阵分解成两个子矩阵的乘积。通过机器学习的方法找到分解后的子矩阵，通过这两个子矩阵重构用户-商品行为评分矩阵。在能量损失可控的范围内，重构后的用户-商品行为评分矩阵是可用的，利用这个矩阵完成推荐是可行的。

LFM 推荐就是找到一个潜在的变量特征作为"桥梁"，将用户、隐变量和商品关联起来。用户兴趣偏好特征与这个隐变量有关，商品特征也与这个隐变量有关。前面在介绍基于标签的推荐算法时，用到的标签就是一种"桥梁"变量，这种标签表示的业务场景含义明确，要么来自商品特征关键词提取，要么来自用户标注。本章介绍的隐变量是通过机器学习模型创建的，无法给出明确的业务场景含义解释，但其具备可用性。

12.1 LFM 概述

如图 12.1 所示，从数学角度将用户-商品行为评分矩阵 R 分解成矩阵 P 和矩阵 Q 的乘积。矩阵 P 和矩阵 Q 通过 K 维隐特征作为"桥梁"关联起来。矩阵 R 的维度为 $N \times M$，矩阵 P 的维度为 $N \times K$，矩阵 Q 的维度为 $K \times M$。

$$R_{N \times M} = P_{N \times K} \cdot Q_{K \times M}$$

数学上，矩阵的这种分解方式是可行的，现在的问题是我们如何求解矩阵 P 和矩阵 Q ？

LFM 算法的本质就是从数据集中提取若干主题特征作为用户和商品之间的"桥梁"，实现矩阵 R 的分解。矩阵 P 中的元素表示用户对各个主题特征的喜欢度，矩阵 Q 中的元素表示商品在各个主题特征上分布权重。这里的主题特征可以是商品类别、商品标签、商品关键词、商品风格等。因为没必要知道这个主题特征的明确内容，所以这种方法称为隐语义模型法。

	item 1	item 2	item 3	item 4
user 1	R_{11}	R_{12}	R_{13}	R_{14}
user 2	R_{21}	R_{22}	R_{23}	R_{24}
user 3	R_{31}	R_{32}	R_{33}	R_{34}

R

$=$

	class 1	class 2	class 3
user 1	P_{11}	P_{12}	P_{13}
user 2	P_{21}	P_{22}	P_{23}
user 3	P_{31}	P_{32}	P_{33}

P

$\times$

	item 1	item 2	item 3	item 4
class 1	Q_{11}	Q_{12}	Q_{13}	Q_{14}
class 2	Q_{21}	Q_{22}	Q_{23}	Q_{24}
class 3	Q_{31}	Q_{32}	Q_{33}	Q_{34}

Q

图 12.1 LFM 矩阵分解原理

回想一下第 9 章我们讲到的基于标签的推荐算法，如果把这里的主题特征理解为标签，那么这里的矩阵 **P** 与基于标签的推荐算法中的矩阵 $R(U_i, F_k)$ 表示的含义是一致的，矩阵 **Q** 与基于标签的推荐算法中的矩阵 $W(F_k, N_j)$ 表示的含义是一致的。差别在于基于标签的推荐算法中标签特征是已知的，可以计算出矩阵 $R(U_i, F_k)$ 和矩阵 $W(F_k, N_j)$。在 LFM 算法中主题特征是隐变量，属于未知项，所以矩阵 **P** 和矩阵 **Q** 是未知的。LFM 算法采用迭代方式求解矩阵 **P** 和矩阵 **Q**。

12.2 LFM 推荐算法

给定 K、矩阵 $P_{N \times K}$ 和矩阵 $Q_{K \times M}$ 的初始值，可计算用户-商品行为评分矩阵的估计值 $\hat{R}_{N \times M}$，

$$\hat{R}_{N \times M} = P_{N \times K} \cdot Q_{K \times M}$$

展开为

$$\begin{pmatrix} \hat{R}_{11} & \hat{R}_{12} & \cdots & \hat{R}_{1M} \\ \hat{R}_{21} & \hat{R}_{22} & \cdots & \hat{R}_{2M} \\ \vdots & \vdots & & \vdots \\ \hat{R}_{N1} & \hat{R}_{N2} & \cdots & \hat{R}_{NM} \end{pmatrix}_{N \times M} = \begin{pmatrix} P_{11} & P_{12} & \cdots & P_{1K} \\ P_{21} & P_{22} & \cdots & P_{2K} \\ \vdots & \vdots & & \vdots \\ P_{N1} & P_{N2} & \cdots & P_{NK} \end{pmatrix}_{N \times K} \cdot \begin{pmatrix} Q_{11} & Q_{12} & \cdots & Q_{1M} \\ Q_{21} & Q_{22} & \cdots & Q_{2M} \\ \vdots & \vdots & & \vdots \\ Q_{K1} & Q_{K2} & \cdots & Q_{KM} \end{pmatrix}_{K \times M}$$

用户 U_i 对商品 N_j 的喜欢度估计值为

$$\hat{R}_{ij} = \sum_{k=1}^{K} P_{ik} \cdot Q_{kj}$$

这里，P_{ik} 表示用户 U_i 对第 k 个主题特征的兴趣偏好程度；Q_{kj} 表示商品 N_j 在第 k 个主题特征上的权重；K 表示主题特征的数量，即隐因子数量；$\hat{R}_{ij}$ 表示用户 U_i 对商品 N_j 的兴趣偏好估计值。

利用均方误差来计算模型的误差损失，

$$\text{Loss} = \sum_{i=1}^{N}\left(\sum_{j=1}^{M}\left(R_{ij}-\hat{R}_{ij}\right)^2\right) = \sum_{i,j}\left(R_{ij}-\hat{R}_{ij}\right)^2$$

$$= \sum_{i,j}\left(R_{ij}-\sum_{k=1}^{K}P_{ik}\cdot Q_{kj}\right)^2$$

如果模型最优，那么均方误差 Loss 的值应该最小，所以可以对 Loss 进行最优值求解。为了防止过拟合问题出现，引入 $\lambda\|\boldsymbol{P}_i\|^2 + \lambda\|\boldsymbol{Q}_j\|^2$ 去修正能量损失函数，

$$\text{Loss} = \sum_{i,j}\left(R_{ij}-\sum_{k=1}^{K}P_{ik}\cdot Q_{kj}\right)^2 + \lambda\|\boldsymbol{P}_i\|^2 + \lambda\|\boldsymbol{Q}_j\|^2$$

式中，λ 表示正则化参数，$\|\boldsymbol{P}_i\|$ 表示矩阵 $\boldsymbol{P}$ 第 i 行向量的模，$\|\boldsymbol{Q}_j\|$ 表示矩阵 $\boldsymbol{Q}$ 第 j 列向量的模。

采用随机梯度下降算法对损失函数进行迭代优化。

$$\Delta P_{ik} = \frac{\partial \text{Loss}}{\partial P_{ik}} = -2\sum_{i,j}\left(R_{ij}-\sum_{k=1}^{K}P_{ik}\cdot Q_{kj}\right)Q_{kj} + 2\lambda P_{ik}$$

$$\Delta Q_{kj} = \frac{\partial \text{Loss}}{\partial Q_{kj}} = -2\sum_{i,j}\left(R_{ij}-\sum_{k=1}^{K}P_{ik}\cdot Q_{kj}\right)P_{ik} + 2\lambda Q_{kj}$$

得到矩阵 $\boldsymbol{P}$ 和矩阵 $\boldsymbol{Q}$ 的差分项，对矩阵 $\boldsymbol{P}$ 和矩阵 $\boldsymbol{Q}$ 进行一次迭代，

$$P_{ik}(t+1) = P_{ik}(t) + \alpha\cdot\Delta P_{ik} = P_{ik} + \alpha\left(\sum_{i,j}\left(R_{ij}-\sum_{k=1}^{K}P_{ik}\cdot Q_{kj}\right)Q_{kj} - \lambda P_{ik}\right)$$

$$Q_{kj}(t+1) = Q_{kj}(t) + \alpha\cdot\Delta Q_{kj} = Q_{kj} + \alpha\left(\sum_{i,j}\left(R_{ij}-\sum_{k=1}^{K}P_{ik}\cdot Q_{kj}\right)P_{ik} - \lambda Q_{kj}\right)$$

式中，α 表示学习速率参数；$P_{ik}(t)$ 表示第 t 次迭代生成的矩阵 $\boldsymbol{P}$；$P_{ik}(t+1)$ 表示第 $t+1$ 次迭代生成的矩阵 $\boldsymbol{P}$。

利用迭代后的 $P_{ik}(t+1)$ 和 $Q_{kj}(t+1)$，计算第 $t+1$ 步的用户与商品喜欢度，

$$\hat{R}_{ij}(t+1) = \sum_{k=1}^{K}P_{ik}(t+1)\cdot Q_{kj}(t+1)$$

设定迭代次数，重复以上过程直到损失函数精度在期望范围内。迭代过程中设定的迭代参数 α 和 λ 不能过大，也不能过小。参数过大会导致损失函数 Loss 结果出现振荡，无法收敛；参数过小会导致收敛速度下降，收敛过程延长。

训练完成后，损失函数精度达到预定目标，这时得到的用户与商品喜欢度 $\hat{R}_{ij}$ 无限逼近原值 R_{ij}，可以利用估计矩阵 $\hat{\boldsymbol{R}}$ 开展推荐计算工作。

为目标用户 U_i 进行推荐时，读取矩阵 $\hat{R}_i$ 中的数据。$\hat{R}_i$ 表示用户 U_i 对所有商品的喜欢度估计值，从向量中扣除用户已经点击和曝光未点击的商品，对其他商品的喜欢度数据从大到小排序，取 Top N 作为推荐结果输出特征。

LFM 推荐算法实现步骤如下。

① 设定隐主题特征 K 值，初始化矩阵 P 和矩阵 Q。

② 设定迭代次数，根据设计的损失函数，迭代矩阵 P 和矩阵 Q。

③ 检查最终迭代精度，损失函数精度合格则进入第④步，否则调整迭代参数，重新迭代计算矩阵 P 和矩阵 Q 的值。

④ 利用测试数据验证模型的精度。如果精度不满足要求，调整迭代参数，返回第①步。如果精度满足要求，输出推荐模型。

LFM 算法在迭代过程中，以下参数需要调整优化：隐主题特征数量 K；损失函数惩罚因子 λ；学习速率 α；正、负样本比例 ratio；迭代次数 epcho。

如果将用户对商品的评分直接作为矩阵 R 的元素启用 LFM 算法执行推荐预测，存在一个问题：用户打分的差异性问题。即苛刻用户给出的评分普遍偏低，温和用户给出的评分普遍偏高。这种习惯差异会影响矩阵 P 和矩阵 Q 的值。解决办法就是改进 LFM 算法，在计算用户与商品喜欢度估计值时引入偏置量，

$$\hat{R}_{ij} = \sum_{k=1}^{K} P_{ik} \cdot Q_{kj} + \mu_i + B_i + B_j$$

这里，μ 表示所有用户评分的均值，即全局平均值；B_i 表示用户评分偏置量，相对于均值而言，苛刻用户 B_i 偏低，温和用户 B_i 偏高；B_j 表示商品评分偏置量，相对于均值而言，优质商品 B_j 相对高，劣质商品的 B_j 相对低。

加入偏置量后损失函数为

$$\text{Loss} = \sum_{i,j}\left(R_{ij} - \sum_{k=1}^{K} P_{ik} \cdot Q_{kj} - \mu_i - B_i - B_j \right)^2 + \lambda\left(\left\| P_i \right\|^2 + \left\| Q_j \right\|^2 + \left\| B_i \right\|^2 + \left\| B_j \right\|^2 \right)$$

利用随机梯度下降算法，得到矩阵 P、矩阵 Q、矩阵 B_i 和矩阵 B_j 的迭代过程，

$$P_{ik} = P_{ik} + \alpha\left(\sum_{i,j}\left(R_{ij} - \sum_{k=1}^{K} P_{ik} \cdot Q_{kj} - \mu_i - B_i - B_j \right)Q_{kj} - \lambda P_{ik} \right)$$

$$Q_{kj} = Q_{kj} + \alpha\left(\sum_{i,j}\left(R_{ij} - \sum_{k=1}^{K} P_{ik} \cdot Q_{kj} - \mu_i - B_i - B_j \right)P_{ik} - \lambda Q_{kj} \right)$$

$$B_i = B_i + \alpha\left(\sum_{i,j}\left(R_{ij} - \sum_{k=1}^{K} P_{ik} \cdot Q_{kj} - \mu_i - B_i - B_j \right) - \lambda B_i \right)$$

$$B_j = B_j + \alpha \left(\sum_{i,j} \left(R_{ij} - \sum_{k=1}^{K} P_{ik} \cdot Q_{kj} - \mu_i - B_i - B_j \right) - \lambda B_j \right)$$

LFM 推荐算法需要先执行矩阵迭代工作，这个过程比较耗时，有时为了得到较高的精度，需要反复迭代调试，算法的处理速度无法满足实时推荐要求。如果用户实时行为变化较大，模型预测性能不会太好，因为每次预测都需要迭代计算矩阵元素，时间上来不及。所以 LFM 算法通常用于用户长期兴趣偏好推荐，每天更新一次算法，完成一次模型更新。

12.3　代码示例

代码 12-1 为基于 LFM 的推荐算法代码示例。

主要函数说明如下。

def init()：模型初始化函数，用于初始化参数赋值。

def load_data()：用于装载模型训练需要的初始数据、推荐候选集、用户历史点击记录。

def fit()：模型训练函数。

def SGD()：迭代方式，用于构建矩阵 *P* 和矩阵 *Q*。

def recommend()：模型推荐列表生成函数。

def evaluation()：模型验证评价函数。

代码 12-1　基于 LFM 的推荐算法代码示例

```
# coding=utf-8

import json
import os
import pickle
from math import floor
import numpy as np
import time
import random
from chapter6.candidate_data import get_user_item_unclicked_matrix,
get_user_item_matrix, get_item_user_matrix, get_dataset_test
from texttable import Texttable

title = '基于 LFM 模型 新闻推荐'


class item_LFM_recom:
    def __init__(self):
```

```python
        self.ratio = 5  # 正、负样本比例
        self.K = 20  # 隐主题特征数量
        self.epcho = 10  # 迭代次数
        self.alpha = 0.02  # 梯度下降步长
        self.lamda = 0.01  # 正则化参数
        self.user_item_dict = {}
        self.item_user_dict = {}
        self.user_item_unclicked_dict = {}
        self.user_all = {}
        self.item_all = {}
        self.P = {}
        self.Q = {}
        self.path = os.path.dirname(__file__)
        self.load_data()

    def load_data(self):
        self.user_item_unclicked_dict = get_user_item_unclicked_matrix()
        try:
            self.user_item_dict = json.load(open(self.path + '/model/user_
item_dict.json', 'r'))
            self.item_user_dict = json.load(open(self.path + '/model/item_
user_dict.json', 'r'))
            self.user_all = list(self.user_item_dict.keys())
            self.item_all = list(self.item_user_dict.keys())
            matrix_model = pickle.load(open(self.path + '/model/matrix_
LFM.model', 'rb'))
            self.P = matrix_model['P']
            self.Q = matrix_model['Q']
        except:
            print('LFM opens model failure')

    def RandSelectNegativeSamples(self, items):
        #按Ratio生成负样本。正样本数量：负样本数量 = 1：Ratio
        ret = {}
        for item,score in items:
            ret[item] = score
        negtiveNum = int(round(len(items) * self.ratio))
        N = 0
        while N < negtiveNum:
            item = random.sample(self.item_user_dict.keys(),1)
            if item[0] in ret:
                continue
            N += 1
            ret[item[0]] = 0
        return ret

    def SGD(self):  # 矩阵P和矩阵Q迭代
        alpha = self.alpha
        for i in range(self.epcho):
```

```python
        mse = 0.0
        for user, items in self.user_item_dict.items():
            ret = self.RandSelectNegativeSamples(items)
            for item, rui in ret.items():
                rg = np.dot(self.P[user],self.Q[item].T)
                error = rui - rg
                mse += error**2

                P = self.P[user]
                Q = self.Q[item]
                for k in range(self.K):
                    P[k] += alpha * (error * Q[k] - self.lamda * P[k])
                    Q[k] += (alpha * (error * P[k] - self.lamda * Q[k]))
                self.P[user] = P
                self.Q[item] = Q

        alpha *= 0.9 # 衰减因子

        total_sample = len(self.user_item_dict.keys()) * len(ret.keys())
        print("{step}th training finished, loss={value}".format(step=i,
value=round(mse/total_sample,4)))

    matrix_model = {'P': self.P,'Q': self.Q}
    pickle.dump(matrix_model, open(self.path + '/model/matrix_LFM.
model','wb'))

def fit(self):
    start = time.clock()
    print('开始模型训练')

    self.user_item_dict = get_user_item_matrix()
    self.item_user_dict = get_item_user_matrix()
    json.dump(self.user_item_dict, open(self.path + '/model/user_
item_dict.json', 'w'))
    json.dump(self.item_user_dict, open(self.path + '/model/item_
user_dict.json', 'w'))
    self.user_all = list(self.user_item_dict.keys())
    self.item_all = list(self.item_user_dict.keys())

    for user in self.user_all:
        self.P[user] = np.random.rand(self.K)
    for item in self.item_all:
        self.Q[item] = np.random.rand(self.K)

    self.SGD()

    end = time.clock()
    print("模型训练结束　耗费时间： %f s" % (end - start))
```

```
    def recommend(self, userid, topN):  # 生成推荐列表
        recommendList = []

        if userid in self.user_all:
            user_unclicked_item_list = self.user_item_unclicked_dict
[userid]

            for item in user_unclicked_item_list:
                weight = np.dot(self.P[userid],self.Q[item].T)
                recommendList.append((item,weight))

            recommendList = self.recommendList_filtered(recommendList)
            recommendList = self.recommendList_topK(recommendList, topN)

        recommend_profile = {
                'model': 'LFM',
                'user': userid,
                'item': recommendList
                }

        print('LFM 推荐结果: ', recommend_profile)
        self.showTable(recommendList)

        return recommend_profile

    def recommendList_filtered(self, recommendList):
        …

    def recommendList_topK(self, recommendList, topN):
        …

    def showTable(self, recommendList):
        …

    def evaluation(self):
        …


if __name__ == '__main__':
    model = item_LFM_recom()
    model.fit()
```

模型训练后，在主程序中调用函数 recommend():

```
if __name__ == '__main__':
    model = item_LFM_recom()
    model.recommend('U180578', topN=20)
```

运行结果为

LFM 推荐结果:

{'model': 'LFM', 'user': 'U180578', 'item': [('N8243', 7.196908448531181), ('N90683', 5.199210850931748), ('N38884', 5.113512099760521), ('N15042',

```
4.750198202121648),    ('N50012',    4.663732442216526),    ('N47427',
4.413746429510254),    ('N29200',    4.41350581950247),    ('N2620',
4.391603571972886),    ('N87446',    4.3693898336173085),    ('N97999',
4.368195847156051),    ('N31281',    4.344391867670112),    ('N93561',
4.273658956101162),    ('N108002',    4.134810472521087),    ('N30069',
4.093850032325206),    ('N117662',    4.045948065065734),    ('N71728',
4.03573741072033),    ('N32764',    3.9936319530317204),    ('N52137',
3.9780905415457264),    ('N36590',    3.9733896793368184),    ('N67731',
3.9318656946931627)]}
```

```
News_ID       weight
============================
N8243     7.196908448531181
N90683    5.199210850931748
N38884    5.113512099760521
N15042    4.750198202121648
N50012    4.663732442216526
N47427    4.413746429510254
N29200    4.41350581950247
N2620     4.391603571972886
N87446    4.3693898336173085
N97999    4.368195847156051
N31281    4.344391867670112
N93561    4.273658956101162
N108002   4.134810472521087
N30069    4.093850032325206
...
```

12.4　本章小结

　　基于 LFM 的推荐算法属于用户行为推荐算法，采用迭代方式求解矩阵 P 和矩阵 Q。由于用户-商品行为评分数据量大，模型算法的训练时间较长，不满足实时推荐响应速度的要求，但这种推荐算法可以每天更新一次数据，训练一次模型，满足用户短期兴趣偏好推荐和长期兴趣偏好推荐应用的需求。

　　本章详细介绍了 LFM 算法的原理和实现方式，给出了模型参数优化的方向，感兴趣的读者可以利用本章给出的代码示例，调节模型的优化参数，对比效果。

　　不同用户对商品的评分标准不同，苛刻用户的评分整体偏低，温和用户的评分整体偏高。为了消除评分差异对矩阵 P 和矩阵 Q 的影响，文中给出了改进优化算法，感兴趣的读者可以自己撰写代码验证，将传统 LFM 推荐算法和改进后的 LFM 推荐算法的评价指标进行对比分析。

## 第13章

多路召回融合策略

推荐系统使用多路召回融合策略是对"计算速度"和"准确度"矛盾的一种权衡处理。"计算速度"指的是召回算法生成推荐列表的速度。"准确度"指的是召回算法生成推荐列表的准确度，即用户喜欢推荐列表内容的程度。计算速度快，则要求使用的算法模型要简单，参与计算的特征要少，模型训练使用的数据集规模要小。准确度高，则要求使用的算法模型要相对复杂，召回策略要相对多，参与计算的特征要丰富，模型训练使用的数据集规模要大。

多路召回采用不同的策略、特征、算法模型，各算法并行独立工作，各自生成自己的召回输出列表，最后通过融合策略将多路召回输出列表混合处理，得到最终的推荐召回列表。

13.1 多路召回策略

图 13.1 所示为多路召回策略实现。图中，推荐系统采用热点召回、内容召回、类别召回、标签召回、协同过滤召回、规则召回和位置召回等多个召回算法。每个召回算法独立、并行工作，从商品候选集中召回推荐列表，将结果发送给融合粗排环节。

热点召回：定期更新商品热度值，对商品热度值从大到小排序，将排在前面的 Top K 个商品作为召回推荐列表。

内容召回：定期更新用户兴趣偏好特征，对用户兴趣偏好特征与商品特征做相关计算，对相关值从大到小排序，将排在前面的 Top K 个商品作为召回推荐列表。

类别召回：定期更新用户兴趣偏好特征，对用户兴趣偏好特征中的类别特征与商品类别特征做相关计算，对相关值从大到小排序，将排在前面的 Top K 个商品作为召回推荐列表。

标签召回：定期更新用户兴趣偏好特征，对用户标签兴趣偏好特征与商品标签特征做相关计算，对相关值从大到小排序，将排在前面的 Top K 个商品作为召回推荐列表。

行为召回：采用 UserCF 或 ItemCF 算法召回。通过用户或商品的行为相似度，按相似度从大到小排序，将排在前面的 Top K 个商品作为召回推荐列表。

规则召回：根据运营规则，随机筛选 Top K 个商品作为推荐召回列表。例如从新上线的商品中随机选择、从用户从来没有点击过的商品类别中随机选择等。

位置召回：根据用户的位置区域特征，将与位置存在关联性的商品作为召回推荐列表。召回推荐列表中可以按照位置距离、用户评分、热度值等排序。

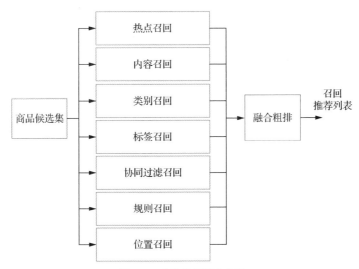

图 13.1　多路召回策略实现

推荐系统的多路召回策略不是唯一固定的，需要系统支持根据运营管理要求对配置的多路召回算法执行增、删、查、改操作，以图 13.1 给出的多路召回策略实现为例，配置上线其中 1 个、多个或全部召回算法，增加更多维度的召回策略。新闻推荐系统配置上线热度召回、类别召回、机构召回、记者召回、事件召回、人物召回、协同过滤召回、LFM 召回、规则召回等。视频推荐系统配置上线热度召回、导演召回、主演召回、标签召回、故事风格召回、故事年代召回、新片召回等。

在召回阶段，要考虑到用户的长期兴趣偏好、短期兴趣偏好和当前兴趣偏好。

前几章在阐述推荐召回算法的输出列表时，将结果约定为如下格式：

```
    {
'model': 'UserCF',
'user': 'U180578',
 'item': [('N8243', 7.1961), ('N90683', 5.199), ('N38884', 5.113512), …]
    }
```

工程实践中，推荐系统使用多路召回融合策略。同一个算法可以应用到多个召回支路上，以 UserCF 算法为例，一个支路利用 UserCF 算法实现用户长期兴趣偏好推荐召回，一个支路利用 UserCF 算法实现短期兴趣偏好推荐召回，一个支路利用 UserCF 算法实现当前兴趣偏好推荐召回。

这种情况下，需要对召回支路统一编码管理，让每一个支路拥有自己独立的识别码，例如 C10 表示第 10 个召回支路。系统维护召回算法与支路编码的对应关系。针对每一个目标用户，召回算法每一支路输出如下所示的推荐列表记录：

```
    {
'model': 'C10',
'user': 'U180578',
 'item': [('N8243', 7.1961), ('N90683', 5.199), ('N38884', 5.113512), …]
    }
```

其中，model 对应召回算法编号，user 表示目标用户编号，item 表示召回算法获得的推荐列表清单，格式为(商品编号,权重)。权重体现的是召回算法计算的用户兴趣偏好特征与商品特征的匹配度。item 中的商品数量由召回算法控制参数 Top K 决定。Top K 是算法的一个优化参数。Top K 越大，一次召回输出的推荐列表中的商品数量越多，从概率上讲，命中用户喜欢的商品越多，推荐列表准确度越高。相反，Top K 越小，一次召回输出的推荐列表中的商品数量越少，从概率上讲，命中用户喜欢的商品越少，推荐列表准确度越低。

13.2　融合策略

在召回阶段，每个支路使用的算法模型不同，参与计算的特征不同，召回输出结果的精度不同。如何对这些支路结果进行选择和应用就属于融合策略问题。召回融合的本质就是控制和管理召回输出结果，涉及两项工作：合并同类项，调整召回支路的权重。权重调整方式如下：

$$W(N_k) = \sum \omega_i \cdot \beta_i (N_k)$$

式中，$W(N_k)$ 表示商品 N_k 融合后的权重；ω_i 表示第 i 个召回支路的权重；$\beta_i(N_k)$ 表示商品 N_k 出现在第 i 个召回支路输出列表中的权重。

下面以表 13-1 所示的 3 路召回算法为例介绍几种融合方法。

表 13-1　3 路召回输出

召回支路	召回输出列表

支路 1,
模型编号 C1
	{
	'user': 'U2000',
	'item': [(N100,0.8),(N300,0.7),(N208,0.65)],
	'model': C1
	}

支路 2,
模型编号 C2
	{
	'user': 'U2000',
	'item': [(N100,0.38),(N200,0.5),(N208,0.8),(N500,0.3)],
	'model': C2
	}

支路 3,
模型编号 C3
	{
	'user': 'U2000',
	'item': [(N310,0.8),(N320,0.7),(N200,0.38),(N100,0.2),(N508,0.5)],
	'model': C3
	}

13.2.1　顺序融合

依据优先级策略对各支路的召回输出结果按顺序依次输出，不同支路召回输出结果中出现的同类项按首次出现计算。对图 13.1 所示的多路召回策略设计策略优先级：类别召回>标签召回>内容召回>协同过滤召回>位置召回>热点召回>规则召回。根据顺序融合策略，首先融合类别召回输出列表，其次融合标签召回输出列表，依次按设计的优先级融合输出列表。融合后的输出列表中出现相同的商品编号，优先选择排在前面的对应项。

表 13-1 所示的 3 路召回输出列表中，设计策略优先级为 C1>C2>C3，则按顺序的融合推荐结果为

```
{
'user': 'U2000',
'item': [(N100,0.8,[C1]),(N300,0.7,[C1]),(N208,0.65,[C1]),(N200,0.5,
[C2]),(N500,0.3,[C2]),(N310,0.8,[C3]),(N320,0.7,[C3]),(N508,0.5,[C3])]
}
```

数据格式为(新闻编号,推荐权重,推荐算法)。

表 13-1 所示的 3 路召回输出列表中，设计策略优先级为 C3>C2>C1，则按顺序的融合推荐结果为

```
{
'user': 'U2000',
'item': [(N310,0.8,[C3]),(N320,0.7,[C3]),(N200,0.38,[C3]),(N100,0.2,
[C3]),(N508,0.5,[C3]),(N208,0.8,[C2]),(N500,0.3,[C2]),(N300,0.7,[C1])]
}
```

设计的召回策略优先级不同，融合后的新闻推荐权重是不同的。

13.2.2 平均加权融合

平均加权融合不设计召回策略的优先级，按统一权重处理。表 13-1 中，包含 3 个召回支路，权重系统 $\omega_i = \dfrac{1}{3}$。新闻 N_{100} 出现过 3 次，权重分别为 0.8、0.38、0.2，则采用平均加权策略，新闻 N_{100} 的召回权重为

$$W\left(N_{100}\right) = 0.8 \times \frac{1}{3} + 0.38 \times \frac{1}{3} + 0.2 \times \frac{1}{3} = 0.46$$

同理，

$$W\left(N_{300}\right) = 0.23, \ W\left(N_{208}\right) = 0.48, \ W\left(N_{200}\right) = 0.29, \ W\left(N_{500}\right) = 0.1,$$
$$W\left(N_{310}\right) = 0.27, \ W\left(N_{320}\right) = 0.23, \ W\left(N_{508}\right) = 0.17$$

融合后，召回输出：

```
{
'user': U2000,
'item':[(N100,0.46,[C1,C2,C3]),(N300,0.23,[C1]),(N208,0.48,[C1,C2]),
(N200,0.29,[C2,C3]),(N500,0.1,[C2]),(N310,0.27,[C3]),(N320,0.23,[C3]),(N508,
0.17,[C3])]
}
```

13.2.3 加权融合

将召回策略优先级和加权融合方式整合，就是自定义加权融合方式。这种方式支持配置召回支路的优先级。表 13-1 中，配置 $\omega_1 = \dfrac{1}{2}$，$\omega_2 = \dfrac{1}{4}$，$\omega_3 = \dfrac{1}{4}$。

新闻 N_{100} 出现过 3 次，权重分别为 0.8、0.38、0.2，采用加权策略，新闻 N_{100} 的召回权重为

$$W\left(N_{100}\right) = 0.8 \times \frac{1}{2} + 0.38 \times \frac{1}{4} + 0.2 \times \frac{1}{4} = 0.545$$

同理，

$$W\left(N_{300}\right) = 0.35, \ W\left(N_{208}\right) = 0.525, \ W\left(N_{200}\right) = 0.22, \ W\left(N_{500}\right) = 0.075,$$
$$W\left(N_{310}\right) = 0.2, \ W\left(N_{320}\right) = 0.175, \ W\left(N_{508}\right) = 0.125$$

融合后，召回输出：

```
{
'user': U2000,
'item':[(N100,0.545,[C1,C2,C3]),(N300,0.35,[C1]),(N208,0.525,[C1,C2]),
(N200,0.22,[C2,C3]),(N500,0.075,[C2]),(N310,0.2,[C3]),(N320,0.175,[C3]),
(N508,0.125,[C3])]
}
```

13.2.4　动态加权融合

动态加权融合比加权融合更进一步，采用动态调节方式调整召回支路权重，定期更新权重系数。例如按照每个支路召回输出点击率（用户点击的商品数量/推荐商品数量）来调节，

$$\omega_i = \frac{Click\_num_i}{Recall\_num_i}$$

式中，$Click\_num_i$ 表示时间周期内，第 i 个召回支路输出列表中被用户点击的新闻数量；$Recall\_num_i$ 表示时间周期内，第 i 个召回支路输出列表中新闻数量总和。

当 $\sum \omega_i \neq 1$ 时，融合后的新闻权重系数为

$$W(N_k) = \frac{\sum \omega_i \cdot \beta_i (N_k)}{\sum \omega_i}$$

多路召回推荐结果经融合处理后，形成推荐系统的粗排召回结果。推荐系统召回环节分为粗排和精排两个阶段。粗排处理结果送到后续精排阶段，调用机器学习算法预测用户的点击率，精排阶段根据预测的点击率大小排序，选出点击率最高的 Top N 个结果作为推荐环节整体输出。

推荐系统召回粗排阶段强调"广"和"快"，精排阶段强调"精"和"准"。

13.3　代码示例

推荐系统多路召回环节中各支路召回策略相互独立，在代码实现上采用多线程并行工作方式或多进程微服务方式协同工作。代码示例中采用多线程并行工作方式，每一种召回算法由单独的线程去处理，将线程处理结果送入消息管道。

Python 环境下的 threading 模块可提供多线程管理。开启一个线程只需要将线程函数提交给 threading 模块管理即可。在 Python 环境下创建一个线程的代码为

```
import threading
mythread = threading.Thread(target,kwargs,name)
```

这里，mythread 为线程标识，target 为线程函数的名称，kwargs 为线程函数输入参数，采用字典格式导入，name 为线程的名称。

创建线程后使用 mythread .start()函数启动线程。

代码 13-1 为线程创建代码示例，创建了 3 个独立运行的线程。

代码 13-1　线程创建代码示例

```
def model_recommend(self,model,userid, topn,msg):    #线程函数
    model.predict(userid, topn,msg)

if __name__ == "__main__":    # 主调函数
msg= MIMO_quenu()
userid = 'U545162'
topn = 50

model = 'User-CF'
Mythread1 = threading.Thread(target=self.model_recommend,
            kwargs={'model':model, 'userid': userid, 'topn': topn,'msg':msg},
            name=model_type + 'model recommend process')
Mythread1.start()

model = 'LFM'
Mythread2 = threading.Thread(target=self.model_recommend,
            kwargs={'model':model, 'userid': userid, 'topn': topn,'msg':msg},
            name=model_type + 'model recommend process')
Mythread2.start()

model = 'SVDPP'
Mythread3 = threading.Thread(target=self.model_recommend,
            kwargs={'model':model, 'userid': userid, 'topn': topn,'msg':msg},
            name=model_type + 'model recommend process')
Mythread3.start()
```

多路召回算法使用前几章介绍的推荐召回算法，本章实现对前面的推荐召回算法代码进行集成。多路召回融合代码通过 predict()函数启动各个召回支路的推荐工作，通过消息队列获得单独召回支路输出列表。

在各个召回算法模型类中增加成员函数 predict()，这样操作的目的是直接继承召回算法类函数。成员函数 predict()负责执行 recommend()，并将推荐结果保存到指定的消息队列 msg 中。predict()函数的代码示例如代码 13-2 所示。

代码 13-2　predict()函数的代码示例

```
def predict(self, userid, topn,msg):
    print('Model based_Tag starts to run ....')

    recommend_list = self.recommend(userid, topn)
    print('write data to MIMO: ', recommend_list)
    msg.put_data_to_MIMO(recommend_list)

    print(' TAG finished recommended task successfully!!! ')
```

因为各召回算法支路的计算效率不一致，所以定义一个 msg 消息队列，用

于接收各个召回支路的输出列表。主调函数从消息队列中获取召回支路推荐列表。代码 13-3 为消息队列代码示例。

代码 13-3　创建消息队列

```python
import time
from multiprocessing import Queue

class MIMO_quenu:
    def __init__(self):
        self.q_MIMO = Queue()

    def put_data_to_MIMO(self, data):
    # 消息队列写数据
        flag = True
        while flag:
            try:
                self.q_MIMO.put(data)
                flag = False
            except self.q_MIMO.full():
                print('MIMO 队列已满')
                time.sleep(1)
        print('write data to MIMO finished')

    def get_data_from_MIMO(self):
     # 消息队列读数据
        while 1:
            if self.q_MIMO.empty():
                pass
            else:
                data_list = self.q_MIMO.get()
                return data_list

if __name__ == "__main__":
    data1 = {'userid': 'U545162', 'item': [('N24242', 3.2234), ('N23891',
2.8337), ('N94104', 2.7743)]}
    data2 = {'userid': 'U319386','item': [('N19425', 8.2323), ('N103851',
8.1297), ('N80399', 6.5912)]}
    data3 = {'userid': 'U180578','item': [('N66851', 6.1035), ('N5805',
6.0599), ('N106985', 6.02598)]}

    msg = MIMO_quenu()
    msg.put_data_to_MIMO(data1)
    msg.put_data_to_MIMO(data2)
    msg.put_data_to_MIMO(data3)

    count = 0
    while count < 20:
```

```
        print('MIMO quene data= :\n',msg.get_data_from_MIMO())
        count += 1
```
代码输出结果如下：
```
write data to MIMO finished
write data to MIMO finished
write data to MIMO finished

MIMO quene data= :
  {'userid': 'U545162', 'item': [('N24242', 3.2234), ('N23891', 2.8337),
('N94104', 2.7743)]}
MIMO quene data= :
  {'userid': 'U319386', 'item': [('N19425', 8.2323), ('N103851', 8.1297),
('N80399', 6.5912)]}
MIMO quene data= :
  {'userid': 'U180578', 'item': [('N66851', 6.1035), ('N5805', 6.0599),
('N106985', 6.02598)]}
```

创建类 item_recall_merege，封装成员函数，以实现多路召回任务的启动和召回结果的融合处理。当需要获取用户 userid 的推荐列表时，调用类的成员函数

```
get_recommend_list_by_userid(userid, topn)
```
输出 Top N 个推荐列表。

成员函数 get_recommend_list_by_userid()通过多线程模式启动召回支路工作，从消息队列 msg 中获得配置算法的推荐结果，根据融合权重，计算融合后的推荐列表。多路召回与融合处理代码如代码 13-4 所示。

代码 13-4　多路召回与融合处理

```
# coding=utf-8

import threading
import time
from chapter5.CB.cb_knn import item_cb_recom
from chapter5.CF.itemCF import item_itemCF_recom
from chapter5.CF.userCF import item_userCF_recom
from chapter5.LFM.lfm_recom import item_LFM_recom
from chapter5.MIMO.mimo_proc import MIMO_quenu
from chapter5.SVD.svd import item_SVD_recom
from chapter5.SVD.svdpp import item_SVDPP_recom
from chapter5.hot.hot_recomm import item_hot_recom
from chapter5.tag.tag_proc import item_tag_recom
from texttable import Texttable

title ='多路召回与融合处理'

class item_recall_merge:
```

```python
    def __init__(self,recall_profile):
        self.model_profile = recall_profile.keys()
        self.recall_weight = recall_profile


    def recall_model(self,index):
        model_dict = dict(hot=item_hot_recom(),
            Item_CF=item_itemCF_recom(),
            User_CF=item_userCF_recom(),
            Item_CB=item_cb_recom(),
            Tag=item_tag_recom(),
            LFM=item_LFM_recom(),
            SVD=item_SVD_recom(),
            SVDPP=item_SVDPP_recom())
        model = model_dict[index]
        return model


    def model_recommend(self,model,userid, topn,msg):
        model.predict(userid, topn,msg)


    def start_model_recommend(self,userid, topn,msg):
        # 依次启动支路召回算法，执行 userid 推荐召回
        Multi_thread_pool = []
        for model_type in self.model_profile:
            model = self.recall_model(index=model_type)
            mythread = threading.Thread(target=self.model_recommend,
                                kwargs={'model': model, 'userid': userid,
'topn': topn,'msg':msg},
                                name=model_type + 'model recommend process')
            Multi_thread_pool.append(mythread)


        for thread in Multi_thread_pool:
            thread.start()
            time.sleep(1)


    def get_model_recommendList(self,msg):
        #  查询每个推荐算法向 userid 提供的推荐结果
        # MIMO 数据格式 data = {'model':'svd', 'userid':userid,'item':[(newsid,
weight),(newsid,weight),(),...]}
        recommend_dict = {}

        while 1:
            print('模型完成推荐: ',recommend_dict.keys())
            if len(list(recommend_dict.keys())) < len(self.model_profile):
                data = msg.get_data_from_MIMO()
                model_type = data['model']
                if model_type in self.model_profile:
                    recommend_dict[model_type] = data
```

```
            else:
                break
        return recommend_dict

    def get_recommend_list_by_userid(self,userid, topN):
        #启动多路召回，输出用户的召回融合结果，完成粗排
            MIMO_recom = MIMO_quenu()

        recommend_list = []
        recommend_model = {}
        recommend_profile = {}

        print('start to recall process for user={user}'.format(user=
userid))
        self.start_model_recommend(userid, topN,MIMO_recom)
        recommend_dict = self.get_model_recommendList(MIMO_recom)

        for model in recommend_dict.keys():
            recommend = recommend_dict[model]
            for k, v in recommend['item']:
                temp = (k, v * self.recall_weight[model])
                recommend_list.append(temp)
                if k not in recommend_model:
                    recommend_model[k] = [model]
                else:
                    recommend_model[k].append(model)

        neighbour = []
        for k, v in recommend_model.items():
            neighbour.append((k,v))
        recommendList = self.recommendList_filtered(recommend_list)
        recommendList = self.recommendList_topK(recommendList, 5 * topN)

        recommend_profile['user'] = userid
        recommend_profile['item'] = recommendList
        recommend_profile['model'] = neighbour

        print('multi_path recall recommendation: \n', recommend_profile)
        self.showTable(recommendList, neighbour)
        return recommend_profile

    def recommendList_filtered(self,recommendList):
        …

    def recommendList_topK(self, recommendList, topN):
        …

    def get_data_by_index(self,data, data_list):
```

…

```python
    def showTable(self, recommendList, neighbour):
        …


def get_recall_model_config():
    # 从前台获取配置信息
    recall_profile = {'hot': 0.1, 'Item_CF': 0.1, 'User_CF': 0.2, 'Item_CB':
0.1, 'LFM': 0.1, 'SVD': 0.1, 'SVDPP':0.1,'Tag': 0.2}
    return recall_profile


def get_recall_item(userid,topN):
    # 召回粗排调用函数
      recall_profile = get_recall_model_config()
    model = item_recall_merge(recall_profile)
    recommend_profile = model.get_recommend_list_by_userid(userid, topN)
    return recommend_profile


if __name__ == "__main__":
    userid = 'U545162'
    topn = 50
    get_recall_item(userid, topn)
```

代码输出结果如下：

```
start to recall process for user=U545162
Model Hot starts to run ....
```

Hot 推荐清单：

```
    {'model': 'hot', 'user': 'U545162', 'item': [['N103570', 10.0775],
['N76099', 10.0604],…]}
```

写入 MIMO：

```
    {'model': 'hot', 'user': 'U545162', 'item': [['N103570', 10.0775],
['N76099', 10.0604],…]}
    write data to MIMO finished
     Hot finished recommended task successfully!!!
    Model ItemCF starts to run …
```

Item_CF 推荐结果：

```
    {'model': 'Item_CF', 'user': 'U545162', 'item': [('N62031', 0.0189),
('N70751', 0.0154), ('N118681', 0.015), ('N40711', 0.0136), …)]}
```

写入 MIMO：

```
    {'model': 'Item_CF', 'user': 'U545162', 'item': [('N62031', 0.0189),
('N70751', 0.0154), ('N118681', 0.015), ('N40711', 0.0136), ('N65101',
0.0104), …]}
    write data to MIMO finished
    itemCF finished recommended task successfully!!!
    Model UserCF starts to run …
```

User_CF 推荐结果：

```
    {'model': 'User_CF', 'user': 'U545162', 'item': [('N117203', 13.0803),
('N47355', 10.20172), ('N18690', 7.06729999), ('N118681', 6.49511), ('N81445',
1.8), …)]}
```

写入 MIMO：

{'model': 'User_CF', 'user': 'U545162', 'item': [('N117203', 13.0803), ('N47355', 10.20172), ('N18690', 7.06729999), ('N118681', 6.49511), ('N81445', 1.8), …)]}

write data to MIMO finished
UserCF finished recommended task successfully!!!
Model Item_CB starts to run …
Model LFM starts to run …
Item_CB 推荐结果：

{'model': 'Item_CB', 'user': 'U545162', 'item': [('N55050', 8.1081), ('N83823', 7.9803), ('N85719', 7.9515), ('N111211', 7.9182), ('N77477', 7.9137), ('N21675', 6.4407)…]}

写入MIMO：

{'model': 'Item_CB', 'user': 'U545162', 'item': [('N55050', 8.1081), ('N83823', 7.9803), ('N85719', 7.9515), ('N111211', 7.9182), ('N77477', 7.9137), ('N21675', 6.4407),…]}

write data to MIMO finished
Item_CB finished recommended task successfully!!!
LFM 推荐结果：

{'model': 'LFM', 'user': 'U545162', 'item': [('N117203', 5.55113), ('N14810', 5.39673), ('N118681', 4.79121), ('N56620', 4.718247), ('N65655', 4.666266), …]}

写入MIMO：

{'model': 'LFM', 'user': 'U545162', 'item': [('N117203', 5.55113), ('N14810', 5.39673), ('N118681', 4.79121), ('N56620', 4.718247), ('N65655', 4.666266), …]}

write data to MIMO finished
LFM finished recommended task successfully!!!
SVD starts to run …
SVD++ starts to run …
SVD++ 推荐结果：

{'model': 'SVDPP', 'user': 'U545162', 'item': [('N24242', 3.2234), ('N23891', 2.8337), ('N94104', 2.7743), ('N9335', 2.7683), ('N67369', 2.718), ('N21416', 2.6058),…]}

write data to MIMO finished
SVD++ finished recommended task successfully!!!
Model based_Tag starts to run …
模型完成推荐：dict_keys([])
SVD 推荐结果：

{'model':'SVD', 'user': 'U545162', 'item': [('N118681', 8.718304179666251), ('N117203', 6.958840493401044), ('N47355', 6.0528555108975555), ('N18690', 4.436552467072616), …]}

模型完成推荐：
dict_keys(['hot'])
写入MIMO：

{'model':'SVD', 'user': 'U545162', 'item': [('N118681', 8.718304179666251), ('N117203', 6.958840493401044), ('N47355', 6.0528555108975555), ('N18690', 4.436552467072616), …]}

write data to MIMO finished
SVD finished recommended task successfully!!!

模型完成推荐：dict_keys(['hot', 'Item_CF'])

```
    模型完成推荐: dict_keys(['hot', 'Item_CF', 'User_CF'])
    模型完成推荐: dict_keys(['hot', 'Item_CF', 'User_CF', 'Item_CB'])
    模型完成推荐: dict_keys(['hot', 'Item_CF', 'User_CF', 'Item_CB', 'LFM'])
    模型完成推荐: dict_keys(['hot', 'Item_CF', 'User_CF', 'Item_CB', 'LFM',
'SVDPP'])
    模型完成推荐: dict_keys(['hot', 'Item_CF', 'User_CF', 'Item_CB', 'LFM',
'SVDPP', 'SVD'])


    Tag recommendation:
    {'model': 'Tag', 'user': 'U545162', 'item': [('N47355', 25.216),
('N104807', 10.5444), ('N25268', 9.4035), ('N9740', 8.8928), ('N62034',
7.6864), ('N9581', 7.5004), ('N64641', 7.0908),…]}
    write data to MIMO finished
    TAG finished recommended task successfully!!!
    模型完成推荐: dict_keys(['hot', 'Item_CF', 'User_CF', 'Item_CB', 'LFM',
'SVDPP', 'SVD', 'Tag'])


    multi_path recall recommendation:
    {'user': 'U545162', 'item': [('N47355', 7.689845551089757), ('N117203',
3.8676178414596714), ('N118681', 2.6514722744741475), ('N104807', 2.10888),
('N25268', 1.8807), ('N18690', 1.8571152467072616), ('N9740', 1.77856),
('N62034', 1.53728), ('N9581', 1.50008), ('N64641', 1.41816), …], 'model':
[('N103570', ['hot']), ('N76099', ['hot']), ('N110949', ['hot']),…, ('N62031',
['Item_CF']), ('N70751', ['Item_CF']), ('N118681', ['Item_CF', 'User_CF',
'LFM', 'SVD']), ('N107151', ['Item_CF', 'User_CF']),…, ('N117203', ['Item_CF',
'User_CF', 'LFM', 'SVD']), ('N128418', ['Item_CF', 'SVD']), ('N102004',
['Item_CF', 'SVDPP']), ('N91420', ['Item_CF']), ('N18690', ['User_CF',
'SVD']), ('N81445', ['User_CF', 'SVD']), ('N106603', ['User_CF']), ('N49111',
['User_CF']), ('N130269', ['User_CF']), ('N96616', ['User_CF']), ('N9865',
['User_CF']), ('N77314', ['User_CF']), ('N83579', ['User_CF']), ('N48992',
['User_CF']), ('N43226', ['User_CF']), ('N101312', ['User_CF']), ('N9905',
['User_CF', 'SVD']), ('N55050', ['Item_CB']), ('N83823', ['Item_CB']),
('N85719', ['Item_CB']), ('N111211', ['Item_CB']), …, ('N14810', ['LFM']),
('N56620', ['LFM']), ('N65655', ['LFM']), …, ('N24242', ['SVDPP']), ('N23891',
['SVDPP']), ('N94104', ['SVDPP']), …, ('N23880', ['SVD']), ('N23399', ['SVD']),
('N24851', ['SVD']),…, ('N104807', ['Tag']), ('N25268', ['Tag']), ('N9740',
['Tag']),…]}


    News_ID      weight                 from modelID
    ================================================================
    N47355   7.689845551089757     ['Item_CF', 'User_CF', 'SVD', 'Tag']
    N117203  3.8676178414596714    ['Item_CF', 'User_CF', 'LFM', 'SVD']
    N118681  2.6514722744741475    ['Item_CF', 'User_CF', 'LFM', 'SVD']
    N18690   1.8571152467072616    ['User_CF', 'SVD']
    N9740    1.77856               ['Tag']
    …
    N103570  1.0077500000000001    ['hot']
    N110949  1.00431               ['hot']
    …
    N55050   0.81081               ['Item_CB']
    …
    N14810   0.539673198274986     ['LFM']
```

```
…
    N4489       0.42054                 ['Item_CB']
    N104081     0.40541999838276627     ['LFM']
…
    N81445      0.37066059868077916     ['User_CF', 'SVD']
    N65612      0.36062000000000005     ['Item_CF', 'User_CF']
    N8527       0.35522845284904125     ['LFM']
    N24242      0.32234                 ['SVDPP']
    N49111      0.32000000000000006     ['User_CF']
…
    N130269     0.30006                 ['User_CF']
    N94104      0.27743                 ['SVDPP']
    N115958     0.2685870801904707      ['User_CF', 'SVD']
…
```

13.4　本章小结

推荐列表生成分成召回和排序两个阶段。召回阶段从商品候选集中快速找出用户可能感兴趣的商品，生成推荐列表。以新闻推荐系统为例，采用基于内容的推荐召回。这里的内容涉及新闻的多个属性特征：类别、题材、体裁、机构、主旨、事件、人物、记者、标签、关键词等。一个召回算法中将以上涉及的内容特征维度都覆盖，算法复杂度较高，算法模型的训练时间和推荐输出时间都很长。所以采取优化策略（也叫召回策略），将内容召回维度分散到多个支路去完成，例如，支路 C1 执行基于新闻类别的召回，支路 C2 执行基于新闻题材的召回，支路 C3 执行基于新闻关键词的召回，等等。最后采取融合策略融合多路召回输出列表接口。

根据召回策略将商品召回工作分解到多个支路，最后采取融合策略进行处理，这种方法存在以下两个明显优势：第一，每个召回支路模型的训练时间和推荐时间明显减少，计算速度提升；第二，对某一个支路算法进行增、删、查、改时，不影响其他支路的工作。

推荐系统并非都需要使用召回策略，当业务场景对推荐请求的响应时间要求不高、推荐策略较少、推荐召回算法模型较少时，没必要设计多路召回环节。

本章详细阐释了多路召回的工作原理，给出了 4 种融合策略，最后用代码示例展示了多路召回环节与各个召回支路之间的协同工作方式和通信方式。本章介绍的融合处理后的推荐召回列表是下一部分介绍的推荐精排工作的输入。

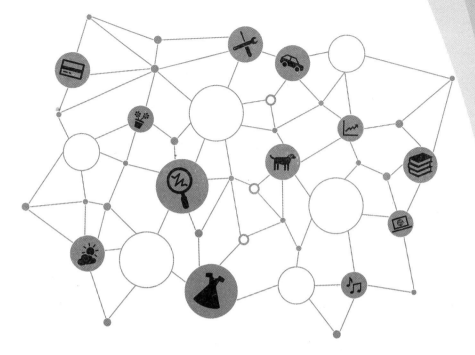

第 4 部分　排序篇

　　推荐系统召回阶段使用的模型相对简单，使用的策略规则相对单一，目的是快速找出用户潜在感兴趣的内容。召回阶段使用的策略和模型可以随时增加和修改，初步验证后，就可以增加或删除一个召回支路。

　　点击率预测使用复杂的机器学习模型，融入更多的特征，对召回阶段生成的候选商品预测用户点击率，根据预测的点击率大小排序，取 Top N 作为推荐结果。点击率预测属于推荐系统精排阶段的工作。由于使用的算法模型融入了用户的基本特征、兴趣偏好特征和行为习惯特征，点击率预测工作结果足以体现用户个性化特性。

　　推荐系统对精排阶段提出的指标要求是"精"和"准"。"精"指的是推荐结果中，商品数量不多，为几十个或几百个。"准"指的是准确度高，输出的推荐列表中大部分都是用户喜欢点击的商品。

## 第14章

线性模型排序算法

在推荐系统特征工程建设相关章节中阐述了用户特征标签、场景特征标签和商品特征标签的构建，本章将以构建好的特征标签作为自变量，以用户对商品的喜欢度作为因变量，构建线性回归模型，通过这个模型去预测用户对未知商品的喜欢度。推荐系统使用线性回归模型对推荐召回输出列表进行二次处理，主要目的是强化推荐列表中的用户个性化特点。推荐系统将预测的喜欢度从大到小排序，取排在前面的 Top N 个结果生成推荐列表。

本章将由浅入深地阐述线性回归模型的构建，包含模型定义、模型工作原理、模型推导和模型参数的估计。本章还将针对工程实践中常见的二分类问题，介绍逻辑回归模型。逻辑回归模型算法简单、高效，在传统机器学习领域应用非常广泛。

14.1 回归模型

一组随机变量 $X = (x_1, x_2, \cdots, x_m)$ 和另外一组随机变量 $Y = (y_1, y_2, \cdots, y_m)$，如果存在一个 x_j 对应一个 y_j，那么随机变量 X 和随机变量 Y 之间保持着 $Y = f(X)$ 的回归关系。自变量 X 发生变化，对应因变量 Y 也发生变化。回归模型是一种预测建模技术，用于研究自变量和因变量之间的关系。有了回归模型，就可以利用已知数据去预测未知数据。

推荐系统中使用回归模型的主要目的是构建特征变量与目标特征之间的函数关系，这里说的特征变量指的是第 4 章构建的商品特征标签、用户特征标签和场景特征标签，目标特征指的是第 6 章的用户与商品喜欢度。利用训练样本构建一个特征变量和目标特征之间的回归模型，在预测阶段，根据特征变量的值，利用回归模型去预测目标特征的取值。

用户 U_i 在场景 C_k 下对商品 I_j 发生点击消费行为，系统根据模型计算出用户对商品的喜欢度或评分为 $R_{i,j,k}$。用户对商品的行为记录为 $(U_i, I_j, C_k, R_{i,j,k})$。

用户特征向量 $U_i = (a_{i1}, a_{i2}, \cdots, a_{ip})$，$a_{im}$ 表示用户 U_i 第 m 个特征标签的编码结果。

商品特征向量 $I_j = (b_{j1}, b_{j2}, \cdots, b_{jq})$，$b_{jm}$ 表示商品 I_j 第 m 个特征标签的编码结果。

场景特征向量 $C_k = (c_{k1}, c_{k2}, ..., c_{kl})$，$c_{km}$ 表示场景 C_k 第 m 个特征标签的编码结果。

将 $(U_i, I_j, C_k, R_{i,j,k})$ 展开为向量形式，

$$\left(a_{i1}, a_{i2}, \cdots, a_{ip}, b_{j1}, b_{j2}, \cdots, b_{jq}, c_{k1}, c_{k2}, \cdots, c_{kl}, R_{i,j,k} \right) \tag{14-1}$$

式中，前 $p+q+l$ 项作为回归模型的自变量分别对应用户特征、商品特征和场景特征，$R_{i,j,k}$ 作为回归模型的因变量，对应用户对商品的喜欢度。

基于训练样本数据，采用机器学习的方法构建式（14-1）前 $p+q+l$ 项特征与最后一项特征 $R_{i,j,k}$ 之间的回归模型。记录的样本数据中包含因变量 $R_{i,j,k}$ 的值，所以回归模型的构建过程属于机器学习中的有监督学习。

机器学习领域常见的回归模型有线性回归模型、逻辑回归模型、多项式回归模型、岭回归模型、决策树回归模型、神经网络模型、深度学习神经网络模型等。推荐系统在点击率预测环节经常使用的回归模型包括逻辑回归模型、决策树回归模型、深度学习神经网络模型及其演进模型等。

14.2 线性回归模型

只有一个自变量 X，且 $Y = f(X)$ 的回归关系满足线性关系

$$Y = kX + b \tag{14-2}$$

这里 k 和 b 为常数。我们把这种回归关系称为一元线性回归，符合一次函数特性。简单理解，线性回归就是指找到一条直线尽可能拟合数据的变化规律。

如果已知自变量 X 和因变量 Y 的值，是否可以通过数学方法计算出 k 和 b 的值？回答是可以的。得到 k 和 b 的值，也就构建好了 X 和 Y 之间的线性回归模型。基于这个线性回归模型，根据 X 值就可以预测 Y 值了。

如何衡量构建的线性回归模型的准确性？这里采用均方误差来衡量。

定义线性回归模型的均方误差损失函数：

$$\text{Loss}(k,b) = \sum_{i=1}^{m}(y_i - \hat{y}_i)^2 = \sum_{i=1}^{m}(y_i - kx_i - b)^2 \tag{14-3}$$

寻找合理的 k 和 b 使均方误差 $\text{Loss}(k,b)$ 最小，即求解 $\text{Loss}(k,b)$ 的最优值。

$$\min_{k,b}\text{Loss}(k,b) = \min_{k,b}\sum_{i=1}^{m}(y_i - kx_i - b)^2 \tag{14-4}$$

这里 $\min_{k,b}\text{Loss}(k,b)$ 表示求解参数 k、b，满足 Loss 最小。

根据最优值求解方法，对式（14-3）计算偏导数，

$$\frac{\partial \text{Loss}}{\partial k} = 2\left(-\sum_{i=1}^{m}(y_i - b)x_i + k\sum_{i=1}^{m}x_i^2\right) \tag{14-5}$$

$$\frac{\partial \text{Loss}}{\partial b} = 2\left(\sum_{i=1}^{m}(y_i - kx_i) - mb\right) \tag{14-6}$$

令偏导数为 0，可得

$$k = \frac{\sum_{i=1}^{m}(y_i - \overline{y})x_i}{\sum_{i=1}^{m}(x_i - \overline{x})x_i} = \frac{\sum_{i=1}^{m}(y_i - \overline{y})(x_i - \overline{x})}{\sum_{i=1}^{m}(x_i - \overline{x})^2} \tag{14-7}$$

$$b = \frac{1}{m}\sum_{i=1}^{m}(y_i - kx_i) = \overline{y} - k\overline{x} \tag{14-8}$$

式中，$\overline{y} = \dfrac{1}{m}\sum_{i=1}^{m}y_i$，$\overline{x} = \dfrac{1}{m}\sum_{i=1}^{m}x_i$。

基于训练样本数据，利用式（14-7）和式（14-8）计算出 k 和 b 的值，进而构造出一元线性回归模型，

$$\hat{Y} = kX + b \tag{14-9}$$

式（14-9）中的估计值 $\hat{Y}$ 逼近真实值 Y，估计值 $\hat{Y}$ 与真实值 Y 的均方误差 Loss 取最小值。

如果随机变量 Y 的值受多个自变量影响，即 $Y = f(X_1, X_2, \cdots, X_n)$，$X_i = (x_{1i}, x_{2i}, \cdots, x_{mi})$，因变量 Y 与自变量 $X_1, X_2, \cdots, X_n$ 保持线性关系，即

$$Y = k_1 X_1 + k_2 X_2 + \cdots + k_n X_n + b \tag{14-10}$$

这里 k_j 和 b 为常数。我们把这种回归称为多元线性回归。将式（14-10）展开成矩阵形式，

$$
\begin{pmatrix} y_1 \\ y_2 \\ \vdots \\ y_m \end{pmatrix} = \begin{pmatrix} x_{11} & x_{12} & \cdots & x_{1n} \\ x_{21} & x_{22} & \cdots & x_{2n} \\ \vdots & \vdots & & \vdots \\ x_{m1} & x_{m2} & \cdots & x_{mn} \end{pmatrix} \begin{pmatrix} k_1 \\ k_2 \\ \vdots \\ k_n \end{pmatrix} + b \tag{14-11}
$$

这里，$\boldsymbol{X} = \left(\boldsymbol{X}_1, \boldsymbol{X}_2, \cdots, \boldsymbol{X}_n \right) = \begin{pmatrix} x_{11} & x_{12} & \cdots & x_{1n} \\ x_{21} & x_{22} & \cdots & x_{2n} \\ \vdots & \vdots & & \vdots \\ x_{m1} & x_{m2} & \cdots & x_{mn} \end{pmatrix}$。对式（14-11）做进一步处理，

可得

$$
\begin{pmatrix} y_1 \\ y_2 \\ \vdots \\ y_m \end{pmatrix} = \begin{pmatrix} x_{11} & x_{12} & \cdots & x_{1n} & 1 \\ x_{21} & x_{22} & \cdots & x_{2n} & 1 \\ \vdots & \vdots & & \vdots & \vdots \\ x_{m1} & x_{m2} & \cdots & x_{mn} & 1 \end{pmatrix} \begin{pmatrix} k_1 \\ k_2 \\ \vdots \\ k_n \\ b \end{pmatrix} \tag{14-12}
$$

整理成矩阵形式：

$$
\boldsymbol{Y} = \boldsymbol{X} \cdot \boldsymbol{K} \tag{14-13}
$$

这里，$\boldsymbol{Y} = \begin{pmatrix} y_1 \\ y_2 \\ \vdots \\ y_m \end{pmatrix}$，$\boldsymbol{X} = \begin{pmatrix} x_{11} & x_{12} & \cdots & x_{1n} & 1 \\ x_{21} & x_{22} & \cdots & x_{2n} & 1 \\ \vdots & \vdots & & \vdots & \vdots \\ x_{m1} & x_{m2} & \cdots & x_{mn} & 1 \end{pmatrix}$，$\boldsymbol{K} = \begin{pmatrix} k_1 \\ k_2 \\ \vdots \\ k_n \\ b \end{pmatrix}$

与一元线性回归模型构建方式相同，这里通过自变量的测量值来构建矩阵 $\boldsymbol{K}$。有了矩阵 $\boldsymbol{K}$，就可以找到自变量 $\boldsymbol{X}$ 与因变量 $\boldsymbol{Y}$ 之间的回归关系，进而可以预测 $\boldsymbol{Y}$ 的值。

定义均方误差损失函数：

$$
\text{Loss} = \sum_{i=1}^{m} \left(y_i - \hat{y}_i \right)^2 = \left(\boldsymbol{Y} - \hat{\boldsymbol{Y}} \right)^{\mathrm{T}} \left(\boldsymbol{Y} - \hat{\boldsymbol{Y}} \right) \tag{14-14}
$$

这里，$\left(\boldsymbol{Y} - \hat{\boldsymbol{Y}} \right)^{\mathrm{T}}$ 表示矩阵 $\boldsymbol{Y} - \hat{\boldsymbol{Y}}$ 的转置矩阵。

建模目标：寻找合理的矩阵 $\boldsymbol{K}$，使均方误差 Loss 最小。

$$
\text{Loss} = \boldsymbol{Y}^{\mathrm{T}} \boldsymbol{Y} - \boldsymbol{Y}^{\mathrm{T}} \boldsymbol{X} \boldsymbol{K} - \boldsymbol{K}^{\mathrm{T}} \boldsymbol{X}^{\mathrm{T}} \boldsymbol{Y} + \boldsymbol{K}^{\mathrm{T}} \boldsymbol{X}^{\mathrm{T}} \boldsymbol{X} \boldsymbol{K} \tag{14-15}
$$

计算偏导数，

$$
\frac{\partial \text{Loss}}{\partial \boldsymbol{K}} = -2 \boldsymbol{X}^{\mathrm{T}} \boldsymbol{Y} + 2 \boldsymbol{X}^{\mathrm{T}} \boldsymbol{X} \boldsymbol{K}
$$

令偏导数为 0，可得

$$K = \left(X^{\mathrm{T}} X \right)^{-1} X^{\mathrm{T}} Y \qquad (14\text{-}16)$$

当矩阵 K 取式（14-16）的计算结果时，构造的多元线性回归模型

$$\hat{Y} = X \cdot K \qquad (14\text{-}17)$$

逼近真实值，估计值 $\hat{Y}$ 与真实值 Y 的均方误差 Loss 最小。

将第 4 章构造的商品特征、用户特征和场景特征视为不同的自变量，即 $X = \left(X_1, X_2, \cdots, X_n \right)$，将用户对商品的喜欢度视为因变量 Y。利用测试样本数据可以构造多元线性回归模型

$$\hat{Y} = X \cdot K \qquad (14\text{-}18)$$

基于式（14-18）所示的模型预测用户对商品的喜欢度。将用户特征、场景特征与候选集商品特征一一匹配计算，对喜欢度预测值从大到小排序，将 Top N 对应的商品作为精排的推荐列表输出。

在本书阐述的推荐系统中，这里的 Y 值对应前面章节描述的字段 Rate。Rate 字段表示用户对新闻的喜欢度，属于连续数据。预测的喜欢度值偏大，说明用户对这件商品的点击率偏高；相反，预测的喜欢度值偏小，说明用户对这件商品的点击率偏低。这里有一个问题，虽然在训练样本中，Rate 的取值范围为 0～10，但是线性回归模型的输出未必一定在 0～10，如何根据预测的喜欢度值来判断用户是否会点击这件商品？

14.3　逻辑回归模型

机器学习领域常见的二分类问题单独使用线性回归无法解决，因为线性回归的预测值动态范围较大，Y 值的数据分布区间为 $(-\infty, +\infty)$。定义目标特征 Y 对应用户行为中的 Label 字段。Label 字段表示用户对新闻的点击标识，属于离散数据，$\text{Label} = 1$ 表示用户点击过这篇新闻，$\text{Label} = 0$ 表示用户未点击过这篇新闻。这时，单独使用线性回归就无法解决这个问题，需要在线性回归的基础上增加其他环节进行处理。

14.3.1　算法模型

逻辑回归（Logistic Regression）模型在线性回归的基础上增加一个逻辑函数 $f(Z)$（Sigmoid()函数），将预测值动态范围控制在(0,1)。模型实现原理如图 14.1 所示。

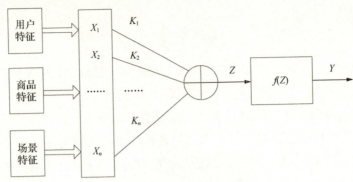

图 14.1 逻辑回归模型实现原理

Sigmoid()函数形式为

$$f(Z) = \frac{1}{1 + e^{-z}} \tag{14-19}$$

式中，Z 为线性回归模型的输出，即

$$Z = \boldsymbol{X} \cdot \boldsymbol{K} = \sum_{j=1}^{m} K_j X_j \tag{14-20}$$

这里，X_j 表示第 j 个特征标签的值，K_j 表示第 j 个特征标签对应的权重参数。

Sigmoid()函数曲线如图 14.2 所示。

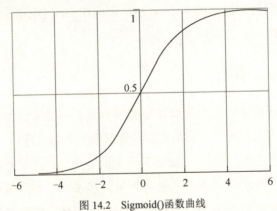

图 14.2 Sigmoid()函数曲线

逻辑回归模型的输出为

$$Y = f(Z) = \frac{1}{1 + e^{-z}} \tag{14-21}$$

可以看到，Sigmoid()函数曲线是 S 形的曲线，单调递增，取值为[0, 1]。Sigmoid()函数将输出值锁定在[0, 1]，这个特征与概率分布特征相对应，统计概率服从[0, 1]分布。既然符合概率分布特征，就可以通过阈值区分大概率事件和小概率事件，实现二分类。例如，取 0.5 作为阈值，当 $f(Z) \geqslant 0.5$ 时，我们认为事件发生的概率偏大，定义为事件 1，即 $Y=1$；当 $f(Z) < 0.5$ 时，我们认为事件发生的概率偏小，定义为事件 0，即 $Y=0$。

逻辑回归模型特别适用于解决二分类问题。例如，预测用户是否购买商品、预测用户是否点击新闻。用户对商品要么购买，要么不购买。用户对新闻要么点击，要么不点击。

14.3.2　模型参数估计

二分类问题对应的条件概率为

$$P(Y=1|Z) = f(Z)$$
$$P(Y=0|Z) = 1 - f(Z)$$

进一步可以写成

$$P(Y|Z) = f(Z)^Y \left(1 - f(Z)\right)^{1-Y} \tag{14-22}$$

这里，Y 表示真实值，$f(Z)$ 表示当前的预测值。当 Z 越大时，$f(Z)$ 越逼近 1。

包含 m 条数据的训练样本，样本间相互独立，采用式（14-23）所示的联合概率来判定构建的模型与真实情况的匹配情况，

$$\prod_{i=1}^{m} P(Y_i|X_i, \boldsymbol{K}) = \prod_{i=1}^{m} P(Y_i|Z_i) = \prod_{i=1}^{m} f(Z_i)^{Y_i} \left(1 - f(Z_i)\right)^{1-Y_i} \tag{14-23}$$

这里，X_i 表示第 i 组输入样本，Z_i 表示第 i 组输入样本对应的中间值，Y_i 表示第 i 组输入样本对应的目标样本值。

联合概率越大，说明构建的模型与真实情况越匹配；联合概率越小，说明构建的模型与真实情况背离。接下来要做的就是找到权重向量 $\boldsymbol{K}$，使得这个联合概率最大。

通过式（14-23）的最大似然估计来实现。定义如下似然函数，

$$\text{Loss}(\boldsymbol{K}) = \frac{1}{m} \prod_{i=1}^{m} P(Y_i|X_i, \boldsymbol{K}) = \frac{1}{m} \prod_{i=1}^{m} f(Z_i)^{Y_i} \left(1 - f(Z_i)\right)^{1-Y_i} \tag{14-24}$$

两边取对数，

$$\begin{aligned} L(\boldsymbol{K}) &= \ln \text{Loss}(\boldsymbol{K}) \\ &= \frac{1}{m} \sum_{i=1}^{m} \ln P(Y_i|X_i, \boldsymbol{K}) \\ &= \frac{1}{m} \sum_{i=1}^{m} \left(Y_i \ln f(Z_i) + (1 - Y_i) \ln\left(1 - f(Z_i)\right)\right) \end{aligned} \tag{14-25}$$

将 $L(\boldsymbol{K})$ 作为逻辑回归模型的损失函数。通过训练样本，找到合适的权重向量 $\boldsymbol{K}$，以满足损失函数 $L(\boldsymbol{K})$ 取最小值。式（14-25）定义的模型损失函数本质上是随机变量 Y 和 $f(Z)$ 概率分布的交叉熵。交叉熵反映的是两个随机变量概率分布的距离或者相关性。交叉熵越大，说明两个随机变量概率分布距离越大，相关性越小；交叉熵越小，说明两个随机变量概率分布距离越近，相关性越大。

对式（14-25）利用梯度下降法求解。计算

$$\frac{\partial L(\boldsymbol{K})}{\partial \boldsymbol{K}} = \frac{\partial L(\boldsymbol{K})}{\partial Z} \cdot \frac{\partial Z}{\partial \boldsymbol{K}}$$

$$= \frac{1}{m}\sum_{i=1}^{m}\left(Y_i - f\left(Z_i\right)\right)X_i \qquad (14\text{-}26)$$

权重向量 $\boldsymbol{K}$ 的迭代方式为

$$\boldsymbol{K}(t+1) = \boldsymbol{K}(t) - \alpha \cdot \frac{1}{m}\sum_{i=1}^{m}\left(Y_i - f\left(Z_i\right)\right)X_i \qquad (14\text{-}27)$$

这里，$\boldsymbol{K}(t)$ 表示权重向量 $\boldsymbol{K}$ 的第 t 步迭代，$\boldsymbol{K}(0)$ 用随机数方式产生。α 表示学习率，α 过大会导致最终收敛过程振荡，α 过小会导致收敛过程太慢。

训练样本包含 n 个特征标签 $\boldsymbol{X}$，1 个 Label 标签 Y。将 m 个训练样本写成矩阵形式为

$$\boldsymbol{X} = \begin{pmatrix} \boldsymbol{X}_1 & \boldsymbol{X}_2 & \cdots & \boldsymbol{X}_n & 1 \end{pmatrix} = \begin{pmatrix} x_{11} & x_{12} & \cdots & x_{1n} & 1 \\ x_{21} & x_{22} & \cdots & x_{2n} & 1 \\ \vdots & \vdots & & \vdots & \vdots \\ x_{m1} & x_{m2} & \cdots & x_{mn} & 1 \end{pmatrix} = \begin{pmatrix} \boldsymbol{X}_1 \\ \boldsymbol{X}_2 \\ \vdots \\ \boldsymbol{X}_m \end{pmatrix} \qquad (14\text{-}28)$$

则线性回归模型的输出为

$$\boldsymbol{Z} = \begin{pmatrix} \boldsymbol{Z}_1 \\ \boldsymbol{Z}_2 \\ \vdots \\ \boldsymbol{Z}_m \end{pmatrix} = \begin{pmatrix} x_{11} & x_{12} & \cdots & x_{1n} & 1 \\ x_{21} & x_{22} & \cdots & x_{2n} & 1 \\ \vdots & \vdots & & \vdots & \vdots \\ x_{m1} & x_{m2} & \cdots & x_{mn} & 1 \end{pmatrix}\begin{pmatrix} k_1 \\ k_2 \\ \vdots \\ k_n \\ b \end{pmatrix} = \begin{pmatrix} k_1 x_{11} + k_2 x_{12} + \cdots + k_n x_{1n} + b \\ k_1 x_{21} + k_2 x_{22} + \cdots + k_n x_{2n} + b \\ \vdots \\ k_1 x_{m1} + k_2 x_{m2} + \cdots + k_n x_{mn} + b \end{pmatrix} \qquad (14\text{-}29)$$

则逻辑回归模型的输出为

$$\begin{pmatrix} \hat{Y}_1 \\ \hat{Y}_2 \\ \vdots \\ \hat{Y}_m \end{pmatrix} = \begin{pmatrix} f\left(Z_1\right) \\ f\left(Z_2\right) \\ \vdots \\ f\left(Z_m\right) \end{pmatrix} \qquad (14\text{-}30)$$

估计误差矩阵

$$E = \begin{pmatrix} e_1 \\ e_2 \\ \vdots \\ e_m \end{pmatrix} = \begin{pmatrix} Y_1 - \hat{Y}_1 \\ Y_2 - \hat{Y}_2 \\ \vdots \\ Y_m - \hat{Y}_m \end{pmatrix} = \begin{pmatrix} Y_1 - f(Z_1) \\ Y_2 - f(Z_2) \\ \vdots \\ Y_m - f(Z_m) \end{pmatrix} = \mathbf{Y} - f(\mathbf{Z}) \qquad (14\text{-}31)$$

矩阵 E 为列向量，则

$$\sum_{i=1}^{m} \left(Y_i - f(Z_i) \right) X_i = \sum_{i=1}^{m} e_i X_i = \mathbf{X}^{\mathrm{T}} \mathbf{E} \qquad (14\text{-}32)$$

将式（14-27）改写成

$$\mathbf{K}(t+1) = \mathbf{K}(t) - \alpha \cdot \frac{1}{m} \mathbf{X}^{\mathrm{T}} \mathbf{E} \qquad (14\text{-}33)$$

权重向量 K 沿最大似然函数的梯度方向迭代收敛，最大似然函数最快达到最小值。当参数较多时，容易产生过拟合。为防止过拟合出现，引入正则项修正，惩罚过大参数对拟合过程的影响。

$$\mathbf{K}(t+1) = \mathbf{K}(t) - \alpha \cdot \frac{1}{m} \mathbf{X}^{\mathrm{T}} \mathbf{E} + \lambda \|\mathbf{K}\| \qquad (14\text{-}34)$$

这里，λ 表示正则化系数；$\|\mathbf{K}\|$ 表示权重向量各个元素的绝对值之和，也称为 1 范数。

权重向量 K 的迭代过程如下：

① 用随机数初始化权重向量 K。

② 计算 $\mathbf{Z} = \mathbf{X} \cdot \mathbf{K}$。

③ 计算 $\mathbf{E} = \mathbf{Y} - f(\mathbf{Z})$。

④ 计算 $\mathbf{K}(t+1) = \mathbf{K}(t) - \alpha \cdot \frac{1}{m} \mathbf{X}^{\mathrm{T}} \mathbf{E} + \lambda \|\mathbf{K}\|$。

⑤ 返回第②步，继续迭代。

14.3.3　代码示例

使用逻辑回归预测用户对新闻的点击率。当 $f(Y) \geqslant 0.5$ 时，认为用户点击率偏大，定义为事件 1；当 $f(Y) < 0.5$ 时，认为用户点击率偏小，定义为事件 0。

使用如下数据。

item_profile_vector.csv：新闻特征向量。

user_profile_vector.csv：用户兴趣偏好特征向量。

user_item-rate.csv：用户-新闻-喜欢度训练数据。

在代码实现上可以自己编写逻辑回归算法代码，也可以使用 Python.sklearn.linear_model. LogisticRegression 提供的成员函数。库函数调用如下。

LR_model = LogisticRegression()：定义逻辑回归模型，需要配置必要参数。

LR_model.fit()：启动逻辑回归模型训练任务。

LR_model.predict()：启动逻辑回归模型预测任务，输出事件标签 0 或 1。

LR_model.predict_proba()：启动逻辑回归模型预测任务，输出事件标签 0 或 1 对应的概率。

基于逻辑回归模型实现用户新闻点击行为预测代码如代码 14-1 所示。推荐候选新闻来自多路召回融合输出。函数 get_recall_item_by_userid()可实现召回粗排与精排的接口。

```
def get_recall_item_by_userid(userid):
    # 调用召回粗排
    topN = 50
    recall_profile = get_recall_model_config()
    model = item_recall_merge(recall_profile)
    recommend_profile = model.get_recommend_list_by_userid(userid, topN)
    return recommend_profile
```

推荐系统定期更新用户行为数据集，将数据集划分为训练集和验证集。

item_recall_merge()：启动多路召回融合，完成召回粗排。

data_train = get_dataset_train()：调用训练集中的数据。

data_test = get_dataset_test()：调用测试集中的数据。

代码 14-1 基于逻辑回归模型实现用户新闻点击行为预测

```
# -*- coding: utf-8 -*-

import json
import os
import pickle
import random
from math import floor
import pandas as pd
import numpy as np
import time
from chapter5.training_data import get_dataset_train, get_dataset_test
from sklearn.linear_model import LogisticRegression
from texttable import Texttable
from chapter5.recall_proc import get_recall_item_by_userid
```

```python
class LR_sorted:
    def __init__(self):
        self.user_vector = None
        self.item_vector = None
        self.LR_model = None
        self.path = os.path.dirname(__file__)
        self.load_data()

    def load_data(self):
        self.item_vector = pd.read_csv(self.path + '/dataset/item_profile_
vector.csv')
        self.user_vector = pd.read_csv(self.path + '/dataset/user_profile_
vector.csv')
        try:
            self.LR_model = pickle.load(open(self.path + '/model/LR_sorted.
model', 'rb'))
        except:
            print('LR open model failure')

    def get_user_vector(self, userid):          # 读取用户兴趣偏好特征向量
        user_vector = self.user_vector[self.user_vector['userid'] == userid]
        verctor = (np.mat(user_vector['context'].values[0]).tolist())[0]
        return verctor

    def get_item_vector(self, itemid):          # 读取新闻特征向量
        item_vector = self.item_vector[self.item_vector['newsid'] == itemid]
        vector = (np.mat(item_vector['context'].values[0]).tolist())[0]
        return vector

    def training(self):          # 模型训练
        start = time.clock()
        print('start to LR sorted model training...')

        data_train = get_dataset_train()
        X = []
        Y = data_train['label'].values
        index = list(data_train.index.values)
        for k in index:
            data = data_train.loc[k]
            feature_vector = self.get_user_vector(data['userid']) + self.get_
item_vector(data['newsid'])
            X.append(feature_vector)

        self.LR_model = LogisticRegression()
        self.LR_model.fit(X, Y)
        pickle.dump(self.LR_model, open(self.path + '/model/LR_sorted.
model','wb'))
        end = time.clock()
        print("create LR sorted model, and training process lasts: %f s"
% (end - start))
```

```python
    def predict(self, userid, topN):          # 模型预测
        recommend_profile = {}
    recommendList = []

    recall_profile = get_recall_item_by_userid(userid)
    recall_item_list = [k for k,v in recall_profile['item']]
    for item in recall_item_list:
        X = self.get_user_vector(userid) + self.get_item_vector(item)
        X = np.array(X).reshape(1,-1)
        Y = self.LR_model.predict(X)
        temp = (item,Y[0])
        recommendList.append(temp)

    recommendList = self.recommendList_filtered(recommendList)
    recommendList = self.recommendList_topK(recommendList,topN)

    recommend_profile['user'] = userid
    recommend_profile['item'] = recommendList
    recommend_profile['model'] = self.recommendmode_filtered
(recommendList,recall_profile['model'])

    print('推荐粗排结果: \n', recall_profile)
    print('精排结果: \n', recommend_profile)
    self.showTable(recommendList, recommend_profile['model'])
    return recommend_profile

def recommendmode_filtered(self,recommendList,recall_profile):
    # 根据精排结果，更新推荐模型清单
        recommend_item_list = [k for k,v in recommendList]
    recommend_mode = []
    for k, v in recall_profile:
        if k in recommend_item_list:
            recommend_mode.append((k,v))
    return recommend_mode

def recommendList_filtered(self, recommendList):
    …

def recommendList_topK(self, recommendList, topN):
    …

def showTable(self, recommendList, neighbour):
    …

if __name__ == '__main__':
    model = LR_sorted()
    model.training()
```

模型训练后，调用 predict() 函数，实现对用户粗排列表的精排处理。

```
if __name__ == '__main__':
    model = LR_sorted()
    model.predict('U545162', topN=20)
```

代码输出结果如下：

推荐粗排结果：

```
  {'user': 'U545162', 'item': [['N54031', 1.78018], ['N94738',
1.428743806032045], ['N117592', 1.4208], ['N64617', 1.2529], ['N101760',
1.1443], …], 'model:[['N110949', ['hot']], ['N65156', ['hot']], ['N54031',
['hot', 'Item_CB']], ['N90686', ['Tag']], ['N50436', ['Tag']], ['N24129',
['Tag']],['N58034', ['LFM']], ['N38627', ['LFM']],['N100655', ['SVDPP']],
['N54207', ['SVDPP']], ['N8869', ['SVDPP']],…}
```

精排结果：

```
  {'user': 'U545162', 'item': [('N54031', 1.0), ('N94738', 1.0), ('N117592',
1.0), ('N64617', 1.0), ('N101760', 1.0), ('N76099', 1.0), ('N110949', 1.0), …],
'model': [('N76099', ['hot']), ('N110949', ['hot']), ('N65156', ['hot']),
('N117592', ['hot', 'LFM']), ('N64617', ['hot', 'SVDPP']), ('N94738', ['hot',
'LFM']), ('N54031', ['hot', 'Item_CB']), ('N74056', ['hot']), ('N12350',
['hot']), ('N95223', ['hot']), ('N98277', ['hot']), ('N105142', ['hot']),
('N101760', ['hot', 'SVDPP']),…]}


  News_ID   weight       from modelID
  =====================================
  N54031    1.0          ['hot', 'Item_CB']
  N94738    1.0          ['hot', 'LFM']
  N117592   1.0          ['hot', 'LFM']
  N64617    1.0          ['hot', 'SVDPP']
  N101760   1.0          ['hot', 'SVDPP']
  N76099    1.0          ['hot']
…
```

代码输出中['hot', 'Item_CB']表示这条新闻由热门推荐算法和协同过滤推荐算法召回。

通过 model.training() 启动模型训练工作，生成训练好的逻辑回归模型。基于训练好的逻辑回归模型使用 model.predict() 完成精排工作。

self.LR_model.predict(X)预测函数的输出结果为 0/1，表示用户点击或不点击。Y=1 表示用户点击，Y=0 表示用户不点击。如果需要查看用户点击率，需要使用另外一个预测函数。

self.LR_model.predict_proba(X)预测函数的输出结果为分类到 0 和分类到 1 的概率。其输出结果为 Y_proba=[0.4641　0.5358]，第 1 个数据 0.4641 对应用户不点击的概率，第 2 个数据 0.5358 对应用户点击的概率。将 predict() 函数中对应代码用代码 14-2 替换，输出结果就是点击率。

代码 14-2　调用 predict_proba()

```
Y_proba = self.LR_model.predict_proba(X)
```

```
print(Y,Y_proba[0][0],Y_proba[0][1])

if Y_proba[0][1] > 0.5:
    temp = (item, round(Y_proba[0][1],4))
    recommendList.append(temp)
News_ID    weight      from modelID
==================================
N66294     0.6507      ['LFM']
N102039    0.6467      ['SVDPP']
N64617     0.6345      ['hot', 'SVDPP']
N81745     0.6223      ['SVDPP']
N95223     0.6221      ['hot']
N120860    0.6097      ['SVDPP']
```

调用 data_test = get_dataset_test()读取测试数据验证模型的精度。如果模型精度达到预期目标，将训练好的模型发布到线上系统使用。如果模型精度不达标，需要调整模型参数，进行优化。逻辑回归模型通常需要人工参与特征的交叉组合，构建高阶特征。将原始特征和新构建的高阶特征进行优选处理后，作为新的特征送入逻辑回归模型。感兴趣的读者可以自己补充完善这部分工作。

模型的精度评估函数代码如代码 14-3 所示。

代码 14-3　模型的精度评估函数代码

```
def evaluation(self):
    Y_true = []
    Y_pred = []
    data_test = get_dataset_test()
    user_list = list(set(data_test['userid'].values))
    user_num = floor(len(user_list) * 0.1)
    print('user numbers fo test', user_num)

    for user in user_list[0:user_num]:
        user_action_log_df = data_test[data_test['userid'] == user]
        recommend_profile = self.predict(user, topN=50)
        data_rec = recommend_profile['item']
        for index in user_action_log_df.index.values:
            data = user_action_log_df.loc[index]
            Y_true.append(data['label'])
            if data['newsid'] in recommend_list:
                Y_pred.append(1.0)
            else:
                Y_pred.append(0.0)

    Y1 = np.array(Y_true)
    Y2 = np.array(Y_pred)
    accuracy = round(np.sum(Y1 == Y2) / Y1.shape[0], 4)
    print('Y_test= ', Y_true)
    print('Y_pred= ', Y_pred)
```

```
    print('model accuracy is:', accuracy)
```

模型训练后，调用测试数据，验证模型的精度。

```
if __name__ == '__main__':
    model = LR_sorted()
    model.evaluation()
```

代码输出结果如下：

```
user numbers fo test 560
Y_test= [0.0, 1.0, 0.0, 0.0, 1.0, 1.0, 1.0, 1.0, 1.0, 1.0, 1.0, 0.0, 1.0, …]
Y_pred= [0.0, 0.0, 0.0, 0.0, 1.0, 0.0, 0.0, 0.0, 1.0, 0.0, 0.0, 0.0, …]
model accuracy is: 0.6182
```

14.4　本章小结

推荐系统的精排环节的核心工作是预测用户的点击率，即根据用户的兴趣偏好特征、当前场景特征和商品特征，预测用户对这件商品的点击率。预测的点击率较大，说明用户喜欢这件商品的可能性较高，应该把这件商品推荐给用户。预测的点击率较小，说明用户喜欢这件商品的可能性较低，没必要把这件商品推荐给用户。

本章将用户兴趣偏好特征和商品特征作为函数自变量，将用户对商品的喜欢度作为因变量，构建一个线性回归模型。基于均方误差最小原则，使用用户历史数据拟合求解这个线性回归模型。有了这个函数表达式，就可以根据用户兴趣偏好特征和未点击商品特征，计算用户的点击率。线性回归模型算法原理简单，很容易理解。线性回归模型是传统机器学习模型演进的基础。

用户对商品的点击或不点击，属于二分类问题。可在线性回归模型的基础上增加逻辑函数，构建逻辑回归模型。逻辑回归模型在工程实践中应用很广，是传统机器学习领域十分常见的点击率预测模型。

线性回归模型和逻辑回归模型思路简单、可解释性强，很容易理解，使用过程中要注意验证以下 3 个条件：① 输入属性特征数据是否具备线性特征，输出目标特征是否具备线性特征；② 模型输入属性特征与输出目标特征之间是否呈线性关系；③ 模型输入属性特征是否正交，也就是是否相关。

## 第15章

LR-GBDT模型排序算法

逻辑回归模型使用用户特征、商品特征和场景特征作为输入，模型自己不能对输入特征做交叉组合与优选处理。输入模型的特征不强、统计特性不佳、特征与特征之间相关性较强，都会影响预测结果，导致准确度不高。解决这个问题需要人工参与特征处理，构建更多的特征来增强模型的学习能力，这对人工经验依赖性较强。

LR-GBDT 模型是逻辑回归模型的演进，包含逻辑回归模型和 GBDT 模型。引入 GBDT 模型的目的是发挥决策树模型的特征优选和特征组合作用，避免单独逻辑回归模型特征工程对人工经验的依赖。GBDT 模型对原始输入的用户特征、商品特征和场景特征进行训练，将新生成的特征和原来的特征一起作为逻辑回归模型的输入。

15.1 CART 决策树

分类与回归树（Classification And Regression Tree，CART）这类决策树用于解决分类问题和回归问题。CART 用于解决分类问题时，称为分类树，分类树的目标特征数据为离散数据，采用基尼系数或信息增益作为节点划分的依据。CART 用于解决回归问题时，称为回归树，回归树的目标特征数据为连续数据，采用特征数据的方差作为节点划分的依据。数据方差反映数据的混乱程度。方差较大，说明数据波动变化较大，相对不稳定；方差较小，说明数据波动变化不大，相对稳定。本章使用 CART 解决回归问题。

根据前面的内容，用户对商品的行为记录表示为 $(U_i, I_j, C_k, R_{i,j,k})$，展开成向量形式，

$$\left(a_{i1}, a_{i2}, \cdots, a_{ip}, b_{j1}, b_{j2}, \cdots, b_{jq}, c_{k1}, c_{k2}, \cdots, c_{kl}, R_{i,j,k}\right)$$ 　　　　（15-1）

其中，用户特征向量 $U_i = \left(a_{i1}, a_{i2}, \cdots, a_{ip}\right)$，$a_{im}$ 表示用户 U_i 第 m 个特征标签的编码结果；商品特征向量 $I_j = \left(b_{j1}, b_{j2}, \cdots, b_{jq}\right)$，$b_{jm}$ 表示商品 I_j 第 m 个特征标签的编码结果；场景特征向量 $C_k = \left(c_{k1}, c_{k2}, \cdots, c_{kl}\right)$，$c_{km}$ 表示情景 C_k 第 m 个特征标签的编码结果；用户对商品的喜欢度或评分为 $R_{i,j,k}$，其为连续数据，数据分布为 $0 \sim 10$。

回归树对式（15-1）中前 $p+q+l$ 项特征进行拟合回归处理，分别将其映射到不同区域上，将具有相同特征的特征样本数据划分到同一个组，每个组对应一个特定的输出，这个输出与 $R_{i,j,k}$ 有关。回归树的构建过程体现出"物以类聚"的特点，即将具备相同特点的特征划分到同一组。

如图 15.1 所示的二维平面区域划分，利用 CART 回归树将二维平面坐标 (X, Y) 拟合到 R_1、R_2、R_3、R_4、R_5 区域上。基于图 15.1 所示的映射方式，二维空间中任意一个坐标 (X, Y)，都可以通过回归树将其划分到对应区域。例如将坐标 $(4,5)$ 划分到 R_3 区域，将坐标 $(7,6)$ 划分到 R_4 区域。这种拟合关系建立就是回归树模型的构建，通过回归树将二维空间的坐标映射到指定区域。

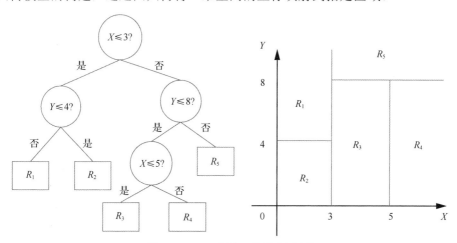

图 15.1　CART 划分二维平面坐标系

为简化起见，将式（15-1）写成如下形式，其中 $(X_1, X_2, \cdots, X_n)$ 表示 $p+q+l$ 项特征标签，Y 表示目标特征，例如用户对商品的喜欢度。

$$(X, Y) = (X_1, X_2, \cdots, X_n, Y)$$ 　　　　（15-2）

处理 m 条用户历史行为数据，得到表 15-1 所示的训练集 D。

表 15-1 训练集 D

编号	X_1	X_2	......	X_n	Y
1	x_{11}	x_{12}	......	x_{1n}	y_1
2	x_{21}	x_{22}	......	x_{2n}	y_2
3	x_{31}	x_{32}	......	x_{3n}	y_3
......	......	......	......	......	......
m	x_{m1}	x_{m2}	......	x_{mn}	y_m

将数据集 D 写成集合形式为

$$D = \left\{ \left(x_{ij}, y_i \right) | i = 1, 2, \cdots, m, \ j = 1, 2, \cdots, n \right\} \tag{15-3}$$

数据集 D 中目标特征 Y 的均值和方差为

$$c_D = \frac{1}{m} \sum_{i=1}^{m} y_i = \mathrm{avg}(y_i) I(x \in D) \tag{15-4}$$

$$\sigma_D^2 = \sum_{(x_{ij}, y_j) \in D} \left(y_i - c_D \right)^2 \tag{15-5}$$

这里，$I(x \in D)$ 表示属于集合 D 的所有样本。

数据集 D 包含 n 个特征，如何基于这些特征构建回归树呢？

如图 15.2 所示，假定树节点基于第 j 个特征值进行划分，将特征值小于等于 α 的样本划分为左子树，对应数据集为 D_1，将特征值大于 α 的样本划分为右子树，对应的数据集为 D_2。

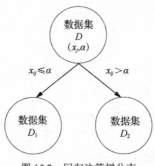

图 15.2 回归决策树分支

以特征(X_j, α)为划分条件，得到的左子树数据集 D_1 和右子树数据集 D_2 可写成，

$$D_1(j, \alpha) = \left\{ \left(x_{ij}, y_i \right) | x_{ij} \leqslant \alpha \right\}, \quad D_2(j, \alpha) = \left\{ \left(x_{ij}, y_i \right) | x_{ij} > \alpha \right\} \tag{15-6}$$

数据集 D_1 中目标特征的均值和方差为

$$c_{D_1} = \operatorname{avg}(y_i) I(x \in D_1)$$

$$\sigma_{D_1}^2 = \sum_{(x_{ij}, y_j) \in D_1} (y_i - c_{D_1})^2 \qquad (15\text{-}7)$$

数据集 D_2 中目标特征的均值和方差为

$$c_{D_2} = \operatorname{avg}(y_i) I(x \in D_2)$$

$$\sigma_{D_2}^2 = \sum_{(x_{ij}, y_j) \in D_2} (y_i - c_{D_2})^2 \qquad (15\text{-}8)$$

数据集划分的目标是使总方差 $\sigma_{D_1}^2 + \sigma_{D_2}^2$ 最小，这就意味着 D_1 和 D_2 中数据分布相对都集中，实现最优划分，c_{D_1} 和 c_{D_2} 就是目标特征最优值。

遍历特征 X_j 的所有取值，找到最佳 α_j，使 $\sigma_{D_1}^2 + \sigma_{D_2}^2$ 取最小值，

$$\sigma_{D_1}^2 + \sigma_{D_2}^2 = \min_{j, D_1, D_2} (\sigma_{D_1}^2 + \sigma_{D_2}^2)$$

$$= \min_{D_1} \sum_{(x_{ij}, y_j) \in D_1} (y_i - c_{D_1})^2 + \min_{D_2} \sum_{(x_{ij}, y_j) \in D_2} (y_i - c_{D_2})^2 \qquad (15\text{-}9)$$

记为 $(X_j, \alpha_j) \sim \min\limits_{j, D_1, D_2} (\sigma_{D_1}^2 + \sigma_{D_2}^2)$，表示划分特征 X_j，划分点为 α_j 时，集合的总方差最小。

遍历数据集 D 中所有特征 $X_1, X_2, \cdots, X_n$，得到

$$(X_1, \alpha_1) \sim \min_{1, D_1, D_2} (\sigma_{D_1}^2 + \sigma_{D_2}^2)$$

$$(X_2, \alpha_2) \sim \min_{2, D_1, D_2} (\sigma_{D_1}^2 + \sigma_{D_2}^2)$$

$$\cdots$$

$$(X_n, \alpha_n) \sim \min_{n, D_1, D_2} (\sigma_{D_1}^2 + \sigma_{D_2}^2)$$

进一步整理为

$$\left(\min_{1, D_1, D_2} (\sigma_{D_1}^2 + \sigma_{D_2}^2), \min_{2, D_1, D_2} (\sigma_{D_1}^2 + \sigma_{D_2}^2), \cdots, \min_{n, D_1, D_2} (\sigma_{D_1}^2 + \sigma_{D_2}^2) \right) \qquad (15\text{-}10)$$

在式（15-10）中，将总方差最小对应的特征 (X_j, α_j) 作为决策树本节点最优划分条件。

基于数据集 D_1 和数据集 D_2 中的特征和特征值，重复上述过程,迭代划分。每划分一次，就多一个分支节点。当划分终止时，即确定了每个分支节点的输出。

决策树上，所有划分节点特征满足

$$\min_{j,\alpha}\left[\min_{D_1}\sum_{(x_{ij},y_j)\in D_1}\left(y_i-c_{D_1}\right)^2+\min_{D_2}\sum_{(x_{ij},y_j)\in D_2}\left(y_i-c_{D_2}\right)^2\right] \qquad (15\text{-}11)$$

即该节点属于最优特征划分。

构建分类树时，节点特征的选取基于信息增益或基尼系数。构建回归树时，节点特征的选取基于方差最小。决策树执行一个节点划分，需要遍历本次数据集中所有特征的取值，按每个特征进行划分，分别计算左子树和右子树的数据分布方差，取总方差最小的那个特征作为本次节点划分依据。

下面用一个实例来说明回归树的构建过程。

表 15-2 列出了 7 组数据，其中前 5 组为训练数据，后 2 组为预测数据。数据 (X,Y) 表示二维坐标系上的坐标，R 表示划分的区域，取 $R_i=i$（$i=1,2,3,4,5$）。构建一棵回归树实现二维坐标系中任意坐标与 5 个区域的映射关系。

表 15-2　构建回归树的数据

样本编号	坐标 X	坐标 Y	区域标识	区域数据
1	2	6	R_1	1
2	2	3	R_2	2
3	4	6	R_3	3
4	6	6	R_4	4
5	6	9	R_5	5
6（预测数据）	3.5	5.5		
7（预测数据）	7	9		

表 15-2 中的坐标 $X=\{2,4,6\}$，包含 3 个元素，如果取 $X=3$ 和 $X=5$ 作为划分条件，可以将样本 X 划分为独立的 3 组。同理，坐标 $Y=\{3,6,9\}$，包含 3 个元素，如果取 $Y=4$ 和 $Y=8$ 作为划分条件，可以将样本 Y 划分为独立的 3 组。

将表 15-2 所示的训练集记为 D。

划分数据集 D：根据表 15-2 中 X 和 Y 的数据，取 $X\leqslant3$、$X\leqslant5$、$Y\leqslant4$ 和 $Y\leqslant8$ 作为划分条件。取 $X\leqslant3$ 作为划分条件时，表 15-2 中，X 的值小于 3 的样本有 1 和 2，大于 3 的样本有 3、4、5。样本 1 对应的区域为 R_1，数据为 1；样本 2 对应的区域为 R_2，数据为 2。

用 $X\leqslant3$ 作为划分条件，得到的左子树 D_1 和右子树 D_2 分别为

$$D_1=[R_1,R_2]=[1,2], \quad D_2=[R_3,R_4,R_5]=[3,4,5]$$

左子树 D_1 的方差为 0.25，右子树 D_2 的方差为 0.67，总方差为 0.92。表 15-3 给

出了用 4 种划分条件划分数据集 D 后的数据集样本和总方差。

表 15-3　数据集 D 划分为 D_1 和 D_2 后的数据集样本及总方差

划分条件	左子树 D_1 样本编号	右子树 D_2 样本编号	样本总方差
$X \leqslant 3$	1、2	3、4、5	0.92
$X \leqslant 5$	1、2、3	4、5	0.92
$Y \leqslant 4$	2	1、3、4、5	2.1875
$Y \leqslant 8$	1、2、3、4	5	1.25

在上述划分条件下，样本总方差最小值为 0.92，对应两个划分条件，分别是 $X \leqslant 3$ 和 $X \leqslant 5$。这种情况下，随便选择一个作为划分条件，这里选择 $X \leqslant 3$ 作为划分条件。基于 $X \leqslant 3$ 划分数据集 D 生成表 15-4 所示的左子树 D_1 和右子树 D_2。

表 15-4　数据集 D 划分为左子树 D_1 和右子树 D_2

样本编号	坐标 X	坐标 Y	区域标识	区域数据	数据集
1	2	6	R_1	1	D_1
2	2	3	R_2	2	D_1
3	4	6	R_3	3	D_2
4	6	6	R_4	4	D_2
5	6	9	R_5	5	D_2

由表 15-4 可见，数据集 D_1 中区域标识包含 R_1 和 R_2，数值不唯一，数据集 D_1 的方差不等于 0，所以需要对 D_1 进行进一步划分。同理，数据集 D_2 也需要进一步划分。

划分数据集 D_1：根据表 15-4 中数据集 D_1 的 X 和 Y 数据，取 $Y \leqslant 4$ 作为划分条件。表 15-4 中，Y 的值小于等于 4 的样本编号只有 1，大于 4 的样本编号只有 4。划分后得到的左子树 D_3 和右子树 D_4 分别为

$$D_3=[R_1]=[1], \quad D_4=[R_2]=[2]$$

左子树 D_3 的方差为 0，右子树 D_4 的方差为 0，总方差为 0。说明集合 D_3 和 D_4 中的数据已经分布一致，无须再划分，这个支路的划分终止。数据集 D_3 中区域标识只有唯一固定的 R_1，数据集 D_4 中区域标识只有唯一固定的 R_2。数据集 D_3 和数据集 D_4 完成了集合向唯一固定区域的映射。表 15-5 列出了基于 $Y \leqslant 4$ 划分数据集 D_1 后的数据集样本和总方差。

表 15-5　数据集 D_1 划分后的数据集样本及总方差

划分条件	左子树 D_3 样本编号	右子树 D_4 样本编号	样本总方差
$Y \leqslant 4$	1	2	0

划分数据集 D_2：根据表 15-4 中数据集 D_2 的 X 和 Y 数据，存在两种划分条件，$X \leqslant 5$ 和 $Y \leqslant 8$。表 15-6 列出了两种条件下划分数据集 D_2 后的数据集样本和总方差。

表 15-6　数据集 D_2 划分后的数据集样本及总方差

划分条件	左子树 D_5 样本编号	右子树 D_6 样本编号	样本总方差
$X \leqslant 5$	3	4、5	0.25
$Y \leqslant 8$	3、4	5	0.25

两种划分条件下，样本总方差都是 0.25，随便选择一个作为划分条件，这里选择 $Y \leqslant 8$ 作为划分条件，将数据集 D_2 划分为表 15-7 所示的左子树 D_5 和右子树 D_6。

表 15-7　数据集 D_2 划分为左子树 D_5 和右子树 D_6

样本编号	坐标 X	坐标 Y	区域标识	区域数据	数据集
3	4	6	R_3	3	D_5
4	6	6	R_4	4	D_5
5	6	9	R_5	5	D_6

由表 15-7 可见，数据集 D_5 的方差不为 0，需要进一步划分。数据集 D_6 的方差为 0，无须进一步划分。数据集 D_6 完成了集合数据向唯一固定区域的映射，数据集 D_6 中的坐标全部映射到区域 R_5。

划分数据集 D_5：根据表 15-7 中数据集 D_5 的 X 和 Y 数据分布情况，选择 $X \leqslant 5$ 作为划分条件，将数据集 D_5 划分为左子树 D_7 和右子树 D_8。表 15-8 列出了以 $X \leqslant 5$ 划分数据集 D_5 后的数据集样本和总方差。

表 15-8　数据集 D_5 划分后的数据集样本及总方差

划分条件	左子树 D_7 样本编号	右子树 D_8 样本编号	样本总方差
$X \leqslant 5$	3	4	0

经过本轮划分，数据集 D_7 和数据集 D_8 的总方差都为 0，说明这两个集合中元素分布一致，纯度很高，终止后续划分操作。

将上述数据集的划分过程用决策树表述，如图 15.3 所示。训练集的 5 个样本数据分别映射到了 5 个区域，每个区域分配一个样本数据。感兴趣的读者可以自己试试，如果表 15-2 所示的数据集 D 中有两个坐标映射到 R_1 的样本数据，上述回归过程是否也成立？

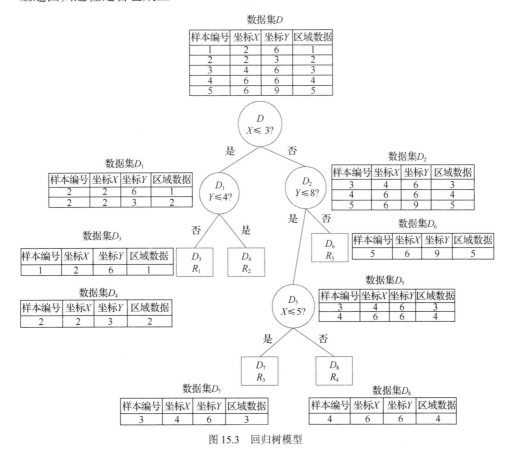

图 15.3　回归树模型

根据图 15.3 所示的回归树模型，表 15-2 中记录的样本 6 映射到区域 R_3，样本 7 映射到区域 R_5。对比图 15.1，构建的回归树模型对样本 6 和样本 7 的预测结果是正确的。

构建回归树，将输入特征样本 x 划分到 m 个区域上，即 $R_1, R_2, \cdots, R_m$，每个区域中对应一个固定的输出值 C_j，回归树的模型为

$$h(x) = \sum_{j=1}^{m} C_j\, I\left(x \in R_j\right) \qquad (15\text{-}12)$$

其中，$I(\cdot)$ 表示指示函数。当 x 属于 R_j 时，$I(\cdot)=1$；否则 $I(\cdot)=0$。通过回归树构建模型 $h(x)$，实现了对输入特征数据的拟合，将输入特征数据分组并映射到对应的区域。C_j 反映了区域 R_j 的预测值，表示区域 R_j 中特征样本 x 对应的目标特

征平均值。

$$C_j = \text{avg}(y_i)I(x \in R_j) = \left(\frac{1}{p}\sum_{i=1}^{p}y_i\right)I(x \in R_j), \quad j = 1,2,3,\cdots,m \quad (15\text{-}13)$$

图 15.3 中，叶子节点 R_1、R_2、R_3、R_4、R_5 的预测值为

$$C_1 = 1，当 x \in R_1$$
$$C_2 = 2，当 x \in R_2$$
$$C_3 = 3，当 x \in R_3$$
$$C_4 = 4，当 x \in R_4$$
$$C_5 = 5，当 x \in R_5$$

定义回归树的损失函数为

$$\text{Loss} = \sum_{j=1}^{m}(y_i - C_j)^2 I(x \in R_j) \quad (15\text{-}14)$$

当节点划分特征最优时，式（15-14）取得最优值。节点划分的最优特征选择基于式（15-11）计算。

15.2 集成学习模型

集成学习模型将多个机器学习模型综合起来使用，发挥团队的力量。有监督机器学习算法使用训练数据来构建模型，我们的目标是通过训练数据得到一个表现性能不错的算法模型，但实际上，往往不够理想。当训练数据量不大时，模型不能从数据中挖掘出共性特征；当训练数据量很大时，模型从数据中挖掘出过于准确的特征，出现过拟合现象。所谓过拟合，是指模型太依赖于训练数据的环境。在训练数据上性能表现好，离开训练数据，则性能表现很差。利用决策树挖掘数据特征特别容易出现过拟合。所以，大部分情况下，利用训练数据训练的模型属于"弱学习模型"，在一些数据特性方面表现性能不错，在另外一些数据特性方面表现性能欠佳。可利用集成学习模型把这些表现性能欠佳的"弱学习模型"组合起来，生成一个"强学习模型"。

集成学习模型将多个"弱学习模型"按照某种规则组合起来，构建生成一个"强学习模型"。图 15.4 所示为集成学习模型的结构示意。图 15.4 中的弱学习模型可以是相同性质的有监督学习模型，也可以是不同性质的有监督学习模型，例如决策树模型、朴素贝叶斯模型、神经网络模型、线性回归模型、逻辑回归模型、决策树模型+神经网络模型等。工程中通常采用相同性质的弱学习模

型来构建集成学习模型。

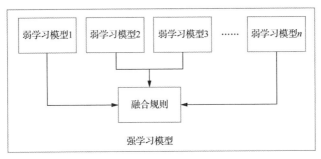

图 15.4 集成学习模型的结构示意

根据集成学习的工作机制，将集成学习分为 Bagging 算法、Boosting 算法和 Stacking 算法。

15.2.1 Bagging 算法

Bagging 算法中每个弱学习模型并行工作，相互不存在依赖关系。其工作原理如图 15.5 所示。

Bagging 算法的工作思路如下。

① 各支路训练样本采集器从原始样本中随机抽取 m 个样本，启动本支路弱学习模型工作。

② 在预测阶段，集成决策将各支路的预测结果读出来，基于融合规则，生成最终的预测结果。

分类问题：对 N 个弱学习模型的预测采取投票方式。

回归问题：对 N 个弱学习模型的预测采取平均或加权方式。

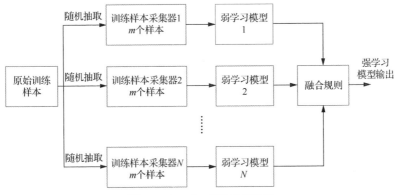

图 15.5 Bagging 算法工作原理

Bagging 算法采取有放回随机采样方式。支路训练样本采集器从原始数据集中随机提取 1 个样本，再把这个样本放回去，采集下一次，重复操作 m 次，生成包含 m 个样本的训练集。由于是有放回采样，原始样本数据集中有些样本多次出现在采集器中，有些样本一次都没有出现。各支路都是随机从原始数据集中采集样本的，因此各采集器中样本数据存在差异的概率是很高的，进而保证了各个弱学习模型的差异性。

随机森林（Random Forest，RF）属于 Bagging 算法的变体，RF 采用决策树作为弱学习模型，每个支路除了随机采集 m 个样本外，还随机采集 k 个属性特征。这样就保证了 N 个决策树模型训练时使用的训练样本和属性特征都不一样。

15.2.2　Boosting 算法

Boosting 算法通过加权方式来提升弱学习模型的表现性能，后一个弱学习模型与前面的弱学习模型存在依赖关系。其工作原理如图 15.6 所示。

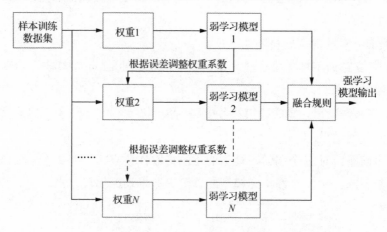

图 15.6　Boosting 算法工作原理

Boosting 算法的工作思路如下。

① 原始训练样本作用于所有弱学习模型，给每个弱学习模型赋予相同的初始样本权重。

② 利用初始样本权重，弱学习模型 1 开始工作。根据弱学习模型 1 的输出误差去调整弱学习模型 2 的输入样本权重，使弱学习模型 2 可以去修正和弥补弱学习模型 1 出现的误差。

③ 基于调整后的样本权重，弱学习模型 2 开始工作。根据弱学习模型 2 的输出误差去调整弱学习模型 3 的输入样本权重。依次循环，直到弱学习模型 N 完成工作。

④ 在预测阶段，集成决策将 N 个弱学习模型的预测结果根据融合规则融合，得到强学习模型的预测输出。

从结构上看，Boosting 算法中的 N 个弱学习模型是并行的，但实际上它们采用串行工作方式，前一个弱学习模型工作完成后，修正下一个弱学习模型的输入样本权重，启动下一个弱学习模型工作。后一个弱学习模型的输入与前面所有弱学习模型的输出有关，存在依赖关系。

典型的 Boosting 算法包括：AdaBoost、XGBoost、GBDT。

15.2.3　Stacking 算法

Bagging 算法和 Boosting 算法在集成决策时采取的策略通常是投票、平均和加权，相对比较简单，Stacking 算法使用一个新的学习模型来完成集成决策操作。这样的话，Stacking 算法中就出现了 2 个层次的学习模型。第 1 层学习模型为基础学习模型，第 2 层学习模型为元模型（例如决策树模型、逻辑回归模型、神经网络模型、聚类模型等）。第 1 层学习模型利用训练样本训练模型，将预测结果作为后一层学习模型的输入训练后一层模型。其工作原理如图 15.7 所示。

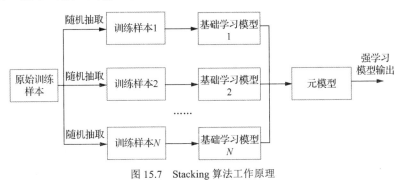

图 15.7　Stacking 算法工作原理

Stacking 算法的工作思路如下。

① 基础学习模型选用同一类算法。

② 基础学习模型利用原始训练样本训练模型。

③ 将基础学习模型的预测结果作为元模型输入，将原始训练样本中的输出作为元模型的输出，训练元模型。将第 j 个基础学习模型对原始训练样本中第 i

条数据的预测结果作为元模型第 i 条训练数据的第 j 个特征送入元模型。

④ 在预测阶段，将元模型的输出作为强学习模型的输出。

Stacking 算法的优势是引入了元模型，充分利用元模型的分类和回归特性，能够做出更好的集成决策。

15.3　GBDT 模型

GBDT 由 M 棵回归树构成，属于 Boosting 集成学习模型。每一棵回归树就是一个弱学习模型，后一棵树是对前一棵树训练结果残差的拟合。所有弱学习模型融合后成为一个强学习模型。GBDT 模型的预测结果是所有回归树预测结果的和。图 15.8 所示为 GBDT 模型原理示意。

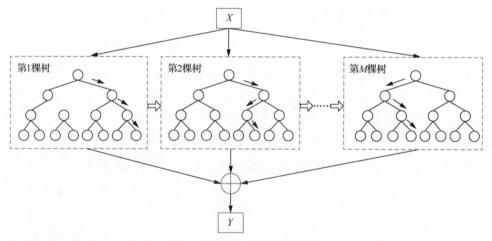

图 15.8　GBDT 模型原理示意

定义回归树的模型为 $h(x)$，GBDT 模型第 t 棵回归树的模型为 $h_t(x)$，M 棵回归树构建的强学习模型为 $f_M(x)$，

$$f_M(x) = \sum_{t=1}^{M} h_t(x) \tag{15-15}$$

基于 M 棵回归树构建的强学习模型的预测结果为

$$\hat{y} = f_M(x) = \sum_{t=1}^{M} h_t(x) \tag{15-16}$$

采用均方误差衡量算法的精度，定义模型损失函数为

$$\text{Loss}(y, f_M(x)) = \frac{1}{2}(y - \hat{y})^2 \tag{15-17}$$

GBDT 模型经过第 $t-1$ 棵回归树拟合，生成强学习模型 $f_{t-1}(x)$，对应的损失函数为 $\mathrm{Loss}\big(y, f_{t-1}(x)\big)$。下一步，利用回归树再构造一个弱学习模型 $h_t(x)$，让其损失函数 $\mathrm{Loss}\big(y, f_t(x)\big)$ 变小，即

$$f_t(x) = f_{t-1}(x) + h_t(x) \tag{15-18}$$

根据模型损失函数定义，

$$\mathrm{Loss}\big(y, f_t(x)\big) = \frac{1}{2}\big(y - f_t(x)\big)^2 \tag{15-19}$$

我们希望经过 $t+k$ 次迭代后，损失函数 $\mathrm{Loss}\big(y, f_{t+k}(x)\big)$ 达到最小值。

根据梯度下降法思想，对式（15-19）计算偏导数，

$$-\frac{\partial \mathrm{Loss}}{\partial f_t(x)} = -\Delta f_t(x) = y - f_t(x) \tag{15-20}$$

这里，$-\Delta f_t(x)$ 表示负梯度值；$y - f_t(x)$ 表示 t 棵回归树构成的强学习模型预测结果与目标值的残差。

式（15-20）阐述了一个事实：损失函数的梯度值与构建的强学习模型残差相等。模型残差指的是目标特征与模型输出值的差值。

为了满足模型损失函数最优，$\Delta f_t(x)$ 应该越来越小，$f_t(x)$ 应该沿其梯度方向收敛，即 $f_t(x)$ 的迭代方式为

$$f_t(x) = f_{t-1}(x) + \big(-\alpha \Delta f_{t-1}(x)\big) \tag{15-21}$$

工程上，引入学习率 α 去调节梯度值，防止梯度下降太快导致收敛出现振荡。这里的 α 对应集成学习算法 Boosting 中的权重。可通过这个权重取调节送入回归树模型的目标特征值。

对比式（15-18）和式（15-21）可见，利用回归树构建一个弱学习模型 $h_t(x)$ 去拟合 $\Delta f_{t-1}(x)$ 即可实现最优估计。

$$h_t(x) = -\alpha \Delta f_{t-1}(x) \tag{15-22}$$

联合式（15-21）和式（15-22），

$$\begin{aligned} f_t(x) &= f_{t-1}(x) + \big(-\alpha \Delta f_{t-1}(x)\big) \\ &= f_{t-1}(x) + h_t(x) \end{aligned} \tag{15-23}$$

至少包含 1 棵决策树，$t \geqslant 1$，将 $f_0(x)$ 作为初始条件，取 $f_0(x) = \mathrm{avg}(y_i)\, I(x \in D)$。

$t=1$ 时，强学习模型 $f_1(x) = f_0(x) + h_1(x)$，模型残差为 $\big(y_i - f_1(x)\big) I(x \in D)$。

$t=2$ 时，强学习模型 $f_2(x) = f_1(x) + h_2(x) = f_0(x) + h_1(x) + h_2(x)$，模型残差为 $\big(y_i - f_2(x)\big) I(x \in D)$。

......

$t = M$ 时，强学习模型 $f_M(x) = f_{M-1}(x) + h_M(x) = f_0(x) + h_1(x) + h_2(x) + \cdots + h_M(x)$，模型残差为 $(y_i - f_M(x))I(x \in D)$。

通过 M 棵回归树集成，生成一个强学习模型，实现了对训练集 D 的最优拟合。最终得到的强学习模型为

$$f(x) = f_M(x) = f_0(x) + \sum_{t=1}^{M} h_t(x) \tag{15-24}$$

训练集 $D = \{(x_{ij}, y_i)\}$，其中 $i = 1, 2, 3 \cdots, m$，$j = 1, 2, 3, \cdots, n$，利用 M 棵回归树去拟合这组数据。处理过程如下。

取 $f_0(x) = \mathrm{avg}(y_i)I(x \in D)$。

构建第 1 棵回归树，输入训练样本：$(x_{ij}, y_i - f_0(x))I(x \in D)$。

构建第 2 棵回归树，输入训练样本：$(x_{ij}, y_i - f_1(x))I(x \in D)$。

构建第 3 棵回归树，输入训练样本：$(x_{ij}, y_i - f_2(x))I(x \in D)$。

......

构建第 M 棵回归树，输入训练样本：$(x_{ij}, y_i - f_{M-1}(x))I(x \in D)$。

根据 15.1 节阐述的内容完成每一棵决策树的划分。当模型终止迭代时，残差接近于 0，即

$$y_i - f_M(x) \approx 0 \tag{15-25}$$

$$y_i = f_M(x) = f_0(x) + \sum_{t=1}^{M} h_t(x) \tag{15-26}$$

目标特征的值等于初始化值和 M 棵回归树模型输出累加和。GBDT 模型通过 M 棵回归树实现了对数据集 D 的回归建模。经过这种处理，强学习模型 $f(x)$ 的迭代过程就转化为多棵回归树的串行工作，每一棵回归树的样本输入值是上一棵回归树的残差，这个残差与前面所有的回归树有关。

在模型预测阶段，基于构建的回归树模型，将特征数据 x_{ij} 在 M 棵回归树上划分，对 M 棵回归树模型的输出结果进行累加所得到的就是目标特征的预测值，

$$\widehat{y_i} = f_0(x) + h_1(x) + h_2(x) + h_3(x) + \ldots + h_M(x) \tag{15-27}$$

特征数据 x_{ij} 在第 t 棵回归树上映射到区域 $R_{j,t}$，对应的目标特征输出为 $C_{j,t}$，则式（15-27）进一步整理为

$$\widehat{y_i} = f_0(x) + C_{j,1} + C_{j,2} + C_{j,3} + \cdots + C_{j,M} \tag{15-28}$$

特征数据 x_{ij} 对应目标特征的预测值等于初始化值和特征数据在 M 棵回归树上划分到指定区域的映射值累加和。

15.4　LR-GBDT 模型

使用 LR 模型预测用户新闻点击率需要人工参与特征的优化与调整，而且需要构造大量的高阶特征来增强模型的学习能力，对人工经验的依赖性较强。GBDT 模型"物以类聚"的特点本身就来自其对特征的筛选与组合，及其构造生产新特征的能力。2014 年，Facebook 将 GBDT 模型与 LR 模型融合，得到 LR-GBDT 模型。

15.4.1　模型算法推导

LR-GBDT 算法的核心思想是利用 GBDT 模型实现特征筛选和组合，将生成的新特征作为 LR 模型的输入。算法实现用已有特征训练一个 GBDT 模型，把 GBDT 模型每棵树的叶子节点编号作为新的特征，加入原始特征集中，再用 LR 模型训练最终的模型。在 LR-GBDT 模型出现之前，点击率预测主要通过逻辑回归算法实现。

图 15.9 所示为 LR-GBDT 模型的原理示意。很明显，模型包含 GBDT 部分和 LR 部分。送入 LR 模型的特征向量取值为 0/1。送入 LR 模型的特征向量的生成方式如下：特征向量的长度为 GBDT 算法模型中决策树叶子节点数量；如果样本 X_i 通过 CART 后，将其划分到某个叶子节点，则与这个叶子节点对应的特征向量位取 1，这棵树其他叶子节点对应的特征向量位取 0；按决策树的顺序，将 M 棵树对应的特征向量拼接得到的结果作为 LR 模型算法的输出。

图 15.9 中，训练样本 X 经过第 1 棵决策树遍历后，将其划分到叶子节点 7，则第 1 棵决策树生成的特征向量为(0,0,0,0,0,0,1)。训练样本 X 经过第 2 棵决策树遍历后，将其划分到叶子节点 5，则第 2 棵决策树生成的特征向量为(0,0,0,0,1,0)。训练样本 X 经过第 3 棵决策树遍历后，将其划分到叶子节点 3，则第 3 棵决策树生成的特征向量为(0,0,1,0,0,0)。对 3 个子特征向量进行拼接，生成如下特征向量：(0,0,0,0,0,0,1,0,0,0,0,1,0,0,0,1,0,0,0)。

合成特征向量维度为 19，与 3 棵决策树的叶子节点数一致。将其作为新的特征向量送给 LR 模型学习训练。

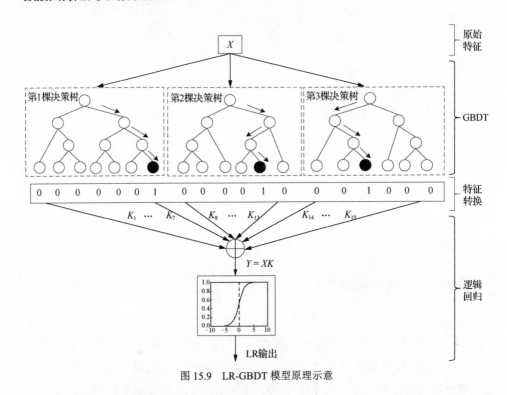

图 15.9　LR-GBDT 模型原理示意

为了避免 GBDT 模型和 LR 模型同时使用相同的训练集，可以对训练过程做如下改进：将训练数据分成 A、B 两组；将 A 组数据用于训练 GBDT 模型；基于训练好的 GBDT 模型，将 B 组数据训练一遍，得到 B 组数据在每棵树上的叶子节点，生成对应的特征向量；将 B 组数据原始特征向量和新生成的特征向量拼接的结果用于训练 LR 模型。

15.4.2　代码示例

LightGBM 是 Python 环境下基于树的学习算法的梯度增强框架，相比于 XGBoost，其具有训练速度快、效率高和内存消耗低等特点。采用如下方式引入并使用 GBDT 模型。LR-GBDT 模型训练与预测代码如代码 15-1 所示。

```
import lightgbm as lgb
gbm = lgb.LGBMRegressor(param)
gbm.fit(X_train, y_train)
y_pred = gbm.predict(X_test)
```

GBDT 模型主要配置参数如下。

```
params = {
```

objective='binary',　# 学习任务的目标，binary 表示二分类，multiclass 表示多分类

boosting_type='gbdt',　# 弱学习模型的类型

subsample=0.8, # 构建弱学习模型的样本采集比例

min_child_weight=5, #指定子节点中样本权重和

colsample_bytree=0.7,　# 构建弱学习模型时对特征随机采样的比例

num_leaves=self.num_leaves, # 叶子节点个数

max_depth = 12, #构建 CART 的深度

learning_rate=0.05,　# 学习率

n_estimators=self.n_estimators, # 构建弱学习模型的个数

random_state=2021, # 随机数种子

}

代码 15-1　LR-GBDT 模型训练与预测代码

```python
# -*- coding: utf-8 -*-

import math
import os
import random
import joblib
import pandas as pd
import numpy as np
import time
from chapter5.recall_proc import get_recall_item_by_userid
from chapter5.training_data import get_dataset_train, get_dataset_test
import lightgbm as lgb
from sklearn import preprocessing
from sklearn.linear_model import LogisticRegression
from texttable import Texttable

title= 'LR-GBDT 模型 预测用户点击率'

class LR_GBDT_sorted:
    def __init__(self):
        self.item_all = None
        self.user_all = None

        self.n_estimators = 32
        self.num_leaves = 64
        self.user_vector = None
        self.item_vector = None
        self.gbdt_model = None
```

```
        self.lr_model = None
        self.path = os.path.dirname(__file__)
        self.load_data()

    def load_data(self):
        self.item_vector = pd.read_csv(self.path + '/dataset/item_profile_
vector.csv')
        self.user_vector = pd.read_csv(self.path + '/dataset/user_profile_
vector.csv')
        try:
            Model = joblib.load(self.path + '/model/lr_gbdt_sorted.model')
            self.gbdt_model = Model[0]
            self.lr_model = Model[1]
        except:
            print('LR_GBDT loads model failure!!')

    def get_user_vector(self, userid):
        …

    def get_item_vector(self, itemid):
        …

    def one_hot_df(self,gbdt_feats_train):
        #利用 pandas 中 getdummies() 自动获得 One-hot 编码
        gbdt_feats_name = ['gbdt_leaf_' + str(i) for i in range(self.n_
estimators)]
        df_train_gbdt_feats = pd.DataFrame(gbdt_feats_train, columns=
gbdt_feats_name)
        for col in gbdt_feats_name:
            onehot_feats  =  pd.get_dummies(df_train_gbdt_feats[col],
prefix=col)
            df_train_gbdt_feats.drop([col], axis=1, inplace=True)
            df_train_gbdt_feats = pd.concat([df_train_gbdt_feats, onehot_
feats], axis=1)
        return df_train_gbdt_feats

    def one_hot_encode(self,sample):
        # 直接对整数进行 One-hot 编码
            data = [k for k in range(self.num_leaves)]
        data = np.array(data).reshape(-1,1)
        enc = preprocessing.OneHotEncoder(categories='auto')
        enc.fit(data)
        sample = enc.transform([[sample]]).toarray()
        return sample[0].tolist()

    def training(self):
        # 模型训练
        start = time.clock()
        print('start to train LR_GBDT model')
```

```
        data_train = get_dataset_train()
        X = []
        Y = data_train['label'].values
        index = list(data_train.index.values)
        for k in index:
            data = data_train.loc[k]
            user_id = data['userid']
            item_id = data['newsid']
            temp = self.get_user_vector(user_id) + self.get_item_vector
(item_id)
            X.append(temp)

        self.gbdt_model = lgb.LGBMRegressor(objective='binary',boosting_
type='gbdt',subsample=0.8,min_child_weight=0.5,colsample_bytree=0.7,
num_leaves=self.num_leaves,learning_rate=0.05,n_estimators=self.n_estimators,
random_state=2021)
        self.gbdt_model.fit(X, Y)
        gbdt_feats_train = self.gbdt_model.predict(X,pred_leaf=True)
        df_train_gbdt_feats = self.one_hot_df(gbdt_feats_train)

        self.lr_model = LogisticRegression(penalty='l2', tol=1e-4, fit_
intercept=True)
        self.lr_model.fit(df_train_gbdt_feats, Y)

        joblib.dump([self.gbdt_model,self.lr_model], './model/lr_gbdt_
sorted.model')
        end = time.clock()
        print("模型训练结束  耗费时间: %f s" % (end - start))

    def predict(self, userid, topN):
        # 模型预测
        recommendList = []

        recall_profile = get_recall_item_by_userid(userid)
        recall_item_list = [k for k, v in recall_profile['item']]
        for item in recall_item_list:
            X = self.get_user_vector(userid) + self.get_item_vector(item)
            X = np.array(X).reshape(1, -1)

            gbdt_feats_predict = self.gbdt_model.predict(X,pred_leaf=
True)
            gbdt_feats = []
            for k in range(len(gbdt_feats_predict[0])):
                sample = gbdt_feats_predict[0][k]
                sample = self.one_hot_encode(sample)
                gbdt_feats.extend(sample)

            gbdt_feats = np.array(gbdt_feats).reshape(1,-1)
            Y = self.lr_model.predict(gbdt_feats)
```

```
                temp = (item, Y[0])
                recommendList.append(temp)

        recommendList = self.recommendList_filtered(recommendList)
        recommendList = self.recommendList_topK(recommendList, topN)
        recommend_profile = {'user': userid,
                             'item': recommendList,
                             'model': self.recommendmode_filtered
(recommendList, recall_profile['model'])
                             }

        print('推荐粗排结果: \n', recall_profile)
        print('精排结果: \n', recommend_profile)
        self.showTable(recommendList, recommend_profile['model'])
        return recommend_profile

    def recommendmode_filtered(self, recommendList, recall_profile):
        …

    def recommendList_filtered(self, recommendList):
        …

    def recommendList_topK(self, recommendList, topN):
        …

    def get_data_by_index(self, data, data_list):
        …

    def showTable(self, recommendList, neighbour):
        …


if __name__ == '__main__':
    model = LR_GBDT_sorted()
    model.training()
```

模型训练结束后,调用预测函数predict()对粗排推荐列表做精排。

```
if __name__ == '__main__':
    model = LR_GBDT_sorted()
    model.predict('U374091', topN=20)
```

代码输出结果如下:

推荐粗排结果:
　　{'user': 'U545162', 'item': [['N54031', 1.78018], ['N94738', 1.428743806032045], ['N117592', 1.42083], ['N64617', 1.2529], ['N101760', 1.1443], …], 'model': [['N103570', ['hot']], ['N117592', ['hot', 'LFM']], ['N50961', ['Item_CF']], ['N126913', ['Tag']], ['N9979', ['LFM']], ['N84959', ['LFM']],['N92191', ['SVDPP']], ['N15128', ['SVDPP']], …}

精排结果:
　　{'user': 'U374091', 'item': [('N54031', 1.0), ('N94738', 1.0), ('N64617', 1.0), ('N101760', 1.0), ('N76099', 1.0), ('N110949', 1.0), ('N22651', 1.0),

```
('N68745', 1.0), …], 'model': [ ('N15575', ['hot']), ('N64617', ['hot',
'SVDPP']), ('N114479', ['hot']), ('N94738', ['hot', 'LFM']), ('N97617',
['hot']), ('N54031', ['hot', 'Item_CB']), ('N101760', ['hot', 'SVDPP']),…]}
```

```
News_ID   weight      from modelID
===================================
N54031    1.0         ['hot', 'Item_CB']
N94738    1.0         ['hot', 'LFM']
N64617    1.0         ['hot', 'SVDPP']
N101760   1.0         ['hot', 'SVDPP']
N76099    1.0         ['hot']
N110949   1.0         ['hot']
N22651    1.0         ['hot']
N68745    1.0         ['hot']
```

通过 model.training()启动模型训练工作，生成训练好的 LR-GBDT 模型。基于训练好的 LR-GBDT 模型调用 model.predict()完成精排工作。

启动评估函数对模型进行验证、评价。根据模型输出的精度调整模型参数，评价函数的代码如代码 15-2 所示。

get_dataset_test()：用于读取验证集。

user_num = floor(len(user_list) * 0.1)：用于测试验证用户数量。

user_list = random.sample(user_list, user_num)：用于按 user_num 随机提取验证用户。

代码 15-2　LR-GBDT 模型验证和评估

```python
def evaluation(self):
    Y_true = []
    Y_pred = []

    data_test = get_dataset_test()
    user_list = list(set(data_test['userid'].values))
    user_num = floor(len(user_list) * 0.1)
    print('user numbers fo test', user_num)
    user_list = random.sample(user_list, user_num)

    for user in user_list:
        user_action_log_df = data_test[data_test['userid'] == user]
        recommend_profile = self.predict(user, topN=50)
        data_rec = recommend_profile['item']
        if len(data_rec):
            recommend_list = [k for k, v in data_rec]
        else:
            recommend_list = []

        for index in user_action_log_df.index.values:
```

```
                  data = user_action_log_df.loc[index]
                  Y_true.append(data['label'])

                  if data['newsid'] in recommend_list:
                      Y_pred.append(1.0)
                  else:
                      Y_pred.append(0.0)

          print('Y_test= ', Y_true)
          print('Y_pred= ', Y_pred)
          print('confusion_matrix: \n', confusion_matrix(Y_true, Y_pred))
          print('Accuracy=', metrics.accuracy_score(Y_true, Y_pred))
          print('Precision=', metrics.precision_score(Y_true, Y_pred))
          print('recall=', metrics.recall_score(Y_true, Y_pred))
          print('F1=', metrics.f1_score(Y_true, Y_pred))
          print('AUC=', metrics.roc_auc_score(Y_true, Y_pred))
          print('MSE=', metrics.mean_squared_error(Y_true, Y_pred))
```

15.5　本章小结

　　LR 模型本质上是一种线性模型，优点是计算速度快，能处理上亿的数据，缺点是学习能力有限，对输入的特征向量要求较高，需要人工参与特征的交叉组合与优选。对于经验不足的人，未必能改善 LR 模型的效果。

　　GBDT 模型是一种非线性模型，具备发现有价值的特征和自动交叉组合特征的能力，将 GBDT 模型与 LR 模型融合，可省去人工构建特征和特征组合的工作。LR-GBDT 模型是业界经常使用的组合模型。早期应用 LR 模型预测点击率的业务场合都在逐渐使用 LR-GBDT 模型。

　　LR-GBDT 包含 LR 模型和 GBDT 模型，两个模型以并联方式工作。GBDT 模型用来对训练集原有特征建立回归模型，生成新的特征。新构建的特征和原来的特征一起作为 LR 模型的输入，用于训练 LR 模型。

　　本章首先介绍了 CART 模型，其次介绍了集成学习模型的概念，然后详细推导了 GBDT 模型算法的实现原理。GBDT 采用了 Boosting 集成思想，利用上一棵树的残差（梯度方向）去构造下一棵树，快速逼近结果，接着利用所有决策树共同进行决策。最后介绍了 LR-GBDT 模型算法的实现方法。为方便读者理解，本章给出了基于 LR-GBDT 模型算法的精排代码示例。

## 第16章

深度学习模型排序算法

相比传统的逻辑回归模型和树模型，深度学习模型的数据挖掘能力更强，数据表征能力更强，神经元层数更多，能更好地学习和拟合各种非线性特性，挖掘出数据内部潜在的特征规律。2016 年，随着微软 Deep Crossing、谷歌 Wide&Deep 深度学习推荐模型的出现，推荐系统的点击率预测全面迈进"深度学习时代"。以深度学习神经网络模型为基础，业界专家和学者通过不同的演进演化策略，构建了特点各异的深度学习模型。深度学习神经网络模型在信息推荐领域形成了重要分支。

本章从神经元模型入手，介绍人工神经网络模型和深度学习神经网络模型的工作机制和算法原理，推导神经网络模型的训练迭代过程和数学模型，帮助读者理解神经网络的工作过程。在深度学习神经网络模型演进方面，本章将介绍 Wide&Deep 模型，该模型具备较强的记忆能力和泛化能力，属于推荐系统点击率预测的经典模型。

16.1 神经元

神经元是构成神经网络模型的最小单元。神经元通过神经末梢感知信息，对采集的信息进行综合处理，当信号达到门限值后，神经网络给出一个动作反馈，指挥其他神经元工作。图 16.1 所示为神经元结构。在结构上，一个神经元包含输入信号、综合处理、激活函数和输出几部分。

将神经元的工作过程写成数学模型，

$$Y = f(Z) = f\left(\sum_{j=1}^{n} W_j X_j - \theta\right)$$

这里，X_j表示神经元输入信号，$\boldsymbol{X}=(X_1,X_2,\cdots,X_n)$；$Y$表示神经元输出信号；$Z$表示神经元综合输出信号；$W_j$表示权重系数，$\boldsymbol{W}=(W_1,W_2,\cdots,W_n)$，$X_j$与$W_j$一一对应；$\theta$表示门限值，也称为偏置量；$f(\cdot)$表示激活函数。

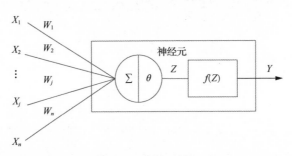

图 16.1　神经元结构

神经元引入激活函数的目的是增强模型的分类处理能力。激活函数是神经元的核心模块，使用不同的激活函数，神经元的处理能力不同。如果不使用激活函数，神经元模型就是线性回归模型，只能处理线性回归问题。为了满足非线性特征的处理需要，为神经元引入激活函数。早期采用的激活函数是 sign() 函数，输出值为 1 和-1，称为感知机模型。感知机模型能解决二分类问题，但其将神经元综合处理结果强制转化为两个离散数据，导致模型的分类处理能力有限，主要用于解决"与""或""非"的问题。后来神经元采用 Sigmoid()函数作为激活函数，其性能得到大大提升。Sigmoid()函数将神经元综合处理结果映射为 0～1 的连续数据，既满足了非线性需求，又保证了数据的连续性，既能解决分类问题又能解决回归问题。

sign()函数：$Y=f(Z)=\begin{cases} 1 & Z \geqslant 0 \\ -1 & Z < 0 \end{cases}$，输出数据为 1 和-1。

Sigmoid()函数：$Y=f(Z)=\dfrac{1}{1+\mathrm{e}^{-Z}}$，输出数据范围为 $(0,1)$。

神经元使用 Sigmoid()作为激活函数，神经元就转化为了逻辑回归模型。在机器学习领域，逻辑回归模型是一颗"璀璨明珠"，在推荐系统点击率预测中占据着相当重要的位置。在神经网络模型没有应用到推荐系统之前，推荐系统的点击率预测使用的主要模型就是逻辑回归模型及其演进模型。神经元使用 Sigmoid()函数作为激活函数，意味着神经元将发挥巨大的作用。事实也是这样，以神经元构建的神经网络模型在解决机器学习的分类或回归问题上发挥了巨大作用，奠定了深度学习的发展基石。

如果将神经元的偏置量 θ 视为输入为 1、权重为 B 的特征输入，则神经元的数学模型可改写成

$$Y = f(Z) = f\left(\sum_{j=1}^{n} W_j X_j + B\right) = f\left(\sum_{j=0}^{n} W_j X_j\right)$$

这里，模型输入特征 $\boldsymbol{X} = (X_0, X_1, X_2, \cdots, X_n) = (1, X_1, X_2, \cdots, X_n)$；权重向量 $\boldsymbol{W} = (W_0, W_1, W_2, \cdots, W_n) = (B, W_1, W_2, \cdots, W_n)$。

16.2　ANN 模型

将神经元按一定规则连接（串联或并联）起来，就构成了神经网络模型。这种神经网络模型称为人工神经网络（Artificial Neural Network，ANN）模型。之所以称为 ANN 模型，主要因为这个模型是基于模仿大脑神经网络结构和功能而建立的一种信息处理系统，这种信息处理系统可以用数学模型来描述。

ANN 模型的基本单元是神经元，神经元与神经元之间的连接存在权重系数。图 16.2 所示为 ANN 模型结构，包含输入层、隐藏层和输出层。神经网络每一层包含多个并行的神经元，网络后一层的神经元接收前一层神经元的输出信号，经过处理转化后，送给下一层神经元。有时将神经元称为节点。图 16.2 所示的神经网络的输入层有 n 个节点，隐藏层有 d 个节点，输出层有 m 个节点。

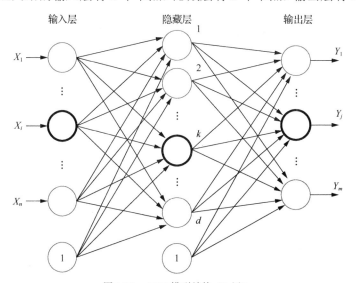

图 16.2　ANN 模型结构（2 层）

神经网络中信号按箭头方向流动，输入层用于接收输入信号，输出层用于输

出信号，输入信号在网络中经过反复线性相乘和激活处理后传输到输出层。隐藏层位于输入层和输出层中间，包含大量并行的处理节点。一个神经网络模型包含一个隐藏层或多个隐藏层。本书按实际出现权重系数的层数来定义神经网络的层数（输入层、隐藏层和输出层的层数总和减 1 记为神经网络的层数）。K 层神经网络，输入层为第 0 层，第 1 个隐藏层为第 1 层，第 2 个隐藏层为第 2 层，以次类推，输出层为第 K 层。基于这个规则，图 16.2 所示的神经网络为 2 层神经网络，图 16.3 所示的神经网络为 3 层神经网络。图 16.3 所示的神经网络的输入层有 n 个节点，第 1 个隐藏层有 p 个节点，第 2 个隐藏层有 q 个节点，输出层有 m 个节点。

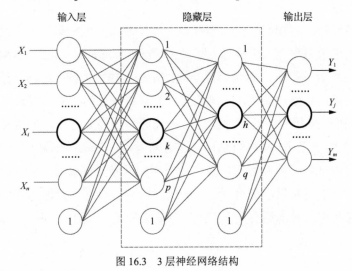

图 16.3　3 层神经网络结构

　　图 16.2 和图 16.3 所示的神经网络中前一层的所有节点与后一层的所有节点之间都有运算关系，它们保持连接关系，我们把这种网络称为"全连接"网络。

　　图 16.3 中神经网络的输入信号为 $\boldsymbol{X} = \left(X_1, X_2, \cdots, X_n\right)^{\mathrm{T}}$，第 1 个隐藏层的第 k 个神经元数学模型为

$$Y_k^1 = f^1\left(Z_k^1\right) = f^1\left(\sum_{i=1}^{n} W_{ki}^1 X_{ki}^1 + B_k^1\right) = f^1\left(\sum_{i=1}^{n} W_{ki}^1 X_i + B_k^1\right)$$

第 2 个隐藏层的第 h 个神经元数学模型为

$$Y_h^2 = f^2\left(Z_h^2\right) = f^2\left(\sum_{i=1}^{P} W_{hi}^2 X_{hi}^2 + B_h^2\right) = f^2\left(\sum_{i=1}^{P} W_{hi}^2 Y_i^1 + B_h^2\right)$$

这里，Y_k^j 表示第 j 层第 k 个神经元的输出；$f^j(\cdot)$ 表示第 j 层的激活函数；Z_k^j 表示第 j 层第 k 个神经元的综合输出结果；X_{ki}^j 表示第 j 层第 k 个神经元的第 i 个输入信号，对应第 $j-1$ 层的第 i 个神经元输出 Y_i^{j-1}；W_{ki}^j 表示第 j 层第 k 个神经元

与第 i 个输入信号之间的权重系数，对应第 $j-1$ 层的第 i 个神经元；B_k^j 表示第 j 层第 k 个神经元的偏置量。

神经网络第 j 层的输入用 X^j 表示，综合输出用 Z^j 表示，激活函数用 $f^j(Z)$ 表示，输出用 Y^j 表示，则神经网络中第 j 层模型输出写成矩阵形式为

$$Z^j = W^j X^j + B^j$$
$$Y^j = f^j(Z^j) = f^j(W^j X^j + B^j)$$

假定第 j 层的输入特征有 p 个，输出特征有 q 个，则将这一层输出矩阵展开为

$$Z^j = \begin{pmatrix} Z_1^j \\ Z_2^j \\ \vdots \\ Z_q^j \end{pmatrix} = \begin{pmatrix} W_{11}^j & W_{12}^j & \cdots & W_{1p}^j \\ W_{21}^j & W_{22}^j & \cdots & W_{2p}^j \\ \vdots & \vdots & & \vdots \\ W_{q1}^j & W_{q2}^j & \cdots & W_{qp}^j \end{pmatrix} \begin{pmatrix} X_1^j \\ X_2^j \\ \vdots \\ X_p^j \end{pmatrix} + \begin{pmatrix} B_1^j \\ B_2^j \\ \vdots \\ B_q^j \end{pmatrix} = W^j X^j + B^j$$

$$\begin{pmatrix} Y_1^j \\ Y_2^j \\ \vdots \\ Y_q^j \end{pmatrix} = \begin{pmatrix} f^j(Z_1^j) \\ f^j(Z_2^j) \\ \vdots \\ f^j(Z_q^j) \end{pmatrix} = f^j \begin{pmatrix} Z_1^j \\ Z_2^j \\ \vdots \\ Z_q^j \end{pmatrix}$$

从矩阵维度来看，

$$Z_{q\times1}^j = W_{q\times p}^j X_{p\times1}^j + B_{q\times1}^j$$

这里，$q\times p$ 表示矩阵为 q 行 p 列。

神经网络中第 $j+1$ 层的输入就是第 j 层的输出，

$$\begin{pmatrix} X_1^{j+1} \\ X_2^{j+1} \\ \vdots \\ X_m^{j+1} \end{pmatrix} = \begin{pmatrix} Y_1^j \\ Y_2^j \\ \vdots \\ Y_m^j \end{pmatrix}$$

神经网络模型第 0 层输出：$Y^0 = X$。

神经网络模型第 1 层输出：$Z^1 = W^1 X + B^1$，$Y^1 = f^1(Z^1)$。

神经网络模型第 2 层输出：$Z^2 = W^2 Y^1 + B^2$，$Y^2 = f^2(Z^2)$。

……

神经网络模型第 K 层输出：$Z^K = W^K Y^{K-1} + B^K$，$Y^K = f^K(Z^K)$。

神经网络模型输出层输出：$Y = Y^K$。

通过这种正向计算方式实现了 K 层神经网络模型的构建。

从神经网络的构建过程可见，影响模型工作性能的主要因素（网络参数）

为神经网络的层数、网络每层神经元的节点数量、网络每层神经元的激活函数、上一层神经元与下一层神经元之间的权重系数、网络每层神经元的偏置量。

在神经网络模型正常工作之前，需要设定网络的层数、每个隐藏层的节点数和激活函数。在这几个参数的作用下优选模型每层权重系数和偏置量。无特别说明的情况下，在模型定义阶段，网络参数指的是以上 5 个类别参数；在模型训练阶段，网络参数主要指的是权重系数和偏置量。

一般来说，神经网络模型的隐藏层越多，非线性特性越强，蕴含的信息越多，表达的能力越强，当然模型也就越复杂，训练也就越耗时。工程上要适度设计模型的层数，并非层数越多越好，因为太多的层数将会导致训练过拟合，缺乏对样本共性特征的挖掘。在训练神经网络之前需要确定模型的层数、节点数和激活函数，在这个条件下，利用样本数据训练得到最佳的权重系数和偏置量。

神经网络输入层节点数量对应输入特征的个数，输出层节点数量根据需要解决的问题来确定。对于分类问题，输出层节点数量一般设定为分类类别的数量。对于回归问题，输出层节点数量一般设定为目标特征的数量。神经网络隐藏层的层数和隐藏层的节点数量是模型的训练参数，在模型训练之前设定。

通常，ANN 模型设定 1～2 个隐藏层都能满足训练要求，但这不是确定原则，需要根据业务场景来考虑，必要时可以通过实验的方法，对比看看增加隐藏层对模型的性能是否有较大改进。关于隐藏层的节点数量，太多或太少都是不妥的。隐藏层节点数量太少，模型欠拟合，不能挖掘和表征训练样本中的数据特征。隐藏层节点数量太多，模型过拟合，模型挖掘和表征出来的数据特征过分依赖于训练样本数据。必要时也可通过实验的方法，调整节点数量来对比模型的表现性能。

模型隐藏层节点数可用如下方法近似估计，

$$N_h = \frac{N_N}{\delta\left(N_i + N_o\right)}$$

这里，N_h 表示模型隐藏层节点数；N_N 表示训练样本数；N_i 表示输入神经元数量；N_o 表示输出神经元数量；δ 表示伸缩系数，$\delta = 2 \sim 10$。

工程上，神经网络常用的激活函数包含以下几个。

Sigmoid()函数：$Y = f(Z) = \dfrac{1}{1+e^{-z}}$，输出数据范围为 $(0,1)$。

tanh()函数：$Y = \tanh(Z) = \dfrac{e^z - e^{-z}}{e^z + e^{-z}}$，输出数据范围为 $(-1,1)$。

softmax()函数：$Y_i = \dfrac{e^{z_i}}{\sum e^{z_j}}$，输出数据范围为 $(0,1)$，全部数据累加和为 1。

ReLU()函数：$Y = \max(0, Z)$。

Identity()函数：$Y = Z$。

神经元选用激活函数的类型与神经元所在神经网络中的位置和神经网络模型要解决的问题类型有关。图 16.4 所示为神经网络常用的激活函数曲线。

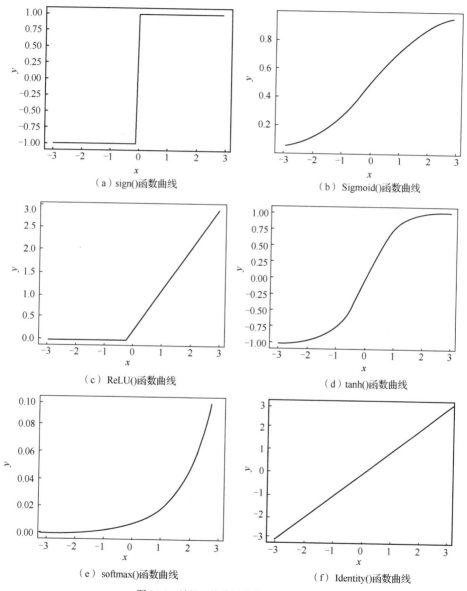

（a）sign()函数曲线　　　　　　　（b）Sigmoid()函数曲线

（c）ReLU()函数曲线　　　　　　　（d）tanh()函数曲线

（e）softmax()函数曲线　　　　　　（f）Identity()函数曲线

图 16.4　神经网络常用的激活函数曲线

神经网络的激活函数选择与业务应用场景有关，隐藏层通常使用 Sigmoid()

或 ReLU()函数，输出层通常使用 Identify()或者 softmax()函数。神经网络模型用于解决分类问题时，输出层激活函数选用 softmax()；用于解决回归问题时，输出层激活函数选用 Identity()。

一个 K 层神经网络模型，每层的节点数依次为 $m_0, m_1, m_2, \cdots, m_K$。模型输入层每次输入 1 组数据，则这个模型每层数据的维度转化过程为

第 i 层	第 0 层	第 1 层	第 2 层	……	第 K 层	第 K 层
参数名	X	W^1	W^2		W^K	Y
数据维度	$m_0 \times 1$	$m_1 \times m_0$	$m_2 \times m_1$		$m_K \times m_{K-1}$	$m_K \times 1$

这种情况下，输入数据 X 为包含 m_0 个数据的列向量；输出数据 Y 为包含 m_K 个数据的列向量。

神经网络模型支持批处理方式输入，模型输入层每次输入 N 组数据，把这 N 组数据定义为 1 个 Batch，则这个模型数据的维度转化过程为

第 i 层	第 0 层	第 1 层	第 2 层	……	第 K 层	第 K 层
参数名	X	W^1	W^2		W^K	Y
数据维度	$m_0 \times N$	$m_1 \times m_0$	$m_2 \times m_1$		$m_K \times m_{K-1}$	$m_K \times N$

这种情况下，输入数据 X 为一个矩阵，矩阵维度为 m_0 行 N 列；输出数据 Y 也为一个矩阵，矩阵维度为 m_K 行 N 列。模型输入层批量输入数据时，只有模型每层神经元的输入和输出数据维度发生变化，模型各层的权重系数矩阵和偏置量矩阵的数据维度不发生改变。神经网络的这个特征很重要，利用批量计算能力，模型大大缩短了训练阶段和预测阶段的处理时间。

图 16.2 和图 16.3 所示的神经网络信号传递方向为由前到后，按一个方向传递，我们把这种网络称为前馈神经网络（Feedforward Neural Network，FNN）。常见的前馈神经网络为全连接神经网络（Fully Connected Neural Network，FCNN）和卷积神经网络（Convolutional Neural Network，CNN）。还有一种神经网络，其内部节点存在反馈输入的方式，即第 j 层输入信号中包含第 $j+k$（$k \geqslant 0$）层的输出信号，我们把具有这种网络结构的神经网络称为反馈神经网络（Feedback Neural Network）。相比前馈神经网络，反馈神经网络中的神经元具有记忆功能，因为模型将节点上一次的输出结果反馈回来作为节点下一次迭代的输入。常见的反馈神经网络为循环神经网络（Recurrent Neural Network，RNN）、长短期记忆（Long Short Term Memory，LSTM）网络和 Hopfield 网络。本书不对反馈神经网络进行阐述，感兴趣的读者可以查询有关资料学习。

16.3　模型训练

在构建神经网络模型时，确定好层数、节点数和激活函数后，需要利用训练数据来训练模型，找到模型处于最佳性能时对应的权重系数和偏置量。神经网络模型训练时需要使用训练样本，包含 N 个训练样本的数据格式为

$$
\begin{array}{c}
\begin{array}{ccccc} X_1 & X_2 & \cdots & X_n & Y \end{array} \\
\begin{array}{c} x^1 \\ x^2 \\ \vdots \\ x^N \end{array}
\left(
\begin{array}{ccccc}
x_{11} & x_{12} & \cdots & x_{1n} & y_1 \\
x_{21} & x_{22} & \cdots & x_{2n} & y_m \\
\vdots & \vdots & & \vdots & \vdots \\
x_{N1} & x_{N2} & \cdots & x_{Nn} & y_2
\end{array}
\right)
\end{array}
$$

这里 x^i 表示第 i 组训练样本，x_{ij} 表示输入特征 X_j 的第 i 组数据。对于分类问题，$y_1, y_2, \cdots, y_m$ 对应的是 m 个输出节点，每个节点输出的理论值为 1 或 0。对于回归问题，$y_1, y_2, \cdots, y_m$ 对应的是目标特征的 m 个数值。将训练样本划分为训练集和测试集即可解决模型的训练和模型的验证问题。

为了表征神经网络模型的性能，需要定义一个损失函数。损失函数可以是符合要求的任意函数，但大多数情况下使用均方误差和交叉熵误差作为神经网络的损失函数。通过对损失函数进行优化计算最小值，得到神经网络模型的最佳参数：权重系数矩阵和偏置量矩阵。

回归问题采用均方误差作为损失函数，

$$
\text{Loss} = \frac{1}{2m} \sum_{k=1}^{m} (y_k - \hat{y}_k)^2
$$

式中，m 表示目标特征数据的维度；y_k 表示目标特征第 k 个训练样本的监督数据；$\hat{y}_k$ 表示目标特征第 k 个训练样本对应的输出数据（输出节点数据）。

对于神经网络模型，其目标特征的监督数据和模型输出数据分别为

$y_k = [0\,0\,1\,0\,0\,0\,0\,0\,0]$

$\hat{y}_k = [0.1\,0.05\,0.6\ 0.0\ 0.05\ 0.1\ 0.\ 0.1\ 0.0\ 0.0]$

基于均方误差计算，得到的能量损失为 0.09750000000000003。

分类问题采用交叉熵误差作为损失函数，

$$
\text{Loss} = -\sum_{k=1}^{m} y_k \ln(\hat{y}_k)
$$

式中，m 表示神经网络输出节点的数量；y_k 表示神经网络输出层第 k 个节点对应的监督数据（One-hot 编码，m 个输出节点中只有 1 个为 1，其他都为 0），$\hat{y}_k$ 表示神经网络输出层第 k 个节点激活函数的输出数据。

对于神经网络模型，其目标特征的监督数据和模型输出数据分别为

$$y_k = \begin{bmatrix} 0\,0\,1\,0\,0\,0\,0\,0\,0 \end{bmatrix}$$

$$\hat{y}_k = \begin{bmatrix} 0.1 & 0.05 & 0.6 & 0.0 & 0.05 & 0.1 & 0. & 0.1 & 0.0 & 0.0 \end{bmatrix}$$

基于交叉熵误差计算，得到的能量损失为 0.510825457099338。

当神经网络模型的损失函数取最优值时，这个模型就是期望的最优模型。神经网络训练学习的过程，就是寻找最优的参数（权重系数矩阵和偏置量矩阵），使得定义的损失函数达到全局最优。对于凸函数来说，函数最优值位置对应的偏导数为 0。

$$\frac{\partial \text{Loss}}{\partial \boldsymbol{W}^j(t)} = 0$$

$$\frac{\partial \text{Loss}}{\partial \boldsymbol{B}^j(t)} = 0$$

求解这组方程可得网络最佳参数。实际上，对于神经网络模型，很难通过解析表达式求解这组方程，通常采用迭代方式去逼近，利用梯度下降法来寻找模型参数。这样就需要计算损失函数关于模型参数的偏导数，然后以这个偏导数为增量迭代更新模型参数。

基于负梯度下降方向，神经网络模型每层的参数更新方式为

$$\boldsymbol{W}^j(t+1) = \boldsymbol{W}^j(t) - \alpha \frac{\partial \text{Loss}}{\partial \boldsymbol{W}^j(t)}$$

$$\boldsymbol{B}^j(t+1) = \boldsymbol{B}^j(t) - \alpha \frac{\partial \text{Loss}}{\partial \boldsymbol{B}^j(t)}$$

式中，$\boldsymbol{W}^j(t)$ 表示模型第 j 层第 t 次迭代的权重系数矩阵；$\dfrac{\partial \text{Loss}}{\partial \boldsymbol{W}^j(t)}$ 表示模型损失函数关于第 j 层权重系数的梯度；$\boldsymbol{B}^j(t)$ 表示模型第 j 层第 t 次迭代的偏置量矩阵；$\dfrac{\partial \text{Loss}}{\partial \boldsymbol{B}^j(t)}$ 表示模型损失函数关于第 j 层偏置量的梯度；α 表示学习率，$\alpha = 0.01$ 或 0.001，学习率数值过大会导致学习最终结果发散，学习率数值过小会导致参数不更新，学习过程就结束了。

神经网络模型第 j 层的权重系数矩阵和偏置量矩阵为

$$\boldsymbol{W}^j = \begin{pmatrix} W_{11}^j & W_{12}^j & \cdots & W_{1p}^j \\ W_{21}^j & W_{22}^j & \cdots & W_{2p}^j \\ \vdots & \vdots & & \vdots \\ W_{q1}^j & W_{q2}^j & \cdots & W_{qp}^j \end{pmatrix}_{q \times p}, \quad \boldsymbol{B}^j = \begin{pmatrix} B_1^j \\ B_2^j \\ \vdots \\ B_q^j \end{pmatrix}_{q \times 1}$$

则损失函数对权重系数矩阵和偏置量矩阵的偏导数为

$$\frac{\partial \text{Loss}}{\partial \boldsymbol{W}^j} = \begin{pmatrix} \dfrac{\partial \text{Loss}}{\partial W_{11}^j} & \dfrac{\partial \text{Loss}}{\partial W_{12}^j} & \cdots & \dfrac{\partial \text{Loss}}{\partial W_{1p}^j} \\ \dfrac{\partial \text{Loss}}{\partial W_{21}^j} & \dfrac{\partial \text{Loss}}{\partial W_{22}^j} & \cdots & \dfrac{\partial \text{Loss}}{\partial W_{2p}^j} \\ \vdots & \vdots & & \vdots \\ \dfrac{\partial \text{Loss}}{\partial W_{q1}^j} & \dfrac{\partial \text{Loss}}{\partial W_{q2}^j} & \cdots & \dfrac{\partial \text{Loss}}{\partial W_{qp}^j} \end{pmatrix}_{q \times p} , \quad \frac{\partial \text{Loss}}{\partial \boldsymbol{B}^j} = \begin{pmatrix} \dfrac{\partial \text{Loss}}{\partial B_1^j} \\ \dfrac{\partial \text{Loss}}{\partial B_2^j} \\ \vdots \\ \dfrac{\partial \text{Loss}}{\partial B_q^j} \end{pmatrix}_{q \times 1}$$

这里，偏导数值 $\dfrac{\partial \text{Loss}}{\partial W_{kl}^j}$ 的含义是 W_{kl}^j 稍微发生变化，对应的损失函数会发生多大的变化。

16.3.1 正向传递

正向传递就是根据神经网络的信号流向，从输入层开始，依次计算每个隐藏层节点的输出，最后计算输出层节点的输出。考虑到神经网络不同层可能使用不同的激活函数，将神经网络模型的一层分解为线性组合模型层和激活函数模型层。图 16.5 所示为 K 层神经网络简化模型，图中每个方框对应神经网络的一层，$\boldsymbol{W}^j$ 和 $\boldsymbol{B}^j$ 表示第 j 层神经网络的权重系数矩阵和偏置量矩阵，$f^j(\cdot)$ 表示第 j 层神经网络的激活函数。

根据神经网络简化模型，第 j 层模型输出为

$$\boldsymbol{Z}^j = \boldsymbol{W}^j \boldsymbol{X}^j + \boldsymbol{B}^j$$
$$\boldsymbol{Y}^j = f^j\left(\boldsymbol{Z}^j\right)$$

这里，$\boldsymbol{Z}^j$ 表示综合输出，$\boldsymbol{Y}^j$ 表示神经元输出，$j = 1, 2, 3, \cdots, K$。

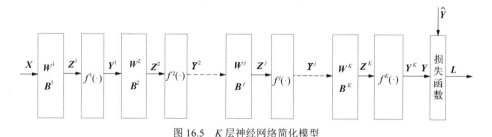

图 16.5 K 层神经网络简化模型

初始化模型每层的权重系数和偏置量后，模型在输入数据 $\boldsymbol{X}$ 的驱动下，每层节点的输出为

$$Z^1 = W^1 X + B^1, \quad Y^1 = f^1\left(Z^1\right)$$

$$Z^2 = W^2 Y^1 + B^2, \quad Y^2 = f^2\left(Z^2\right)$$

$$\cdots\cdots$$

$$Z^K = W^K Y^{K-1} + B^K, \quad Y^K = f^K\left(Z^K\right)$$

$$Y = Y^K$$

$$\text{Loss} = g\left(Y\right)$$

这里，$g(\cdot)$ 表示定义的损失函数。由正向传递过程可见，如果模型前面各层的权重系数和偏置量存在误差，通过正向传递，最终会影响模型的输出，影响损失函数的值。可通过神经网络正向传递计算模型损失函数值，如果损失函数达到最优，说明模型工作在最优状态，可以投入线上使用。如果损失函数没有达到最优，说明模型需要更新网络参数继续训练。

神经网络模型损失函数的精度是由网络各层的权重系数和偏置量联合决定的，即

$$\text{Loss} = g\left(Y\right) = g\left(X, W^1, B^1, W^2, B^2, \cdots, W^K, B^K\right)$$

采用负梯度下降法迭代损失函数的最优收敛过程。计算损失函数关于模型每层权重系数和偏置量的梯度，将这个梯度作为迭代的调整项。

损失函数关于网络参数的梯度计算可采用以下 2 种方法：数值微分法和误差反向传递法。

这里先介绍基于数值微分法求解损失函数对模型网络参数的梯度，16.3.2 小节介绍误差反向传递法。

函数 $y = f(x)$，y 对 x 的数值微分计算方法为

$$y' = \frac{\partial y}{\partial x} = \frac{f\left(x+h\right) - f\left(x-h\right)}{2h}$$

这里，h 表示一个扰动量。

同理，为权重系数引入扰动量 ΔW，为偏置量引入扰动量 ΔB，计算损失函数关于权重系数和偏置量的偏导数值。

损失函数关于模型第 j 层网络参数的梯度计算方法为

$$\frac{\partial \text{Loss}}{\partial W^j} = \frac{g\left(X, W^1, B^1, \cdots, W^j + \Delta W^j, B^j, \cdots, W^K, B^K\right)}{2\Delta W^j} -$$

$$\frac{g\left(X, W^1, B^1, \cdots, W^j - \Delta W^j, B^j, \cdots, W^K, B^K\right)}{2\Delta W^j}$$

$$\frac{\partial \text{Loss}}{\partial \boldsymbol{B}^j} = \frac{g\left(\boldsymbol{X}, \boldsymbol{W}^1, \boldsymbol{B}^1, \cdots, \boldsymbol{W}^j, \boldsymbol{B}^j + \Delta \boldsymbol{B}^j, \cdots, \boldsymbol{W}^K, \boldsymbol{B}^K\right)}{2\Delta \boldsymbol{B}^j} -$$

$$\frac{g\left(\boldsymbol{X}, \boldsymbol{W}^1, \boldsymbol{B}^1, \cdots, \boldsymbol{W}^j, \boldsymbol{B}^j - \Delta \boldsymbol{B}^j, \cdots, \boldsymbol{W}^K, \boldsymbol{B}^K\right)}{2\Delta \boldsymbol{B}^j}$$

由这两个偏导数值组成的向量 $\left(\dfrac{\partial \text{Loss}}{\partial \boldsymbol{W}^j}, \dfrac{\partial \text{Loss}}{\partial \boldsymbol{B}^j}\right)$ 就是损失函数的梯度。

有了梯度值，模型第 j 层的权重系数和偏置量的更新方式为

$$\boldsymbol{W}^j\left(t+1\right) = \boldsymbol{W}^j\left(t\right) - \alpha \frac{\partial \text{Loss}}{\partial \boldsymbol{W}^j\left(t\right)}$$

$$\boldsymbol{B}^j\left(t+1\right) = \boldsymbol{B}^j\left(t\right) - \alpha \frac{\partial \text{Loss}}{\partial \boldsymbol{B}^j\left(t\right)}$$

神经网络模型的训练步骤如下。

① 设定模型的层数、迭代次数和损失函数。

② 正态分布随机数初始化模型每层的权重系数矩阵和偏置量矩阵。

③ 对于 $j = 1, 2, 3, \cdots, K$ ，计算 $\dfrac{\partial \text{Loss}}{\partial \boldsymbol{W}^j\left(t\right)}$ 和 $\dfrac{\partial \text{Loss}}{\partial \boldsymbol{B}^j\left(t\right)}$ 。

④ 依次更新模型每层的网络参数。

⑤ 继续迭代，直到达到迭代次数。

⑥ 利用验证数据，评估模型的精度。

根据梯度定义，模型计算 $\dfrac{\partial \text{Loss}}{\partial \boldsymbol{W}^j\left(t\right)}$ 的值时，需要给权重系数矩阵一个扰动量 $\Delta \boldsymbol{W}^j$ 。分别计算模型在 $\boldsymbol{W}^j + \Delta \boldsymbol{W}^j$ 和 $\boldsymbol{W}^j - \Delta \boldsymbol{W}^j$ 作用下得到的损失函数值，也就是说，模型需要运行两次正向传递流程。

同理，在计算 $\dfrac{\partial \text{Loss}}{\partial \boldsymbol{B}^j\left(t\right)}$ 时，采取相同的处理方式。

误差正向传递法的原理简单，很容易理解，但计算比较耗时，当模型层数较多时，计算效率方面的不足很明显。相反，误差反向传递法求解梯度的效率很高，是神经网络常用的权重系数参数和偏置量参数梯度的计算方法。

16.3.2　反向传递

反向传递的计算顺序与正向传递的计算顺序相反，反向传递从模型的输出层开始计算，逆向依次计算 K 层、第 $K-1$ 层，最终到第 2 层、第 1 层。这里说的反向传递流程传递的信号是误差，即模型输出值与真实值的差值。图 16.6 所

示为神经网络误差反向传递流程。

根据神经网络模型正向传递，模型第 j 层的输出为

$$Z^j = W^j X^j + B^j$$
$$Y^j = f^j \left(Z^j \right)$$

模型输出层的损失函数为

$$\text{Loss} = g\left(Y \right)$$

基于链式法则，模型损失函数关于每层网络的权重系数矩阵和偏置量矩阵的梯度可写成

$$\frac{\partial \text{Loss}}{\partial W^j} = \frac{\partial \text{Loss}}{\partial Y^j} \cdot \frac{\partial Y^j}{\partial Z^j} \cdot \frac{\partial Z^j}{\partial W^j} = \frac{\partial \text{Loss}}{\partial Y^j} \cdot \left(\frac{\partial Y^j}{\partial Z^j} \cdot \frac{\partial Z^j}{\partial W^j} \right)$$

$$\frac{\partial \text{Loss}}{\partial B^j} = \frac{\partial \text{Loss}}{\partial Y^j} \cdot \frac{\partial Y^j}{\partial Z^j} \cdot \frac{\partial Z^j}{\partial B^j} = \frac{\partial \text{Loss}}{\partial Y^j} \cdot \left(\frac{\partial Y^j}{\partial Z^j} \cdot \frac{\partial Z^j}{\partial B^j} \right)$$

这里，$\dfrac{\partial \text{Loss}}{\partial Y^j}$ 表示损失函数关于模型第 j 层输出 Y^j 的梯度；$\dfrac{\partial Y^j}{\partial Z^j}$ 表示模型第 j 层输出 Y^j 关于综合输出 Z^j 的梯度，与本层选用的激活函数有关；$\dfrac{\partial Z^j}{\partial W^j}$ 表示模型第 j 层综合输出 Z^j 关于本层权重系数矩阵 W^j 的梯度；$\dfrac{\partial Z^j}{\partial B^j}$ 表示模型第 j 层综合输出 Z^j 关于本层偏置量 B^j 的梯度。

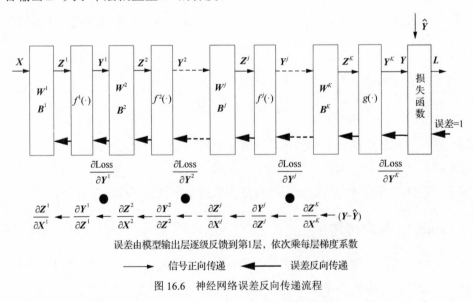

图 16.6　神经网络误差反向传递流程

由以上表达式可见，想要得到损失函数关于模型第 j 层网络参数 W^j 和 B^j

的梯度，首先需要计算出模型损失函数关于模型第 j 层输出 $\boldsymbol{Y}^j$ 的梯度，然后计算本层输出 $\boldsymbol{Y}^j$ 关于本层综合输出 $\boldsymbol{Z}^j$ 的梯度。

进一步应用链式法则，

$$\frac{\partial \text{Loss}}{\partial \boldsymbol{Y}^j} = \frac{\partial \text{Loss}}{\partial \boldsymbol{Y}} \cdot \frac{\partial \boldsymbol{Y}}{\partial \boldsymbol{Y}^K} \cdot \frac{\partial \boldsymbol{Y}^K}{\partial \boldsymbol{Y}^{K-1}} \cdot \frac{\partial \boldsymbol{Y}^{K-1}}{\partial \boldsymbol{Y}^{K-2}} \cdot \cdots \cdot \frac{\partial \boldsymbol{Y}^{j+1}}{\partial \boldsymbol{Y}^j}$$

由于 $\boldsymbol{X}^K = \boldsymbol{Y}^{K-1}$，$\boldsymbol{Y} = \boldsymbol{Y}^K$，

$$\frac{\partial \text{Loss}}{\partial \boldsymbol{Y}^j} = \frac{\partial \text{Loss}}{\partial \boldsymbol{Y}} \cdot \frac{\partial \boldsymbol{Y}^K}{\partial \boldsymbol{X}^K} \cdot \frac{\partial \boldsymbol{Y}^{K-1}}{\partial \boldsymbol{X}^{K-1}} \cdot \cdots \cdot \frac{\partial \boldsymbol{Y}^{j+1}}{\partial \boldsymbol{X}^{j+1}}$$

$$\frac{\partial \text{Loss}}{\partial \boldsymbol{Y}^j} = \frac{\partial \text{Loss}}{\partial \boldsymbol{Y}} \cdot \left(\frac{\partial \boldsymbol{Y}^K}{\partial \boldsymbol{Z}^K} \cdot \frac{\partial \boldsymbol{Z}^K}{\partial \boldsymbol{X}^K} \right) \cdot \left(\frac{\partial \boldsymbol{Y}^{K-1}}{\partial \boldsymbol{Z}^{K-1}} \cdot \frac{\partial \boldsymbol{Z}^{K-1}}{\partial \boldsymbol{X}^{K-1}} \right) \cdot \cdots \cdot \left(\frac{\partial \boldsymbol{Y}^{j+1}}{\partial \boldsymbol{Z}^{j+1}} \cdot \frac{\partial \boldsymbol{Z}^{j+1}}{\partial \boldsymbol{X}^{j+1}} \right)$$

模型损失函数选用交叉熵，输出层选用 softmax() 作为激活函数，可以推导出

$$\frac{\partial \text{Loss}}{\partial \boldsymbol{Z}^K} = \boldsymbol{Y} - \hat{\boldsymbol{Y}}$$

这里，$\boldsymbol{Y} - \hat{\boldsymbol{Y}}$ 表示模型输出与真实值的差，可以简单理解为模型输出对应的误差。这个性质很重要，神经网络模型的误差反向传递把这个误差值由模型第 K 层传递到模型第 j 层，即

$$\frac{\partial \text{Loss}}{\partial \boldsymbol{Y}^j} = \left(\boldsymbol{Y} - \hat{\boldsymbol{Y}} \right) \cdot \frac{\partial \boldsymbol{Z}^K}{\partial \boldsymbol{X}^K} \cdot \frac{\partial \boldsymbol{Y}^{K-1}}{\partial \boldsymbol{Z}^{K-1}} \cdot \frac{\partial \boldsymbol{Z}^{K-1}}{\partial \boldsymbol{X}^{K-1}} \cdot \cdots \cdot \frac{\partial \boldsymbol{Y}^{j+1}}{\partial \boldsymbol{Z}^{j+1}} \cdot \frac{\partial \boldsymbol{Z}^{j+1}}{\partial \boldsymbol{X}^{j+1}}$$

定义一个误差变量，

$$\boldsymbol{E}^K = \left(\boldsymbol{Y} - \hat{\boldsymbol{Y}} \right) \cdot \frac{\partial \boldsymbol{Z}^K}{\partial \boldsymbol{X}^K}$$

表示模型第 K 层反向输出误差，这个误差通过图 16.6 所示的反向流程依次传递给第 $K-1$ 层、第 $K-2$ 层，最终到达第 1 层。

进一步，

$$\frac{\partial \text{Loss}}{\partial \boldsymbol{Y}^j} = \boldsymbol{E}^K \prod_{i=1}^{K-j-1} \frac{\partial \boldsymbol{Y}^{K-i}}{\partial \boldsymbol{Z}^{K-i}} \cdot \frac{\partial \boldsymbol{Z}^{K-i}}{\partial \boldsymbol{X}^{K-i}}$$

由此可见，模型损失函数关于第 j 层神经元输出的梯度与模型第 $j+1$ 层到第 K 层的每层的梯度变化有关，也就是说，神经网络模型损失函数关于第 j 层神经元输出的梯度是由模型输出层误差 $\boldsymbol{E}^K$ 反向乘模型第 $j+1$ 层到第 K 层的每层的梯度变化值得到的，依次传递过来的。

神经网络训练的目的就是通过调整网络每层的权重系数矩阵和偏置量矩阵，使模型的输出接近真实值，这样模型的损失函数才能达到最小值。因此，必须把神经网络当前的输出与真实值之间的误差传递到网络各层，通知它们当

前误差是多少，以方便它们调整各自的网络参数。当我们选择交叉熵作为模型损失函数，输出层选用 softmax() 函数时，模型当前的输出误差 $Y - \hat{Y}$ 通过梯度值反向传递给了模型的各层，达到了我们的期望水平。

误差反向传递的递归过程如下。

第 K 层：$\dfrac{\partial \text{Loss}}{\partial Y^K} = \dfrac{\partial \text{Loss}}{\partial Y} \cdot \dfrac{\partial Y}{\partial Y^K}$。

第 $K-1$ 层：$\dfrac{\partial \text{Loss}}{\partial Y^{K-1}} = \dfrac{\partial \text{Loss}}{\partial Y^K} \cdot \dfrac{\partial Y^K}{\partial Z^K} \cdot \dfrac{\partial Z^K}{\partial Y^{K-1}} = \dfrac{\partial \text{Loss}}{\partial Y^K} \cdot \dfrac{\partial Y^K}{\partial Z^K} \cdot \dfrac{\partial Z^K}{\partial X^K} = \left(Y - \hat{Y}\right) \cdot \dfrac{\partial Z^K}{\partial X^K} = E^K$。

第 $K-2$ 层：$\dfrac{\partial \text{Loss}}{\partial Y^{K-2}} = \dfrac{\partial \text{Loss}}{\partial Y^K} \cdot \dfrac{\partial Y^K}{\partial Z^K} \cdot \dfrac{\partial Z^K}{\partial Y^{K-1}} \cdot \dfrac{\partial Y^{K-1}}{\partial Z^{K-1}} \cdot \dfrac{\partial Z^{K-1}}{\partial Y^{K-2}} = \dfrac{\partial \text{Loss}}{\partial Y^{K-1}} \cdot \left(\dfrac{\partial Y^{K-1}}{\partial Z^{K-1}} \cdot \dfrac{\partial Z^{K-1}}{\partial X^{K-1}}\right)$。

第 $K-3$ 层：$\dfrac{\partial \text{Loss}}{\partial Y^{K-3}} = \dfrac{\partial \text{Loss}}{\partial Y^{K-2}} \cdot \left(\dfrac{\partial Y^{K-2}}{\partial Z^{K-2}} \cdot \dfrac{\partial Z^{K-2}}{\partial X^{K-2}}\right)$。

……

第 j 层：$\dfrac{\partial \text{Loss}}{\partial Y^j} = \dfrac{\partial \text{Loss}}{\partial Y^{j+1}} \cdot \left(\dfrac{\partial Y^{j+1}}{\partial Z^{j+1}} \cdot \dfrac{\partial Z^{j+1}}{\partial X^{j+1}}\right)$。

……

第 1 层：$\dfrac{\partial \text{Loss}}{\partial Y^1} = \dfrac{\partial \text{Loss}}{\partial Y^2} \cdot \left(\dfrac{\partial Y^2}{\partial Z^2} \cdot \dfrac{\partial Z^2}{\partial X^2}\right)$。

这里可以结合图 16.6 所示的反向传递流程理解这个递归过程。

通过递归迭代得到模型损失函数关于每层输出的梯度后，进一步计算损失函数关于每层权重系数矩阵和偏置量矩阵的梯度，结果如下，

$$\frac{\partial \text{Loss}}{\partial W^j} = \frac{\partial \text{Loss}}{\partial Y^j} \cdot \left(\frac{\partial Y^j}{\partial Z^j} \cdot \frac{\partial Z^j}{\partial W^j}\right)$$

$$\frac{\partial \text{Loss}}{\partial B^j} = \frac{\partial \text{Loss}}{\partial Y^j} \cdot \left(\frac{\partial Y^j}{\partial Z^j} \cdot \frac{\partial Z^j}{\partial B^j}\right)$$

神经网络选用 Sigmoid() 函数作为每个隐藏层神经元的激活函数，则输出 Y^j 关于输入 Z^j 的梯度为

$$\frac{\partial Y^j}{\partial Z^j} = Y^j \left(1 - Y^j\right)$$

神经网络选用 ReLU() 函数作为每个隐藏层神经元的激活函数，则输出 Y^j 关于输入 Z^j 的梯度为

$$\frac{\partial Y^j}{\partial Z^j} = \begin{cases} 1, & Z^j > 0 \\ 0, & Z^j \leqslant 0 \end{cases}$$

神经网络每层神经元的输出 $\boldsymbol{Y}^j$ 关于输入参数 $\boldsymbol{X}^j$、$\boldsymbol{W}^j$ 和 $\boldsymbol{B}^j$ 的梯度计算结果为

$$\frac{\partial \boldsymbol{Z}^j}{\partial \boldsymbol{X}^j} = \boldsymbol{W}^j$$

$$\frac{\partial \boldsymbol{Z}^j}{\partial \boldsymbol{W}^j} = \boldsymbol{X}^j$$

$$\frac{\partial \boldsymbol{Z}^j}{\partial \boldsymbol{B}^j} = 1$$

神经网络模型基于误差反向传递的训练步骤如下。

① 设定模型的层数、迭代次数和损失函数。

② 利用正态分布随机数初始化模型每层的权重系数矩阵和偏置量矩阵。

③ 将训练数据批量化，每次 1 个 Batch 数据，正向传递，计算当前模型的输出误差。

④ 对于 $j = K, K-1, K-2, \cdots, 3, 2, 1$，计算损失函数关于模型各层的梯度，沿负梯度方向，更新模型给出的权重系数矩阵和偏置量矩阵。

⑤ 返回第③步，继续迭代，直到达到迭代次数。

⑥ 利用验证数据，评估模型的精度。

误差反向传递算法理解起来相对困难，想要深入了解这个过程的读者，通过计算图一步一步地熟悉和消化神经网络的误差反向传递过程。神经网络误差反向传递算法采用矩阵运算，通过递归方式快速实现网络参数更新和计算，所以计算效率非常高。误差反向传递算法在神经网络训练中占据着重要地位。通过上面的推导可见，误差传递过程中经常出现 $\dfrac{\partial \boldsymbol{Y}^j}{\partial \boldsymbol{Z}^j}$，这个值表示激活函数输出对输入的偏导数，当这个值很小或者逼近于 0 时，模型的梯度就消失了，模型的训练迭代也就失去了意义。另外，当模型的层数增加后，模型的非线性特征增多，很有可能导致损失函数与模型网络参数的函数不属于凸函数。这样，利用负梯度下降法迭代出来的网络参数对损失函数来说不是全局最优的，仅仅是局部最优的。

16.4　模型优化

在设定神经网络模型层数、节点数、激活函数和迭代次数后，利用训练数据去学习模型的最优网络参数。当设定的模型层数、节点数、激活函数和迭代次数不合理时，通过训练数据训练模型不一定能达到训练精度的要求，所以需

要对模型进行优化。神经网络的优化方法除了调整网络层数、节点数、激活函数、迭代次数、学习率、Batch 大小等参数外，还包含本节介绍的几种优化方法。神经网络模型训练过程中，无论调整哪个优化参数，工程实践中都需要反复试验和比对，找出性价比高的参数，这样既能防止模型训练中出现过拟合或欠拟合，又能提高模型的收敛速度和模型精度。

16.4.1 梯度优化算法

1. SGD

前面介绍的梯度下降法称为随机梯度下降（Stochastic Gradient Desent，SGD）算法，SGD 算法每次迭代都使用 Batch 数据进行计算，迭代一次使用其中 1 个 Batch 数据。

模型网络参数使用 SGD 算法的迭代表达式为

$$W^j(t+1) = W^j(t) - \alpha \frac{\partial \text{Loss}}{\partial W^j(t)}$$

$$B^j(t+1) = B^j(t) - \alpha \frac{\partial \text{Loss}}{\partial B^j(t)}$$

这里，学习率 α 取 0.01 或 0.001。每迭代一次，W^j 和 B^j 朝损失函数最优位置方向前进一步。

SGD 算法每次使用 1 个 Batch 数据计算梯度，如果这个 Batch 的数据质量好，计算出来的梯度方向就是损失函数最优值的收敛方向；如果这个 Batch 的数据质量差，计算出来的梯度方向就会偏离损失函数最优值的收敛方向。SGD 算法性能依赖于 Batch 数据质量的稳定性。当训练样本的 Batch 数据质量不稳定时，SGD 收敛过程呈现"之"形轨迹，算法效率降低。如果外加算法学习率参数设置不当（过大或过小），则 SGD 算法收敛过程就麻烦了。学习率设置过小，模型收敛过程会很慢，甚至会没有效果；学习率设置过大，模型收敛过程会很快，一下进入振荡状态，有时会发散。无论出现哪种状态，这时的模型训练就是无效的。

为了弥补 SGD 算法的缺陷，需要对 SGD 算法进行优化、改进。优化、改进算法包含 Momentum、AdaGrad 和 ADM 等。这几个算法在 Python.sklearn 工具包中提供了标准配置，使用时直接配置即可。

2. Momentum

由于 Batch 数据质量的稳定性会影响 SGD 算法梯度的收敛方向，Momentum 算法提出新增一个动量，这个动量类似于物体运动的惯性，让 SGD 算法的收敛过程保持原来的轨迹方向，或者说较小程度地偏移原来的轨迹方向，下一次迭代是对本次迭代轨迹方向的微调。这样，SGD 算法的收敛过程受 Batch 数据质量稳定性的影响程度就减弱了。采用 Momentum 策略，SGD 算法就可以在一个相对稳定的梯度方向上快速收敛到损失函数最优位置。把采用 Momentum 策略的 SGD 算法称为 Momentum 算法。

模型网络参数使用 Momentum 算法的迭代表达式为

$$\begin{cases} \boldsymbol{U}^j\left(t+1\right) = \alpha \boldsymbol{U}^j\left(t\right) - \eta \dfrac{\partial \mathrm{Loss}}{\partial \boldsymbol{W}^j\left(t\right)} \\ \boldsymbol{W}^j\left(t+1\right) = \boldsymbol{W}^j\left(t\right) + \boldsymbol{U}^j\left(t+1\right) \end{cases}$$

$$\begin{cases} \boldsymbol{V}^j\left(t+1\right) = \beta \boldsymbol{V}^j\left(t\right) - \eta \dfrac{\partial \mathrm{Loss}}{\partial \boldsymbol{B}^j\left(t\right)} \\ \boldsymbol{B}^j\left(t+1\right) = \boldsymbol{B}^j\left(t\right) + \boldsymbol{V}^j\left(t+1\right) \end{cases}$$

这里，动量参数 $\boldsymbol{U}(t)$ 用于调节 $\boldsymbol{W}^j(t)$ 的迭代过程；动量参数 $\boldsymbol{V}(t)$ 用于调节 $\boldsymbol{B}^j(t)$ 的迭代过程。衰减因子 α 和 β 为动量参数每次迭代的衰减程度，通常取 $\alpha = \beta = 0.9$。η 表示算法的学习率，取 $\eta = 0.01$。

3. AdaGrad

SGD 算法中，学习率 η 取值过大、过小都不妥，即使取值合适，也存在一个问题，就是这个学习率参数对模型各层所有网络参数的作用程度是一样的。自适应梯度（Adaptive Gradient，AdaGrad）算法提出为每个网络参数分类不同的学习率方法。

模型网络参数使用 AdaGrad 算法的迭代表达式为

$$\begin{cases} \boldsymbol{U}^j\left(t+1\right) = \boldsymbol{U}^j\left(t\right) + \dfrac{\partial \mathrm{Loss}}{\partial \boldsymbol{W}^j\left(t\right)} \odot \dfrac{\partial \mathrm{Loss}}{\partial \boldsymbol{W}^j\left(t\right)} \\ \boldsymbol{W}^j\left(t+1\right) = \boldsymbol{W}^j\left(t\right) - \eta \dfrac{1}{\sqrt{\boldsymbol{U}^j\left(t+1\right)}} \dfrac{\partial \mathrm{Loss}}{\partial \boldsymbol{W}^j\left(t\right)} \end{cases}$$

$$\begin{cases} \boldsymbol{V}^j\left(t+1\right) = \boldsymbol{V}^j\left(t\right) + \dfrac{\partial \mathrm{Loss}}{\partial \boldsymbol{B}^j\left(t\right)} \odot \dfrac{\partial \mathrm{Loss}}{\partial \boldsymbol{B}^j\left(t\right)} \\ \boldsymbol{B}^j\left(t+1\right) = \boldsymbol{B}^j\left(t\right) - \eta \dfrac{1}{\sqrt{\boldsymbol{V}^j\left(t+1\right)}} \dfrac{\partial \mathrm{Loss}}{\partial \boldsymbol{B}^j\left(t\right)} \end{cases}$$

这里数学符号"$\odot$"表示矩阵对应元素相乘。

AdaGrad 算法在执行网络参数迭代时引入了一个变量修正学习率，这个变量就是网络参数各自历史梯度值的平方和。有了这个修正值后，对那些梯度变化较大的参数，下一步迭代的学习率会变小；对那些梯度变化较小的参数，下一步迭代的学习率会变大。这样也就实现了模型迭代时，学习率根据网络参数自己的特征动态调节，避免了一视同仁的问题。

4. ADM

ADM 算法融合了 AdaGrad 和 Momentum 的特点、优势，既考虑了用历史梯度均值作为动量，又考虑了用历史梯度平方和实现各个参数的学习率自适应调整。

使用 ADM 算法迭代网络参数 $\boldsymbol{W}^j(t)$ 的表达式为

$$
\begin{cases}
\boldsymbol{U}^j(t+1) = a_1 \boldsymbol{U}^j(t) + (1-a_1)\dfrac{\partial \mathrm{Loss}}{\partial \boldsymbol{W}^j(t)} \\[2mm]
\boldsymbol{V}^j(t+1) = a_2 \boldsymbol{V}^j(t) + (1-a_2)\dfrac{\partial \mathrm{Loss}}{\partial \boldsymbol{W}^j(t)} \odot \dfrac{\partial \mathrm{Loss}}{\partial \boldsymbol{W}^j(t)} \\[2mm]
\hat{\boldsymbol{U}}^j(t+1) = \dfrac{\boldsymbol{U}^j(t+1)}{1-a_1} \\[2mm]
\hat{\boldsymbol{V}}^j(t+1) = \dfrac{\boldsymbol{V}^j(t+1)}{1-a_2} \\[2mm]
\boldsymbol{W}^j(t+1) = \boldsymbol{W}^j(t) - \eta \dfrac{1}{\sqrt{\hat{\boldsymbol{V}}^j(t+1)}} \hat{\boldsymbol{U}}^j(t+1)
\end{cases}
$$

这里，$\boldsymbol{U}^j(t)$ 和 $\boldsymbol{V}^j(t)$ 分别是模型损失函数关于 $\boldsymbol{W}^j(t)$ 梯度的一阶矩估计和二阶矩估计。

同理，使用 ADM 算法迭代网络参数 $\boldsymbol{B}^j(t)$ 的表达式为

$$
\begin{cases}
\boldsymbol{P}^j(t+1) = \beta_1 \boldsymbol{P}^j(t) + (1-\beta_1)\dfrac{\partial \mathrm{Loss}}{\partial \boldsymbol{B}^j(t)} \\[2mm]
\boldsymbol{Q}^j(t+1) = \beta_2 \boldsymbol{Q}^j(t) + (1-\beta_2)\dfrac{\partial \mathrm{Loss}}{\partial \boldsymbol{B}^j(t)} \odot \dfrac{\partial \mathrm{Loss}}{\partial \boldsymbol{B}^j(t)} \\[2mm]
\hat{\boldsymbol{P}}^j(t+1) = \dfrac{\boldsymbol{P}^j(t+1)}{1-\beta_1} \\[2mm]
\hat{\boldsymbol{Q}}^j(t+1) = \dfrac{\boldsymbol{Q}^j(t+1)}{1-\beta_2} \\[2mm]
\boldsymbol{B}^j(t+1) = \boldsymbol{B}^j(t) - \eta \dfrac{1}{\sqrt{\hat{\boldsymbol{Q}}^j(t+1)}} \hat{\boldsymbol{P}}^j(t+1)
\end{cases}
$$

这里，$\boldsymbol{P}^j(t)$ 和 $\boldsymbol{Q}^j(t)$ 分别是模型损失函数关于 $\boldsymbol{B}^j(t)$ 梯度的一阶矩估计和二阶矩估计。

以上介绍了 4 种梯度优化算法，到底哪种算法表现最佳呢？我们暂时不能回答这个问题，因为每种算法有自己的优点，也有自己的缺点。工程实践中，要结合业务场景，对比效果后选择与自己业务场景匹配的梯度下降优化算法。目前使用较多的是 SGD 算法和 ADM 算法。

16.4.2　Batch 归一化

伴随神经网络层数的增加，尤其是深度学习神经网络层数的增加，每层神经元的线性组合模型的输出逐渐向非线性函数的两端靠近。对于 Sigmoid() 函数来说，神经元线性组合模型的输出逐渐逼近 1 或 0，这时，若误差反向传递，很容易出现梯度消失（梯度值逼近 0），导致模型损失函数无法到达全局最优位置，而进入局部最优位置。神经网络模型的层数越多，这个问题越严重。

Batch 归一化算法的核心思想是对神经网络的激活函数输入做正态分布的归一化处理，约束输入数据的分布强度，从而达到加快训练速度的目的。融合 Batch 归一化处理环节的神经网络模型如图 16.7 所示。

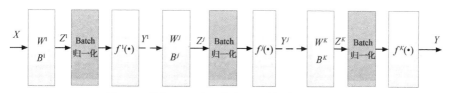

图 16.7　融合 Batch 归一化处理环节的神经网络模型

批处理训练样本中 1 个 Batch 包含 m 个样本数据的数据，即 $B = \{z_1, z_2, \cdots, z_m\}$，对这 m 个数据按如下方式进行正态分布标准化处理，

$$\mu_B = \frac{1}{m}\sum_{i=1}^{m} z_i$$

$$\sigma_B^2 = \frac{1}{m}\sum_{i=1}^{m}\left(z_i - \mu_B\right)^2$$

$$\hat{z}_i = \frac{z_i - \mu_B}{\sigma_B}$$

这样，原来的批量数据 $B = \{z_1, z_2, \cdots, z_m\}$，就转化为了均值为 0、方差为 1 的数据集 $\hat{B} = \{\hat{z}_1, \hat{z}_2, \cdots, \hat{z}_m\}$，将这样的数据送入激活函数。

这里需要注意，对输入激活函数的数据强制进行正态分布标准化处理操作势必造成数据分布特征的改变，数据分布特征发生改变，模型学习到的规律特征也就不对了。所以 Batch 归一化算法并非只对输入激活函数的数据强制进行正态分布标准化处理，还需要重构特征，使送入激活函数的数据具备原来的数据特征。

$$\tilde{z}_i = \alpha \hat{z}_i + \beta$$

这里，α 和 β 是学习参数，当 $\alpha = \sigma_B$，$\beta = \mu_B$ 时，重构后的数据与原来的数据一致，等于没有重构。重构开始时，可取 $\alpha = 1$、$\beta = 0$ 进行学习，最终调整到合适的参数值。

16.4.3　正则化

过拟合是机器学习过程中常见的问题，指的是机器学习模型过度拟合了训练样本的数据特征，模型在训练样本上表现出较好的性能，在真实环境下性能大打折扣。机器学习的目的是让模型在真实数据环境下表现出较好的性能，体现出模型的泛化能力。所以机器学习模型在训练过程中需要采取一些技巧抑制模型的过拟合现象。

前面在介绍逻辑回归模型训练时，为抑制过拟合，我们引入了正则修正项，在这里我们同样使用这个策略修正模型的损失函数。

模型采用均方误差作为损失函数，

$$\text{Loss} = \frac{1}{2m}\sum_{k=1}^{m}\left(y_k - \hat{y}_k\right)^2 + \frac{\lambda}{2}\left(\|\boldsymbol{W}\|^2 + \|\boldsymbol{B}\|^2\right)$$

式中，m 表示目标特征数据的维度；y_k 表示目标特征第 k 个训练样本的监督数据；$\hat{y}_k$ 表示目标特征第 k 个训练样本对应的输出数据（输出节点数据）；λ 表示正则化权重衰减系数。

分类问题采用交叉熵误差作为损失函数，

$$\text{Loss} = -\sum_{k=1}^{m}y_k \ln\left(\hat{y}_k\right) + \frac{\lambda}{2}\left(\|\boldsymbol{W}\|^2 + \|\boldsymbol{B}\|^2\right)$$

式中，m 表示神经网络输出节点的数量；y_k 表示神经网络输出层第 k 个节点对应的监督数据（One-hot 编码，m 个输出节点中只有 1 个为 1，其他都为 0）；$\hat{y}_k$ 表示神经网络输出层第 k 个节点激活函数的输出数据；λ 表示正则化权重衰减系数。

计算损失函数的梯度，获得模型网络参数的迭代过程为

$$\boldsymbol{W}^j\left(t+1\right) = \left(1 - \eta\lambda\right)\boldsymbol{W}^j\left(t\right) - \eta\frac{\partial \text{Loss}}{\partial \boldsymbol{W}^j\left(t\right)}$$

$$B^{j}\left(t+1\right)=\left(1-\eta\lambda\right)B^{j}\left(t\right)-\eta\frac{\partial\text{Loss}}{\partial B^{j}\left(t\right)}$$

神经网络模型除了可以引入权重衰减系数来抑制过拟合现象，还可以使用 Dropout 策略。Dropout 策略对模型中的隐藏层随机删除（这种删除是暂时的，只满足本次迭代计算要求）一些神经元，也就是说随机选择一些神经元不参与计算。每次训练迭代时，随机选择不参与计算的神经元。本次迭代选中不参与计算的神经元不确定下次迭代也会被选中不参与计算，所以不参与计算的神经元权重系数需要保存下来，只是本次不更新而已，下一次更新可能还需要。

16.5　DNN 模型

由于 ANN 模型当隐藏层数量增加后，模型训练时很容易出现梯度消失问题，模型训练跳不出局部最优的困境，大部分情况下，ANN 模型工作在第 3～5 层，解决有限的业务场景问题。很长一段时间，业界对神经网络模型的应用研究处于不温不火的状态。直到 2006 年，辛顿利用预训练方法解决了局部最优问题，将 ANN 模型隐藏层推到了 7 层，再次开启了深度学习神经网络的热潮，ANN 模型进入了"深度神经网络（Deep Neural Network，DNN）模型时代"。

DNN 模型的研究使神经网络的研究引入了更深层次的机器学习时代、人工智能时代。可利用深度学习神经网络模型模拟人类大脑的思维，解决复杂的模式识别问题。目前深度学习在信息搜索、数据挖掘、机器学习、自然语言处理、语音识别、图像识别和信息推荐方面都取得了显著成果。

16.5.1　模型构建

基于相同的输入层和输出层，图 16.8 所示为一个 3 层 ANN 模型结构，图 16.9 所示为 6 层 DNN 模型结构。由图可见，DNN 模型与 ANN 模型在结构上相似，都包含输入层、隐藏层和输出层，主要差别在于隐藏层的数量。ANN 模型的隐藏层的数量相对较少，如 1～3 层；DNN 模型的隐藏层的数量相对较多，一般都多于 3 层。不同应用领域对深度的定义也不同，例如，语音识别领域中，4 层神经网络就是较深层的深度学习神经网络，而在图像识别领域，20 层以上的网络屡见不鲜。

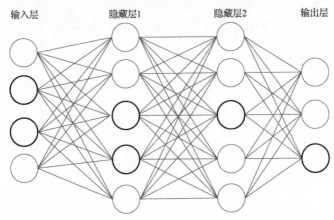

图 16.8　ANN 模型结构（3 层）

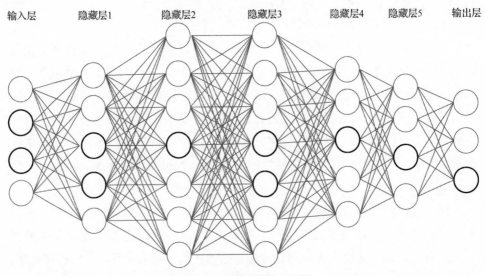

图 16.9　DNN 模型结构（6 层）

　　简单理解，DNN 模型的构建就是增加了 ANN 模型隐藏层的数量，增加了模型的深度。模型的层数越多，越能体现出非线性特征，越能识别和挖掘出数据中的复杂特征，提升模型的泛化能力。DNN 模型伴随层数的增加，训练复杂度增加，很容易出现过拟合现象。有时深层神经网络的效果还不如浅层神经网络的效果。

　　为了解决梯度消失问题，DNN 模型使用 ReLU()函数作为中间层的激活函数。图 16.10 所示为一个 M 层 DNN 模型的构建示意。图中网络输出层使用 softmax()函数作为激活函数，其他层使用 ReLU()函数作为激活函数。

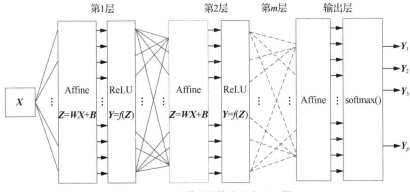

图 16.10　DNN 模型的构建示意（M 层）

DNN 模型的训练与 ANN 模型的一样，采用负梯度下降去寻找模型损失函数的最优位置。

16.5.2　代码示例

Python 环境下 sklearn.neural_network. MLPClassifier()用于 DNN 模型的构建，MLPClassifier 是一个有监督学习模型。使用类定义的函数 from sklearn.neural_network import MLPClassifier 直接导入工具包即可。

MLPClassifier 模型主要配置参数如下。

```
params = {
    hidden_layer_sizes: (200,100,50),  # 隐藏层神经元个数
    activation: 'relu',  # 激活函数
    solver: 'sgd', # 优化器
    alpha: 0.01, # 正则化参数
    learning_rate: 0.01, # 学习率
    max_iter: 50, #最大迭代次数
    }
```

代码 16-1 为 DNN 模型的训练与预测代码。代码中(200,100,50)表示定义 1 个 3 层 MLP 全连接神经网络，第 1 层节点数为 200，第 2 层节点数为 100，第 3 层节点数为 50。

代码 16-1　DNN 模型的训练与预测

```
# -*- coding: utf-8 -*-

import json
import os
import pickle
import random
from math import floor
```

```
import pandas as pd
import numpy as np
import time
from chapter5.recall_proc import get_recall_item_by_userid
from chapter5.training_data import get_user_item_matrix, get_dataset_
train, get_dataset_test
from sklearn.model_selection import train_test_split
from sklearn.neural_network import MLPClassifier
from texttable import Texttable

title = 'DNN 模型 推荐精排'

class DNN_sorted:
    def __init__(self):
        self.item_all = None
        self.user_all = None
        self.user_item_unclicked_dict = {}
        self.DNN_model = None
        self.path = os.path.dirname(__file__)
        self.load_data()

    def load_data(self):
        self.item_vector = pd.read_csv(self.path + '/dataset/item_profile_
vector.csv')
        self.user_vector = pd.read_csv(self.path + '/dataset/user_profile_
vector.csv')
        try:
            self.DNN_model = pickle.load(open(self.path + '/model/DNN_
sorted.model','rb'))
        except:
            print('load DNN sorted model failure !!')

    def get_user_vector(self, userid):
        …

    def get_item_vector(self, itemid):
        …

    def training(self):
        start = time.clock()
        print('start to DNN sorted model training...')

        data_train = get_dataset_train()
        X = []
        Y = data_train['label'].values
        index = list(data_train.index.values)
        for k in index:
            data = data_train.loc[k]
            temp = self.get_user_vector(data['userid']) + self.get_item_
vector(data['newsid'])
```

```
            X.append(temp)

        model = MLPClassifier(solver='sgd', activation='relu',alpha=1e-4,
hidden_layer_sizes=(200,100,50))
        self.DNN_model = model.fit(X,Y)
        pickle.dump(self.DNN_model, open(self.path + '/model/DNN_sorted.
model','wb'))

        end = time.clock()
        print("create DNN sorted model, and training process lasts: %f s"
% (end - start))

    def predict(self, userid, topN):
        recommend_profile = {}
        recommendList = []

        recall_profile = get_recall_item_by_userid(userid)
        recall_item_list = [k for k,v in recall_profile['item']]
        for item in recall_item_list:
            X = self.get_user_vector(userid) + self.get_item_vector(item)
            X = np.array(X).reshape(1,-1)
            Y = self.DNN_model.predict(X)
            temp = (item,Y[0])
            recommendList.append(temp)

        recommendList = self.recommendList_filtered(recommendList)
        recommendList = self.recommendList_topK(recommendList,topN)

        recommend_profile['user'] = userid
        recommend_profile['item'] = recommendList
        recommend_profile['model'] = self.recommendmode_filtered
(recommendList,recall_profile['model'])

        print('推荐粗排结果：\n', recall_profile)
        print('精排结果：\n', recommend_profile)
        self.showTable(recommendList, recommend_profile['model'])
        return recommend_profile

    def recommendmode_filtered(self,recommendList,recall_profile):
        …

    def recommendList_filtered(self, recommendList):
        …

    def recommendList_topK(self, recommendList, topN):
        …

    def get_data_by_index(self, data, data_list):
        …

    def showTable(self, recommendList, neighbour):
```

```
        …

    def evaluation(self):
        …

if __name__ == '__main__':
    model = DNN_sorted()
    model.training()
    model.predict('U545162', topN=20)
```

代码输出结果如下：

推荐粗排结果：

```
{'user': 'U545162', 'item': [['N54031', 1.78018], ['N94738', 1.428743806032
045], ['N117592', 1.4208], ['N64617', 1.2529], ['N101760', 1.1443], ['N103570',
1.0077], ['N76099', 1.00604], ['N110949', 1.00431], …], 'model': [['N103570',
['hot']], ['N94738', ['hot', 'LFM']], ['N101760', ['hot', 'SVDPP']], ['N10187',
['Item_CB']], ['N50436', ['Tag']], ['N24129', ['Tag']], ['N77621', ['LFM']],
['N97999', ['LFM', 'SVDPP']], ['N98164', ['SVDPP']], ['N120866', ['SVDPP']],
…]}
```

精排结果：

```
{'user': 'U545162', 'item': [('N117592', 1.0), ('N64617', 1.0), ('N103570',
1.0), ('N76099', 1.0), ('N65156', 1.0), ('N96438', 1.0), ('N45502', 1.0),
('N13178', 1.0), ('N111415', 1.0), ('N28219', 1.0), ('N23677', 1.0),
('N114479', 1.0), ('N77896', 1.0), ('N23156', 1.0), ('N74056', 1.0), ('N12350',
1.0), ('N105142', 1.0), ('N116427', 1.0), ('N43402', 1.0), ('N33933', 1.0)],
'model': [('N103570', ['hot']), ('N76099', ['hot']), ('N65156', ['hot']),
('N117592', ['hot', 'LFM']), ('N96438', ['hot']), ('N45502', ['hot']),
('N13178', ['hot']), ('N111415', ['hot']), ('N28219', ['hot']), ('N23677',
['hot']), ('N64617', ['hot', 'SVDPP']), ('N114479', ['hot']), ('N77896',
['hot']), ('N23156', ['hot']), ('N74056', ['hot']), ('N12350', ['hot']),
('N105142', ['hot']), ('N116427', ['hot']), ('N43402', ['hot']), ('N33933',
['hot'])]}
```

```
News_ID    weight     from modelID
===================================
N117592    1.0        ['hot', 'LFM']
N64617     1.0        ['hot', 'SVDPP']
N103570    1.0        ['hot']
N76099     1.0        ['hot']
N65156     1.0        ['hot']
N96438     1.0        ['hot']
N45502     1.0        ['hot']
…
```

通过 model.training()启动模型训练工作，生成训练好的 DNN 模型。基于训练好的 DNN 模型调用 model.predict()完成精排工作。

self.DNN_model.predict()预测函数输出结果为 0/1，Y=1 表示用户点击，Y=0 表示用户不点击。

self.DNN_model.predict_proba()预测函数输出结果为分类到 0 和分类到 1 的概率。将 predict()函数中对应代码用下面的代码替换，输出结果就是对应的点击率。

```
Y_proba = self.LR_model.predict_proba(X)
print(Y,Y_proba[0][0],Y_proba[0][1])

if Y_proba[0][1] > 0.5:
    temp = (item, round(Y_proba[0][1],4))
    recommendList.append(temp)
```

启动评估函数对模型进行验证评价。根据模型输出的精度调整模型参数，评价函数的代码与 model.evaluation() 相同。

16.6　Wide&Deep 模型

Wide & Deep 是谷歌在 2016 年 6 月发布的用于分类和回归的神经网络模型。该模型被应用到了 Google Play 的 App 推荐中，有效地增加了 Google Play 的软件安装量。Wide&Deep 模型由单层 Wide 模型和多层 Deep 模型混合而成，其结构如图 16.11 所示。Wide 部分使用线性回归模型，即前面介绍 LR 模型。使用 LR 模型保障了模型的记忆能力。Deep 部分使用非线性模型，即前面介绍的 DNN 模型。使用 DNN 模型保障了模型的泛化能力。这两种模型的融合继承了 LR 模型和 DNN 模型的优点，既能快速处理并记忆大量的行为特征，又具备强大的特征表达能力。Wide & Deep 模型发布后，迅速成为业界应用的主流模型。

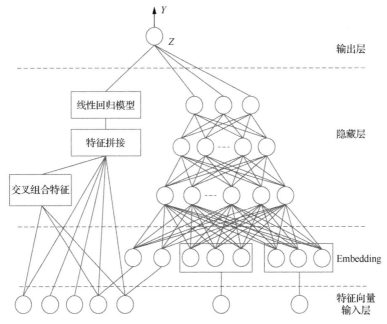

图 16.11　Wide&Deep 模型结构

模型记忆能力指的是模型对训练样本数据特征的学习和利用能力，即挖掘数据规则的能力。简单理解，就是模型记住了训练数据中用户的行为记录。协同过滤算法模型、逻辑回归算法模型、标签推荐算法模型等都具备较强的记忆能力。

模型泛化能力指的是模型对训练数据的特征挖掘和特征构建能力，即能挖掘和发现稀疏或者稀有特征，这些特征与目标的相关性较强。简单理解，就是模型挖掘出一些新的、重要的特征。SVD 算法模型、LFM、SVDPP 算法模型、DNN 算法模型等具备较强的泛化能力。LFM 能挖掘和构建一个隐形的类别特征，通过隐形类别特征建立用户与新闻的关联。

16.6.1　Wide 部分

Wide&Deep 模型中 Wide 部分使用线性回归模型，

$$Y = W \cdot X + B$$

这里，X 表示模型输入特征向量；B 表示常数向量；Y 表示线性回归模型输出，送给 Sigmoid() 函数做归一化处理。

输入线性模型的特征向量包含原始特征和交叉组合生成的新特征。Wide 模型通过交叉组合生成新特征的目的是为模型引入非线性，让模型记住共现频率较高的特征组合。逻辑回归模型在使用中需要人工参与特征的交叉组合，构建更多的特征，让模型挖掘和记住这些特征。正因如此，逻辑回归模型预测推荐系统点击率对人工经验的依赖较强。

谷歌提供了一种组合特征生成方法，

$$\phi_k(x) = \prod_{i=1}^{d} x_i^{c_{ki}}, \quad c_{ki} = \{0,1\}$$

这里，c_{ki} 是一个布尔变量，取值为 0/1，表示第 k 个组合特征中是否包含输入特征向量 X 的第 i 个特征，如果包含，$c_{ki}=1$，否则 $c_{ki}=0$。d 表示输入特征向量 X 的维度。

Wide 模型使用的组合特征生成方法理解起来比较困难，但本质上就是特征相乘原理。组合特征中包含两个特征就两个特征相乘，包含 3 个特征就 3 个特征相乘。

输入特征 X_1 和 X_2。如果 X_1 和 X_2 属于离散数据，则生成的组合特征为 AND(X_1, X_2)，也就是同时满足的含义，对应本书第 5 章介绍的笛卡儿构造新特征。如果 X_1 和 X_2 属于连续数据，则生成的组合特征为 $X_1 X_2$，对应本书第 5 章介绍的线性组合构造新特征。

在 Google Play 推荐模型中，设置如下组合特征：AND(user_installed_app=netflix,impression_app=pandora)。这个组合特征代表用户安装了 Netflix 这款应用，而且曾在应用商店中看到过 pandora 这款应用。如果推荐系统的目标特征是"是否安装 pandora 应用"，通过第 5 章介绍的特征选择方法，我们很容易计算出这个组合特征与目标特征之间的相关性，如果相关性较高，我们希望模型记住这个特征，也就需要将这个组合特征加入线性回归模型的特征输入队列。模型训练过程中，由于这个组合特征与目标特征相关性很高，模型在迭代时会调节这个组合特征对应的权重系数，权重系数的值就会变大。在模型预测阶段，这个组合特征对应的权重系数较大，所以模型很容易发现这个组合特征，立即推荐 pandora 这款应用。模型的这个训练和预测过程就反映了机器学习模型的记忆能力。

16.6.2　Deep 部分

Deep 部分使用 DNN 模型构建更多的非线性特征，这些特征在人工组合特征构建中很难构建出来。DNN 模型通过多个隐藏层的交互，能发现和挖掘出数据中的潜在规律，生成高阶组合特征。如果这个特征与目标特征的相关性较大，这样的特征应该被选择和保留。DNN 模型发现和挖掘更多组合特征的能力体现出机器学习模型的泛化能力。

Wide&Deep 模型中的 Deep 部分使用 DNN 模型，模型第 j 层迭代方式为

$$Y^j = f\left(W^j Y^{j-1} + B^j\right), \quad j = 1, 2, 3, \cdots, m$$

式中，Y^j 表示第 j 层神经网络模型输出数据，$Y^0 = X$，X 为输入神经网络的特征向量；W^j 表示第 j 层神经网络模型权重向量；B^j 表示第 j 层神经网络模型偏置向量；f 表示第 j 层神经网络模型激活函数，模型中所有隐藏层使用 ReLU()函数作为激活函数。

DNN 模型不适合处理离散的稀疏特征，对于离散数据需要经 Embedding 处理后生成连续稠密特征。对于连续数据，直接进入输入层。DNN 模型输入层对特征进行拼接，生成最终送入 DNN 模型的输入数据 X。

16.6.3　联合训练

Wide&Deep 模型训练支持集成训练（Ensemble）和联合训练（Joint Trainning）模式。单独训练模式中，Wide 和 Deep 模型彼此独立，仅在预测阶段对每个模

型预测的数据进行融合。联合训练模式中，同时考虑 Wide 和 Deep 两个模型的权重，一起优化。

联合训练是指同时训练 Wide 模型和 Deep 模型，并将两个模型的输出结果加权和作为 Sigmoid()函数的输入，将 Sigmoid()函数的输出作为模型的最终预测值。

模型的输出属于二分类问题，对应的条件概率为

$$P(Y=1 \mid X) = g\big(W\big[X, \phi(X)\big] + W^m Z^m + B^m\big)$$

$$P(Y=0 \mid X) = 1 - g\big(W\big[X, \phi(X)\big] + W^m Z^m + B^m\big)$$

这里，X 表示原始特征向量；$\phi(X)$ 表示组合生成的新特征；$g(\cdot)$ 表示模型激活函数，这里使用 Sigmoid()；Z^m 表示 DNN 模型输出层的输入特征，这里选用 m 层的 DNN 模型；W^m 表示 DNN 模型输出层的权重系数矩阵；B^m 表示 DNN 模型输出层的偏置量矩阵。

模型采用交叉熵作为损失函数，则在 m 条训练样本下，模型的损失函数为

$$\text{Loss} = -\frac{1}{m}\sum_{k=1}^{m}\big(y_k \log \hat{y}_k + (1-y_k)\log(1-\hat{y}_k)\big)$$

式中，y_k 表示模型输出的第 k 个样本值对应的监督数据；$\hat{y}_k$ 表示模型输出的第 k 个样本值，即对应第 k 个样本数据的预测值。

模型联合训练使用 Batch 数据，利用梯度下降法搜索损失函数最优值位置，模型优化中 Wide 部分使用 FTRL 算法+L1 正则，Deep 部分使用 AdaGrad 算法。

16.6.4 Wide&Deep 模型案例

图 16.12 所示为谷歌推荐系统团队搭建的 Wide&Deep 模型框架，用于解决 Google App Store 的 App 推荐问题。模型 Wide 部分的输入是原始特征和组合特征，同时作为线性回归模型的输入。模型 Deep 部分输入是全量原始特征向量，包括用户年龄（Age）、已安装应用数量（App Installs）、设备类型（Device Class）、已安装应用（User Installed App）、曝光应用（Impression App）等特征。人口基本属性数据、设备类型、已安装应用、曝光应用等类别特征经 Embedding 处理后送入 DNN 模型的输入层，拼接成 1200 维的 Embedding 向量，DNN 模型使用 3 层全连接神经网络。DNN 模型的输出和线性回归模型输出加权后送到逻辑回归模型的 Sigmoid()函数，生成最终结果。

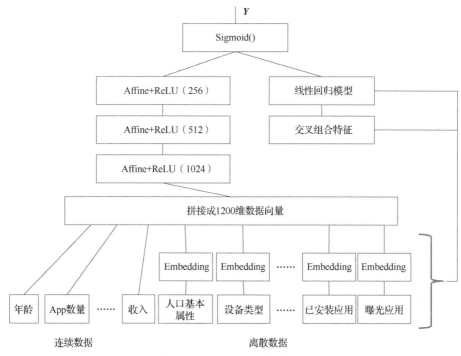

图 16.12　Wide&Deep 模型框架

16.7　本章小结

　　神经网络属于非线性模型，具备较强的学习能力和特征泛化处理能力，在推荐系统点击率预测领域应用广泛，尤其是 Wide&Deep 模型的出现，使神经网络的应用在信息推荐点击率预测领域掀起热潮。神经网络模型的输入信号是特征向量，每一层输出是对上输入特征的交叉组合，可自动实现特征的交叉组合，网络层数越多，新生成特征的阶位越高，实现了低阶特征向高阶特征的构建。神经网络每层节点对应的权重系数反映了输入特征、交叉组合特征与目标特征之间的相关性权重。模型训练阶段，权重系数不断迭代调整，达到最优。模型训练过程本质上就是特征的选择过程，优选特征所在的节点权重系数大，淘汰特征所在的节点权重系数小。神经网络模型通过增加隐藏层的数量实现推荐系统低阶特征向高阶特征的组合，通过模型训练实现特征的选择和优化。将神经网络应用到推荐系统解决点击率预测问题，直接使用原始特征向量作为输入即可，避免了人工参与特征交叉组合工作。对于离散型特征，需要经过 Embedding 转化后作为神经网络的输入。

　　本章介绍了神经元模型、ANN 模型、DNN 模型和 Wide&Deep 模型，推导了模型的数学模型，介绍了神经网络的两个传递过程，阐述了模型优化常用的方法。读者在学习神经网络时，会遇到反向传递（Back Propagation，BP）算法模型。BP 算法模型与本章介绍的 ANN 模型在本质上没有区别。BP 算法模型采用前向多层神经网络模型，包含 1 个输入层、1 个输出层和多个隐藏层，模型的激活函数采用 Sigmoid() 函数。ANN 模型属于神经网络的一种，BP 算法模型是 ANN 模型的一种，这个模型明确约定了模型训练使用误差反向传递算法。

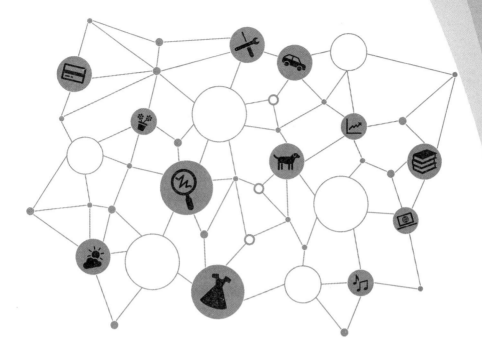

第5部分　系统篇

系统设计将孤立的业务逻辑处理模块联动起来，实现系统自动化、流程化、稳定可靠运行，使结果满足预期的设计目标。

推荐系统的系统设计除了前面介绍的数据处理和算法处理外，还需要包含 Web 服务设计、系统架构设计、测试评估设计、业务监控设计、日志采集设计、运营管理设计等内容。

## 第17章

推荐服务生成与管理

推荐系统以 Web 应用程序接口（Application Program Interface，API）方式对外提供推荐服务，前端页面需要使用推荐服务时，远程调用推荐系统的 Web API。推荐系统面对的业务场景不同，定义的推荐服务存在差别。推荐服务提供的 Web API 远程调用方式不限于超文本传送协议（Hypertext Transfer Protocol，HTTP）、远程过程调用（Remote Procedure Call，RPC）、Web 服务等，Web API 根据推荐请求参数，调用业务处理函数或业务处理微服务得到推荐列表，将推荐列表经过标准封装后反馈给前端。考虑到前端请求推荐服务的实时响应问题，企业级推荐系统通常提供离线和在线两种计算方式来解决请求响应的实时性问题。

本章将以新闻推荐系统的 Web API 服务为例，基于 HTTP 通信方式，阐述推荐服务的开发方法和调用方法，分析离线计算、在线计算及离线+在线融合计算 3 种计算方式的优势和劣势。读者可以根据推荐系统的业务场景选择合适的计算方式，最后通过代码示例展示推荐系统从接收推荐 HTTP 请求到 HTTP 响应反馈过程中推荐系统的业务处理流程。

17.1　推荐系统的 Web 服务

Web 服务是推荐系统对外提供的服务访问方式。Web API 是互联网架构下，网络应用服务对外提供的访问接口，用于解决网络应用服务之间的通信问题。推荐系统以 Web API 方式对外提供推荐服务接口。UI 系统需要使用推荐服务时，向推荐系统开放的服务接口发起 HTTP 请求，推荐系统根据请求报文中的参数要求生成推荐结果，将其反馈给 UI 系统，UI 系统根据规则将结果展示在页面上供用户浏览和查看。UI 系统与推荐系统的交互过程如图 17.1 所示。

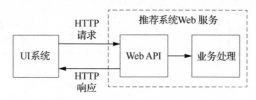

图 17.1   UI 系统与推荐系统通过 Web 服务交互数据

推荐系统 Web 服务的主要职责是响应 UI 系统的推荐服务请求，响应时间是一个重要的考核指标。UI 系统发起推荐请求后长时间不能获得推荐列表是不可容忍的，因为这个服务是面向用户的，用户一般没有耐心等待很长时间，通常希望这个响应时间为微秒级、毫秒级，最差不能高于秒级。响应时间是重要的考核指标，所以 Web 服务开发的技术方案要权衡好，例如，如图 17.1 所示，将 Web API 和业务处理分开，这样操作的优势是 Web API 匹配实时性较强的应用需求，从缓存中读取数据，将其立即反馈给推荐列表；业务处理模块匹配用户当前兴趣偏好，启动推荐计算流程，生成下一轮的推荐列表。

推荐系统 Web 服务的定义与推荐系统业务应用场景和 UI 系统的页面设置有关。这里以一种新闻推荐系统为例，将推荐服务划分为以下 5 种。

个性化推荐服务：根据用户兴趣偏好生成推荐列表或用户订阅栏目频道的推荐列表。该服务体现出推荐系统最大特点，即千人千面。推荐列表服务于 UI 系统的独立页面，如"推荐""科技""要闻""健康""短视频"等。

群组推荐服务：对用户按不同属性特征分组，如按区域、按年龄、按兴趣偏好等。根据请求参数，将本组的推荐列表反馈给用户。分组的属性相同，推荐列表相同；分组的属性不同，推荐列表不同。

热门推荐服务：根据最近一段时间点击率较高的新闻生成推荐列表，服务于"热点""热榜""排行榜"等页面。

相关推荐服务：根据与新闻内容相关的新闻生成推荐列表，这里的内容泛指类别、来源、专题、标签、事件等。这个推荐服务通常出现在 UI 系统内容详情页面，可通过其引导用户进一步阅读与当前新闻内容相关的其他新闻。

场景推荐服务：根据与当前时间、地点、设备型号等有关的新闻生成推荐列表。最常见的是基于位置的推荐服务，推荐列表服务于"周边""附近"等页面。

推荐系统应用场景不同，其定义的推荐服务是存在差异的。本章主要阐述推荐服务生成与管理方法，提供框架性设计原则和思路，不是为新闻推荐系统设计具体的推荐服务，也就不讨论设计的推荐服务是否满足新闻推荐系统的各种服务需求。

推荐系统 Web 服务以 API 方式对外呈现，每一种服务对应一个 Web API。UI 系统访问对应的 Web API 并输入相关参数，即可获得对应的推荐结果。

UI 系统请求推荐 Web 服务需要传递有关参数，主要参数如下。

用户编号：Userid。

频道编号：Channelid。

商品编号：Itemid。

场景编号：Sceneryid。

请求条数：total_size。

页面参数：page_total，pageid。

Web API 响应参数主要如下。

用户编号：Userid。

频道编号：Channelid。

页面参数：page_total，pageid。

商品编号：Itemid。

推荐模型编号：modelid。

时间戳：timestamp。

推荐系统除了需要提供推荐服务 Web API 外，还需要提供与业务运营管理有关的 Web API 以实现与管理后台的交互，例如，查看/更新用户兴趣偏好 Web API、推荐模型管理 Web API、用户行为数据管理 Web API、查询统计管理 Web API 等。推荐系统与管理后台之间的 Web API 不在本章讨论范围内。

17.2　推荐服务的请求与响应

推荐系统 Web API 服务的开发采用主流的编程框架来实现，例如基于 Java 开发语言的 Spring MVC、Spring Boot、Spring Cloud 等，基于 Python 开发语言的 Django 和 Tornado 等。推荐服务采用 REST 编程风格，在统一框架下，通过路由参数选择不同的服务，每一个服务对应一个 RESTful API 资源。在 REST 编程风格下，网络资源通过 HTTP 实现资源状态的改变，方便不同开发语言和技术框架下服务的调用。

考虑到高并发、高可靠运行环境，在开发 Web API 之前，需要结合业务场景当前的并发压力，规划 API 开发和部署策略，并预留余量，以保证不同流量冲击下推荐服务平台的稳定性和扩展性。

17.2.1　HTTP

HTTP 工作在 TCP/IP 基础上，是一种互联网请求/响应协议，允许客户端和服务器通过 HTTP 交换数据信息。基于 HTTP 通信，客户端与服务器先建立 TCP 连接，TCP 连接建立后，客户端向服务器发送请求，这个请求称为 HTTP 请求。服务器收到请求后会对客户端做出响应，这个响应称为 HTTP 响应。客户端与服务器在 HTTP 下的交互过程如图 17.2 所示。

图 17.2　客户端与服务器的交互过程

在浏览器地址栏输入如下命令。

http://127.0.0.1:80/ health/report?userid=U100&date='20211215'

这条命令的目的是向 IP 地址为 127.0.0.1 的服务器请求用户编号 userid=U100 的用户在日期 date=20211215 的健康体检报告。命令执行后，浏览器向指定的服务器发起 HTTP 请求，这里，http 表示互联网通信协议；127.0.0.1:80 表示服务器开放的 IP 地址和端口；/health/report 表示请求资源的路径；?userid= U100&date='20211215'表示查询条件。

服务器收到浏览器的请求后，以 HTTP 响应方式将指定用户在指定日期的健康体检报告反馈给浏览器，浏览器在页面上展示。

表 17-1 列出了新闻推荐系统定义的 5 个 Web API，将接口服务部署在 http://127.0.0.1:80 服务器上，执行远程调用命令 http://127.0.0.1:80/rec/personal? userid=U1208&page_total=1&pageid=P6&total_size=50 即可获得用户 U1208 在 P6 页面上的推荐列表，返回数量为 50 个。

表 17-1　新闻推荐系统定义的 5 个 Web API

序号	URL 接口参数	含义
1	/rec/hot?count={count}	请求返回热门推荐列表
2	/rec/personal?userid={userid}&page_total={page_total}&pageid={pageid}&total_size={count}	请求返回用户个性化推荐列表

序号	URL 接口参数	含义
3	/rec/group?groupid={groupid}&page_total={page_total}&pageid={pageid}&total_size={count}	请求返回群组推荐列表
4	/rec/related?itemid={itemid}&total_size={count}	请求返回相关推荐列表
5	/rec/location?sceneryid={taskid}&total_size={count}	请求返回位置推荐列表

基于 HTTP 访问远程资源，请求参数拼接在 URL 命令行中。服务器收到 HTTP 请求后，解析 URL 获得请求参数。

Python 环境下，通过 request.GET.get()函数获得拼接在 URL 中的参数，例如

```
userid = request.GET.get('userid')
page_total = request.GET.get('page_total')
pageid = request.GET.get('pageid')
total_size= request.GET.get(total_size)
```

获得 URL 中的 userid、page_total、pageid 和 total_size 参数的值。

HTTP 请求/响应流程如下。

① 服务器监听开放端口，等待客户端发起连接。

② 客户端向服务器开放端口（默认为 80 端口）发起连接请求，创建 TCP 连接。

③ 基于 TCP 套接字，客户端向服务器发起 HTTP 请求，请求报文包含请求行、请求报文头、空行和请求内容 4 部分数据。

④ 服务器解析 HTTP 请求，定位请求资源。服务器将请求的内容以 HTTP 响应报文方式反馈给客户端。HTTP 响应报文包含状态行、响应报文头、空行和响应内容 4 部分数据。

⑤ 若 HTTP 请求中的 connection 字段设定为 close，则服务器执行完 HTTP 响应后，主动关闭 TCP 连接，客户端被动关闭连接，释放 TCP 连接。若 HTTP 请求中的 connection 字段设定为 keep-alive，则服务器执行完毕 HTTP 响应后，不主动关闭 TCP 连接，而是将连接继续保持一段时间，在这段时间内，客户端可以继续发起 HTTP 请求。

⑥ 客户端接收 HTTP 响应报文，解析数据包。首先解析状态行，查看上次 HTTP 请求成功与否，然后解析每一个报文字段和正文内容。

1. HTTP 请求报文

完整的 HTTP 请求报文包含请求行、请求报文头、空行和请求内容 4 部分，每一部分发挥着不同的作用。HTTP 请求报文格式如图 17.3 所示。

图 17.3　HTTP 请求报文格式

请求行包含 3 部分内容：请求方法、URL 和协议版本。HTTP 中，请求方法包括 GET、POST、HEAD、PUT、DELETE、OPTIONS、TRACE、CONNECT。

每一种方法都指明了操作远程服务器中指定路径资源的方式。GET/POST/PUT/DELETE 分别对应资源的查/改/增/删 4 个操作。最常用的 HTTP 请求方法为 GET 和 POST。

GET：客户端向服务器请求读取数据或下载文件。在浏览器地址栏录入 URL 准备打开网页，浏览器向对应的 URL 发起 GET 请求。

POST：客户端向服务器提交数据。将网页上的 from 表单数据提交到服务器，浏览器使用 POST 方法请求服务器，并把表单数据作为 HTTP 报文内容发送给服务器。

紧接在请求行后面的是若干个请求报文头。客户端利用请求报文头向服务器传递自己的附加信息，如可接收的数据类型、语言、压缩方式等。

HTTP 请求报文示例如下。

```
POST /JavaFrom HTTP/1.1
Host: 127.0.0.1:8080
User-Agent:Mozilla/4.0 (compatible; MSIE 7.0; Windows NT 5.1; GTB6.5;CIBA)
Accept: image/gif,text/xml,application/xml,,text/html;
Accept-Language: zh-cn,zh;q=0.5,en-us;q=0.5,en;q=0.3
Accept-Encoding: gzip,deflate
Content-Type:application/x-www-form-urlencoded
Content_Length:20
name=lee&psd=hnxy
Accept-Charset: gb2312,utf-8;q=0.7,*;q=0.7
Keep-Alive: 300
Connection: keep-alive
Cache-Control: no-cache
```

2. HTTP 响应报文

HTTP 响应报文包含状态行、响应报文头、空行和响应内容，每个部分代表的含义不同，如图 17.4 所示。

图 17.4　HTTP 响应报文格式

HTTP 状态行对 HTTP 请求做整个响应，例如

```
HTTP/1.1 200 OK
```

这里 HTTP/1.1 表示 HTTP 版本为 1.1；200 是状态码，表示服务器接收到客户端请求，并解析、处理成功；OK 表示客户端请求成功。HTTP 响应状态码较多，详情请参见有关 HTTP 的说明。

HTTP 响应报文第 1 行为状态行，接下来是响应报文头。HTTP 响应报文与 HTTP 请求报文格式相同。不同报文字段对应的功能不同，每一个字段包含报文名称和报文内容。HTTP 响应报文中主要是服务器向客户端传递的附加信息，包括服务程序名称、响应时间日期、被请求资源的认证方式、客户端请求资源的最近修改时间、重定向地址等。

HTTP 响应报文示例如下。

```
HTTP/1.1 200 OK
Server: Apache-Coyote/1.1
Content-Length:80
Content-Language: zh-cn
Content-Type: text/html; charset=GB2312
Cache-Control: no-cache
Date: Fri, 17 Jan 2022 06:07:21 GMT

<html>
    <head></head>
    <body>
        <!--文本内容-->
    </body>
</html>
```

17.2.2　REST 编程风格

对于程序中的函数调用，大家应该很熟悉。将软件功能按模块方式编写，并提供调用的接口函数。需要使用这个功能时，调用接口函数并指定相关参数即可。这种调用方式通常发生在同一软件系统内部。

Web 服务可以理解成基于互联网的函数调用，客户端将 HTTP 请求发送到带有参数的服务器 URL 来调用函数，然后服务器将结果作为响应返回。通过 Web 服务调用实现了互联网资源的跨平台调用，平台开发语言如 C、Java、.net、PHP、Python，相互之间的 Web 服务调用不存在任何问题。目前主要存在 3 种 Web 服务实现方案。

RPC：XML-RPC 或 JSON-RPC。

简单对象访问协议（Simple Object Access Protocol，SOAP）：基于 SOAP 封装的 Web Service。

REST：表现层状态转变。

REST 模式 Web 服务实现方案相比 SOAP 和 RPC 来说，具备简洁、易用和高效等特点，越来越多的 Web 服务采用 REST 编程风格设计实现。

REST 是一种编程风格，如果一个互联网软件的架构符合 REST 原则，就称其为 REST 风格架构。REST 编程风格中，每一种网络资源对应一个独一无二的统一资源标识符（Uniform Resource Identifier，URI），访问这个 URI 可实现对网络资源的操作，访问方式就是行为动作。REST 通过 HTTP 行为动作去操作远程资源。对于网络资源，通常存在创建（create）、修改（update）、访问（visit）和删除（delete）等几种状态，HTTP 用以下 5 种行为动作与之对应。

GET（visit）：访问服务器的一个或者多个资源。

POST（create）：给服务器提交资源信息，用于创建新的资源。

PUT（update）：修改服务器已经存在的资源，修改资源的全部属性。

PATCH（update）：修改服务器已经存在的资源，修改资源的部分属性。

DELETE（delete）：从服务器上删除资源。

想要获取用户编号 userid=U100 的用户个性化推荐列表，使用如下操作命令。

```
GET http://localhost:8080/rec/personal/userid/U100
```

同理，想要获取新闻编号 itemid=N1001 的相关推荐新闻编号列表，使用如下操作命令。

```
GET http://localhost:8080/rec/related/itemid/N1001
```

想要更新用户 userid=U1210 的行为记录数据，使用如下操作命令。

```
PUT http://localhost:8080/upload/actionlist/userid/U1210
```

为加深读者对 REST 编程风格的理解，下面以对用户资源的增、删、查、改为例，对比看看普通请求方式和 REST 编程风格请求方式的差异。表 17-2 列出了实现相同功能的两种请求方式命令行。

表 17-2　实现相同功能的两种请求方式命令行

功能	普通请求方式	REST 编程风格请求方式
查询用户	http://localhost:8080/user/query/1	GET　http://localhost:8080/user/100
新增用户	http://localhost:8080/user/save	POST http://localhost:8080/user
修改用户信息	http://localhost:8080user/update/1	PUT　http://localhost:8080/user/100
删除用户	http://localhost:8080/user/delete/1	DELETE http://localhost:8080/user/100

由表 17-2 所示的操作命令可见，普通请求方式对用户的增、删、查、改是通过 URL 完成的，操作行为动作 query/save/update/delete 与资源标识融合在一起，构成访问链接。而对于 REST 编程风格，操作行为动作和资源标识是分开的，使用 GET 就是查询、使用 POST 就是新建、使用 PUT 就是修改、使用 DELETE 就是删除。

REST 编程风格的特点如下：服务器上存放一系列资源，每一个资源分配唯一 URI 进行标识；客户端与服务器之间可以相互传递资源，传递的资源会以某种形式表现出来，例如 JSON 文件、XML 文件、一张图片、一段音乐、一段视频、一段文本等；客户端通过 HTTP 定义的行为动作对资源进行操作，实现资源状态的改变，使用 HTTP 状态码表示不同的结果。

REST 编程风格下，请求参数以 JSON 格式封装到 HTTP 数据包中，服务器接收数据包，解析 JSON 数据，得到客户端的请求参数。

GET http://localhost:8080/rec/hot：请求热门推荐列表。

GET http://localhost:8080/rec/personal/userid/U100：请求用户 U_{100} 的用户个性化推荐列表。

GET http://localhost:8080/rec/related/itemid/N286：请求新闻 N_{286} 的相关推荐列表。

GET http://localhost:8080/rec/location/posid/28：请求位置 posid=28 的推荐列表。

PUT http://localhost:8080/upload/actionlist/userid/U210：更新用户 U_{210} 的行为记录数据。

POST http://localhost:8080/upload/newsinfo/itemid/N1568：上传新闻 N_{1568} 数据。

17.2.3 基于 Django 开发 REST 风格 API

Django 是基于 Python 编写的开源 Web 应用框架，遵循模型-视图-控制器（Model-View-Controller，MVC）模型。Django 框架收到 URL 请求后，根据项目 urls.py 匹配规则跳转到对应的视图函数，视图函数处理业务逻辑，并反馈响应数据。视图处理支持函数处理方式和类处理方式。

创建项目名称为 Web_service 的 Django 项目。

```
django-admin startproject Web_service
```

项目创建成功后，执行启动命令。

```
python manage.py runserver
```

启动 Web 服务，打开浏览器，访问 http://127.0.0.1:8000/，出现 Django 火箭欢迎界面，表示 Web_service 项目创建和启动成功。

在创建的 Web_service 项目中新建 restapi 应用。

```
Python manage.py startapp restapi
```

对用户的增、删、查、改操作在 restapi 的视图文件中完成，代码示例如代码 17-1 所示。

user_access_auth()：用于身份密钥验证。

get_user_info_by_userid()：用于用户信息查询业务逻辑处理。

create_user_info()：用于用户创建业务逻辑处理。

update_user_info_by_userid()：用于用户信息更新业务逻辑处理。

delete_user_info_by_userid()：用于用户删除业务逻辑处理。

代码 17-1　Django 框架 Web API 代码示例

```python
# code = utf-8

import json
from django.http import QueryDict, JsonResponse, HttpResponse
from django.views import View
from django.views.decorators.csrf import csrf_exempt
from Web_service.service import user_access_auth,get_user_info_by_userid,\
    create_user_info,update_user_info_by_userid,delete_user_info_by_userid


class user(View):
    @csrf_exempt
    def dispatch(self, request, *args, **kwargs):
        if request.method.lower() in self.http_method_names:
            handler = getattr(self, request.method.lower(), self.http_
method_not_allowed)
        else:
```

```
            handler = self.http_method_not_allowed
        return handler(request, *args, **kwargs)

    def post(self,request):
        token = request.POST.get('key')
        json_data = QueryDict(request.body)
        if user_access_auth(token):
            msg_data = create_user_info(json_data)
        else:
            msg_data = 'access auth failure!'

        msg = {
            'status': 200,
            'data': msg_data,
            }
        return JsonResponse(msg)

    def get(self,request):
        userid = request.GET.get('userid')
        token = request.GET.get('key')
        if user_access_auth(token):
            msg_data = get_user_info_by_userid(userid)
        else:
            msg_data = 'access auth failure!'

        msg = {
            'status': 200,
            'data': msg_data,
                }
        return JsonResponse(msg)

    def put(self, request):
        userid = request.PUT.get('userid')
        token = request.PUT.get('key')
        json_data = QueryDict(request.body)
        if user_access_auth(token):
            msg_data = update_user_info_by_userid(userid,json_data)
        else:
            msg_data = 'access auth failure!'

        msg = {
            'status': 200,
            'data': msg_data,
        }
        return JsonResponse(msg)

    def delete(self, request):
        userid = request.DELETE.get('userid')
        token = request.DELETE.get('key')
```

```
        if user_access_auth(token):
            msg_data = delete_user_info_by_userid(userid)
        else:
            msg_data = 'access auth failure!'

        msg = {
            'status': 200,
            'data': msg_data,
        }
        return JsonResponse(msg)
```

在 restapi 应用的路由文件 urls.py 中增加路由说明。

```
urlpatterns = [
  path('', views.index),
  path('user/', views.user.as_view()),
 ]
```

重新启动 Web_service 项目，在浏览器中录入：

```
http://127.0.0.1:8000/api/user?userid=U12345
```

Django 响应请求，根据配置的路由表进行匹配映射。基于路由表中的 api/user 规则，将请求映射到 user_proc 应用视图函数 user_request_proc()。这条命令采用的 HTTP 动作为 GET，所以程序将执行函数 get_user_info_by_userid(userid)，根据 userid 提取对应用户的基本信息，根据用户基本信息生成 JSON 格式文件，以 HTTP 响应方式反馈回去。

17.2.4　基于 Spring MVC 开发 REST 风格 API

Spring MVC 开发框架支持 REST 风格编程。Spring MVC 框架下，使用注解@RequestMapping 把请求 URL 映射到控制层，这样我们只需要把 URI 设计为符合 REST 风格就可以实现 REST 风格编程。以下 5 种注解是 Spring MVC 框架下对应 HTTP 的 5 种请求。

@GetMapping：对应 HTTP 的 GET 请求。

@PostMapping：对应 HTTP 的 POST 请求。

@PutMapping：对应 HTTP 的 PUT 请求。

@PatchMaping：对应 HTTP 的 PATCH 请求。

@DeleteMapping：对应 HTTP 的 DELETE 请求。

控制层函数使用注解@GetMapping 表示该函数处理 HTTP 的 GET 请求。REST 编程风格下，参数传递可以使用以下几种方式：使用 URL 直接传递；使用注解@PathVariable 获取；使用注解@RequestBody 获取。

在 Spring MVC 框架下实现 REST 风格编程，通过@RequestMapping、@GetMapping 等注解将 URL 资源映射到对应的控制器函数上，通过@PathVariable 获取 URI 中的参数，通过@RequestBody 将请求报文 JSON 数据转化成 Java 对象。控制器函数根据参数规则进行处理，得到后台业务层处理数据并反馈。REST 编程风格下，客户端与服务器之间传输的数据通常采用 JSON 格式。

17.3　生成推荐结果

UI 系统请求推荐服务的过程强调实时性，属于毫秒级响应。推荐系统 Web 服务需要在毫秒内将推荐结果反馈给 UI 系统。推荐结果的生成需要经历召回、融合、排序、过滤和重排等环节，每一个环节都需要耗费时间，在毫秒内得到推荐结果需要从系统视角来设计。图 17.5 所示为一种设计策略，采用离线计算+在线计算生成推荐列表。

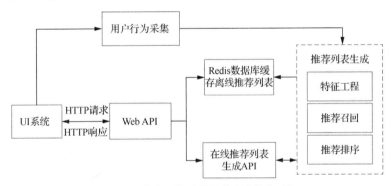

图 17.5　离线计算+在线计算生成推荐列表

离线计算方式：借助于 Redis 数据库缓存，Web 服务的业务处理单元直接访问 Redis 数据库，按用户编号提取自己的推荐结果，经过滤处理后，生成推荐列表。离线计算方式属于查表操作，满足毫秒级响应时间要求。推荐系统定期更新 Redis 数据库的推荐列表数据，确保检索到的用户推荐列表最新。通常，推荐系统按天或按小时更新 Redis 数据库中的数据。数据是定期更新的，所以在这种计算方式下，推荐列表是根据用户过去一段时间的兴趣偏好计算出来的。

在线计算方式：Web 服务的业务处理单元实时调用 API，启动推荐召回、排序、重排等工作，推荐算法根据用户当前的浏览记录，识别出用户的场景特征和兴趣偏好特征，依据配置的召回策略，实时计算、生成推荐列表候选集。推荐结果在线计算方式需要完成召回、粗排、精排、重排等操作，对于复杂度不高的机器学习模型可以满足毫秒级响应时间要求，对于复杂度较高的机器学习模型不能满足毫秒级响应时间要求，大多数情况下在秒级完成推荐列表的生成。

工程实践中，采用不同的组合策略可实现离线计算和在线计算的融合。

17.3.1　离线生成

离线计算方式通过查询 Redis 数据库的缓存数据获取推荐列表，可实现毫秒级响应，响应速度极快，用户体验极好。这种计算方式的缺点是存在计算资源和存储资源浪费现象。由于不确定哪个用户未来上线，在更新 Redis 数据库中的推荐列表时，需要将更多用户的推荐列表事先计算出来。参与计算的用户数量越大，需要的计算资源和存储资源就越多。前两天上线活跃的用户，有可能接下来几天都不会上线，但系统还是需要为他们事先准备好推荐列表，因为系统不知道他们什么时候上线。通常，离线计算的用户规模按系统总的活跃用户数、最近几天的活跃用户数、当天的活跃用户数等方式取值。如果参与计算的用户编号组成的集合与当前上线的用户编号组成的集合交集较小，说明离线计算的用户命中率较低，离线计算的资源浪费严重，贡献的价值小。相反，如果参与计算的用户编号组成的集合与当前上线的用户编号组成的集合交集较大，说明离线计算的用户命中率高，贡献的价值大。

离线计算方式下 Redis 数据库的缓存数据按天或按小时更新，推荐结果是基于用户前几天或者前几小时的状态计算出来的，不能反映当前的用户兴趣偏好特征和当前的场景特征。

Redis 数据库采用键值对的方式存储数据，将键定义为 userid，将值定义为该用户的推荐列表结果，则 Redis 数据库缓存中每条记录就对应一个用户的推荐结果。访问 Redis 数据库时按键值对方式读取用户的推荐列表结果。

以新闻推荐为例，缓存在 Redis 数据库中的推荐结果采用 JSON 格式保存。

① 用户个性化推荐列表

```
userid = 'U545162'
Redis_key = 'personal_' + userid
Redis_value = {
'user': userid,
'item': {
'推荐': [('N100938', 0.9855, ['C2', 'C6', 'C8']), ('N2665', 0.9175, ['C1',
'C5']), ('N13865', 0.575, ['C1', 'C5', 'C6']), ('N2665', 0.4895, ['C1', 'C5',
'C3', 'C9']),…],
    '猜您喜欢': [('N30845', 0.8193, ['C4']), ('N61345', 0.8203, ['C4', 'C5']),
```

```
('N36205', 0.5193, ['C1', 'C4', 'C8', 'C10']), ('N50825', 0.4263, ['C2']),…],
    '科技': [('N52854', 0.4515, ['C2', 'C6', 'C9', 'C10']), ('N67131', 0.475,
['C2', 'C5']), ('N38167', 0.5638, ['C4']),…],
    '军事': [('N82815', 0.8755, ['C1', 'C3', 'C4']), ('N23635', 0.6175, ['C2',
'C5', 'C8']), ('N39450', 0.5923, ['C4']), ('N21615', 0.3255, ['C7',
'C10']),…],
    '财经': [('N101578', 0.9265, ['C1', 'C2', 'C8']), ('N26165', 0.7169, ['C4',
'C6']), ('N218245', 0.2893, ['C6', 'C8']), ('N34313', 0.3759, ['C10']),…],
    …
    },
    'timestamp': '2021121810300000'
    }
    put_dict_data_to_Redis_bykey(Redis_key,Redis_value)  # 将数据存入 Redis
```

Web 服务的业务处理代码中集成如下代码。

```
userid = request.GET.get('userid')
Redis_key = 'personal_' + userid
recommend_data = get_dict_data_from_Redis_bykey (Redis_key) # 从 Redis
中按键值读取数据
```

根据键值返回用户个性化推荐列表。

② 新闻内容相关推荐列表

```
Itemid = 'N10028'
Redis_key = 'related_' + itemid
Redis_value = {
'itemid': itemid,
 'item': [('N1234', 0.6724, ['C1']), ('N1619', 0.5938, ['C1']), ('N2819',
0.4283, ['C1']), ('N5621', 0.3821, ['C1']),…],
    'timestamp': '2021121810300000'
    }
    put_dict_data_to_Redis_bykey(Redis_key,Redis_value)  # 将数据存入 Redis
```

Web 服务的业务处理代码中集成如下代码。

```
itemid = request.GET.get('itemid')
Redis_key = related_' + itemid
recommend_data = get_dict_data_from_Redis_bykey (Redis_key) # 从 Redis
中按键值读取数据
```

根据键值返回新闻内容相关推荐列表。

③ 基于位置的推荐列表

```
cityid = 'Beijing'
Redis_key = 'pos_' + cityid
Redis_value = {
'location': cityid ,
 'item': [('N26964', 1, ['C12']), ('N7028465', 1, ['C12']), ('N97823', 1,
['C12']), ('N3356', 1, ['C12']),…],
    'timestamp': '2021121810300000'
    }
    put_dict_data_to_Redis_bykey(Redis_key,Redis_value)  # 将数据存入 Redis
```

Web 服务的业务处理代码中集成如下代码。

```
posid= request.GET.get(cityid)
Redis_key = pos_' + cityid
recommend_data = get_dict_data_from_Redis_bykey (Redis_key) # 从 Redis
中按键值对方式读取数据
```

根据键值返回与位置相关的推荐列表。

④ 热门推荐列表

```
dateid = '20211228'
Redis_key = 'hot_' + dateid
Redis_value = {
'item': [('N21353', 0.6702, ['C0']), ('N28165', 0.5792, ['C']), ('N26993',
0.5137, ['C0']), ('N16175', 0.4809, ['C0'])],
 'timestamp': '2021121810300000'
}
put_dict_data_to_Redis_bykey(Redis_key,Redis_value)  # 将数据存入 Redis
```

Web 服务的业务处理代码中集成如下代码。

```
dateid = get_today_date()
Redis_key = 'hot_' + dateid
recommend_data = get_dict_data_from_Redis_bykey (Redis_key) # 从 Redis
中按键值读取数据
```

根据键值返回当天的热门推荐列表。

这里，item 对应推荐列表，推荐项('N82815', 0.8755,['C1', 'C3', 'C4']))表示推荐的新闻编号为 N82815，推荐权重为 0.8755，推荐算法为 C1、C3、C4，也就说推荐算法 C1、C3 和 C4 共同推荐了 N82815 这篇新闻。第 13 章详细介绍了多路召回算法的融合策略。timestamp 表示这条推荐记录的更新时间。

UI 系统向推荐系统发起 GET 请求。

```
GET http://127.0.0.1:8080/rec/user/{userid}
```

推荐系统 Web 服务的业务处理单元根据 userid 生成访问键值，从 Redis 数据库中读取对应的推荐列表，根据运营规则对推荐列表重新排序，过滤掉用户已经阅读的记录，根据剩余的新闻项生成推荐列表并将其封装到 HTTP 数据包，通过 HTTP 响应方式反馈给 UI 系统。个性化推荐服务请求与推荐列表更新管理流程如图 17.6 所示。

用户个性化推荐列表更新进程根据约定的活跃用户规模，调用推荐召回算法，依据用户的长期兴趣偏好和短期兴趣偏好，逐个召回生成推荐结果。对召回结果进行融合处理粗排后，生成推荐候选集，系统调用点击率预测算法模型，例如深度学习神经网络模型，对粗排的候选集预测点击率，最后生成推荐列表，将其缓存到 Redis 数据库。

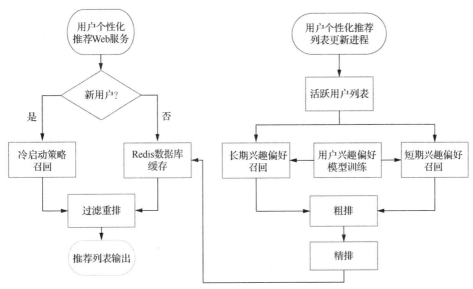

图 17.6　个性化推荐服务请求与推荐列表更新管理流程

同理，图 17.7 所示为新闻内容相关推荐服务请求与推荐列表更新管理流程。Web 服务处理进程和新闻内容相关推荐列表生成进程独立运行，通过 Redis 数据库实现数据同步。

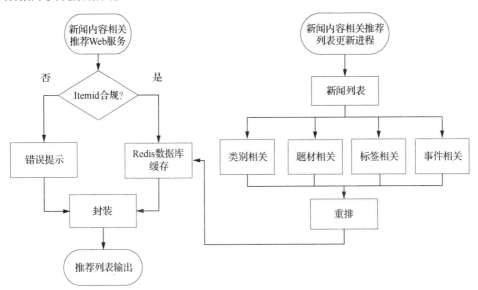

图 17.7　新闻内容相关推荐服务请求与推荐列表更新管理流程

离线计算方式下，Redis 数据库缓存的推荐列表更新进程根据系统任务调度配置，按天或按小时运行，更新操作需要完成两项重要工作：训练模型的更新和推荐列表的更新。缓存在 Redis 数据库中的推荐列表更新方式到底是采取追加更新方式还是全部更新方式，由业务应用场景和运营要求来确定。

17.3.2　在线生成

Web 服务的业务处理单元实时调用推荐算法接口或推荐算法微服务，根据用户编号和识别的用户场景特征，临时计算并生成推荐列表。对于在线计算方式，其生成的推荐列表与用户当前的兴趣偏好和场景特征匹配度高，用户接受度相对较高。

在线计算方式不需要事先计算大量活跃用户的推荐结果，哪个用户有需求就满足那个用户。用户发起 HTTP 请求时，Web 服务的业务处理单元临时调用推荐算法接口，执行推荐召回排序工作。在线计算方式 Web 服务与推荐列表生成服务属于紧耦合方式，推荐计算耗费的时长和推荐模型异常会影响推荐结果输出的时间，影响用户体验。

在线生成用户个性化推荐列表流程如图 17.8 所示。Web 服务单独启动一个线程计算用户的推荐列表。推荐召回基于用户当前的浏览记录，挖掘用户当前的兴趣偏好，根据当前的兴趣偏好完成推荐召回工作。必要时，额外增加根据用户当前的场景特征，召回与场景特征匹配的推荐列表。推荐列表生成后，同步到指定的消息队列。

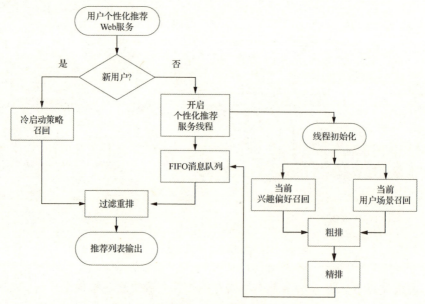

图 17.8　在线生成用户个性化推荐列表流程

在线计算方式下，用户兴趣偏好模型需要根据用户行为数据实时训练，也就是说用户每更新一次行为数据，就需要更新一次用户兴趣偏好模型，这样召回计算才能获取用户当前的兴趣偏好。

在线计算方式不需要缓存用户的推荐列表，当 UI 发起 GET http://127.0.0.1:8080/rec/user/{userid}请求时，Web 服务根据请求目标用户编号和基于行为数据识别的用户场景，调用用户画像和商品画像，完成召回排序算法，生成该用户的商品推荐列表，通过 HTTP 响应反馈给 UI 系统。

值得注意的是，Web 服务对 HTTP 请求的响应时间通常要求在毫秒内，这对在线计算方式的模型复杂度和处理时长提出了要求，几毫秒内不能完成推荐结果生成的机器学习模型不适合应用于在线计算方式。为了缩短召回计算时间，在线计算方式下，用户兴趣偏好的召回策略设计要简单，例如基于新闻类别召回、新闻标签召回等。

17.3.3　在线+离线融合生成

针对离线计算方式数据更新慢和在线计算方式响应不及时的问题，可以采取离线计算+在线计算融合方式来解决。对基于用户当前兴趣偏好推荐列表的计算采取在线计算方式，对基于用户长期兴趣偏好和短期兴趣偏好推荐列表的计算采取离线计算方式。图 17.9 所示为离线+在线融合生成用户个性化推荐列表流程。

对比图 17.7 和图 17.8，图 17.9 中推荐 Web 服务在响应 HTTP 请求时，增加了一步查询工作。当 UI 系统发起 HTTP 请求时，推荐 Web 服务首先启动在线计算模块，执行在线计算召回工作。然后系统查询用户的在线计算缓存（FIFO 消息队列或者 Redis 数据库缓存）是否存在数据记录，如果在线计算缓存中存在数据，立即读取数据，生成推荐列表。如果在线计算缓存中不存在数据，从 Redis 中读取离线计算结果，生成推荐列表。当在线计算模型完成计算后，将生成的推荐列表数据写入在线计算缓存。

当用户刷新 UI 时，UI 系统再次发起 HTTP 请求推荐列表，这时在线计算缓存中已经保存有数据记录。根据图 17.9 所示的业务处理流程，读取在线计算缓存数据，生成推荐列表。这种操作方式属于查询检索，满足实时性响应要求，只是查询得到的推荐列表数据属于准实时数据，因为它是基于 2～3 s 前用户的操作行为生成的。相比传统的在线计算方式，这种改进已经取得重大突破，因为推荐列表匹配了用户前几秒的兴趣偏好。

程序代码实现上，图 17.9 所示的流程中开启个性化推荐服务线程的操作可以省略，单独设计一个进程，根据当前的活跃用户逐一更新其对应的在线推荐列表数据即可。

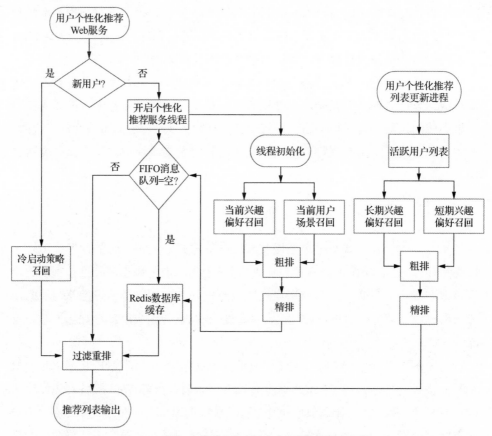

图 17.9　离线+在线融合生成用户个性化推荐列表流程

下面以 17.1 节定义的个性化推荐服务、热门推荐服务、相关推荐服务和场景推荐服务为例，说明离线计算和在线计算的融合过程。图 17.10 所示为融合处理流程。

系统启动在线计算模块，更新用户行为记录数据，对当前的活跃用户逐一计算其当前兴趣偏好，根据用户当前兴趣偏好执行推荐召回和排序工作，生成推荐列表。在线计算速度要快，模型要简单，配置基于内容的推荐召回算法，从类别和题材两个维度推荐用户感兴趣的新闻文章。基于用户当前位置，调用基于场景的推荐召回算法，生成与用户当前位置相关的新闻文章。

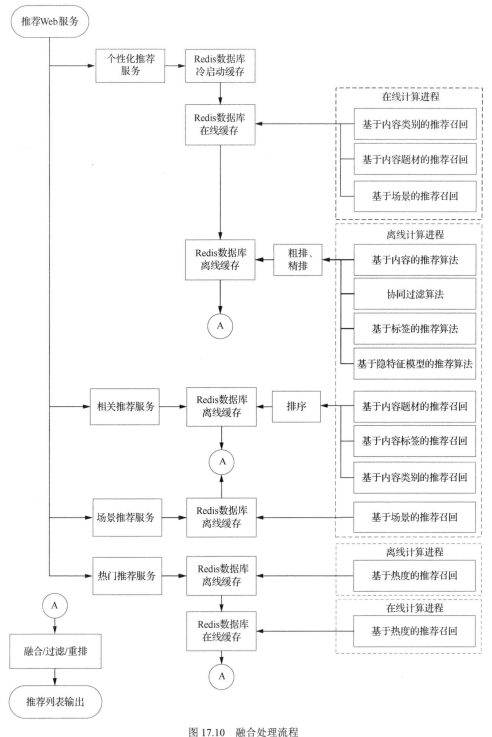

图 17.10　融合处理流程

配置个性化推荐离线计算模块的运行时间。离线计算模块根据用户的行为数据，挖掘用户过去一段时间的兴趣偏好，生成基于用户长期兴趣偏好和短期兴趣偏好的推荐列表。这里的长期和短期指的是一定时间周期，例如把今天划为当期，把过去 1 周划为短期，把过去 1 周～3 个月划为长期。时间周期长、短期根据运营要求来划分，无固定限制。离线计算召回的新闻范围要广，品类要多，模型可以复杂，不太强调模型的计算速度。图中配置了协同过滤算法、基于标签的推荐算法、基于内容的推荐算法、基于隐特征模型的推荐算法、基于矩阵分解模型的推荐算法等。

热门推荐服务支持离线计算方式和在线计算方式，离线计算生成最近 1 周的热门新闻文章，在线计算生成当天的热门新闻文章。

相关推荐服务配置成离线计算方式，支持按类别、标签、题材等属性维度计算相似集合。新闻一旦发布，其内容也就固定了。新的新闻文章发布后，按天更新新闻文章的内容相似集合即可。

UI 系统向推荐系统 Web 服务发起 HTTP 请求。

```
GET http://127.0.0.1:8080/rec/user/{userid}
```

个性化推荐系统 Web 服务的业务处理单元处理流程如下。

① 离线计算模块按天运行，更新 Redis 数据库中离线缓存推荐列表数据。

② 在线计算模块实时运行，更新 Redis 数据库中在线缓存推荐列表数据。

③ 推荐系统 Web 服务收到个性化推荐服务请求，判定用户属于新用户还是老用户。如果是新用户，Web 服务的业务处理单元根据冷启动策略，读取 Redis 数据库缓存的热门推荐列表和新文章推荐列表，生成推荐列表。如果是老用户，Web 服务的业务处理单元读取 Redis 数据库在线缓存数据、Redis 数据库离线缓存数据，将其合并后，生成推荐列表。

④ 推荐列表经过滤、去重和重排操作后，以 JSON 格式封装到 HTTP 数据包，通过 HTTP 响应反馈给 UI 系统。

⑤ UI 系统发起下一次个性化推荐请求，返回第③步。

17.3.4　代码示例

本小节给出离线+在线融合计算推荐列表的代码示例。代码分为 3 段：代码 17-2 属于基础服务代码，代码 17-3 属于业务逻辑处理代码，代码 17-4 属于 Web 服务代码。

代码 17-2 包含热门推荐列表、相关推荐列表、场景推荐列表和用户个性化推荐列表的生成代码。它们在业务逻辑处理模块中被调用，这里单独列出来。

热门推荐列表通过使用第 7 章介绍的热门推荐算法生成。

场景推荐列表通过查询方式生成。新闻发布以后，特征工程建设中的场景特征构建模块挖掘新闻内容涉及的时间、地点、机构和人物，建立起新闻与地点的关联关系。这里的地点以城市为计算单位。有关新闻文章的场景特征提取参见第 4 章的新闻特征标签构建内容。

相关推荐列表通过查询方式生成。新闻内容相似集合按新闻类别、标签、题材等维度事先建立。新闻文章发布后，特征工程建设完成新闻的特征标签构建后，基于新闻内容特征向量寻找内容相似邻居，生成内容相似集合。

用户个性化推荐列表根据前台配置的召回算法和权重，启动多路召回支路，多维度召回，生成推荐候选集。LR-GBDT 模型预测点击率 CTR，根据 CTR 预测值完成精排工作。感兴趣的读者可以将代码中 CTR 预测模型更改为 LR、DNN 或 Wide&Deep 模型，对比看看精排算法的准确度差异。挖掘用户长期兴趣偏好、短期兴趣偏好和当前兴趣偏好使用的训练数据不同，模型编号不同，配置的多路召回策略不同。

代码 17-2　基础服务代码

```
# coding=utf-8

import json
from datetime import datetime
from chapter6.candidate_data import get_user_item_matrix
from section_3.hot.hot_recomm import item_hot_recom
from section_3.recall_proc import item_recall_merge
from section_4.LR_GBDT.LR_GBDT_sort import LR_GBDT_sorted

title = '生成热门推荐列表、城市位置推荐列表、内容相关推荐列表、用户个性化推荐列表'

def get_hot_recomm_profile(topn):
    # 更新热门推荐列表
    model = item_hot_recom()
    recommend_profile = model.recommend(userid=None,topn=topn)

    recommend_data = {
        'model': 'hot',
        'item': recommend_profile['item'],
        'timestamp': get_today_date()
        }
    return recommend_data

def get_city_item_related(cityid,topn):
```

```python
        # 更新城市位置推荐列表
        city_item_related = json.load(open('/model/city_item_profile.json', 'r'))
        recommend_list = city_item_related[cityid][0:topn] if len(city_item_
related[cityid]) > topn else city_item_related[cityid]

        recommend_data = {
                'cityid': cityid,
                'item': recommend_list,
                'timestamp': get_today_date()
            }
        return recommend_data

    def get_item_context_related(itemid, topn):
        # 更新内容相关推荐列表
        item_context_neighbour = json.load(open('/model/item_profile_
neighbour.json', 'r'))
        recommend_list = item_context_neighbour[itemid][0:topn] if len(item_
context_neighbour[itemid]) > topn else item_context_neighbour[itemid]

        recommend_data = {
            'itemid': itemid,
            'item': recommend_list,
            'timestamp': get_today_date()
            }
        return recommend_data

    def get_user_recomm_profile(userid, topn, model_profile):
        # 更新用户个性化推荐列表
        recall_merge = item_recall_merge(model_profile)
        recommend_profile = recall_merge.get_recommend_list_by_userid
(userid, topn)

        model = LR_GBDT_sorted()
        user_recall_data = model.predict(userid, topn, recommend_profile)

        recommend_data = {
            'userid': userid,
            'item': user_recall_data['item'],
            'model': user_recall_data['model'],
            'timestamp': get_today_date()
            }
        return recommend_data

    def recommend_list_filtered_reformated(recommend_data):
        # 过滤用户已经点击过的内容
        user_item_clicked = [k for k,v in get_user_item_matrix(recommend_
data['userid'])]
        recommend_list = []
        for k,v in recommend_data['item']:
```

```
    if k not in user_item_clicked:
        recommend_list.append((k,v))

    recommend_data['item'] = recommend_list

    return recommend_data
```

根据定义的 4 个推荐服务，即个性化推荐服务、热门推荐服务、相关推荐服务、场景推荐服务，代码 17-3 所示为业务逻辑处理代码，其中热门推荐列表、场景推荐列表和相关推荐列表采用离线计算方式生成。用户个性化推荐列表生成划分为 3 部分：基于长期兴趣偏好生成推荐列表、基于短期兴趣偏好生成推荐列表、基于当前兴趣偏好生成推荐列表。其中前两部分采用离线计算方式，后一部分采用在线计算方式。

update_hot_merge_recomm_profile()：将热点新闻推荐列表更新到 Redis 数据库。

update_item_merge_context_related()：将相关推荐列表更新到 Redis 数据库。

update_city_merge_recomm_profile()：将场景推荐列表更新到 Redis 数据库。

update_user_longterm_recomm_data()：将基于用户长期兴趣偏好生成的推荐列表更新到 Redis 数据库。

update_user_shortterm_recomm_data()：将基于用户短期兴趣偏好生成的推荐列表更新到 Redis 数据库。

采取多线程方式执行 Redis 数据库缓存中的离线数据更新，Python 环境下，多线程调用为

```
thread_handler = threading.Thread(target=task_fun, args={'param1':
param1, 'param2':parm2},name='thread_name')
thread_handler.start()
```

这里，thread_handler 表示定义一个多线程任务，task_fun 表示多线程任务准备启动的函数名，args 表示函数需要的参数，name 表示定义的多线程名字，thread_handler.start()表示启动运行多线程任务。

系统配置函数 start_update_redis_history_data()的运行时间，实现按天或按小时更新 Redis 数据库中的离线计算推荐列表数据。服务运行时间的配置工具可采用 Linux 的 crontab 或 Apache 基金会的 Airflow。搭建一个企业级推荐系统往往包含多个进程，每个进程完成具体的工作，哪个进程先工作，哪个进程后工作需要在服务调度工具上编排清楚。

数据更新后，根据约定的键值访问 Redis 数据库中的数据。

get_hot_recomm_data_from_redis()：从 Redis 数据库中读取热门推荐列表。

get_city_item_related_from_redis(): 从 Redis 数据库中读取场景推荐列表。

get_item_context_related_from_redis(): 从 Redis 数据库中读取相关推荐列表。

用户个性化推荐列表生成分为 3 种情况，每种情况使用的召回算法和策略是存在差异的，算法模型使用的训练数据不同。离线计算对机器学习模型的复杂度要求不高。复杂高的模型和精度高的模型配置在离线计算方式下。在线计算配置计算速度快的模型。

在线计算启动一个线程去生成基于用户当前行为兴趣偏好的推荐列表，生成后，将推荐列表缓存到 Redis 数据库。这样就避免了在线等计算结果，影响用户体验。为了避免反复启动线程，提高线程管理的复杂度，系统层面使用消息队列，将需要执行在线计算的用户编号放进消息队列。横向扩容生成用户个性化推荐列表如图 17.11 所示。将生成的用户当前兴趣偏好推荐列表模块（在线计算）设计成微服务，微服务处于随时待命状态，一旦监测到消息队列中有数据，立即启动计算工作，完成计算，将生成的推荐列表存入 Redis 数据库在线缓存单元。这种设计策略有利于根据活跃用户数量，在不改变系统架构的前提下，支持横向扩容。同理，将基于用户长期兴趣偏好和基于用户短期兴趣偏好生成推荐列表的模块（离线计算）也设计成微服务模式，动态支持横向扩容。

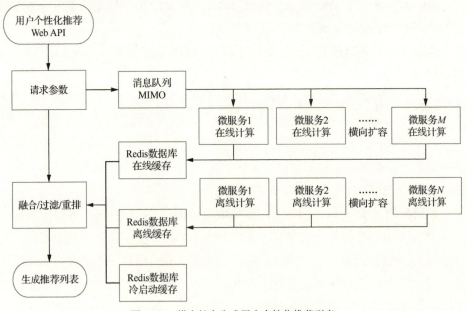

图 17.11　横向扩容生成用户个性化推荐列表

函数 update_user_merge_personal_recomm() 用于实现用户个性化推荐列表

的融合，其包含长期兴趣偏好推荐列表、短期兴趣偏好推荐列表和当前兴趣偏好推荐列表。代码中采用 LR-GBDT 模型对生成的推荐列表执行了重排工作。

get_hot_recomm_data_from_redis()：热门推荐服务调用接口。

get_city_item_related_from_redis()：场景推荐服务调用接口。

get_item_context_related_from_redis()：相关推荐服务调用接口。

get_user_personal_recomm_profile()：个性化推荐服务调用接口。

为了避免同一篇新闻被重复推荐，需要设计策略，管理 Redis 数据库中缓存的推荐列表，将推荐给用户并被点击的新闻从 Redis 数据库缓存的推荐列表中过滤。为了简化代码结构，本节不涉及这部分内容。

代码 17-3　业务逻辑处理代码

```
# code=utf-8

import json
import threading
from chapter6.candidate_data import get_active_list
from redis_op.redis_api import put_dict_data_to_Redis_bykey, get_dict_
data_from_Redis_bykey
from section_3.recall_proc import item_recall_merge
from section_4.LR_GBDT.LR_GBDT_sort import LR_GBDT_sorted
from section_5.base_proc import get_today_date, get_city_item_related,
get_hot_recomm_profile, get_item_context_related, recommend_list_filtered_
reformated

title = '离线+在线计算 用户个性化推荐列表数据'

# 第 1 部分：离线处理
def update_hot_merge_recomm_profile(topn):
    # 离线热门推荐列表 redis 数据库缓存
    recommend_data = get_hot_recomm_profile(topn)
    redis_key = 'hot_' + get_today_date()
    redis_value = recommend_data
    put_dict_data_to_Redis_bykey(redis_key, redis_value)


def update_city_merge_recomm_profile(topn):
    # 离线场景推荐列表 redis 数据库缓存
    city_list = json.load(open('/model/city_profile.json', 'r'))
    for cityid in city_list:
        recommend_data = get_city_item_related(cityid,topn)

        redis_key = 'pos_' + cityid
        redis_value = recommend_data
        put_dict_data_to_Redis_bykey(redis_key, redis_value)
```

```python
    def update_item_merge_context_related(topn):
        # 离线相关推荐列表 redis 数据库缓存
        item_context_neighbour = json.load(open('/model/item_profile_
neighbour.json', 'r'))
        for item in item_context_neighbour.keys():
            recommend_data = get_item_context_related(item, topn)

            redis_key = item + '_context_related'
            redis_value = recommend_data
            put_dict_data_to_Redis_bykey(redis_key, redis_value)

    # 用户兴趣偏好推荐列表，分为长期、短期和当前
    def get_recall_model_config():
        # 工程上读取前台配置文件，示例假定如下配置
        model_profile = []
        model_profile[0] = {'Item_CF_L': 0.2,'User_CF_L': 0.2,'LFM': 0.3,'SVD':
0.3}
        model_profile[1] = {'Item_CF_S': 0.2, 'User_CF_S': 0.2, 'SVDPP': 0.3,
'DNN': 0.3}
        model_profile[2] = {'Item_CB': 0.5,'Tag': 0.5}

        return model_profile

    def update_user_longterm_recomm_data(topn):
        # 离线处理 用户长期兴趣偏好推荐
        user_active_list, item_active_list = get_active_list()
        model_profile = get_recall_model_config()
        for user in user_active_list:
            recall_merge = item_recall_merge(model_profile[0])
            recommend_profile = recall_merge.get_recommend_list_by_userid
(user, topn)

            redis_key = 'longterm_' + user
            redis_value = recommend_profile
            put_dict_data_to_Redis_bykey(redis_key, redis_value)

    def update_user_shortterm_recomm_data(topn):
        # 离线处理 用户短期兴趣偏好推荐
        user_active_list, item_active_list = get_active_list()
        model_profile = get_recall_model_config()
        for user in user_active_list:
            recall_merge = item_recall_merge(model_profile[1])
            recommend_profile = recall_merge.get_recommend_list_by_userid
(user, topn)

            redis_key = 'shortterm_' + user
            redis_value = recommend_profile
            put_dict_data_to_Redis_bykey(redis_key, redis_value)
```

```
    def update_redis_data():
        # 将离线处理数据缓存到 Redis 数据库
        # 更新热度推荐列表、场景推荐列表、用户长期兴趣偏好推荐列表、用户短期兴趣偏好推荐
列表
        print('start to update redis recomm data .... ')
        update_hot_data_thread = threading.Thread(target=update_hot_merge_
recomm_profile,
                                args={'topn': 10},
                                name='thread_hot_update')
        update_hot_data_thread.start()

        update_city_data_thread = threading.Thread(target=update_city_
merge_recomm_profile,
                                args={'topn': 10},
                                name='thread_hot_update')
        update_city_data_thread.start()

        update_item_data_thread = threading.Thread(target=update_item_
merge_context_related,
                                args={'topn': 10},
                                name='thread_item_update')
        update_item_data_thread.start()

        update_user_data_thread = threading.Thread(target=update_user_
longterm_recomm_data,
                                args={'topn':10},
                                name='thread_user_long_update')
        update_user_data_thread.start()

        update_user_data_thread = threading.Thread(target=update_user_
shortterm_recomm_data,
                                args={'topn': 10},
                                name='thread_user_short_update')
        update_user_data_thread.start()
        print('finished update redis recomm data successfully!! ')

    def start_update_redis_history_data():
        update_redis_data()


    # 第 2 部分：在线处理
    def recommendList_filtered(recommendList):
        # 合并相同的推荐项，累加权重
        …


    def recommendList_topK(recommendList, topN):
        # 推荐排序，取 Top N
        …
```

```python
    def start_update_user_present_data(userid, topn):
        # 在线处理 用户当前兴趣偏好推荐列表
        model_profile = get_recall_model_config()
        recall_model = item_recall_merge(model_profile[2])
        recommend_profile = recall_model.get_recommend_list_by_userid
(userid, topn)

        redis_key = 'present_' + userid
        redis_value = recommend_profile
        put_dict_data_to_Redis_bykey(redis_key, redis_value)

    def update_user_merge_personal_recomm(userid, topn):
        # 用户兴趣偏好融合处理
        update_user_online_data_thread = threading.Thread(target=start_
update_user_present_data,
                            args={'userid':userid,'topn': topn},
                            name='thread_user_online_proc')
        update_user_online_data_thread.start()

        redis_key = 'longterm_' + userid
        recommend_data_L = get_dict_data_from_Redis_bykey(redis_key)

        redis_key = 'shorterm_' + userid
        recommend_data_S = get_dict_data_from_Redis_bykey(redis_key)

        redis_key = 'present_' + userid
        recommend_data_P = get_dict_data_from_Redis_bykey(redis_key)
        if recommend_data_P['item']:
            recommend_list = recommend_data_L['item'] + recommend_data_S
['item'] + recommend_data_P['item']
        else:
            recommend_list = recommend_data_L['item'] + recommend_data_S
['item']

        recommendList = recommendList_filtered(recommend_list)
        recommendList = recommendList_topK(recommendList, topn)

        recommend_profile = {}
        recommend_profile['user'] = userid
        recommend_profile['item'] = recommendList
        recommend_profile['model'] = recommend_data_L['modle'] + recommend_
data_S['model'] + recommend_data_P['model']

        return recommend_profile


    # 第3部分：供 Web API 调用的业务模型接口
    def get_hot_recomm_data_from_redis(dateid,topn):
```

```
        redis_key = 'hot_' + dateid
        recommend_data = get_dict_data_from_Redis_bykey(redis_key)
        return recommend_list_filtered_reformated(recommend_data)

    def get_city_item_related_from_redis(cityid,topn):
        redis_key = 'pos_' + cityid
        recommend_data = get_dict_data_from_Redis_bykey(redis_key)
        return recommend_list_filtered_reformated(recommend_data)

    def get_item_context_related_from_redis(itemid,topn):
        redis_key = 'related_' + itemid
        recommend_data = get_dict_data_from_Redis_bykey(redis_key)
        return recommend_list_filtered_reformated(recommend_data)

    def get_user_personal_recomm_profile(userid,topn):
        recall_profile = update_user_merge_personal_recomm(userid,topn)
        model = LR_GBDT_sorted()
        user_recall_data = model.predict(userid, topn,recall_profile)

        recommend_data = {
            'userid': userid,
            'item': user_recall_data['item'],
            'model': user_recall_data['model'],
            'timestamp': get_today_date()
            }

        return recommend_list_filtered_reformated(recommend_data)


if __name__ == "__main__":
    get_user_personal_recomm_profile('U374091', topn=10)
    get_hot_recomm_data_from_redis('20211229',topn=10)
    get_city_item_related_from_redis('Beijing',topn=10)
    get_item_context_related_from_redis('N53477',topn=10)
```

Web API 基于 Django 框架实现。先创建 web_service 项目，在项目中创建 rest_api 应用，rest_api 应用集成 4 个推荐服务的访问 Web API 函数，代码参见代码 17-4。

其次配置 web_service 项目和 rest_api 应用的路由表。

web_service 项目的路由表配置为

```
urlpatterns = [
    path('admin/', admin.site.urls),
    path('',include('rest_api.urls'))
]
```

rest_api 应用的路由表配置为

```
urlpatterns = [
```

```
    path('rec/hot/', views.hot_recomm,name='hot_recomm'),
    url(r'^rec/location$', views.pos_recomm),
    url(r'^rec/item$',views.item_recomm),
    url(r'^rec/user$', views.user_recomm),
]
```

启动 Web 服务器。

```
python manage.py runserver
```

Web 服务器启动成功后，推荐服务项目就可以接收 HTTP 请求了。在浏览器或者 Postman 接口测试工具上验证推荐服务的工作情况。

UI 系统发起推荐服务请求时，系统自动执行 rest_api 应用下的视图函数。

① 热门推荐服务

```
GET http://127.0.0.1:8080/rec/hot
```

跳转到视图函数 hot_recomm()，返回热门推荐列表（JSON 格式）。

```
{'status': 200,
'data': {
    'model': 'hot',
    'item': [['N13184', 10.1431], ['N21353', 10.0943], ['N103570',
10.0775], ['N120785', 10.0431], ['N68255', 10.0254], ['N75156', 10.0073],
['N96438', 9.989], ['N27587', 9.989], ['N45502', 9.989], ['N68745', 9.989],
['N113698', 9.989], ['N65411', 9.9703],…],
    'timestamp': '20220324'}}
```

② 相关推荐服务

```
GET http://127.0.0.1:8080/rec/item?itemid=N2476&count=10
```

跳转到视图函数 item_recomm()，返回相关推荐列表（JSON 格式）。

③ 场景推荐服务

```
GET http://127.0.0.1:8080/rec/location?cityid='Beijing'&count=10
```

跳转到视图函数 pos_recomm()，返回场景推荐列表（JSON 格式）。

④ 个性化推荐服务

```
GET http://127.0.0.1:8080/rec/user?userid=U2476&pageid=12&count=10
```

跳转到视图函数 user_recomm()，返回用户个性化推荐列表（JSON 格式）。

代码 17-4　Web 服务代码

```
# coding=utf-8

import os
import sys
from  section_5.merge_proc  import  get_city_item_related_from_redis,
get_hot_recomm_data_from_redis, get_item_context_related_from_redis, get_
user_personal_recomm_profile
from rest_framework.decorators import api_view
from rest_framework.response import Response
```

```
    sys.path.append(os.path.dirname(os.path.dirname(os.path.abspath
(__file__))))


    @api_view(['GET'])
    def hot_recomm(request):
        token = request.GET.get('key')
        if user_access_auth(token):
            count = request.GET.get('count')
            recommend_data = get_hot_recomm_data_from_redis(count)
        else:
            recommend_data = 'access auth failure!!'
        msg = {
            'status': 200,
            'data': recommend_data,
        }
        return Response(msg)


    @api_view(['GET'])
    def pos_recomm(request):
        token = request.GET.get('key')
        cityid = request.GET.get('cityid')
        count = request.GET.get('count')
        if user_access_auth(token):
            recommend_data = get_city_item_related_from_redis(cityid, count)
        else:
            recommend_data = 'access auth failure!!'
        msg = {
            'status': 200,
            'data': recommend_data,
        }
        return Response(msg)


    @api_view(['GET'])
    def item_recomm(request):
        token = request.GET.get('key')
        if user_access_auth(token):
            itemid = request.GET.get('itemid')
            count = request.GET.get('count')
            recommend_data = get_item_context_related_from_redis(itemid,
count)
        else:
            recommend_data = 'access auth failure!!'
        msg = {
            'status': 200,
            'data': recommend_data,
```

```
        }
        return Response(msg)


    @api_view(['GET'])
    def user_recomm(request):
        token = request.GET.get('key')
        if user_access_auth(token):
            userid = request.GET.get('userid')
            pageid = request.GET.get('pageid')
            count = request.GET.get('count')
            recommend_data = get_user_personal_recomm_profile(userid,count,
pageid)
        else:
            recommend_data = 'access auth failure!!'
        msg = {
            'status': 200,
            'data': recommend_data,
        }
        return Response(msg)
```

17.4 生成方案对比

离线计算方式的推荐结果事先完成计算,缓存在 Hive 或 Redis 数据库中,一旦有推荐请求直接检索就行。这种方案的推荐列表生成模块和 Web 服务调用模块以 Redis 数据库作为"桥梁",属于松耦合模式,相互影响程度较小。即使推荐列表生成模块出现计算异常,没有及时更新 Redis 数据库中的缓存数据,也不影响推荐服务 Web API 调用。离线计算方式事先计算,不清楚需要准备哪些用户的推荐结果,不清楚需要准备哪几个频道或页面的推荐列表,所以通常采用全覆盖方式。把近期活跃用户和需要推荐结果的频道或页面全部计算出来,存在白白浪费计算资源和存储资源的现象。因为用户昨天活跃不代表今天活跃;上午活跃不代表下午也活跃;前一小时活跃不确定当前还活跃。当然,如果离线计算推荐结果更新频率很快,达到按秒计算更新,那么推荐结果就融合用户当前的行为特征和场景特征,但会加重浪费计算资源和存储资源的问题。离线计算方式适用于对画像特征不敏感的推荐应用场景,例如按用户长期兴趣偏好推荐、按商品类别推荐等。推荐结果按天更新或按小时更新。

在线计算方式避免了离线计算的资源浪费问题,但它对机器学习模型的复杂度、计算速度和系统实现架构提出了要求。在线计算方式推荐系统响应 UI

请求是实时的，根据 UI 请求的用户和频道，临时生成推荐列表需要耗费时间，耗费的时间往往大于离线计算方式的数据检索时间。在线计算方式的优点是哪个用户请求推荐就生成哪个用户的推荐列表。推荐生成过程需要完成用户画像、商品画像和场景特征的更新，启动召回排序过滤算法生成推荐列表。在线计算方式需要根据用户行为数据实时更新模型，挖掘最新的用户兴趣偏好和浏览记录，所以在系统实现上需要改进系统架构，引入具备实时处理能力的中间件完成有关工作，平台的架构相对复杂。

离线与在线计算方式的融合继承了各自的优势，减轻了各自缺点的影响。融合方式从服务本质出发，把对实时性存在要求的纳入在线计算方式，把对实时性不存在要求的纳入离线计算方式。当用户发起 HTTP 推荐请求时，Web 服务的业务处理单元可以按照策略规则灵活组装在线计算结果和离线计算结果，既满足毫秒级响应需求，又满足融入用户当前兴趣偏好特征的需求。

表 17-3 列出了 3 种计算方式的优缺点对比。

表 17-3　3 种计算方式优缺点对比

计算方式	响应速度	触发机制	优点	缺点
离线计算	毫秒级	时间触发	• 响应速度快，用户体验好； • 前后端耦合度低，系统健壮性高； • 系统实现架构简单	• 浪费计算资源和存储资源； • 只考虑用户历史行为特征； • 数据按天或按小时更新； • 推荐策略调整灵活度不高
在线计算	秒级	事件触发	• 基于用户当期行为特征数据； • 节约计算资源和存储资源	• 响应速度相对较慢； • 前后端耦合度高，后端数据异常会影响前端用户体验； • 系统实现架构复杂
离线+在线融合	毫秒级	事件+时间触发	• 响应速度快，用户体验好； • 系统健壮性高； • 融合了用户历史和当期行为特征	• 多支路并行计算，系统实现架构复杂

17.5　本章小结

推荐服务生成与管理解决推荐系统应用服务层与模型算法层的数据协同问题。通常，推荐系统模型算法层基于 Python 语言开发，运行在 Spark 和 Hadoop 计算平台上；推荐系统的应用服务层基于 Java 语言开发，采用 Spring Boot 或 Spring Cloud 等开发框架。应用服务平台与模型算法平台之间的数据交互通过缓存数据库或微服务 API 方式实现。本章介绍了使用 Redis 数据库作为"桥梁"的情况。

本章介绍了推荐系统 Web 服务工作流程、HTTP 请求与响应协议、REST 编程风格，以方便读者理解推荐列表是如何借助 HTTP 数据包传输的。推荐系统采用离线计算、在线计算和离线+在线计算方式完成推荐列表的生成，将结果缓存到 Redis 数据库，实现跨平台的访问。本章详细介绍了 3 种计算方式的处理流程，以新闻推荐系统定义的 4 个推荐服务为例，阐述了推荐列表的生成和 Web 服务调用过程，并以代码方式进行了展示说明。最后对 3 种计算方式进行了概要性对比分析，帮助读者理解。

推荐系统 Web 服务部署在 Tomcat 服务器上，可提供外网访问端口，接收高并发的推荐请求，所以在服务的部署方面需要考虑健壮性、安全性、扩展性和可运维性。

## 第18章

推荐系统效能评价

推荐系统的建设目标是根据用户的兴趣偏好推荐匹配用户兴趣偏好的商品，实现商品销售，提升商业价值。推荐系统效能高低与商业目标直接相关。推荐系统评价是推荐系统建设的重点工作之一。效能评价看似简单，也就是几个指标的计算，但实际上其相当重要，因为如何设计指标、如何开展评价工作，可直接影响推荐系统未来的优化和改进方向，决定推荐系统建设是否符合公司商业目标。

推荐系统的评价方法通常分为离线测试、用户调研和在线测试，每种评价方法都需要根据推荐系统的业务应用场景定义评价维度和评价指标。本章将介绍3种评价方法，涉及5个评价维度，给出典型评价指标的参考计算方法。业务应用场景不同，评价指标也存在差异，工程实践中需要根据自身的业务特点设计和选择评价指标。

18.1 推荐系统评价

推荐系统解决的是商品个性化匹配问题，在信息泛滥的大数据时代，它能帮助用户确定自己的需求并迅速找到自己满意的商品，帮助商家尽快把商品销售给有需求的用户，形成商品销售业绩。商家为了赢取商业利润，投资建设推荐系统，将商品按用户个性化需求推荐给用户，实现商业变现。推荐系统建设的根本目的在于增强用户黏性，扩大平台收入。商家投入资金搭建的推荐系统到底能不能胜任推荐工作，需要评估其效果，最直接的办法就是上线测试，对比 UI 系统上线推荐功能前后，平台的访问流量、活跃用户数、用户平均驻留时长、商品销售收入等指标发生哪些变化。如果这些评价指标明显提升，说明建设的推荐系统起到正向作用；如果这些评价指标明显降低，说明建设的推荐系统起到反向作用，需要找出原因改进。这种评价方法属于在线测试方法，实际上，在开展推荐系统在线测试之前，需要进行离线测试，有时还需要组织用户调研。用户调研就是通过沟通或问卷调查表获得用户对平台的满意度。离线测试定义离线评估指标，利用离线测试数据评估系统的工作效果。当推荐系统在离线测试环境下达到期望目标，也就是离线评估指标效果不错后，再组织开展用户调研和测试工作。

综上所述，推荐系统评价通常从以下 3 个方面着手。

- 离线测试（利用用户历史行为数据，评估算法模型的效能）；
- 在线测试（利用生产环境用户行为数据，评估算法模型的在线效能和系统运行的工作性能）；
- 用户调研（利用问卷调查表、访谈、评分等方式获得用户满意度）。

推荐系统评价维度包含以下 5 个方面。

- 特征工程数据（有用性、规范性、完整性、一致性、时效性和规模性）；
- 算法模型（准确度、精确度、召回率、AUC、ROC 曲线和 F1 值）；
- 推荐服务（响应时间、并发量、稳定性、健壮性和可扩展性）；
- UI 系统前端页面（多样性、新颖性、覆盖率、驻留时长、访问频次和评分）；
- UI 系统业务运营（点击率、转化率、销售收入、利润率、投资收益率、活跃用户数和用户留存率）。

推荐系统通过 UI 系统前端页面与用户交互，完成推荐商品的交易。推荐系统的商业价值指标是通过 UI 系统前端页面和 UI 系统业务运营结果展示出来的，所以需要将 UI 系统前端页面内容质量评价指标和业务运营评价指标纳入推荐系统评价维度。图 18.1 所示为推荐系统评价维度和评价指标的对应关系。应用的业务场景不同，推荐系统使用的评价指标存在差异，需要结合业务运营目标来选择和设计评价指标。

18.2 用户调研

用户主观意见能直接反映用户的主观体验。如果用户认可 UI 系统前端页面内容，他就会频繁登录 UI 系统，浏览和购买商品，贡献流量。如果用户在 UI 系统前端页面上看不见、买不到自己喜欢的商品，他会选择"沉默"，最后离开平台。所以直接获得用户主观意见对改进和优化推荐系统具有重要价值。

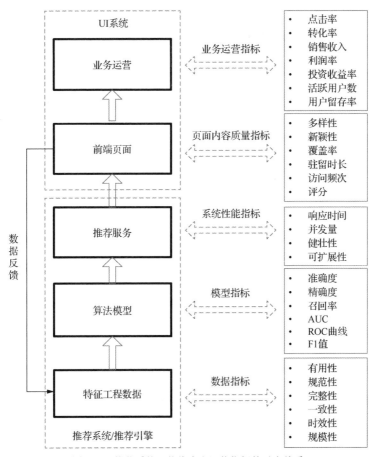

图 18.1　推荐系统评价维度和评价指标的对应关系

　　开展推荐系统用户调研工作的目的就是获得用户对推荐功能和推荐结果的满意度。满意度指标是用户调研的一个维度，通常会涉及惊喜度、多样性、新颖性、推荐性、价值度等。

　　调研方法包括打电话、当面沟通、问卷调查或自主评分。无论采取哪种方法，都需要精心设计调研内容和调研方式。为了保证调研数据的准确性，要求调研过程满足双盲实验标准。所谓双盲，指的是调研对象事先不知道调研的目的。实践中，要达到双盲实验标准难度极大。既然参与调研工作，邀请的用户不可能做到无感知参与，这样用户回答问题，给出评分、评价存在主观随意性，并非用户真实感受。另外要考虑受邀参与调研的用户群体在统计学上的数量是否足够，参与调研的用户的兴趣偏好分布特征是否与真实环境下用户的兴趣偏好特征分布一致。如果不一致，开展调研的意义不大，如果一致，实际操作难度更大。所以，开展用户调研看似简单、快捷，实际操作起来不易。为了解决这个问题，推荐系统通常将用户调研工作与业务运营融合在一起，让用户无感知参与到调研活动中，通过定义一些指标，根据真实环境下用户的行为记录，统计计算评价指标数据，间接获得用户对平台的满意度。

增加推荐商品与用户交互的机会入口，例如给每件商品增加点赞、踩、转发、评分等动作。用户可通过动作来表达自己的意愿，系统收集用户动作数据作为调研数据计算依据。

组织开展 AB 测试。随机对用户分组，不同组应用不同的策略，系统收集、分析、统计每组用户对推荐结果的浏览、购买和交付数据，看哪种策略下用户的满意度高。最终将用户满意度高的策略上线。

18.3　离线测试

新的算法模型在上线（投入真实应用环境）之前都需要开展离线测试工作。开展算法模型离线测试工作有两个目的：预估算法模型在线使用效果；对比新的算法模型和已上线算法模型在指标上的差异。

离线测试主要是验证、测试推荐系统数据层面和算法模型层面的指标。推荐系统的三大核心组件是数据、算法和架构。数据是推荐系统的基础，支撑推荐系统特征工程建设，没有数据，个性化推荐无从谈起。数据质量直接决定特征标签的质量，单独评价特征标签的质量很困难，通常将其与算法一起评价。在特征标签确定的前提下，离线测试主要用于改进、优化算法模型。在算法模型方案确定的前提下，离线测试主要用于评估使用的特征标签是否最佳。当算法模型的性能提升空间受限时，需要重新考虑算法模型使用的特征标签是否还存在改进空间。推荐系统使用的算法包含特征标签构建算法、推荐召回算法和推荐列表的点击率预测算法等。

18.3.1　离线测试方法

离线测试在算法模型构建完成且自评估结束后，使用在线用户历史行为数据来评估模型性能。算法模型使用的数据来源于线上，但算法模型本身还没有部署到线上环境，还在训练环境下。采用这种方法可以预估算法模型的效果且不会影响线上用户的体验。图 18.2 所示为推荐系统生产环境、训练环境和效能评估环境的拓扑结构。图中 Web API 是推荐系统对外提供的 Web 服务。生产环境指的是运行在真实业务场景下的推荐系统，使用真实环境下的用户行为数据开展推荐工作，包含数据采集、特征构建、推荐召回、推荐排序、推荐服务生成等环节。训练环境指的是运行在训练平台上的推荐系统或推荐系统模块，大部分时间使用离线数据集开展推荐工作，通常包含特征构建、推荐召回、推荐排序等环节。训练环境下的推荐系统模块根据测试需要临时部署，满足测试要求即可，并非包含整个推荐系统。效能评价环境管理推荐系统的评价工作，管理评价策略，计算评价指标，出具评价测试报告。

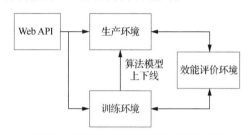

图 18.2　推荐系统生产环境、训练环境和效能评价环境的拓扑结构

算法模型的离线测试利用线上用户历史行为数据来更新推荐系统特征标签，训练推荐算法模型，预测用户推荐列表，将系统输出的推荐列表和用户真实环境下发生的点击行为记录进行对比，按定义的评价指标评估算法模型的性能。

离线测试的评价指标采用第 6 章介绍的模型评价指标，具体如下。

① 将线上环境用户历史行为数据引流到训练环境平台，生成用户-商品-标签数据集。数据集构建方法可参见 6.2.2 节。

② 将数据集划分为训练集和验证集。划分方法可采用自助法、K 折交叉验证法和留出法。

③ 使用训练集数据训练模型，使用测试集数据验证模型。

④ 根据定义的评价指标，在验证集上对算法模型表现性能进行评估。

使用相同的数据集对线上模型和新训练的模型进行训练和评价，对比各自的评价指标，评估模型的表现性能。离线测试方法使用用户历史行为数据，不会影响用户的体验，可以快速地评价模型的表现性能。离线测试方法下，性能表现欠佳的算法模型禁止上线，性能表现优越的算法模型上线。

系统算法模型上线之前，需要进行大量的离线测试评估操作，以充分展示模型的工作性能。

18.3.2 离线测试指标

应用到推荐系统的数据一定要具备有用性、规范性、完整性、一致性、时效性和规模性。这里提到的指标偏向于约定数据的质量。数据有用性指标强调的是数据的实用性，数据反映业务属性特征，只有真实反映业务属性特征、有代表性的数据才有实用价值。推荐系统在开始特征标签构建之前，数据工程师需要深入业务、理解业务，将业务属性中有代表性的属性数据挖掘出来作为特征标签建设使用的数据。数据规范性强调数据格式的统一性。反映业务属性特征的字段数据只有做到格式、标准统一，特征工程的预处理模块才能做到标准化和规格化。数据的完整性强调业务属性特征是完整的，不会经常出现异常、缺失、错误的数据。数据的一致性指的是数据反映的业务属性特征是不变的。如果数据反映的业务属特征前后不一致，使用该数据构建的特征标签是无法使用的。数据的时效性指的是参与特征标签构建的数据产生时间距离当前时间较近，过于陈旧的数据应用价值不大。数据的规模性指的是数据的量，数据量很小，则统计特性不足，参与特征标签构建的意义不大。

工程上对这几个指标量化独立评价的意义不大，因为数据来自业务系统，反映的是业务属性特征，使用这些数据构建的特征标签都能反映业务属性特征的一个或者多个方面，到底好不好需要放到算法模型中去验证，因为推荐系统的数据与算法是相互依存的。数据质量好，算法模型差，结果通常不会好；数据质量好，算法模型简单，结果大部分较好；数据质量差，算法模型好，结果很难好；数据质量好，算法模型好，结果一定会好。

采用算法模型的评价指标作为离线测试的评价指标，通常包含以下几个指标：准确度、精确度、召回率、AUC、ROC 曲线、F1 值。

本书第 6 章对这几个指标已经进行了详细阐述，此处不赘述。

18.4 在线测试

在离线实验环境下性能表现不错的模型，需要提交到业务生产环境进行验证，利用生产环境真实流量来评价模型的推荐性能。推荐系统在线测试不仅可以测试算法模型的性能，还可以测试运营策略调整和系统设计方案调整后的系统性能。在线测试最能体现推荐系统的商业价值，只有在线上生产环境下才能真正检验推荐系统的性能和效能。对推荐系统的算法、策略和设计方案完成了在线测试后,将其发布到线上生产环境工作。运行在生产环境下的推荐算法、策略和设计方案不是一成不变的,推荐系统效能评价环境需要关注每一个算法、策略和设计方案在生产环境下的真实表现性能,优胜劣汰,同时为下一次的优化迭代提供数据支撑。

18.4.1 AB 测试

AB 测试是一种在线对比实验方法,可以帮助我们实现产品的优化迭代。AB 测试的工作原理为针对同一目标制定两个(或两个以上)应用方案,将用户分成多组,在保证各组用户特征一致的前提下,不同组用户使用不同的应用方案,系统采集用户的反馈数据,计算每组用户的综合评价指标数据(评价指标数据好说明对应的应用方案性能优越),最终将性能表现最优的应用方案上线到生产环境,提升全域用户体验和产品商业价值。图 18.3 所示为 AB 测试原理。从图中可见,AB 测试存在两条反馈链路,一条用于调整流量分配,一条用于优化设计方案。这两个反馈过程实现了 AB 测试的迭代和优化。

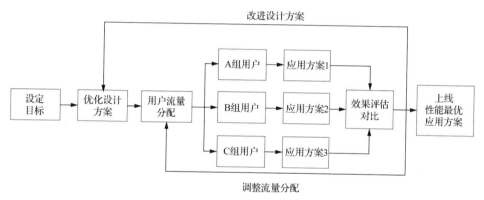

图 18.3 AB 测试原理

推荐系统开展 AB 测试需要搭建 AB 测试实验平台,会耗费人力、物力、财力和时间,所以在建设 AB 测试实验平台之前需要考虑以下几个基础条件。

① 考察目标是否存在多个应用方案。这里的目标不限于推荐系统的数据集、特征标签、算法模型、运营策略、业务流程、系统架构、UI/UE 设计等维度。在定义 AB 测试时,每次测试只针对一个目标展开,在这个目标下设计多个应用方案。例如,对比分析两个不同数据集对推荐结果的影响、对比分析两种推荐召回模型的差异、对比分析两个排序模型的精确度。开展不同目标下应用方案的 AB 测试工作价值不大,如对比分析推荐召回模型和推荐排序模型的

精确度。

② 确定了目标和应用方案后，AB 测试中每个应用方案最好保证只有一个变量发生改变。当有多个变量发生改变时，很容易搞不清楚是哪个变量发生改变对系统性能改进影响最大。

③ 设计公开的比对规则。确保在这个对比规则下，参与对比的应用方案同时上线，每个方案都能得到评价结果。

④ 参与 AB 测试的用户数量要足够，满足统计学要求。只有用户数量足够，充分分散到各个测试组，才能保证每组用户的特征分布一致。为了对比测试两个推荐算法模型的性能差异，开展 AB 测试实验。如果 A 组用户都在 20 岁以下，B 组用户都在 35 岁以上，AB 测试结果会出现性能差异，我们无法判定推荐性能的改进到底是优化推荐算法引起的还是用户年龄差异引起的。

⑤ AB 测试需要一定的测试周期，通常将 1 周或 10 天作为一个测试周期，有时会更长，需要结合业务场景下的用户流量特征来考虑。如果平台用户接入流量每天变化较大，那么开展 AB 测试实验时，测试周期一定要拉长，将用户流量最大的时间段包含进去。

⑥ AB 测试分组不宜过多。参与 AB 测试的用户数量毕竟有限，流量有限时，设计太多分组会将用户分散，每组用户流量太小，不满足统计学上测试实验工作最小样本数量要求，实验结果不可信。开展 AB 测试是产品正式上线之前的工作，由于不确定最终测试效果，我们选择部分用户参与测试，不能将全部用户都纳入测试群体。开展 AB 测试工作不能以牺牲大部分用户体验为代价。

统计学上给出了一个最小样本数量的计算公式，

$$N = \frac{\sigma^2}{\Delta^2}\left(Z_{1-\alpha/2} + Z_{1-\beta}\right)^2$$

这里，N 表示测试组需要的样本数量，σ^2 表示测试样本的方差，Δ^2 表示测试样本数据的差异性，α 表示第一类错误概率（显著性水平），β 表示第二类错误概率，$1-\beta$ 表示把握度（统计功效）。Z 表示正态分布的置信度，$Z_{1-\alpha/2}$ 和 $Z_{1-\beta}$ 的值一般通过查表获得，通常，$\alpha = 0.05$，$\beta = 0.2$，则有 $Z_{1-0.05/2} = 1.96$，$Z_{0.8} = 0.84$。

Python 工具包 statsmodels.stats.power.NormalIndPowe.solve_power 提供 AB 测试最小样本数预估计算方法。

solve_power() 函数的参数说明如下。

effect_size：两个样本的均值差/标准差。

nobs1：样本 1 的数据量，样本 2 的数据量=样本 1 的数据量×ratio。

alpha：显著性水平，取 $\alpha = 0.05$。

power：统计功效，取 $1 - \beta = 0.8$。

ratio：样本 2 数据量/样本 1 数据量，一般取 1。

alternative：字符串类型，默认为双边检验（'two-sided'），也可以为单边检验（'large'）或（'small'）。

推荐系统点击率为 0.3，通过改进推荐算法模型我们希望将点击率提升到 0.36（提升 20%），代码 18-1 为计算 AB 测试最小样本数量的代码示例。根据计算获得测试组和对比组最小样本数量约为 916。如果我们希望将点击率目标调整为 0.33（改进 10%），计算出来的测试组和对比组最小样本数量约为 3663。期望提升的目标越小，需要的样本数量越大；期望提升的目标越大，需要的样本数量越小。

代码 18-1　计算 AB 测试最小样本数量

```
import math
from statsmodels.stats.power import NormalIndPower

p1 = 0.3
p2 = 0.36
effect_size = (p2 - p1)/math.sqrt(p1*(1-p1))
num = NormalIndPower().solve_power(effect_size=effect_size,
                nobs1=None,
                alpha=0.05,
                power=0.8,
                ratio=1,
                alternative='two-sided')
print(num)
程序运行输出：
915.700392754756
```

开展 AB 测试需要对用户流量按规则分组（分桶），不同组的用户使用不同的应用方案。所以，为了满足开展 AB 测试的需求，推荐系统的业务流程和结构需要做必要的改造，主要涉及以下 3 部分。图 18.4 所示为融入 AB 测试后推荐系统的结构。

① 增加用户流量分配环节，对用户进行 AB 分流。具体的分流策略由 AB 测试管理平台配置。

② 推荐列表生成业务实现支持 AB 方案并行工作（离线、在线、离线+在线），接收并处理 AB 分桶下用户的业务服务请求，生成推荐列表。

③ 建设 AB 测试管理平台，负责 AB 测试的实验管理、配置管理、数据处理和报告生成。AB 测试中用户支持按用户编号、按流量、按时间段等维度分流。

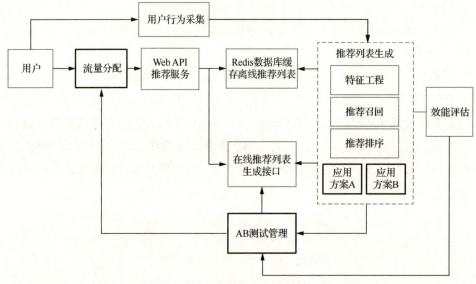

图 18.4　融入 AB 测试后推荐系统的结构

图 18.5 所示为融入 AB 测试后推荐系统数据交互流程，分为 9 个阶段。

① 推荐业务逻辑实现代码（离线、在线、离线+在线、推荐召回、推荐排序、过滤、优化重排、冷启动、特征标签更新等应用方案）支持 AB 分桶接入，根据用户的分桶编号，选择对应的业务处理应用方案。

② AB 测试管理平台建立 AB 测试实验，配置测试实验用户的分桶。测试管理平台支持配置每个分桶的策略，例如 A 桶具备 60%的流量，B 桶具备 40%的流量。

③ 用户发起推荐服务请求，携带用户编号 userid。

④ 推荐业务逻辑向 AB 测试管理平台检索查询，得到该用户的分桶标识 bk_a。推荐业务逻辑将 userid 对应的 bk_a 分桶标识反馈给用户。

⑤ 用户与推荐业务逻辑交互，根据用户的分桶标识 bk_a 调用对应的业务处理应用方案，获得推荐列表数据。

⑥ 数据埋点采集用户的日志数据，将其上报给推荐系统。

⑦ 推荐系统效能评价模块根据目前 AB 测试实验分桶情况，处理采集数据，生成不同业务处理应用方案下的评价指标数据。

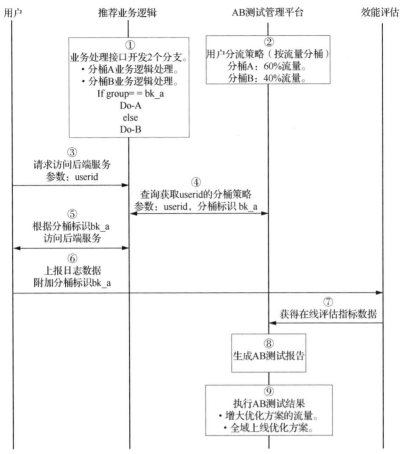

图 18.5　融入 AB 测试后推荐系统数据交互流程

⑧ AB 测试管理平台维护每一个测试实验，获得每个业务处理应用方案的测试结果。测试周期结束后生成测试报告。

⑨ 评估分析测试报告数据，将表现性能优越的业务处理应用方案推广到全域。

值得注意的是，为了获得比较好的用户体验，获得应用方案的对比价值，在一个测试周期内，不要调整用户的分流策略和修改应用方案变量参数。

18.4.2　推荐系统的 AB 测试实验

推荐系统业务流程包含多个处理环节：Web API、数据采集、特征工程、推荐召回、召回融合、推荐排序，以及过滤、优化、重排等。每个环节相当于业务流程上的一层，完成前一层工作后自动转入后一层工作。推荐系统为用户生成一个推荐列表需要经过多层的协同工作。为了优化、改进推荐系统的性能，需要对推荐系统业务流程中的每一层进行优化，每个优化目标会涉及多个应用方案。当需要优化的目标较多时，直接采取 18.4.1 节介绍的 AB 测试方法，测试周期会很长，会严重耽误最优方案的上线时间，因为每次测试只完成一个目标优化。一个目标的测试时间定义为 10 天，10 个测试目标就是 100 天，甚至更长。有没有办法实现一次测试同时解决多个目标的优化问题呢？谷歌在 2010 年的知识发现和数据挖掘大会（KDD）上公布了自己的解决方案，采用多层重叠 AB 测试实验框架。随后，国内厂商开始构建自己的多层重叠 AB 测试实验系统。为了进行区分，将 18.4.1 节介绍的 AB 测试定义为单层 AB 测试实验。

所谓单层 AB 测试实验，就是每次测试只针对一个测试目标，比较这个测试目标下多个应用方案的差异性。

所谓多层重叠 AB 测试实验，就是一次测试解决多个目标的优化问题。开展多层重叠 AB 测试实验，需要设计实验目标，并非任意目标都可以在一次测试中得到优化。

多层重叠 AB 测试实验需要保证层与层之间用户流量的正交性，即第一层 AB 测试使用的用户流量与第二层 AB 测试使用的用户流量没有相关性。系统实现方面，保证正交性实际上就是把用户流量打散重新分配，随机处理，实现用户流量复用。

离线生成用户个性化推荐列表时，推荐系统根据活跃用户清单，调用召回算法模型和排序算法模型逐个计算生成用户的推荐列表，将结果缓存到 Redis 数据库。为了比较不同召回算法和排序算法的性能差异，找到性能最佳的召回算法模型和排序算法模型，设计图 18.6 所示的 AB 测试系统，采用多层重叠 AB 测试实验架构。

加入 AB 测试后，用户个性化推荐列表生成的处理流程如下。

① 用户分流：实现用户随机化处理，采取 2 步完成，即先分组后分桶。AB 测试管理平台根据用户编号进行 Hash 映射处理，让不同的用户进入不同的分组。这里定义了 100 个分组：$b_1, b_2, \cdots, b_{100}$。

② 召回算法分桶：有 3 个召回算法模型参与对比测试，分别为召回方案 1、召回方案 2 和召回方案 3。AB 测试管理平台配置召回方案 1 使用 A 桶用户，召回方案 2 使用 B 桶用户，召回方案 3 使用 C 桶用户。每一个召回方案根据自己分配的用户清单，逐个计算生成个性化推荐召回商品候选集。

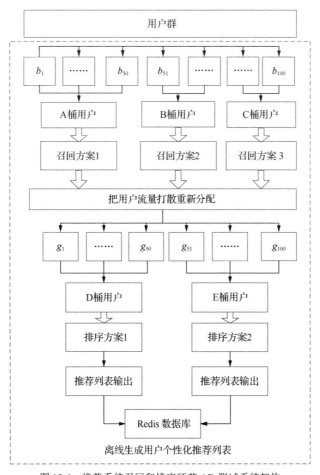

图 18.6　推荐系统召回和排序环节 AB 测试系统架构

③ 打散用户流量：为了保证召回阶段的用户流量与排序阶段的用户流量没有相关性，即保证召回层业务与排序层业务之间的正交性，在对排序算法模型开展 AB 测试之前，将用户流量再次随机打散，重新分配到另外 100 个组：$g_1, g_2, \cdots, g_{100}$。根据设定规则，将这 100 个组的用户映射到 D 桶和 E 桶。

④ 排序分桶：有 2 个排序算法模型参与对比测试，设定 D 桶用户使用排序方案 1，E 桶用户使用排序方案 2。排序算法模型根据自己分配的用户清单，逐个计算生成商品个性化推荐列表，将结果存入 Redis 数据库。

⑤ 个性化推荐服务 Web API 根据用户编号，从 Redis 数据库中读取离线推荐列表，将其反馈给前端页面。

在线个性化推荐业务流程中召回算法和排序算法的 AB 测试实现业务流程与图 18.6 所示的相似。Web API 调用在线推荐生成 API，API 程序检索、查询用户在召回阶段的分桶编号和排序阶段的分桶编号。根据用户召回阶段的分桶编号调用对应的召回算法，生成推荐候选集；根据用户排序阶段的分桶编号调用对应的排序算法，生成推荐列表。将生成的在线推荐列表通过 API 返回给 Web API，进而反馈给前端页面。

18.4.3 在线测试指标

推荐系统应用的业务场景不同，使用的评价指标也有所不同，但整体上服从一个规律，即基本上从系统运营、页面质量、推荐算法效能、数据质量和信息系统运行等维度来定义。推荐系统效能评价模块按天或按小时更新计算推荐系统在线测试指标数据，运营管理推荐系统在线推荐性能和效能，制定系统的优化方向和优化目标。

1. 运营指标

推荐系统运营指标是从平台商业价值角度定义的。投资建设一个推荐系统到底有没有用，能不能增强用户黏性，提升平台商业价值，需要从呈现的商业效果角度来评估。

（1）点击率

点击率是推荐系统在线测试指标中使用较多的一个。点击率反映的是用户对推荐结果的认可程度，即用户推荐列表中用户实际点击商品数量占总商品数量的比例。

点击率 CTR 定义为

$$CTR = \frac{N_{click}}{N_{expose}}$$

式中，N_{click} 表示推荐的商品列表中，发生用户点击的商品数量；N_{expose} 表示推荐的商品列表中，系统提供曝光的商品数量。

可以从商品角度定义点击率，还可以从页面角度定义点击率，分别是页面浏览（Page View，PV）点击率和用户浏览（User View，UV）点击率。PV 点击率和 UV 点击率在互联网行业应用较多。通常，一个 App/Web 页面包含多个推荐商品。点击率计算依据页面上的商品，PV 点击率和 UV 点击率计算依据页面本身。PV 点击率和 UV 点击率指标用于衡量推荐页面对用户的吸引程度。

UV 点击率：强调页面的点击用户。一个推荐页面，100 个用户访问了这个页面，其中 20 个用户点击了页面内容，则 UV 点击率就是 20%；50 个用户点击了页面内容，则 UV 点击率就是 50%。显然 UV 点击率越高，说明推荐页面越受人喜欢。

PV 点击率：强调页面的点击次数。一个推荐页面，100 个用户访问了这个页面，其中 20 个用户点击了页面，UV 点击率为 20%。由于页面推荐内容匹配用户的兴趣偏好，用户会多次点击这个页面，例如平均点击页面次数为 5 次（页面展示多个商品，用户感兴趣的商品有 5 件，点击 5 次），20 个点击用户贡献了 100 次点击行为，这时的 PV 点击率为 100%。

CTR、UV 点击率、PV 点击率是从不同角度来描述的，业务场景中需要根据自己的业务特点和运营要求来定义点击率。

（2）转化率

转化率指的是事物从状态 A 进入状态 B 的概率。在电商推荐系统中，转化率指标反映的是用户对推荐结果产生点击行为后真实发生购买的情况占比。用户只有发生真实购买行为，才能说明本次推荐实现了商业变现。

转化率 CR 定义为

$$CR = \frac{N_{buy}}{N_{click}} \times 100\%$$

式中，N_{buy} 表示商品推荐列表中，用户真实购买的商品数量；N_{click} 表示商品推荐列表中，用户点击的商品数量，点击行为包含浏览、评价、转发、关注、点赞、踩、添加购物车、收藏等。

（3）商业价值

好的推荐系统能直接提升点击率、转化率指标，提高商品销售收入，促进商业运营发展。站在商业角度利用如下 3 个指标衡量推荐系统。

$$推荐商品销售收入 = 直接计算出的推荐商品销售收入$$

$$推荐商品销售利润占比 = \frac{平台推荐商品销售贡献利润}{平台销售利润} \times 100\%$$

$$投资回报率 = \frac{平台推荐商品销售收入 - 推荐系统建设成本}{推荐系统建设成本} \times 100\%$$

这 3 个指标的计算要约定时间周期。推荐商品销售收入和推荐商品销售利润占比可以按天、按周、按月、按季度等计算。通过曲线的变化情况来评价推荐效能。推荐商品销售利润占比较高说明推荐系统效果不错，推荐很精准，推荐结果匹配用户喜好需求，用户愿意购买。据说，亚马逊约有 35%的利润来自它们的推荐系统，35%就是推荐商品销售利润占比指标数据。

投资回报率指标的计算使用的时间较长，因为平台推荐商品销售收入数据需要一段时间的累积。系统刚上线时，效果不太明显，需要经历发展期和成熟期。到了成熟期，平台推荐商品销售收入数据相对平稳，这时就可以预估投资回报率指标了。

（4）用户留存率

用户留存率反映的是用户对系统的满意度。用户对系统满意，他会频繁登录系统，贡献流量，购买商品；用户对系统不满意，他会选择"沉默"，最终流失。用户留存率高，说明系统对用户的黏性强，更容易形成商业收入。在互联网行业中，在某段时间内开始使用应用服务，经过一段时间后，仍然继续使用该应用服务的用户，被定义为留存用户。推荐系统用户留存率通常按周、月、季等时间段来计算。

用户留存率定义为

$$用户留存率 = \frac{X天后仍活跃的用户数}{当天新增用户数} \times 100\%$$

这里的活跃用户指的是登录过平台的用户。X 日后仍活跃的用户表示这个用户在成为平台新用户后的 X 天里面至少登录平台一次。

用户 7 天留存率：当天新增用户中随后 7 天内登录过平台的用户数/第一天新增用户数×100%。

用户 30 天留存率：当天新增用户中随后 30 天内登录过平台的用户数/第一天新增用户数×100%。

计算平台的用户留存率的主要目的是预估平台的有效用户。平台有效用户越多，说明平台上的内容更对用户的吸引性越强，用户黏性越强，商业价值越高。

平台新注册用户 100 个，随后 30 天内，其中 10 个用户登录过系统，系统用户 30 天留存率为 10%。假定系统每天新增用户数相对稳定，那么 1 个月内，平台实际新增用户 3000 个，只有 300 个用户最终留存下来，其他 2700 个用户会自然流失掉。推荐系统必须改进推荐策略，提高推荐商品与用户兴趣偏好的匹配度，提高用户访问页面的体验，让更多的新增用户留存下来。

2. 页面质量指标

UI 系统页面效果对用户的视觉冲击力较强，企业 UI/UE 设计团队需反复迭代优化 App 和 Web 页面，提升用户体验。App 和 Web 页面质量设计涉及页面布局、颜色、搭配、交互方式、页面内容等多个方面的工作，这里只介绍与页面内容有关的评价指标，不涉及 UI/UE 本身的评价指标。

（1）覆盖率

覆盖率指的是推荐商品数量占库中总商品数量的比值。推荐系统输出列表中出现的商品类别越多、商品来源越多、商品品牌越多、商品特征标签越丰富，说明推荐系统发现新商品的能力就越强。

定义覆盖率为

$$\text{Cov}(L) = \frac{M_d(L)}{M} \times 100\%$$

这里，$M_d(L)$ 表示所有用户推荐列表中出现不同商品的数量，M 表示库中所有商品数量。

系统覆盖率指标越高，说明系统对商品的长尾挖掘能力越强，可以将库中更多的多类别、多品牌、多渠道、多特征的商品推荐出去。

（2）多样性

用户的兴趣偏好是广泛的，用户长期关注相同类别的商品，时间一长，兴趣会减弱。推荐系统追求准确性，要匹配用户兴趣偏好特征，尤其是当前兴趣偏好权重排在前面的特征，也要匹配兴趣偏好权重排在中后面的特征，以体现推荐结果的多样性。短视频新闻推荐首先匹配用户当前浏览的视频标签，将具备类似标签的视频内容推荐给用户，然后推荐匹配用户前几天浏览的视频标签，再推荐热门视频内容。

推荐系统多样性指标表现为用户内多样性和用户间多样性。

用户间多样性计算如下。

对于用户 U 和用户 T，使用汉明距来衡量两个用户推荐结果的差异性。汉明距定义为

$$H_{u.t} = 1 - \frac{L_{ut}}{L}$$

其中，L_{ut} 表示推荐系统给用户 U 和用户 T 推荐的结果中相同的商品个数；L 表示推荐系统给用户 U 或用户 T 推荐的商品个数。当推荐系统给用户 U 和用户 T 的推荐列表结果相同时，$H_{u.t} = 0$。

推荐系统用户间多样性指标为

$$H_s = \frac{1}{N(N-1)} \sum_{u=1}^{N} \sum_{t=1}^{N} H_{u.t} \left(u \neq t \right)$$

这里 N 表示用户数。推荐系统用户间多样性指标越大，说明推荐系统挖掘用户兴趣偏好能力越强，更能感知用户兴趣偏好的差异性，推荐符合用户兴趣偏好的商品列表。

用户内多样性计算如下。

用户 U 得到一个商品推荐列表 $\{I_1, I_2, \cdots, I_L\}$，这一次推荐的多样性指标计算公式为

$$D_u = \frac{1}{L(L-1)} \sum_{i=1}^{L} \sum_{j=1}^{L} \text{SIM}_{i \neq j}\left(I_i, I_j\right)$$

其中，L 表示推荐列表长度，$\text{SIM}_{i \neq j}\left(I_i, I_j\right)$ 表示商品 I_i 与商品 I_j 的内容相似度。

推荐系统用户内多样性指标为

$$D_s = \frac{1}{N} \sum_{u=1}^{N} D_u$$

推荐系统用户内多样性指标的值越小，说明推荐的信息资源内容多样性越高。

（3）新颖性

新颖性指标反映的是系统向用户推荐新鲜商品的能力，即给用户推荐那些他们以前没听说过、没看过的内容或商品的能力。理解新颖性指标之前，需要明确界定新颖性的定义范围，最常见的可以理解为商品的类别，其次还可以理解为品牌、标签、用途、风格等。

选用标签作为新颖性定义范围，定义推荐结果新颖性为

$$\text{Novelty}\left(L_u\right) = \frac{N_u}{L_u}$$

其中，N_u 表示用户以前没见过的标签对应的商品数量；L_u 表示用户推荐商品数量。基于这个定义，可以计算将其他参数作为新颖性定义范围时对应的指标。

推荐系统的新颖性定义为

$$\text{Novelty} = \frac{1}{N} \sum_{u=1}^{N} \text{Novelty}\left(L_u\right)$$

3. 系统性能指标

推荐系统本身属于信息系统，部署在网络上接收和响应网络请求，需要从信息系统本身角度来权衡系统的优劣性。

（1）实时性

实时性指标反映的是推荐系统响应用户请求，快速输出推荐结果的能力。

用户的兴趣偏好具备时效性，推荐系统应尽快匹配用户兴趣偏好，跟进用户兴趣偏好的变化。实时性指标表现在两个方面。

HTTP 请求响应时间：这个时间的长短与用户体验有关。推荐系统 HTTP 请求响应时间太长，用户体验会变差。

用户实时兴趣偏好更新时间：这个指标反映的是系统响应用户当前兴趣偏好的能力，实时更新推荐列表匹配用户兴趣偏好变化。

推荐系统实时性指标属于时间统计量指标，一定时间周期内，记录 $\Delta T_1, \Delta T_2 \cdots, \Delta T_N$，将统计量的均值和方差作为推荐系统的实时性计量指标。

$$\text{TR} = \frac{1}{N}\sum_{j=1}^{N}\Delta T_j$$

$$\sigma_{\text{TR}}^2 = \frac{1}{N}\sum_{j=1}^{N}\left(\Delta T_j - \Delta T_s\right)^2$$

以 HTTP 请求响应时间差为例，

$$\Delta T_j = T_{j,\text{end}} - T_{j,\text{start}}$$

这里，ΔT_j 表示第 j 个用户的 HTTP 请求响应时间差，$T_{j,\text{end}}$ 表示系统反馈推荐结果的时间，即 HTTP 响应时间，$T_{j,\text{start}}$ 表示系统接收到 HTTP 请求的时间。

影响系统实时性的因素较多，例如网络、服务器配置、操作系统、集成的中间件、数据库等。不能保证每次推荐 HTTP 请求都能得到及时响应，我们还可以通过定义占比来描述系统的实时性，如 99% 的请求能够在 100 ms 内得到响应。

（2）稳定性

稳定性指标反映的是推荐系统正常工作的能力，即正常接收 HTTP 请求和反馈 HTTP 响应的能力，用一定时间周期内系统故障时间与总时间的占比来衡量。

$$R_{\text{TS}} = \frac{T_{\text{down}}}{T_{\text{total}}}$$

这里，R_{TS} 表示推荐系统稳定性指标，T_{down} 表示系统上线运行期间出现故障的持续时间，T_{total} 表示系统上线运行时间。通常，要求推荐系统稳定性指标大于 **99.5%**。

（3）并发量

推荐系统并发量指标反映的是系统同时有序处理 HTTP 请求和响应的能力。推荐系统并发量大小与推荐系统的 HTTP 请求响应时间、负载均衡方案、服务器配置和环境参数设置等因素有关。推荐系统的并发量会影响系统的吞吐量，即每秒交易量（Transactions Per Second，TPS），

$$TPS = \frac{并发数}{HTTP请求平均响应时间}$$

推荐系统吞吐量越大，说明其稳定响应的并发量越大。

推荐系统的并发量指标通过测评工具测量获得，JMeter 是一款常用的信息化平台压力测试工具。

（4）健壮性

推荐系统健壮性反映的是系统抗噪声、抗作弊和抗攻击的能力。如果发生作弊行为，攻击后的推荐列表与攻击前的推荐列表变化不大，说明推荐系统健壮性高。

定义计算指标如下，

$$R_r = \sum_{j=1}^{Q}\left(\frac{1}{P}\sum_{i=1}^{P}\left(\frac{A \cap B}{A \cup B}\right)_i\right)_j$$

其中，P 表示参与攻击测试的用户数，A 表示第 i 个用户攻击前的推荐输出样本，B 表示第 i 个用户攻击后的推荐输出样本。开展 Q 次测试实验，将最终的平均值作为推荐系统健壮性指标评估数据。

18.5 本章小结

推荐系统效能评价是推荐系统建设中不可缺少的环节，效能评价的重要性与特征工程和召回排序算法一样。只有指标合格的推荐系统才能准确挖掘出用户兴趣偏好，匹配用户可能喜欢的商品，最终实现商业价值目标。推荐系统效能评价分为离线测试、在线测试和用户调研等方式。每种测试方式都存在优势和劣势。

用户调研最简单，能快速获取用户的主观感受，成本较低。其测试结果受用户主观影响程度较大，小规模测试用户的主观感受不能代替大规模测试用户的主观感受。

离线测试主要反映的是数据集和算法模型的性能指标，建立在用户历史数据基础上。但其优点也是缺点。离线测试使用用户历史数据开展评测工作，操作简单，容易实现，不影响用户体验。其缺点就是过去的数据不能代表未来的数据。在离线数据集下性能表现不错的算法模型不一定在生产环境下也有表现

不错的性能（在测试数据集上训练模型存在过拟合问题），必须要关注算法模型的在线效能。

在线测试使用生产环境的真实流量，反映的是推荐系统的最终效果，能为推荐系统测评提供最有力的证据，除了完成算法模型层面的测评指标，还能完成页面层面、运营层面和系统层面的测评指标。在线测试工作实施起来相对复杂，需要建设 AB 测试管理平台，改造推荐业务逻辑，支持多方案并行工作，开销大，测试周期较长。另外，开展在线 AB 测试需要管理好用户流量，避免过大比例用户参与测试工作，影响用户体验。

本章主要阐述了推荐系统效能评价方法，分别介绍了业界使用较多的评价指标，这些指标仅仅代表了工业推荐系统中的部分评价指标，以帮助读者理解和消化。理解了每一个评估指标的物理含义后，需要设计埋点策略，从用户行为数据中采集数据、管理数据、调用公式定期更新数据。

再次强调：推荐系统应用的业务场景不同，关注的商业目标不同，关注的优化目标不同，评价指标的定义和使用可能存在差别，需要结合业务场景和当前的平台优化目标来选择和使用评价指标，必要时需要权衡、折中。

## 第19章

推荐系统架构设计

前面各章介绍的内容属于推荐系统的模块单元内容，知识点相对独立。企业如何将这些模块单元组织起来，构建成计算机信息系统，实现安全、有序、高效、高性能、高可靠的运行，属于推荐系统架构设计工作。选择、设计合适的推荐系统架构是搭建企业级推荐系统的重点工作。

计算机信息系统架构设计是一个大话题，本章只讨论与推荐系统相关的内容，明确推荐系统的边界、系统功能、业务流程和工作依赖的基础环境。推荐系统建设属于一项系统工程，架构设计和技术选型将直接影响系统性能指标，需要反复斟酌和权衡。本章围绕推荐系统架构设计原则、系统总体架构和3层计算技术架构展开讨论，从系统架构角度梳理系统业务流程、业务逻辑，帮助读者理解和消化系统架构如何驱动系统工作和确保工作性能。

19.1 系统架构概述

图 19.1 所示为推荐系统业务流程。实现个性化推荐，数据是驱动业务流程运行的关键，推荐系统采集用户的行为数据，将数据存储起来。特征工程根据定义的特征标签，调用数据处理算法更新特征标签的值，更新用户画像/商品画像/场景画像的值。推荐召回算法依据召回策略从海量的商品清单中找到用户可能喜欢的商品，生成推荐候选集。推荐排序算法依据用户画像/商品画像/场景画像预估点击率，根据点击率大小排序，生成推荐列表。推荐系统根据配置的运营管理规则对推荐列表进行过滤、优化、重排，将结果缓存起来。当用户需要推荐列表时，向推荐系统的接口服务发起 HTTP 请求，推荐服务根据请求参数从缓存中读取推荐列表，将其反馈给用户。效能评价根据推荐服务输出

的商品列表和用户实时点击的商品列表，计算系统的评价指标，关注系统的工作性能。当新的数据到来时，推荐系统根据设计的业务流程运行，完成数据更新、特征更新、画像更新、推荐列表更新和推荐服务更新，为下一次推荐请求做准备。

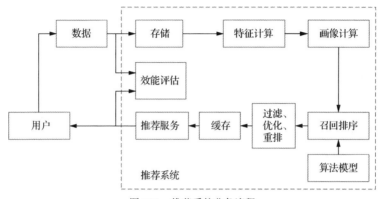

图 19.1　推荐系统业务流程

在阐述推荐服务生成时，提到了推荐列表离线生成和推荐列表在线生成。结合图 19.1，离线生成指的是推荐系统按天执行计算，更新数据。在线生成指的是推荐系统实时执行计算工作，只要存在增量数据，推荐系统就启动计算，更新数据。离线生成推荐列表和在线生成推荐列表要执行的任务是差不多的，主要差别在于推荐系统计算过程的执行周期。如果将离线生成推荐列表的计算周期由 1 天缩短到 1 小时、1 秒、1 毫秒，那么离线计算与在线计算也就一样了。当然这存在一个前提条件，就是离线计算使用的系统架构支持离线计算按秒级运行，而不会造成数据堆积。从系统架构上看，离线计算主要处理非实时性数据，在线计算主要处理实时性数据。

离线计算使用的数据是用户前一段时间的行为数据，反映的是用户过去几天的兴趣偏好。在线计算使用的数据是用户前几分钟、几秒，甚至几毫秒的行为数据，反映的是用户当前的兴趣偏好。很明显，推荐系统为了及时响应用户当前兴趣偏好，应该提高计算能力，采用在线生成推荐列表的工作方式。这样，推荐系统输出的推荐列表总是能满足用户当前个性化需求。道理虽然是这样，但操作实现起来难度较大。完全采用在线计算方式，一方面海量用户实时处理对计算平台建设成本挑战极大，另一方面对算法模型处理能力挑战极大。业务逻辑复杂、准确度高的算法模型，运行时间相对较长，想要在毫秒级、秒级得到推荐列表是不可能的。相对而言，能够在毫秒级、秒级输出推荐列表的算法模型，其业务逻辑处理相对简单，准确度没那么高。推荐系统一味追求推荐列表的实时性，全部采用处理简单而准确度不高的算法模型，与建设个性化推荐系统的目的是不符合的。个性化推荐首先强调的是推荐列表的准确度，其次是新颖性和多样性。工程实践中，通常采用两种方式的融合，从设计上约定好在线更新特征和离线更新特征、在线更新画像内容和离线更新画像内容、在线召回排序算法和离线召回排序算法，从业务流程和技术实现框架上设计好离线推荐和在线推荐融合方案，这属于系统架构工作范畴。

组成推荐系统的核心要素为数据、算法和架构。数据为推荐工作提供信息，没有数据，个性化推荐无从谈起，数据在一定程度上决定了推荐算法的工作上限。算法从海量数据中挖掘信息，没有复杂的算法逻辑，个性化特征的挖掘只能靠人工来完成，海量数据下人工挖掘难以实现；架构通过技术手段将推荐系统的业务逻辑处理模块组装起来、调度起来，实现数据更新、特征标签更新、模型更新和推荐列表更新。推荐系统架构设计就是将组成推荐系统的各个模块单元联动起来，定义明确的接口协议，定义清晰的业务流程。有了系统架构的保障，图 19.1 定义的推荐系统才能按照设计的业务流程自动化、实时、可靠运行，完成数据更新、特征更新、画像更新和推荐列表更新。

推荐系统架构好比人的"大脑"，大脑通过全身的神经系统，系统性地指挥、协调身体器官和关节有、灵活工作，准确地下达的行动指示。推荐系统中业务模块的技术实现方案、业务处理流程的设计方案、接口协议定义方案、服务器和中间件的使用方案都会影响推荐系统整体性能，架构师需要理解业务场景，理解业务过程，分析系统复杂度，给出合适的系统架构实现方案，并调整和优化系统架构适配业务发展。

推荐系统架构设计时需要反复思考以下 5 个问题。

① 系统数据规模和用户规模。

② 系统服务性能要求。

③ 系统安全性、扩展性和运营运维性。

④ 技术成熟度。

⑤ 成本代价。

推荐系统建立在大数据计算和挖掘基础上，涉及海量数据，参与计算的数据包含用户数据、商品数据和行为数据。用户画像和商品画像的每一个特征都要计算，不少特征标签需要实时更新。每一条用户行为数据都需要处理，每一个算法模型在训练时都需要使用过去一段时间的数据记录，平台必须保证算法模型训练使用的数据最新。数据量越大，模型的精度越高。算法模型越多，参与使用的特征标签越多，训练就越耗时，复杂度也就越高。以电商系统为例，系统访问量动态变化较大，平台一旦推出促销活动，系统访问量剧增，推荐系统必须具备动态扩容能力，能及时响应用户推荐请求，返回推荐列表。所以，在构建企业级推荐系统之前，首先需要考虑系统的应用场景，预估系统的数据规模和用户规模，然后决定采取哪种实现手段：接口采用松耦合模式还是紧耦合模式；业务处理采用分层结构、面向服务的体系结构（Service-Oriented Architecture，SOA）还是微服务结构；计算方式采用离线计算还是在线计算；数据库是否需要读写分离；选用哪种大数据计算平台框架和中间件；系统接入负载余量预留多少；部署方式采用集成部署还是分布式部署。

推荐系统强调个性化推荐，千人千面，用户兴趣偏好存在时效性，想要推荐系统获得更高的商业价值，系统输出的推荐列表应该尽可能匹配用户当前的兴趣偏好。推荐结果的准确度是重要的考核指标。想要实现推荐结果与用户兴趣偏好匹配准确度高，需要深入挖掘用户行为特征、兴趣偏好特征、社会关系特征等，使用的数据越多、使用的算法模型越多，模型的复杂度越高，其结果相对准确。推荐系统的时效性主要体现在对用户行为、用户环境和用户上下文的感知方面，能实现快速识别和快速反应。这种时效性对推荐系统的计算资源、存储资源、网络资源和模型效能都提出了设计挑战。在电商购物平台上，用户浏览、点击一款商品，推荐系统感知到点击的商品类别和功能后，在下一次刷新页面时，输出的推荐列表中包含与用户刚才点击商品相关的商品，这种处理速度达到了秒级。推荐系统根据用户当前浏览、点击的商品，挖掘出与该商品存在相关性的其他商品，生成推荐列表。这个过程说起来简单，但执行起来需要完成很多工作，涉及很多业务模块，每一步都需要资源，每一步计算都需要时间，需要在秒级完成输出，对系统架构设计挑战较大。推荐系统对个性化推荐准确性指标要求越高，对实时性指标要求越高，推荐系统的架构越复杂。进行架构设计时一定要权衡利弊，避免一味追求大而全，一定要结合推荐系统业务场景当前的现状，选择和使用技术框架。

推荐系统服务于商业 UI 系统，与钱打交道，安全性必须得到考虑。要针对数据安全、应用安全、访问安全和通道安全，做好防攻击、防入侵，防篡改等安全机制设计，防止出现漏洞。

推荐系统的可扩展性体现在网络资源（带宽）、接入服务器、缓存服务器、业务逻辑处理服务器、数据库等单元的横向扩展和纵向扩展。横向扩展指的是通过增加服务器实现扩展，纵向扩展指的是分拆业务逻辑，例如实现数据库访问的读写分离、分库存放、分表存放等操作，这种扩展设计需要修改业务逻辑代码。当系统需求简单、功能模块不复杂、并发量不大时，选用简单的系统架构就能支撑，系统部署在一台服务器上就能搞定。当系统需求烦琐、功能模块复杂、并发量大时，需要选用高级的系统架构来支撑，系统分布式部署在多台服务器上，实现负载均衡、分布式计算、分布式存储。除了硬件资源和网络资源的横向扩展外，推荐系统的算法模型也需要扩展和优化。推荐系统上线运行后，效能监控平台随时关注平台的效能指标，当指标出现异常后，需要探究原因，找到优化改进方法，必要时更换算法模型。当更新算法模型或新增算法模型时，要求系统支持点击上下线操作，通过配置完成工作，不影响系统其他模块和服务的运行。

推荐系统使用的基础设施（网络、服务器、储存器等）属于 IT 系统范畴，平台的运维需要符合当前 IT 运维管理要求。推荐系统各业务处理模块都选择微服务开发架构，好处是简化了开发人员的工作，坏处是增加了运维人员的工作复杂度。为了降低对 IT 运维人员的依赖，推荐系统应该具备自诊断、自处理和自恢复的能力。

搭建企业级推荐系统属于一项系统工程建设，涉及内容较多、范围较广，费用高。平台上线运行后任何一个环节出现问题，一定程度上都会影响整个系统的运行，要是关键环节出现问题，很可能导致系统整体宕机。所以在遵循技术先进性的同时，选择的硬件产品、软件产品、开发框架、技术路线尽可能是经普遍验证的成熟方案。

系统建设与成本预算不可分离，多少预算做多少事。"巧妇难为无米之炊"，预算不够，高代价的技术路线需要暂缓，必要时可牺牲系统部分功能，降低系统部分性能，但前提是保障系统具备一定的延展性。系统上线后，运行稳定，价值体现出来，在迭代阶段去优化和提升。

设计推荐系统架构要考虑的这 5 个问题看起来很简单，但落实到技术层面相对比较复杂，需要知识和经验。这里，我们将其作为系统设计思路提出来，引起读者注意即可，至于在系统构建中如何灵活运用这种思路，需要结合业务应用场景和系统建设目标实际情况来考虑。

推荐系统架构设计属于架构师的工作范围，对于从事推荐领域工作的产品经理、数据工程师和算法工程师来说没必要深入掌握系统架构设计的知识要点和技能，但需要领悟系统架构设计的基本设计原则和解决方法。理解系统架构，学会系统、全局看待问题，不局限于一个个孤立的数据和算法，还是很有价值的。理解系统架构设计原则，对我们选择和设计数据处理方案、算法模型技术实现方案是有帮助的。要知道，高性能算法模型在多线程、多进程、微服务、分布式处理等技术框架支撑下，性能表现会更加优秀。

从系统架构角度来看，解决一个问题的方案较多，每一种方案都有自己的优点和缺点，到底如何取舍，需要折中、权衡。如果实在难以决策，先定下一种方案走下去，遇到问题再解决问题。系统架构在迭代中优化完善也是常见的事。大多数情况下，推荐系统的架构不是一开始就精确设计出来的，而是确定一个基本雏形，在应用中逐步完善、优化、迭代出来的。今天，无论哪家企业，尤其是互联网大厂，它们的信息系统架构都是经历过几代演进的。早期的 Web 应用软件系统没有 3 层（表示层、业务层、数据层）体系架构之说，之后把数据层独立出来，再后来把表示层和业务层分开。软件系统单机一体化设计演化到分层体系架构设计的最大优点是业务逻辑层次更加清晰，结构更加简单，每一层独立开发和测试，下层为上层服务。其缺点就是禁止跨层调用，需要做很多重复工作，数据库增加一个字段，则每层代码都需要修改，系统需要重新部署。移动互联网时代，这种分层体系架构演进到前后端分离，后台业务逻辑处理逐渐演化成业务中台和云上 PaaS 平台。进一步将中台业务逻辑按功能拆分为数十个微服务，后台统一，标准接口服务于各式各样的前台页面。体系架构的每次演进都增加了灵活性，但运维复杂性也相应增加了。

推荐系统架构选型设计在保证性能指标的前提下，强调合适、简单、匹配业务、存在一定余量。

19.2　系统边界

搭建企业级推荐系统，首先需要明确系统边界，所谓明确系统边界，就是搞清楚系统的输入和输出；其次需要明确系统内部核心功能，确定数据流程和业务流程；再次需要定义清晰、明确的数据格式和数据交换方式。推荐系统明确了各自分工和接口协议后，大家就可以独自开展工作，项目集成时，大家根据约定的方式将系统模块组装起来，便可初步运行。图 19.2 所示为推荐系统的应用场景。

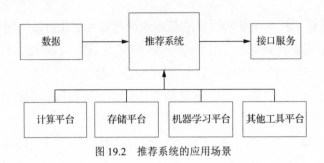

图 19.2　推荐系统的应用场景

　　推荐系统的输入为数据，输出为 RESTful API 服务。推荐系统的核心工作就是对输入的数据进行分析、加工处理，挖掘个性化特征，生成用户画像和商品画像，调用算法模型生成与用户兴趣偏好匹配的推荐列表，通过接口服务方式将推荐列表输出。为了高效地完成推荐任务，推荐系统在生成推荐列表时需要使用第三方工具平台，例如计算平台、存储平台、机器学习平台和其他工具平台。计算平台帮助推荐系统完成离线批量计算和在线流式计算，常见的计算平台有 Hadoop、Lamda、Spark、Flink 等。存储平台帮助推荐系统持久化数据，用于保存采集的原始数据、用户画像数据、商品画像数据和推荐列表数据，常用的存储平台有 HDFS、Hive、HBase、MongoDB、Redis、Kafka 等。机器学习平台为推荐系统提供必要的机器学习算法模型库，推荐系统调用算法模型库快速构建适合自己应用场景数据特征的模型，基于这些模型完成推荐召回和排序工作。业界使用较多的机器学习平台有 sklearn、Mahout、MLlib、TensorFlow、Caffe、Keras、PyTorch、阿里云 PAI、百度 PaddlePaddle 等。还有一些平台也是推荐系统建设中不可缺少的支持资源，例如 Sqoop、Flume、Impala、Elasticsearch、ZooKeeper、Spring Boot、Django、React 等。

　　推荐系统建设并非仅仅搞定数据和算法就行，数据和算法对推荐系统很重要，但仅有数据和算法还不能构建高性能、高效、高可靠的企业级推荐系统。狭义的推荐系统主要涉及数据和算法。广义的推荐系统除了数据和算法外，还有很多系统层面的工作要落实，如数据采集同步方式、与大数据计算平台的交互方式、与机器学习平台的交互方式、数据集成与检索方式、AB 测试、高效的服务编排与调用、系统监控和业务监控的对接、系统部署与运维管理等，每一项工作都需要明确和落实。任何一个环节出现问题，都会影响推荐系统的最终性能。数据采集平台如果不能及时采集和同步用户当前的行为数据，推荐列表就不能实时地匹配用户当前兴趣偏好，推荐结果滞后于用户当前兴趣偏好，推荐效果减弱。算法模型实现方案耗时较多，在线召回和排序算法不能在毫秒时间内完成推荐列表输出，推荐结果滞后于用户当前兴趣偏好，推荐效果不能体现，白白浪费计算资源。采纳的算法模型性能有限，与业务场景中数据特征匹配度不高，不能准确挖掘和生成用户可能喜欢的商品列表，推荐结果偏离用户兴趣偏好，推荐结果没有使用价值。所以，推荐系统建设不能局限于某一部分，要建立系统思维，全面、全局看待问题，这也是对架构师工作的最大挑战。

19.3 系统总体架构

明确了推荐系统要完成的工作后，开始定义推荐系统的业务逻辑功能，图19.3 所示为推荐系统总体架构，图中将推荐系统的数据采集和第三方依赖平台纳入推荐系统整体架构范畴。图 19.3 给出的推荐系统总体架构，与各大企业自己推荐系统的架构相比，功能内容一致，业务逻辑一致，差别在于编排方式和实现的技术路线。

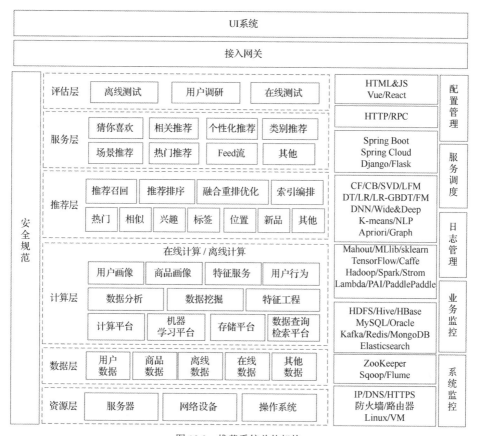

图 19.3 推荐系统总体架构

系统总体架构在水平层面分为安全规范、业务逻辑处理、技术体系和运营管理规范。安全规范约定系统安全建设标准，包含物理安全、访问安全、数据安全和应用安全等。业务逻辑处理实现推荐系统的数据挖掘、特征构建、推荐召回、推荐排序、推荐服务生成、AB测试和效能评价等功能。技术体系为业务逻辑处理提供技术手段，规定采用哪些技术和方法来解决业务逻辑问题。运营管理规范约定推荐系统的运维规范。作为IT信息系统，搭建的企业级推荐系统必须符合IT运维管理要求，包含配置管理、服务调度、日志管理、业务监控和系统监控等模块。互联网上不少专栏在阐述推荐系统架构时，主要是围绕业务逻辑处理这部分内容展开的，没有提及系统安全规范和运营管理规范。笔者认为，一个IT信息系统首先必须具备安全性、可管性和可控性，其次是业务逻辑满足预期目标。业务逻辑处理在垂直方向上分为资源层、数据层、计算层、推荐层、服务层和评估层。系统架构分层设计的本质就是将复杂问题简单化，每层代码各司其职，层与层之间以低耦合方式交互数据，从而提升代码的可维护性和可扩展性，当系统流量负载增加时只需要横向扩展服务即可。UI系统通过接入网关访问推荐系统服务，接入网关负责流量的负载均衡。

（1）资源层

推荐系统属于计算机信息系统，系统运行在服务器上，工作离不开必要的基础资源支撑：网络设备、服务器资源和操作系统。推荐系统对网络资源的需求主要体现在对网络带宽、网络时延和抖动指标的需求。网络带宽不够，网络时延严重，用户体验将大打折扣。系统架构师一定要预估推荐系统的流量分布特点，合理规划网络资源。服务器用来部署推荐系统功能模块和代码软件系统，支撑推荐业务流程的工作。当推荐系统的数据量和用户并发量不大时，几台服务器就可以满足应用需求。当推荐系统面临海量数据、高并发流量需要处理时，系统对网络资源、计算资源和存储资源的需求量剧增，需要扩展服务器，实现分布式计算与存储。操作系统负责部署在服务器上的功能模块调度与管理、虚拟化管理、分布式管理等。推荐系统任何一个功能模块的运行都离不开操作系统的支持。部署到服务器上的操作系统务必满足版本稳定的要求。互联网大厂通常维护一套自己的操作系统版本，这些操作系统经过反复验证和测评，从底层确保推荐系统安全、可靠、稳定工作。

（2）数据层

推荐系统属于数据驱动系统，数据是推荐系统运行的重要依赖。平台架构数据层主要完成数据的采集和存储工作。系统数据包含用户数据、商品数据、离线数据、在线数据和其他数据。数据类型涉及数值型、文本型、图片型、音频型、视频型等。数据分为结构型数据、半结构型数据和非结构型数据。数据复杂，处理烦琐。不同类型的数据采集和存储方式不一样，要结合推荐系统特征工程建设需要，设计好数据采集传输和存储方案。数据同步解决推荐系统分布式数据的采集、汇聚和传输问题，将分布式数据汇总到计算框架平台下，满足实时性或非实时性计算需求。

用户数据和商品数据保存在 UI 系统的数据库，采用 Sqoop 等数据同步工具将数据从关系数据库中提取出来，同步到推荐系统大数据计算框架的 Hive 数据库。对于用户离线和在线行为数据，利用 Flume 分布式日志采集工具将其采集汇聚传输到 Kafka 消息队列。

（3）计算层

计算层完成数据处理、数据分析和数据挖掘等工作，属于推荐系统的特征工程，为离线推荐列表和在线推荐列表的生成事先准备数据。

推荐系统接收 UI 系统上报的用户数据、商品数据、用户行为数据和用户行为发生时的环境上下文数据。数据量大、实时性高、业务运行复杂时，推荐系统需要部署支撑平台，辅助推荐系统完成数据分析、数据挖掘、特征标签构建、推荐召回、推荐排序和模型训练等任务。常用的第三方平台资源包含大数据计算平台、机器学习平台、存储平台、数据查询检索平台等。大数据计算平台负责完成离线数据和在线数据的计算，挖掘个性化特征，生成用户画像和商品画像。推荐系统常用的计算平台为 Hadoop、Spark、Strom 和 Lambda。机器学习平台负责提供算法模型，推荐系统调用机器学习平台的算法模型训练符合自己数据特征的算法，完成推荐召回和推荐排序工作。存储平台负责存放数据，包含采集的原始数据、用户画像数据、商品画像数据和推荐列表数据。推荐系统常使用的机器学习平台为 sklearn、Mahout、MLlib、TensorFlow、PyTorch、Caffe、PAI、PaddlePaddle。数据查询检索平台负责解决推荐系统海量数据下快速查询问题。如果推荐系统的数据量高达上千万、上亿级别，常规的数据查询检索方法不能满足实时性处理要求，需要使用专门的搜索引擎框架，如 Elasticsearch 和 Impala。

用户画像数据包含用户的属性数据、偏好数据、行为数据、标签数据、价值数据、位置数据等。商品画像数据包含属性数据、类别数据、内容数据、关系数据、热度排名数据、转化率数据等。用户画像数据和商品画像数据，有些属于静态数据，程序运行一次即可；有些属于动态数据，程序需要反复多次运行，及时更新数据。静态数据在用户注册和商品导入时自动触发程序，完成数据的处理和特征标签的更新。动态数据可以按时间定期触发程序，或者按事件触发程序，完成数据的处理和特征标签的更新。用户行为动态数据在用户每次发生行为时立即触发程序，实时更新，以保证后续给用户推荐的商品内容匹配度最高。

对商品画像特征标签与用户画像特征标签更新时，要设计清楚哪些特征在离线计算平台上更新，哪些特征在在线计算平台上更新。用户画像和商品画像的每一个特征标签都有对应的计算任务服务，例如，千万级数量商品，上亿级数量用户，过去 1 周、1 月、3 月、6 月的历史记录。完成这些特征标签的更新是一项艰巨、复杂的计算工作。

特征工程建设是推荐系统建设的重要工作之一。数据对个性化特征挖掘的准确与否，数据更新及时不及时，将直接影响推荐列表的准确度。推荐系统中的数据决定推荐算法的工作上限。在架构设计阶段，数据更新的时效性是关键考核指标之一。为了第一时间对数据更新做出反映，适应数据流量的变化，将特征标签的计算工作按独立子系统方式设计，微服务架构。每个微服务程序处理特征标签中的一个或几个，最终将处理结果通过消息队列汇聚，生成用户画像和商品画像，实现画像数据的向量化。特征标签计算微服务对外提供标准的服务接口，满足服务与服务之间的相互调度。特征工程对外提供的接口服务方式不限于 Web 服务、JSON/XML/CSV、MongoDB、Redis、HBase、Kafka 等。将特征标签计算微服务纳入系统服务调度范围，根据调度要求编排每个微服务的触发运行机制。

（4）推荐层

推荐层完成推荐召回、推荐排序、融合重排优化工作。其根据用户画像和商品画像，从内容、标签、类别、相似、兴趣、位置、热点、新品等多个维度召回商品，生成商品候选集。常用的召回算法有 UserCF、ItemCF、CB、Tag、SVD、LFM、Apriori 等。推荐召回强调"快"和"广"。"快"指的是召回算法计算速度快，快速输出推荐候选集。"广"指的是召回算法输出的推荐候选集覆盖的品种多、品牌多，能提升推荐系统的多样性和新颖性。推荐排序算法使用复杂的机器学习模型，根据用户的兴趣偏好，预测用户对候选集商品的喜欢度，根据喜欢度预测值排序，将排在最前面的 Top N 个结果作为推荐列表缓存到 Redis 数据库。常用的排序算法为 LR、LR-GBDT、DNN、Wide&Deep。推荐系统使用的召回算法模型、排序算法模型，有些是企业自己研发封装的，有些来自标准的机器学习库。

推荐系统属于运营级系统，需要支持根据运营规则需求调整推荐列表的输出顺序和重点。禁止向黑名单用户推荐商品，优先推荐置顶的商品，优先推荐新品，优先推荐参加营销活动的商品，春节期间优先推荐与过年相关的商品。推荐列表在正式输出反馈给 UI 系统之前，需要经过打散、优化、重排。

推荐系统使用的算法模型需要在训练平台上训练好，离线环境下模型精度达到要求后，将其发布到真实生产环境。工作在真实生产环境下的系统称为线上系统。算法模型的训练平台称为线下平台，属于虚拟生产环境，用于算法模型的训练和模型参数的调优。通常，线上系统和线下系统分开建设。

推荐系统算法模型的输入为商品特征向量、用户特征向量、场景特征向量和用户行为数据，输出为推荐列表。推荐系统算法模型对外提供 Web 服务调用接口，以供界面管理和结果展示调用。可通过这些接口管理和使用推荐算法、监控算法运行状态、查看算法计算结果等。推荐系统算法模型支持界面统一管理功能，上线操作，下线操作，状态跟踪。每一个算法模型独立工作，使用共享数据源，输出结果缓存在 Redis 或 Hive 数据库。

（5）服务层

推荐系统的服务层面向 UI 系统，是推荐系统的门户，部署在 Web 服务器上，接收 UI 系统的推荐请求的同时也接受互联网的攻击。推荐系统服务层设计要先解决好 Web 应用的实时性、可用性、可靠性、安全性和可拓展性问题，选择成熟、性能不错的软件框架进行设计。当前 Java 为主流的 Web 软件开发语言，开发架构有 Spring MVC、Spring Boot 和 Spring Cloud。基于 Python 语言的 Django 和 Flask 也是不错的 Web 应用开发框架。

服务层实时性强调的是 HTTP 请求响应的时长。推荐系统效能评价模块实时关注系统的在线实时性指标，将其作为系统评价指标之一，按小时或按天计算推荐系统的实时性指标。用户刷新页面，UI 系统请求推荐列表，推荐系统反馈推荐结果，如果这个过程持续时间较长，用户体验会受到影响。为了不影响用户体验，HTTP 请求响应时间要控制在纳秒、毫秒内（通常要求小于 200 毫秒）。根据前面的学习，我们知道，推荐列表的生成需要历经很多环节：数据收集、数据处理、特征标签更新、推荐召回、推荐排序、重排优化等。每一个环节都需要耗费时间。如果在用户发起请求推荐时才启动推荐业务流程，生成推荐列表，耗费的时间是系统层面不允许的。所以，推荐系统在架构设计上将推荐列表的业务流程处理设计为离线和在线两种方式，事先将推荐列表计算出来缓存在 Redis 数据库，推荐系统服务层在收到 HTTP 请求后直接查表即可得到推荐列表数据。

服务层可用性表现在系统是否能长期、稳定地为 UI 系统提供推荐服务，不出故障，不宕机。推荐系统本身属于 IT 系统，由于硬件或软件原因而出现故障或宕机导致服务不可用是不可避免的，只是我们不知道发生概率有多大。通常用出现故障导致服务不可用的时长来衡量系统的可用性。百度、京东这样的互联网平台，系统可用性指标高达 99.99%。技术上要达到这个目标需要采取较多的 IT 技术来支撑。

作为 Web 应用服务，服务层需要满足可拓展性要求，能应对用户流量的增加。建设推荐系统，目的是提高用户流量。用户发展得越快，流量越高，要求系统应对流量冲击的能力就得越强。当用户流量剧增时，系统架构支持通过横向增加服务器方式来吸收流量，处理用户推荐请求；当用户流量回落时，系统架构支持通过减少服务器方式来应对。无论是增加服务器还是减少服务器，整个过程用户要达到无感体验。

落实到推荐服务接口层面，每个接口服务以 RESTful API 形式出现，服务支持独立部署在 Web 服务器上，满足用户推荐请求和数据上报的需求。推荐系统对外提供的服务类别与业务应用场景有关，建设推荐系统的目的是实现商业价值提升，增强用户黏性，推荐服务的设计在技术满足的前提下配合业务盈利需求来落实。通常，推荐系统对外提供的服务包含猜你喜欢、类别推荐、个性化推荐、热门推荐、相关推荐、场景推荐和 Feed 流等。

（6）评估层

评估层关注推荐系统的工作性能。效能评价模块按小时、按天或按周更新定义的评价指标。效能评价模块实时采集推荐系统运行过程中的数据，统计计算评价指标。评价维度涉及运营层面、UI 内容层面、Web 服务质量层面、算法模型层面和数据层面。效能评价根据用户反馈的行为数据评价推荐系统效能。

推荐系统属于反复迭代升级的系统，效能评价指标为系统迭代升级提供数据支持。HTTP 请求响应时间指标反映的是系统的综合处理能力。当指标数据较大时，需要分析是何种原因导致的。如果是服务计算负载较大，则需要优化系统，增加复杂均衡设备，必要时拆分为微服务。如果是点击率和转化率指标不高，需要重新评估算法效能，调整算法参数，必要时更换性能更加优越的新算法模型。为了研究新算法的线上表现，开发 AB 测试管理平台，对用户进行分流，生成 AB 方案下的评价效能。

19.4　依赖的第三方环境

19.4.1　大数据计算平台

推荐系统强调实时性，推荐系统的实时性体现如下。

数据特征实时性：获得用户兴趣偏好的最新数据，及时更新特征标签和更新用户画像。

算法模型的实时性：使用最新的用户行为数据训练模型，输出与用户当前兴趣偏好最匹配的商品列表。

推荐系统使用的数据中用户行为数据实时性最强。推荐系统对用户行为数据进行处理，挖掘并获得用户当前的兴趣偏好、用户价值、商品热度等特征标签。用户数据和商品数据实时性不强，大部分属于静态数据，即使存在动态变化，变化频率也不会很高。推荐系统对静态数据的处理采用批量计算的方法，对实时数据的处理采用流式计算的方法。流式计算并非完全实时计算，而是设定一个窗口，当窗口数据收集满了以后，启动计算过程，属于小批量计算。推荐系统对数据的处理主要涉及以下 3 种情况。

静态数据批量计算：时间跨度为分钟、小时、天、周、月。挖掘用户长期兴趣偏好使用最近几周到几个月的行为数据作为计算依据。

实时数据流式计算：时间跨度为毫秒、秒。其主要是实现用户当前兴趣偏好的挖掘。根据用户前一秒内的行为数据，挖掘当前兴趣偏好，执行商品的召回排序和重排工作。

海量数据查询交互：从海量历史数据中进行快速查询检索、原始数据检索、用户画像检索、商品画像检索、特征标签检索等。

面对复杂的大数据应用场景，推荐系统集成专业的大数据计算平台来解决数据的导入、存储、处理和检索问题。Hadoop、Strom、Spark 是 Apache 基金会发布的开源大数据计算平台。Hadoop 大数据计算平台主要用于处理历史批量数据，适合对实时性要求低的应用场景；Strom 是最佳的实时流处理计算平台；Spark 大数据计算平台既能处理批量数据，也能处理实时流式数据，在批量数据处理方面，Spark 的处理能力优于 MapReduce，在实时流数据处理方面，Spark 的处理能力略逊于 Strom。大多数情况下，企业将 Hadoop、Spark 和 Strom 混合集成使用，以发挥各自的优势。

1. Hadoop

Hadoop 是一个开源的分布式大数据计算存储框架，能为计算机集群提供可靠的、可伸缩的应用层计算和存储支持，允许使用简单的编程模型跨计算机集群开展分布式大数据处理，部署方式支持单台服务器到几千台服务器的计算扩展，处理的数据规模达 PB（1 PB=1024 TB=1024×1024 GB）级。Hadoop 的两大核心为 HDFS 和 MapReduce。HDFS 能提供分布式文件存储管理，MapReduce 能提供批量数据并行计算。HDFS 和 MapReduce 的融合实现了大数据在上千台服务器上的分布式计算和存储。

MapReduce 计算的核心就是把复杂的计算过程分拆成 Map 和 Reduce 两阶段，具体处理过程如下。

① 从 HDFS 读取数据。

② 将数据拆分成小块，Map 将其分配给各个计算节点。

③ 计算节点处理小块数据集，将中间结果写入 HDFS，中间结果作为 Reduce 的输入数据。

④ 重新分配中间态数据结果，并按键值分组。

⑤ 对各个计算节点的结果按键值进行 Reduce 组合。

⑥ 将最终计算结果重新写入 HDFS。

由此可见，MapReduce 在批量计算时，需要反复与 HDFS 打交道，所以计算延迟较大，响应速度较慢。

为了更好地支撑机器学习领域的工作，Hadoop 框架集成了必要的平台和工具，以方便使用。Flume 是一款分布式日志数据采集平台，推荐系统调用 Flume 完成用户行为埋点数据采集、聚合和传输。Sqoop 用于解决关系数据库（如 MySQL、Oracle 等）到 Hadoop Hive 数据库的数据同步问题，推荐系统调用 Sqoop 完成用户数据和商品数据的定期同步，将分散在 UI 系统中的数据采集到 Hive 数据库，以供后续数据挖掘和特征构建使用。Hive 是 Hadoop 提供的一套数据仓库工具，通过配置实现数据的查询、提取和预处理。HBase 是一套高性能的分布式存储系统，满足推荐系统的数据存储需求，用于存放推荐系统中的非结构化数据和半结构化数据。Impala 类似于 Hive，但底层引擎不同。Mahout 可提供经典机器学习模型，帮助开发人员快速构建符合自己应用场景数据特征的算法模型，主要包含聚类、分类、推荐过滤等算法。ZooKeeper 是一套分布式应用程序协调服务，负责分布式节点的运行和管理，是保障 Hadoop 和 HBase 运行工作的重要支撑平台。

2. Lambda

Hadoop 平台以高吞吐量和海量数据处理的能力赢得了大家的青睐，在大数据处理领域处于"霸主"地位，但它存在处理速度慢、延迟较大等问题，对实时流数据的支持效果较差。而 Strom 天生是为实时流数据而生的，处理时延为毫秒级，Strom 使得持续不断的流计算变得容易，满足了 Hadoop 批处理所不能满足的实时要求。工程上，通常将 Strom 与 Hadoop 集成部署，即 Hadoop+Strom 计算平台，也称为 Lambda 计算平台。Lambda 计算平台下，Hadoop 和 Strom 统一部署在资源管理框架 YARN 上，共享底层数据存储资源（HDFS、Hive、HBase），统一接收资源调度。MapReduce 负责历史数据批量计算，Strom 负责流数据的实时计算。图 19.4 所示为 Lambda 计算平台。数据经 Flume、Kafka、Sqoop 采集处理后分成两条业务线计算，非实时数据送到 Hadoop 平台计算，实时数据送到 Strom 平台计算。计算后的数据统一存放到 HDFS、HBase、Redis 数据库。其他应用服务从数据库中读取自己需要的特征数据。

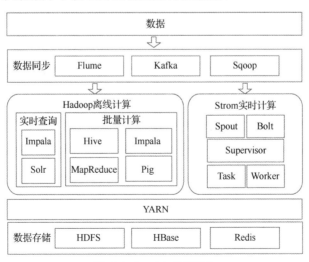

图 19.4　Lambda 计算平台

3. Spark

Spark 是基于内存计算的大数据计算平台，处理速度比 Hadoop 快 10 倍到 100 倍。Hadoop 中的 MapReduce 每完成一次计算，需要将结果缓存到 HDFS 中，下次计算时从 HDFS 中调用数据，直接计算结果。其计算过程反复与磁盘打交道，所以延迟较大，用于解决对处理时间不敏感的批量数据计算问题。Spark 将数据从 HDFS 中读取出来后，一直缓存在内存中，直到计算完成后将数据写入 HDFS，数据计算过程中 Spark 不与磁盘打交道，这样就保证了基于内存的数据交互使得 Spark 特别适合应用到实时数据处理方面。

推荐系统集成 Spark 计算平台用于实现用户当前行为数据的分析和挖掘，生成用户当前兴趣偏好特征，基于用户当前兴趣偏好特征召回实时推荐列表。Spark 支持与 Hadoop 统一部署和管理，运行在资源管理框架 YARN 上。YARN 可实现对大数据计算平台上部署平台的统一管理。Spark Streaming 是构建在 Spark 基础上的流式数据计算平台，扩展了 Spark 的大规模数据处理能力，满足对历史数据和实时数据的综合分析处理要求。相比于 Strom 的实时数据处理速度，Spark Streaming 能实现秒级计算速度响应，而 Strom 只能实现毫秒级计算速度响应。MLlib 是 Spark 集成的机器学习平台，包含用于推荐系统数据预处理的统计方法、特征提取、数据转换，以及数据挖掘中的分类、回归、聚类、关联、推荐等算法的实现和评估。图 19.5 所示为 Spark 计算平台。Spark 集成的部件 Spark Core 承担 Lambda 中 MapReduce 的批量计算工作，Spark Streaming 承担 Lambda 中 Strom 的实时数据计算工作，Spark SQL 负责数据的检索查询。整个计算过程由 YARN 管理调度，结果存放在 HDFS 中。

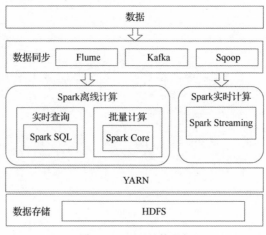

图 19.5　Spark 计算平台

19.4.2　机器学习平台

机器学习平台能为推荐系统提供算法模型，支持算法模型的数据整理、训练、预测和部署工作。机器学习平台上集成的算法模型充分发挥了硬件资源的计算能力，计算效率极高，在推荐系统建设中，应尽可能选择已经封装好的算法模型，它们可以帮助我们节约时间和提升效率。sklearn 是最常见的机器学习算法工具包；TensorFlow 和 Caffe 是深度学习框架；Mahout 是集成在 Hadoop 计算平台上的机器学习组件；MLlib 是集成在 Spark 计算平台上的机器学习组件。互联网上资源丰富，大厂会开放自己的机器学习平台，其算法模型覆盖数据处理、模型训练、模型预测、模型部署和模型监控等环节，读者可以根据自己的需求选择。

1. sklearn

sklearn 是基于 Python 语言的机器学习工具包，包含机器学习领域六大任务模块，即分类、回归、聚类、降维、特征选择和预处理，支持算法模型的基本学习和集成学习。使用 sklearn 的最大好处是模型库提供数据集供大家使用，解决了缺失数据不能开展算法研究的难题。sklearn 是算法工程师和数据工程师较早接触到的机器学习模型库，API 设计得非常好，接口简单，是机器学习领域排名领先的工具库。Sklearn 工具包安装好后，使用非常简单，在代码中使用 import 导入即可。

from sklearn.cluster import KMeans：导入聚类算法模型。

from sklearn.preprocessing import OneHotEncoder：导入 One-hot 编码器。

from sklearn.tree import DecisionTreeClassifier：导入决策树分类器。

from sklearn.feature_selection import VarianceThreshold：导入方差特征选择模型。

from sklearn.neural_network import MLPClassifier：导入神经网络模型。

sklearn 支持算法模型的训练、预测、评估和管理，操作简单、便捷。以创建一个神经网络模型为例，对应的操作 API 如下。

model = MLPClassifier()：定义一个神经网络模型。

model.fit(x,y)：启动模型训练工作，x 表示训练样本输入特征，y 表示训练样本目标值。

model.predict(x)：启动模型的预测工作，x 表示预测样本输入特征。

model.score(x,y)：启动模型的评估工作，x 表示测试样本输入特征，y 表示测试样本目标值。

model.save(model_path)：保存模型到指定位置，model_path 表示存放路径。

joblib.dump(model,model_path)：将训练好的模型 model 保存到指定位置 model_path。

model=joblib.load(model_path)：从指定位置装载模型。模型装载成功后可直接使用。

2. TensorFlow

TensorFlow 是一套基于数据流图进行计算的深度学习的编程框架，支持 CPU 和 GPU 安装，主要用于机器学习和深度神经网络方面的研究，广泛应用于图形分类、音频处理、推荐系统和自然语言处理等业务场景。基于 TensorFlow 内部封装好的 Word2Vec、softmax、DNN、CNN、RNN 和 LSTM 网络等算法模型基础组件，我们可以构建、组合出各种网络模型，尤其是深度学习神经网络模型，实现模型封装、训练、预测、评估和移植。只要算法处理流程能表示成一个数据流图，就可以使用 TensorFlow 框架来构建和管理模型。

使用 TensorFlow 框架编程，分为以下 9 步。

① 定义一个数据流图。

② 明确数据流图的输入和输出。

③ 定义模型的学习参数。

④ 定义模型的业务逻辑运算过程。

⑤ 定义优化函数和优化目标。

⑥ 初始化所有变量。

⑦ 定义一个会话，启动模型，训练迭代更新参数到最优解。

⑧ 模型评估。

⑨ 模型预测。

在 TensorFlow 框架下实现神经网络模型的训练，

$$Z = WX + B$$
$$Y_{pred} = \text{softmax}(Z)$$

实现代码如代码 19-1 所示。

TensorFlow 定义的数据流图输入数据类型为张量，也就是多维数组。采用多维数组作为模型输入，主要目的是发挥矩阵的运算优势，提高模型的计算速度。

定义好数据流图后，创建一个会话，通过会话启动模型的训练工作。

代码 19-1　TensorFlow 框架下实现神经网络模型的训练代码

```python
import tensorflow as tf
from tensorflow.examples.tutorials.mnist import input_data
mnist = input_data.read_data_sets('data/', one_hot=True)

def DNN_model():
g = tf.Graph()  # 定义数据流图
with g.as_default():
    X = tf.placeholder(tf.float32, [None, 784])
    Y = tf.placeholder(tf.float32, [None, 10])
    W = tf.Variable(tf.zeros([784, 10]))
    B = tf.Variable(tf.zeros([10]))
    Y_pred= tf.nn.softmax(tf.matmul(X, W) + B)  # matmul()用于矩阵相乘,
softmax()为激活函数
    cross_entropy = tf.reduce_mean(-tf.reduce_sum(y * tf.log(Y_pred),
reduction_indices=[1]))
    # 定义模型损失函数为交叉熵
    optimizer = tf.train.GradientDescentOptimizer(0.5)
    # 定义使用梯度下降法优化模型
    model= optimizer.minimize(cross_entropy)

#创建一个会话, 启动模型的训练工作
with tf.Session(graph=g) as sess:
    sess = tf.InteractiveSession()   # 创建会话
    tf.initialize_all_variables().run()  # 初始化参数
    for i in range(500):
        batch_xs, batch_ys = mnist.train.next_batch(100)
        model.run({x: batch_xs, y: batch_ys})  #启动模型训练

saver.save(sess,model_path)  # 保存模型到指定路径

feeds = {X: mnist.test.images, Y:mnist.test.labels}
print ("cost=", sess.run(model, feed_dict=feeds)  # 模型评估
print ("Y_pred=", sess.run(model, feed_dict={X: mnist.test.images }))
# 模型使用

if __name__ == '__main__':
    DNN_model()
```

3. 公有云 PaaS

移动互联网时代，云上资源相当丰富。

百度云机器学习为经典机器学习和深度学习提供了从数据处理、模型训练、模型管理到模型推理的全生命周期管理服务，支持数据处理、特征工程、统计、训练、评估、预测和模型发布等功能，支持包含 LR、DNN、K-means、LDA、CF 等多种算法模型训练和预测，支持并发的在线预测和大批量的离线预测。

阿里云 PAI 是面向开发者和企业的机器学习和深度学习工程平台，能提供包含数据标注、模型构建、模型训练、模型部署、推理优化在内的 AI 开发服务，内置 140 多种优化算法。

腾讯 TI-ONE 是为 AI 工程师打造的一站式机器学习服务平台，能为用户提供从数据预处理、模型构建、模型训练、模型评估到模型服务的全流程开发支持。平台内置丰富的算法组件，支持多种算法框架。

京东数科 KuAI 是面向开发者的一站式 AI 开发平台，能为传统机器学习和深度学习提供从数据处理、模型训练、服务部署到预测的一站式服务。

通常，公有云上提供的机器学习 PaaS 平台集成了大数据计算框架平台（如 Spark 等）、数据存储平台（如 MySQL、HDFS、Kafka、HBase、Elasticsearch 等）和深度学习编程框架（如 TensorFlow、Caffe、PyTorch 等）。

19.4.3　存储平台

存储平台能为推荐系统的数据分发、传输、缓存和存储提供技术方案。推荐系统支持高并发、分布式计算，目的不同则使用的数据存储组件存在差异，常见的存储组件为 HDFS、MySQL、Hive、HBase、Kafka、Redis、MongoDB、FastDFS 等。

Kafka 是大数据应用场景下的消息队列中间件产品，基于发布/订阅模式工作。ZooKeeper 用于协调实现分布式运行，每秒可处理几十万条、数百 MB 的数据采集和传输，延迟最低只有几毫秒，支持上千个客户端同时进行读秒操作，具备很高的处理性能。推荐系统使用 Kafka 接收 Flume 收集的日志数据，将其分发到离线计算平台的 MapReduce 和在线计算平台的 Spark Streaming。

Redis 是一个以键值对方式存储数据的数据库结构型服务器，是非关系数据库，常用作缓存数据库，支持的数据结构类型包括字符串（String）、列表（List）、哈希（Hash）表、集合（Set）、有序集合（Zset）等，采用键值映射方式访问。为了保证读取的效率，Redis 把数据对象都存储在内存当中，支持周期性地把更新的数据写入磁盘文件中。Redis 的读写速度非常快，可达到每秒 10 万次。推荐系统中，Redis 主要用于缓存离线推荐列表和在线推荐列表数据，提高数据的请求速度。

MongoDB 是一个面向数据文档存储的数据库，介于关系数据库和非关系数据库之间，支持的数据结构非常松散，数据格式类似 JSON 格式，可以存储比较复杂的数据类型。当数据量达到 50 GB 以上的时候，MongoDB 数据库的访问速度是 MySQL 的 10 倍以上。它支持分布式部署，在高负载的情况下，可通过添加更多的服务节点，快速扩展支持大容量数据存储。

FastDFS 是一个开源的轻量级分布式文件系统，很容易构成大规模文件服务器集群，实现对文件进行管理，功能包括文件存储、文件同步、文件访问等，解决了大容量存储和负载均衡的问题。它特别适合以文件为载体的在线服务，很容易搭建一套高性能的文件服务器集群以提供文件上传、下载等服务，满足高性能、高可用指标要求。

19.4.4 数据查询检索平台

数据分布式存储需要分布式查询检索工具，推荐系统中经常出现的查询检索工具为 Impala 和 Elasticsearch。

Impala 是 Cloudera 公司开发的新型查询系统，通过类似 SQL 的语言查询存储在 HDFS 和 HBase 中的 PB 级大数据。在设计上，Impala 考虑了更强的实时性，与 Hive 不同。Hive 在执行查询功能时，将 SQL 查询转化为 MapReduce 任务，所以 Hive 查询检索满足不了实时性要求。Impala 参考了谷歌的交互式数据分析系统 Dremel 的设计思想，使用 Parquent 实现了列存储，并借鉴了 MPP 并行数据库的设计思想，采用 HiveSQL 和 JDBC 进行全局统一的元数据存储和读取。Impala 的实现放弃了使用 MapReduce 框架，也就是没有 MapReduce 作业的启动、执行、组合等操作，也不需要将中间数据接入文件系统，减少了大量的 I/O 开销。

Elasticsearch 是一个实时的分布式搜索和分析引擎，基于 Lucene 的搜索服务器，面向文档数据，每个文档以 JSON 格式保存在数据库，每个文档都有一个唯一 ID，例如 MySQL 中的主键 ID。它支持全文搜索和结构化搜索，支持上百个服务节点的扩展、PB 级别的结构化或者非结构化数据查询检索，横向扩展非常灵活，实现了海量数据的实时文件存储、检索和分析。Elasticsearch 内部使用 Lucene 做索引与搜索，使得全文检索变得简单，对外提供一套简单一致的 RESTful API。数据进入 Elasticsearch，可实现近乎实时搜索。Elasticsearch 不仅仅是一个全文搜索引擎，而是一个分布式的实时文档存储工具，每个字段都可以被索引与搜索。

19.4.5 Web 系统开发框架

推荐系统的 Web API 服务、运营管理系统、AB 测试管理平台等的开发需要使用 Web 系统开发框架。基于 Java 语言的开发框架为 Spring MVC、Spring Boot 和 Spring Cloud。基于 Python 语言的开发框架为 Django、Tornado 和 Flask。

19.5　系统技术架构

从技术角度实现图 19.3 所示的推荐系统总体架构存在多种方法，具体选择哪种方法需要架构师结合企业业务发展来权衡。通常，推荐系统技术架构有 4 部分，如图 19.6 所示。

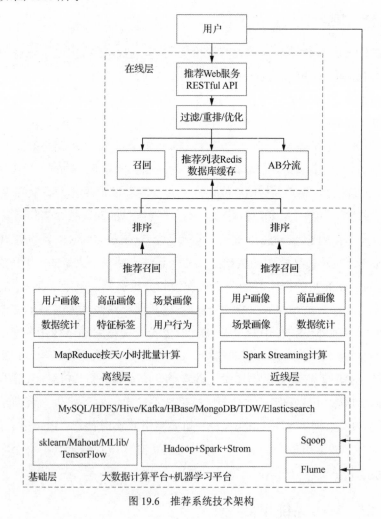

图 19.6　推荐系统技术架构

基础层：大数据计算平台+机器学习平台+数据存储平台+数据查询检索平台。

离线层：计算特征标签，生成推荐列表，使用非实时数据，提供非实时服务。

近线层：计算特征标签，生成推荐列表，使用实时数据，提供非实时服务。

在线层：计算特征标签，生成推荐列表，提供推荐服务，使用实时数据，提供实时服务。

推荐系统采集数据，将数据存入 Hadoop+Spark+Strom 大数据计算平台，开启特征工程和推荐召回排序计算工作，生成推荐列表，将推荐列表缓存到 Redis 数据库或者以 RPC 方式送给推荐服务。当用户需要使用推荐列表数据时，发起 HTTP 请求，推荐系统根据 Web API 的类型选择从 Redis 数据库中读取还是调用 RPC 服务读取推荐列表，对推荐列表数据过滤、优化、重排后，以 HTTP 响应方式将其反馈给用户。根据计算结果对数据实时性的依赖程度，将特征工程和推荐召回计算工作分为离线层计算、近线层计算和在线层计算。

推荐系统业务流程主要包含数据同步、特征标签计算、画像特征计算、推荐召回、推荐排序、算法模型训练、推荐列表过滤重排、推荐服务、效能评价等环节。在技术实现上，系统需要把业务逻辑处理划分到对应的计算层；将对数据实时性要求高的计算划分给近线层和在线层，按秒或按分钟更新数据；将对数据实时性要求不高的计算划分给离线层，按天或按小时更新数据。挖掘用户长期兴趣偏好的数据时间跨度较大，数据量也大，在对数据执行计算处理时，多一天数据或者少一天数据对计算结果影响不大，因为计算结果匹配的是用户过去一段时间的兴趣偏好，不是某一天的兴趣偏好，所以对计算的实时性要求不高，只要结果准确就行，不必太在乎计算耗时和资源耗费。将用户长期兴趣偏好的数据挖掘计算工作划分给离线层。可调用的推荐算法有协同过滤推荐算法、基于标签的推荐算法、基于隐特征模型的推荐算法、神经网络推荐算法等。计算结果对数据实时性要求不高，所以优先选择准确度高的推荐召回算法。对于一些业务实现逻辑复杂、计算耗时、耗费资源，但结果准确度高的推荐算法都可以参与离线计算。用户当前兴趣偏好的时间跨度为几毫秒、几秒，最长为几分钟。计算结果匹配用户当前兴趣偏好，对计算实时性要求较高。系统挖掘用户当前兴趣偏好的时间过长，不能马上给出匹配用户当前兴趣偏好的推荐列表结果时，用户很可能因为没有看见自己喜欢的商品，不断地刷新页面，最终离开。这样参与用户当前兴趣偏好挖掘工作的所有计算过程就是徒劳，没有任何价值，因为用户下一次何时登录系统属于未知，这种时间滞后的计算结果只能被抛弃。为了吸引用户，对用户当前兴趣偏好的挖掘计算必须做到实时，马上计算，马上生成推荐列表，马上展示给用户。所以，将对用户当前兴趣偏好的计算工作划分给近线层和在线层。这里区分近线层和在线层是对推荐响应实时性的进一步划分，能在毫秒级生成推荐列表的计算称为在线层计算，能在秒级生成推荐列表的计算称为近线层计算。

推荐系统接收 HTTP 请求，想要不影响用户体验，推荐系统需要在 200 毫秒内，甚至 100 毫秒内完成推荐列表的计算、过滤、优化、重排工作，并将其封装成 JSON 格式数据，以 HTTP 响应方式反馈。这样，推荐列表的召回排序工作需要在更短的时间内完成，这对于复杂度相对较高的算法模型来说是不可能完成的。解决办法是设置一个近线层（半实时状态），负责推荐召回计算，召回算法生成的推荐候选集不是立即封装到 HTTP 响应中，而是送到 Redis 数据库中缓存起来。用户下一次刷新页面时，Web API 从 Redis 数据库中读取数据，虽然这个推荐列表不是实时生成的，但时间也就相差几秒，实时性也是不错的。

企业级推荐系统的技术实现架构基本都采用图 19.6 所示的技术架构，但在具体实现上，企业自己的技术架构在此基础上进行了不同程度的演进。这里我们不具体阐述具体如何演进，而是重点阐述技术架构的搭建以及工作原理。

19.5.1　数据流

推荐系统采集的数据主要包含用户数据（User Profile）、商品数据（Item Profile）、社交网络数据（Social Relation Profile）、业务销售数据（Business）和用户行为数据（Event）。图 19.7 所示为系统数据流实现方案。用户数据和商品数据更新频率比较低。新用户注册后，新商品发布后，其属性数据往往不发生变化，即使发生变化，更新频率也是比较低的。例如用户的职业，一段时间内甚至长期相对稳定。通过 Sqoop 将用户数据和商品数据从 Oracle、MySQL 等关系数据库中同步到 Hadoop 的 Hive 数据库，同步更新频率为天或小时。这部分数据支撑用户画像和商品画像非实时性特征标签的计算。用户在 UI 系统上操作页面，一定会产生浏览、点击、转发、评价、踩、点赞等行为数据，UI 系统通过埋点技术采集到用户行为数据和用户场景数据。用户场景数据不限于设备类型和当前位置。用户行为数据、用户场景数据、社交网络数据和业务销售数据更新频率较高，尤其是用户行为数据和用户场景数据。对于这种时变数据，配置 Flume 工具将其分布式实时采集、汇聚、传输到推荐系统消息队列 Kafka，由 Kafka 消息队列将其分发到 Spark Streaming 和 HDFS。

用户行为数据反映的是用户当前的兴趣偏好，用户场景数据反映的是用户在何种状态下产生行为动作。这类数据需要立即送到推荐系统。推荐系统中的特征标签更新、用户画像更新、商品画像更新、场景画像更新、推荐列表更新、数据服务、特征服务和算法模型服务、效能评价指标更新和 AB 分流测试等工作需要在大数据计算平台上实施：Spark Streaming 完成实时流式数据计算工作，MapReduce 完成离线批量数据的计算工作。为简化起见，推荐系统对用户行为数据和用户场景数据采集一次，由 Kafka 分发到两个地方，Spark Streaming 启动在线流式数据处理，HDFS 保存数据供 MapReduce 任务调用。

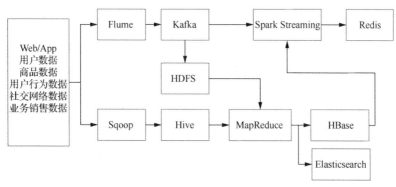

图 19.7　系统数据流实现方案

MapReduce 负责非实时数据的批量计算，处理业务逻辑如下。

① 非实时批量数据预处理。

② 复杂业务逻辑处理。

③ 更新非实时特征标签。

④ 更新用户画像非实时特征、商品画像非实时特征、场景画像非实时特征。

⑤ 训练离线推荐和排序算法模型。

⑥ 生成非实时推荐列表，将结果保存到 HBase 和 Elasticsearch。

⑦ 封装特征服务 API，方便 RPC 调用。

Spark Streaming 负责流式数据的计算工作，处理业务逻辑如下。

① 实时数据预处理。

② 简单业务逻辑处理。

③ 更新实时特征标签。

④ 更新用户画像实时特征、商品画像实时特征、场景画像实时特征。

⑤ 训练在线推荐和排序算法模型。

⑥ 生成实时推荐列表，将结果保存到 Redis 数据库。

在线层推荐服务从 Redis 数据库读取推荐列表，通过 RPC 协议远程调用非实时性特征服务和实时性特征服务。推荐系统运营管理和配置管理通过 RPC 执行数据管理、特征管理、算法模型管理、效能评价管理、AB 测试配置管理等操作。

19.5.2 离线层计算

离线层计算的最大特点是使用非实时数据，提供非实时服务。因为不强调实时性，所以离线层计算将准确度作为重要考核指标，强调结果准确。离线层计算工作按天或按小时启动，属于时间驱动型计算，根据系统服务调度编排，逐个启动服务，完成特征标签、用户画像、商品画像、场景画像、推荐列表和评估指标的计算与更新，同时提供数据、特征标签、算法模型、推荐列表等调用服务 API，满足跨层 RPC 需求。离线层计算使用的数据的时间跨度为天、周、月，数据量很大，计算相当耗时。

实践中，MapReduce 离线层计算工作数据不限于：商品画像中的商品基本特征、目标群体特征、功能特征、价值特征、业务营销特征和业务销售特征等。用户画像中的基本特征、消费特征、社会特征、部分行为特征等特征数据。基于特征标签数据，挖掘用户长期兴趣偏好、用户短期兴趣偏好、用户兴趣偏好相似群、商品特征属性相似群等。多维度推荐召回、召回融合和排序。算法模型的离线测试指标、在线测试指标、运营统计指标。系统配置管理、日志采集、数据监控、业务监控等调用的 API。对于新闻推荐系统，有关文本分词、关键词提取、命名实体提取、特征向量生成等工作也发生在离线计算单元。可以说，推荐系统中任何基于非实时数据开展的业务逻辑计算，对外提供的非实时业务逻辑服务，非实时增、删、改、查等操作，都可以纳入离线层计算工作。离线层计算逻辑架构如图 19.8 所示。MapReduce 从 HDFS 和 Hive 数据库提取数据，执行各种计算，将计算结果存入 Redis、HBase 和 Hive 数据库，供后续业务逻辑调用。

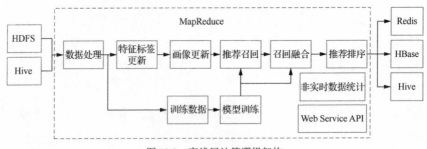

图 19.8 离线层计算逻辑架构

离线层计算涉及大量的特征向量计算、相似计算、相关性计算。离线层计算特别耗时和耗费资源。一方面是参与计算的数据往往是过去一段时间用户行为数据的累计，时间跨度为 1～3 个月，属于全量数据。所谓全量数据指的是所有用户非实时特征数据和所有商品的非实时特征数据都要计算更新一遍。对于服务于百万级用户规模和千万级商品规模的推荐系统来说，执行一次离线计算的工作过量可想而知。另一方面离线层计算使用相对复杂的机器学习模型和算法模型。通常，在数据充足的前提下，复杂的机器学习模型准确度较高，可以挖掘出深层次的用户个性化特征。

19.5.3　近线层计算

近线层计算的最大特点是使用实时数据，但不提供实时服务，把计算结果缓存到 Redis 数据库，满足在线层调用。近线层与离线层在业务逻辑处理方面差别不大，主要差别在于近线层技术架构支持对实时数据或者半实时数据的处理，保证 Kafka 消息队列中的数据不堆积。这一点相当重要。用户行为数据源源不断地送到 Kafka 消息队列，尤其当用户高并发访问 UI 系统时，如果近线层提供的技术框架不能及时读取消息队列的数据，一定会造成 Kafka 消息堆积，堆积时间越长，所谓的实时数据处理也就失去了意义。图 19.9 所示为近线层计算逻辑架构。Spark Streaming 流式数据计算处理框架从 Kafka、HBase 和 Redis 数据库读取数据，更新时效性敏感的特征标签，调用推荐召回算法、推荐排序算法，生成与用户当前兴趣偏好匹配的推荐列表，将结果缓存到 Redis 和 HBase 数据库。这里将推荐列表存入 HBase 数据库的目的是将其用作数据备份，方便后续查询统计和在线测试指标的计算。

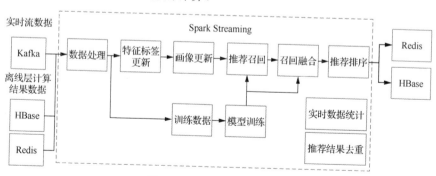

图 19.9　近线层计算逻辑架构

近线层计算处理实时数据，提取用户当前兴趣偏好和场景特征。例如用户当前在哪个位置使用哪个设备访问了哪个页面，浏览了哪个商品，是否发生了交易动作。这些信息非常重要，当用户对某个页面的某个位置的商品感兴趣时，他会点击进行详细了解，有可能直接将商品存放到购物车或直接点击交易。通过分析这款商品和商品所在的页面就可以掌握用户当前的兴趣偏好，在用户刷新页面时给用户推荐与刚才浏览商品相似、相关联的商品，也可以推荐这款商品的优惠促销消息，帮助和加速用户点击购买，实现商业变现。这个场景下的数据必须实现实时处理。设想一下，如果半小时以后，平台才把用户刚才发生的行为数据处理结束，输出推荐结果给 UI 系统展示，你觉得这时的推荐结果还有意义吗？所以，近线层计算需要实时快速完成计算，在毫秒级、秒级解决问题，这样也就要求近线层计算使用的机器学习模型和算法不能太复杂，计算更新用户画像和商品画像中实时性较强的特征标签。Spark Streaming 和 Strom 计算平台特别适合这种应用场景。

近线层使用流式数据处理框架，小批量数据运行，只要采集到用户行为数据，或者说只要 Event 事件队列中有几条用户行为数据，推荐系统就触发近线层工作。首先从推荐列表中将用户已经点击的商品剔除，然后将这几个用户的行为数据作为训练样本训练算法模型，基于小批量梯度下降优化方法更新算法模型参数，得到用户最新推荐列表。近线层算法模型训练使用小批量数据，所以算法模型的训练时间很短，可立即快速输出匹配用户当前兴趣偏好的商品信息。由于训练样本数量较少，推荐结果的准确度不一定很高，但推荐执行速度很快。相比近线层算法模型的训练，离线层算法模型训练使用的是大批量数据，数据的时间跨度最短几天，最长好几个月，算法模型的训练时间很长，数据量大，所以推荐结果准确度高。技术实现上，可以将离线层计算得到的推荐列表作为近线层推荐召回的候选数据集，也可以将离线层生成的推荐列表缓存到 Redis 和 HBase 数据库。在线层根据 HTTP 请求参数，从 Redis 数据库中读取离线推荐列表和在线推荐列表，基于一定的运营规则融合、优化、过滤、重排后，将其反馈给用户。

离线层计算得到的推荐列表按天更新数据，每天在固定时间启动，计算结果反映的是用户长期兴趣偏好特征。在算法模型不改变的前提下，前一天得到的推荐列表和后一天得到的推荐列表差别不是很大，可以采取全量替换的方式，用后一天的推荐列表代替前一天的推荐列表。如果后一天的推荐列表计算失败，Redis 和 HBase 数据库保存的是前一天的计算结果。而近线层计算是实时计算，只要 Event 事件队列存在数据，计算工作就立即启动，属于事件驱动型。近线层计算的前一次计算和后一次计算间隔时间很短，用后一次计算结果全量替换前一次计算结果的实现方法不妥，因为近线层计算使用的算法模型重点强调计算速度，准确度不一定高。如果前一次计算生成的推荐列表还没有被读取，用后一次计算生成的推荐列表直接替换前一次的推荐列表，会导致前一次的计算失去意义，白白浪费资源。但就推荐列表数据本身而言，前一次的计算结果也是很重要的，因为时间间隔也就几秒，计算结果准确度与本次计算的准确度相当，不应该被剔除掉。所以，需要规划设计服务任务，处理近线层计算输出列表的去重问题。

在算法模型使用方面，为了提高对实时数据的处理响应能力，近线层使用业务逻辑简单、计算速度快的算法模型，例如协同过滤推荐算法模型、基于类别的推荐算法模型、基于标签的推荐算法模型、基于内容相似度的推荐算法模型等。

19.5.4　在线层计算

在线层计算的最大特点是直接面对用户，接收并响应用户发来的推荐服务HTTP 请求。这一层强调实时性、可靠性和稳定性。系统必须能够处理用户发来的所有 HTTP 请求，对于海量用户高并发 HTTP 请求，响应时间控制在 200毫秒以内，将结果反馈给用户。在线层计算重点关注 HTTP 请求响应处理速度，不太在乎推荐列表的数据准确度，只要有推荐列表数据就行。在线层计算执行的任务要少，使用的算法模型要简单，业务逻辑要简单。其对数据实时性指标要求很高，所以可选用高实时性的 Strom 计算平台。

推荐系统 RESTful API 服务层一旦接收到 UI 系统发来的请求推荐，立即调用业务逻辑实现实时在线层的召回工作，图 19.10 所示为在线层计算逻辑架构。在线层召回工作涉及 5 个层面：在线层的实时推荐召回；调用 RPC 获得离线和近线数据服务和特征服务；从 HBase 数据库读取离线推荐列表；从 Redis 数据库读取近线推荐列表；冷启动兜底召回。

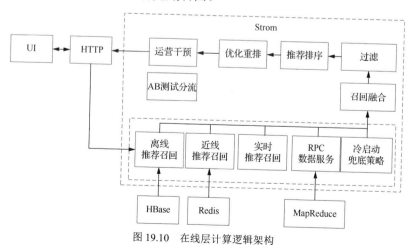

图 19.10　在线层计算逻辑架构

　　设计多种召回策略的目的主要是要满足稳定性指标，避免出现得不到推荐列表的现象。根据运营管理规则对全部召回结果调用在线排序算法模型，预测用户的点击率，根据点击率大小排序，取排在前面的 Top N 个结果生成推荐列表。为了提高处理速度，在线层使用的排序算法模型训练工作在近线层完成，使用前几秒的用户行为数据训练排序模型，将训练好的模型发布到在线层使用。TensorFlow Serving 可提供线上算法模型同步管理。为了实现推荐列表的多样性和新颖性，将推荐列表数据打散，根据运营管理规则对生成的推荐列表数据进行优化和重排，最后将重排后的推荐列表反馈给用户。在线层召回工作提到了 5 个层面，但并非 5 个层面都需要落实、执行。采用 5 个层面实施在线召回的目的是确保满足推荐服务的可靠性指标。当系统计算资源丰富且负载不大时，对 5 种召回结果进行融合处理，得到的推荐列表可匹配用户长期兴趣偏好、短期兴趣偏好和当前兴趣偏好。当系统负载加大且计算资源缺乏时，在线层具备服务降级能力，当在线实时召回没来得及完成计算时，当近线层计算结果没来得及完成更新时，在线层支持直接调用离线计算结果，直接将其作为最终推荐列表输出。当然这时可配合热门推荐列表和冷启动推荐列表开展融合处理。

　　在线层通过 RPC 调用离线层和近线层对外提供的数据服务、特征服务和算法模型服务，实现跨层数据调用。用户通过访问 Web API 请求推荐列表，请求参数包含用户编号、频道编号和推荐条数。Web API 调用离线层 Web Service，获得该用户在该频道下的离线推荐列表，在毫秒内将推荐列表封装成 JSON 格式数据，反馈给 Web API。用户在浏览某篇新闻文章时，UI 向推荐系统发起相关推荐 HTTP 请求，请求参数为用户编号、商品编号和请求条数。在线层 Web API 根据请求参数，调用离线层提供的 Web Service 接口，查询商品相关推荐内容，在毫秒内将查询结果反馈给 Web API。

　　除了需要完成实时召回处理，在线层还需要提供 AB 测试分流和冷启动兜底策略。所谓兜底策略，就是指万一召回环节在约定时间内没有反馈数据或者由于网络延迟没有及时反馈数据，在线层直接将兜底推荐结果反馈给 UI 系统，这样可保证 UI 系统页面内容丰富。AB 测试分流用于在线衡量推荐系统的性能，根据用户 ID 或者请求 ID 对请求分组，不同组执行的策略不同。

　　前面阐述了推荐系统的离线层技术架构、近线层技术架构和在线层技术架构，但回避了一个问题，即为什么需要设计 3 层融合技术架构，单独使用离线层、近线层或在线层执行计算工作行不行？确定的结论是：不是不行，是不妥。

　　早期的推荐系统只有离线层计算工作。其根据最近一段时间的活跃用户名单，按天更新用户画像，生成推荐列表。当用户发起 HTTP 推荐请求时，直接从 HBase 或 Redis 数据库中检索数据即可。这样实现的优点就是数据计算和数据使用松耦合，HTTP 请求响应时间最短，响应速度最快。缺点就是不确定哪些用户明天会登录系统，所以需要按最大范围的用户规模执行计算工作，如果大量老用户明天不登录系统，那么针对这些用户的计算工作就白白浪费了。另外，如果明天出现大量新用户登录，由于没有先验数据，系统对新用户的推荐只能执行热门推荐、新品推荐和冷启动兜底策略推荐，不能实现个性化推荐，用户体验效果肯定不佳。所以必须开展实时计算工作，解决新用户的个性化推荐问题。

即使是老用户，兴趣偏好也是变化的，就算是长期兴趣偏好，也不是一成不变的。用户的长期兴趣偏好不代表每天都是这个兴趣偏好，用户的兴趣偏好是会随时间发生变化的。过去一段时间关心服装，今后一段时间可能会关心美食、关心旅游。推荐系统不能将昨天有关服装的推荐结果应用到今天，甚至明天。推荐系统需要在长期兴趣偏好的挖掘基础上，识别和挖掘短期兴趣偏好和当前兴趣偏好。实时计算根据用户短期兴趣偏好和当前兴趣偏好开展召回工作，生成推荐列表，将生成的推荐结果缓存到 Redis 数据库。由于是将计算结果缓存到 Redis 数据库，没有直接响应 HTTP 请求，这种计算方式本质上属于半实时状态，即近线计算。

不考虑离线层计算，单独使用近线层计算是否可行？这个风险比较大。因为了满足实时性要求，近线层参与算法模型训练的数据的时间跨度很短，为前几秒或几分钟的用户行为数据，训练数据量不大，算法模型的准确度不高，只使用近线计算结果推出的商品清单与用户的兴趣偏好匹配度不高，很有可能用户不喜欢。如果大量的推荐列表都属于用户不喜欢的范畴，那么用户就会失去兴趣，逐渐沉默，最后流失，推荐功能失去商业价值。近线层计算得到的推荐列表匹配的是用户前几秒、几分钟的兴趣偏好。然而在现实生活中，用户的兴趣偏好变化是很快的，上一秒用户在综合新闻频道，下一秒用户就进入了娱乐新闻、财经新闻、直播频道。用户在浏览娱乐新闻、财经新闻或直播频道时，系统从 Redis 数据库中读取前一秒的近线层计算结果，将与综合新闻频道相关的新闻推荐给用户，这显然不合时宜。所以需要在用户进入娱乐新闻、财经新闻、直播频道的瞬间，系统挖掘识别出用户当前要访问的页面，实时推荐与该页面存在关联的新闻内容。这就是需要设立在线召回的依据。在线召回挖掘的是用户当前的兴趣偏好，时间跨度为几毫秒或几秒，计算生成匹配用户的兴趣偏好的商品。为了缩短商品召回的计算时间，在线层计算召回使用简单的召回策略，执行简单的业务逻辑，例如基于频道的推荐召回、基于类别的推荐召回、基于商品相关的推荐召回。

在线层计算基本上做到了实时挖掘和识别用户兴趣偏好，生成与用户当前实时兴趣偏好匹配的推荐列表。是否可以不使用离线层计算和近线层计算，全部采用在线层计算策略呢？从理论上讲，是可行的。只要算法模型的执行速度满足实时性要求，算法模型的准确度还可以，单独使用在线层计算是可以的。但在实际操作层面，存在很多问题。首先，在线层计算算法模型的训练数据的时间跨度为毫秒级或秒级，数据量很小，训练效果肯定不好，推荐输出的准确度赶不上近线层计算得到的推荐列表准确度。解决这个问题，通常选择最简单的召回策略，例如按频道、按类别、按内容相关召回。其次，如果发生计算故障或者延迟生成推荐列表，HTTP 业务处理处于等待状态，得不到推荐列表数据，会大大影响用户体验效果。最后，在线层强调实时性，执行相对简单的业务逻辑和策略。这样的话，我们无法开展试错工作，不能在生产环境下验证那些业务逻辑复杂、准确度高的推荐算法模型、多维度召回策略。

综上所述，本着折中优化的原则，选用离线+近线+在线融合计算架构，完成推荐列表的生成。这种技术架构得到的推荐列表既满足用户长期兴趣偏好、短期兴趣偏好和当前兴趣偏好，又满足推荐系统的实时性、稳定性、准确性、多样性和新颖性等指标要求。

19.5.5　技术架构对比

推荐系统技术架构计算工作分为 3 层：离线层、近线层和在线层。

离线层工作在 Hadoop 的 MapReduce 框架上，利用 Hive 查询检索数据，分布式处理大批量历史数据，完成画像更新、多维度推荐召回、离线算法模型的训练、离线效能评价、业务监控和数据服务、非实时特征服务计算等工作。这一层数据按天或者按小时更新，具有非实时性要求，支撑业务逻辑复杂的基础计算服务和非实时性的数据处理服务工作。

近线层工作在 Spark Streaming 框架上，处理上报的用户行为实时数据，更新用户画像，执行推荐召回工作，生成半实时推荐列表，将其缓存到 Redis 数据库以供在线层调用。近线层技术架构支持秒级、分钟级半实时数据处理，可以处理小批量数据。

在线层接收响应用户推荐请求服务，将封装好的推荐列表反馈给用户，这一层直接与用户打交道，响应延迟必须控制在 200 毫秒以内。在线层系统技术架构必须支持毫秒级响应，设计应对策略，保证即使在海量用户并发时，每个用户也能准时获得推荐列表。由于对时间要求严格，这一层的业务逻辑和召回算法相对简单。

结合离线层、近线层和在线层的特点和优势，图 19.11 所示为推荐系统业务逻辑与 3 个计算层的划分对应关系。从上到下，系统对计算处理时延的冗余度越来越大，数据更新频率越来越低，业务处理逻辑复杂度越来越高，算法模型准确度越来越高。

图 19.11 推荐系统业务逻辑与 3 个计算层的划分对应关系

理解了离线层、近线层和在线层技术架构后，这里对这 3 种架构做个简要对比，如表 19-1 所示。

表 19-1 离线层、近线层和在线层对比

计算层	特点	触发机制	典型应用场景	执行任务
离线层架构	• 使用非实时数据，提供非实时服务； • 推荐结果强调"准"	时间触发	• 大批量数据计算； • 大批量计算任务； • 数据无时效性要求； • 处理数据量大； • 算法模型业务逻辑复杂，准确度高	• 非实时特征标签计算； • 用户长期兴趣偏好挖掘； • 算法模型离线训练； • 特征服务 RPC； • 离线评测/评估指标计算； • 非实时业务监控

计算层	特点	触发机制	典型应用场景	执行任务
近线层架构	• 使用实时数据+非实时数据，提供近实时服务； • 推荐结果强调"快"	事件触发	• 处理数据量有限； • 数据时效性敏感； • 计算复杂度适中； • 算法模型业务逻辑复杂度适中，计算速度适中	• 实时特征标签计算； • 挖掘用户实时兴趣偏好； • 算法模型在线训练； • 实时生成推荐列表； • 推荐结果去重； • 实时评测/评估指标计算； • 实时业务监控
在线层架构	• 使用实时数据+非实时数据，提供实时服务； • 推荐结果强调"快"； • 服务强调稳定可靠	事件触发	• 实时响应用户推荐请求； • 处理数据量小； • 数据实时性敏感； • 计算复杂度低； • 算法模型业务逻辑简单，计算速度快	• 推荐服务响应； • 挖掘用户实时兴趣偏好； • 推荐召回融合排序； • 实时业务监控； • AB测试分流； • 多样性和新颖性提升； • 运营干预

注意，推荐系统 3 层技术架构不是随便设计出来、孤立运行的，而是相互融合支撑的有机体。划分 3 层计算处理方式是对系统实时性、准确性、稳定性、可靠性等指标综合考虑、深思熟虑后的权衡方案。推荐系统的不同功能层既要发挥独立模块功能优势，又要发挥整体集成优势，只有整体集成优势发挥出来，系统才能达到最佳效果。

19.6 系统部署架构

推荐系统业务场景流量大小不同，系统部署架构不同。当系统接入流量负载不大时，几台服务器就能满足部署要求，当系统接入流量负载很大时，需要多台服务器集群分布式部署。企业级推荐系统通常采用服务器集群部署方式。无论哪种部署方式，在逻辑结构上都要满足推荐系统的功能业务逻辑实现和运营管理要求。

图 19.12 所示为一种推荐系统部署架构，主要目的是阐述推荐系统模块化开发和部署，不代表这是唯一的解决方案。根据推荐系统业务逻辑和运营管理规范，图中应用服务部署大致分为 Nginx 服务代理、数据同步、大数据计算平台、数据存储平台、特征工程数据检索平台、机器学习平台、推荐召回模型、推荐排序模型、服务调度和运营管理系统等部分。

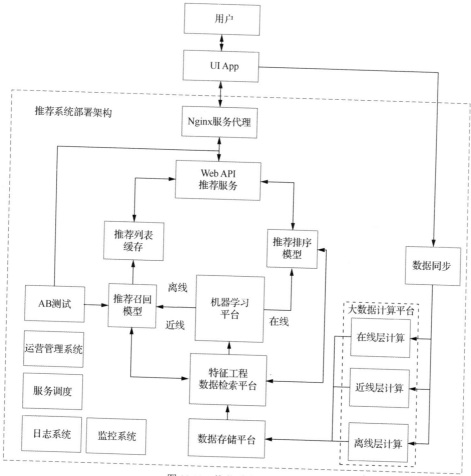

图 19.12　推荐系统部署架构

① Nginx 服务代理

负责网络层接入访问的反向代理，保护 Web API 推荐服务不直接暴露给外网，同时承担负载均衡的功能。

② 数据同步

实现 UI 系统的用户数据、商品数据、用户行为数据、商业数据等的采集，根据服务调度规则将数据同步到推荐系统大数据计算平台。常用的数据同步组件为 Flume、Sqoop 和 Kafka。当海量数据需要采集和同步时，采取分布式部署策略。

③ 大数据计算平台

完成特征工程中标签和训练样本数据更新。推荐系统中数据和特征计算分为离线层计算、近线层计算和在线层计算，这里选用 Hadoop+Spark+Strom 大数据计算平台。服务器上部署大数据计算框架和业务应用计算程序。每一个业务应用计算程序负责完成特定的业务逻辑处理，架构设计上可以按照数据更新频率划分计算服务。将用户非实时特征计算程序划分为一个批次，采取时间触发方式；将商品非实时特征计算程序划分为一个批次，采取时间触发方式；将用户和商品实时特征计算划分为单独服务，采取事件触发方式；将用户行为数据处理计算程序按秒、分、小时、天的计算频率生成小批量数据，支持在线、近线和离线召回算法和排序算法的模型训练。

④ 特征工程数据检索平台

管理特征工程数据索引，实现海量数据快速检索。业务应用程序将离线层、在线层和近线层计算得到的用户画像、商品画像、训练样本、活跃用户等数据存入分布式数据检索平台，建立倒排索引。常用的检索工具组件为 Elasticsearch。

⑤ 机器学习平台

部署 TensorFlow 编程框架，根据服务调度规则，负责算法模型的训练和评估工作，管理离线召回算法模型、近线召回算法模型、在线召回算法模型和在线排序算法模型。算法模型训练后以服务的方式呈现，方便 gRPC 跨平台调用。TensorFlow Serving Server 与 TensorFlow Serving Client 可实现训练平台与线上平台模型调用部署，支持在线热更新。算法模型中使用的算法库如 sklearn、Mahout、MLlib 等需要集成在机器学习平台。

⑥ 推荐召回模型

部署推荐召回模型，支持召回算法的上下线管理，根据配置规则启动程序，多维度召回用户可能喜欢的商品，经融合、粗排后，生成推荐候选集。将推荐候选集缓存到 Redis 和 HBase 数据库，以满足推荐服务检索调用。常见的推荐召回模型引擎如下。

U2U2I：基于目标用户，找到其他用户、找到商品。算法模型有 UserCF、K-means、Cos-Sim、Graph 等。

U2I2I：基于目标用户，找到商品、找到其他商品。算法模型有 ItemCF、CB、Apriori、K-means、Cos-Sim 等。

U2Tag2I：基于目标用户，找到标签、找到商品。算法模型有 LFM、SVD、SVD++、TAG 等。Tag 通常为商品的分类、关键词、标签等。

U2C2I：基于目标用户，找到场景、找到商品。场景特征为时间、位置、设备型号。算法模型有 K-means、Graph 等。

U2I：基于目标用户，直接找到商品。算法模型有 SVD、SVD++、LFM、DSSM 等。

I2I：基于目标商品，直接找到其他商品。算法模型有 ItemCF、K-means、Cos-Sim、Apriori 等。

⑦　推荐排序模型

部署推荐排序模型，支持模型上下线配置。推荐排序模型基于生成的推荐候选集，根据用户画像向量、商品画像向量和场景画像向量预测点击率，对点击率数据从大到小排序，根据 Top N 生成推荐列表，将推荐列表以 RESTful API 方式反馈给推荐服务。工程实践中，排序策略支持多种方式，如点击率、转化率、喜欢度等。

常见的排序模型引擎如下。

线性模型：LR。

树模型：LR-GBDT。

神经网络模型：DNN、Wide&Deep。

推荐排序模型训练在机器学习平台完成，TensorFlow 编程框架可提供训练模型与线上模型的调用管理。TensorFlow Serving Client 需要部署在排序模型引擎服务器上。

①　推荐列表缓存

部署 Redis 数据库，支持每秒 10 万次的并发访问量。保存的推荐列表数据有用户个性化推荐列表。"猜你喜欢"推荐列表、热榜推荐列表、位置推荐列表、相关推荐列表、单品推荐列表等。

推荐服务根据 HTTP 请求参数，从 Redis 数据库召回推荐列表。

②　推荐服务

部署推荐服务 Web API 应用程序，推荐服务应用程序接收用户发来的 HTTP 推荐请求，从推荐列表缓存中读取推荐召回候选集数据，调用推荐排序模型预测点击率，生成推荐列表。然后根据运营规则和性能评价指标要求，如多样性、新颖性，对推荐列表进行过滤、优化和重排，最终将推荐列表以 HTTP 响应方式反馈给用户。

业务场景不同，定义的推荐服务存在差异。考虑到横向扩容方便，推荐服务建议按微服务开发。工程上可选用 Spring Cloud 开发框架或 Django 开发框架。

③　运营支撑管理平台

运营支撑管理平台用于保障搭建的推荐系统可控可管，进一步细分为 AB

测试管理系统、运营管理系统、服务调度系统、日志采集系统、业务监控系统和系统监控系统。

AB 测试管理系统负责配置管理 AB 测试分流策略，统计系统离线、在线测试性能指标，出具测评报告。

运营管理系统负责推荐系统日常运营管理工作，包含数据管理、模型管理、推荐服务管理、统计分析报表可视化等。

服务调度系统负责配置管理系统服务，设置触发策略，实现系统业务流程联动。

日志采集系统负责维护工作日志，方便系统调试。

业务监控系统负责监控业务逻辑模块、业务流程、数据合规性、数据一致性等，确保系统业务流程和数据工作正常。

系统监控系统负责监控网络资源和硬件资源的工作状态和性能，包含 CPU、内存、硬盘、网络流量的可用可靠。

19.7　系统建设步骤

建设一套推荐系统的耗时比较长，参与的人员涉及产品、运营、项目、架构、数据、算法、UI/UE、开发、测试、技术等，涉及部门较多，许多工作需要规划、协调和落实。通常推荐系统建设需要经历 10 个阶段，如图 19.13 所示。

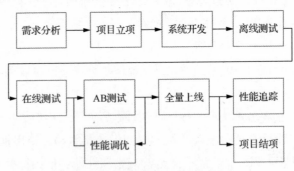

图 19.13　推荐系统建设步骤示意

需求分析：推荐系统为业务系统服务，目的是增强用户黏性，提升业务系统商业价值。项目开始之初，产品和运营人员必须深入业务场景，了解和熟悉业务痛点，有目的地梳理出系统建设需求、重点关注目标。

项目立项：根据收集的需求，与业务部门反复沟通，确定项目本期建设目标，分解项目目标，评估实施方案、成果形式、验收规范、开发周期、项目预算，确定项目责任人和参与部门，生成项目实施计划。

系统开发：根据项目分工，项目参与部门组织人员完成自己承担的工作。架构师出具架构设计方案，技术人员搭建研发测试环境，研发人员组织代码开发和自测试，测试人员编写测试用例，产品人员沟通系统开发进度。

离线测试：搭建测试环境，部署系统，对系统的功能、流程、性能开展离线测试工作。测试请求流量通过模拟方式生成。离线测试发现问题时，需要返回开发阶段修改完善。

在线测试：搭建生成环境，部署系统，配置运营管理策略，分配好权限。响应生产环境下用户推荐请求服务，输出推荐列表。系统自动同步用户行为数据，挖掘用户兴趣偏好，按离线+近线+在线方式生成推荐列表。

AB 测试：开放试点业务场景服务，启用用户分流策略，接收在线真实流量，关注系统的性能指标。

性能调优：根据 AB 测试得到的系统性能指标，调整系统的算法策略、流量策略，使推荐系统性能最佳。

全量上线：完成 AB 测试。如果推荐系统性能指标满足要求，开放全部业务场景服务，接收生产环境流量。

性能追踪：持续关注推荐系统线上工作性能。

项目结项：推荐系统在生产环境全量运行一段时间后，如果系统评估指标满足要求，项目负责人需要召开项目总结会，听取运营部门对系统运行情况的汇报，汇报项目目标达成情况、成本支出情况、风险管控情况等。

推荐系统是一个反复迭代、优化的系统，为了提高系统的性能指标，需要不断地改进数据、优化算法、调整策略。每次修改需要离线测试和在线测试，在线测试阶段使用 AB 分流，如果改进后的算法性能更加优异，需要将其推广应用。

19.8　本章小结

推荐系统并非只有数据和算法，优秀的系统架构需要保证算法模型性能得到充分展示和发挥，确保系统高质量、高效、高可靠运行。推荐性架构设计是搭建企业级推荐系统的重要工作。

围绕推荐系统架构设计，本章介绍了架构设计中要考虑的 5 个原则，介绍了系统总体架构和技术架构，最后对实现推荐系统的 3 种技术架构进行了对比分析。早期的推荐系统大部分只选用离线层计算技术架构，现在的推荐系统大部分选择离线+近线+在线融合技术架构。本章从系统视角详细阐述了推荐系统业务逻辑模块、业务流程和对外接口在架构体系下是如何联动工作的，帮助读者理解和明白系统架构在系统设计中扮演的角色。设计系统架构最简单的方法就是分解业务实现逻辑，把业务功能模块划分到不同的计算层，通过定义接口规范实现业务模块联动。

伴随着技术的不断更新，推荐系统选用的技术路线不是一成不变的，而是需要反复迭代、优化、升级的。本章介绍的技术架构设计思路和业务逻辑拆分思路，仅代表一种推荐系统架构实现体系，目的是帮助读者理解和领会推荐系统的技术实现路线，掌握一种架构构建方法，但不代表这种构建方式是最优的，这种技术选型是最佳的。

推荐系统架构需要不断地迭代、优化，上线使用后不用担心出现问题，想办法解决问题就行，只要能运行，基本达到预期性能指标要求即可。

⚡注意	推荐系统所处的时期不同、用户规模不用、考核要求不同，对系统架构设计的需求也是不同的。系统架构师在构建推荐系统架构体系时要权衡利弊，避免过于激进和保守。

致谢

写到这里，我脑海里涌现出很多朋友的身影，有老朋友，也有新朋友。

在推进企业数字化转型的道路上，感谢公司给我的团队提供平台和环境，让我们有机会规划和建设数字化转型项目。在推进企业信息化建设的过程中，我们团队的技术方案得到验证，技术成果得到认可，同时我也得到历练和提升。感谢领导的支持和关怀，感谢领导对我们工作的肯定。

感谢在一起工作的同事们，大家相互支持，共同奋斗，共同成长，确保我们一个又一个项目如期上线。

感谢开放包容的互联网环境，为我们提供了知识分享和沟通交流的平台，能让我们认识新伙伴，结交新朋友。本书部分技术思路参考了互联网上推荐系统公开的技术资料，感谢志同道合的朋友们的精彩分享。

感谢人民邮电出版社对本书的肯定，感谢出版社编辑提出的宝贵修改建议，出版社编辑的辛勤付出确保了本书的顺利出版。

感谢我的妻子和孩子，是他们一直在支持我，鼓励我一定要完成这项工作。